W. Sammer · H. Raffler

# CAD für Moduln und Systeme in der Elektronik

## Entwurf und Technologie

Mit 133 Abbildungen

Springer-Verlag
Berlin Heidelberg NewYork
London Paris Tokyo Hong Kong 1989

Dr. rer. nat. Werner Sammer
Leiter der Abteilung Kommunikation

Dipl.-Math. Hartmut Raffler
Leiter der Fachabteilung Dialogtechnik und Datenhaltung

Zentralabteilung Forschung und Entwicklung,
Forschung für Informatik und Software,
Siemens AG, München

ISBN-13: 978-3-540-51302-5     e-ISBN-13: 978-3-642-93433-9
DOI: 10.1007/978-3-642-93433-9

CIP-Titelaufnahme der Deutschen Bibliothek
Sammer, Werner:
CAD für Moduln und Systeme in der Elektronik: Entwurf und Technologie / W. Sammer; H. Raffler. –
Berlin; Heidelberg; NewYork; London; Paris; Tokyo; Hong Kong: Springer, 1989

NE: Raffler, Hartmut:



2362/3020-543210 – Gedruckt auf säurefreiem Papier

# Geleitwort

Die hohe Komplexität elektronischer Moduln und Systeme, aber auch die immer kürzer werdenden Innovationszyklen machen den Einsatz rechnerunterstützter Entwurfsverfahren (CAD) unentbehrlich. Lagen die Entwicklungsschwerpunkte in früheren Jahren noch in der Technologie und in der Fertigung elektronischer Komponenten, so rücken heute die Entwurfsmethoden und -verfahren mit in den Vordergrund. Dies liegt aber auch darin begründet, daß die Wertschöpfung primär in der Verwendung elektronischer Komponenten geschieht. Der Entwurf von elektronischen Moduln und Systemen darf also nicht wenigen hochspezialisierten Fachleuten vorbehalten bleiben, sondern muß - wie die Software-Entwicklung auch - dem Ingenieur jeder Disziplin ermöglicht werden.

Gerade dieses Buch leistet einen Beitrag, das Wissen um den Entwurf von Moduln und Systemen den Entwicklern von Anwendungssystemen zugänglich zu machen. Neben einem Überblick über die Technologie von Moduln und Systemen, über Entwurfsmethoden und -verfahren wird auch die Struktur und der Aufbau von modernen CAD-Systemen geschildert. Die Entwicklung von CAD-Systemen für Moduln und Systeme berührt wie kaum ein anderer Bereich nahezu alle Gebiete der Informatik, beginnend bei der Theorie von Algorithmen bis hin zum Compilerbau, Datenbanksystemen, Software-Ergonomie und Verfahren der künstlichen Intelligenz.

Prof. Dr. H. Schwärtzel

# Vorwort

Die Mikroelektronik und die Informatik prägen entscheidend den technischen und wirtschaftlichen Fortschritt in unserer Gesellschaft. Beide Disziplinen schaffen die Voraussetzungen für die Erschließung neuer Anwendungsbereiche und Märkte.

Gerade für die Erschließung neuer Anwendungen darf der Entwurf von elektronischen Moduln und Systemen nicht nur den auf dem Gebiet der Elektronik spezialisierten Ingenieuren vorbehalten bleiben. Ingenieure jeder Disziplin müssen durch entsprechende Entwurfssysteme in die Lage versetzt werden, elektronische Komponenten für ihren Anwendungsbereich entwickeln zu können. Diese Entwurfssysteme müssen den Anwender durch problemorientierte Darstellungsmittel, leistungsfähige Design- und Verifikationswerkzeuge und durch Werkzeuge zur Generierung von Schnittstellen zum Produktionsprozeß und zum Prüffeld unterstützen.

Ziel dieses Buches ist es einerseits Prinzipien, Methoden und Werkzeuge, die einem CAD-System für elektronische Moduln und Systeme zugrundeliegen, aufzuzeigen, andererseits aber auch Entwurfsverfahren zu diskutieren.

Kapitel 1 enthält einen Überblick über gängige Schaltkreis- und Einbautechniken. Kapitel 2 gibt eine Einführung in die Entwurfsmethodik für elektronische Moduln und Systeme. Die Kapitel 3 und 4 beschreiben die Werkzeuge des Logik- und physikalischen Entwurfs.

Kapitel 5 befaßt sich mit grundlegenden Betrachtungen zur Software-Architektur von CAD-Systemen und mit Aspekten von Benutzungsoberflächen. Ferner wird die Struktur von Datenhaltungssystemen zur Verwaltung von komplexen Entwurfsobjekten beschrieben. Elektronische Bauteile, die beim Design von Moduln und Systemen Verwendung finden, werden in Bibliotheken abgelegt. Inhalte solcher Bibliotheken und die Verwaltung von Bibliotheksdaten werden ebenfalls in Kapitel 5 diskutiert.

Ein CAD-System kann nicht als isolierte Komponente in einer Verfahrenskette betrachtet werden. Kapitel 6 schildert die Einbettung von CAD-Systemen in eine CIM-Verfahrenslandschaft. Vor allem wird auf die Verbindung zum Fertigungsprozeß und zum Prüffeld eingegangen.

Aufgrund der zunehmenden Komplexität von Moduln und Systemen gewinnt die Prüftechnik immer mehr an Bedeutung. Kapitel 7 beschreibt die wesentlichen Prüfkonzepte und Prüfstrategien.

Kapitel 8 schließlich zeigt die Entwicklungstendenzen für künftige CAD-Systeme auf.

Die Autoren, die an den einzelnen Kapiteln mitgearbeitet haben, besitzen eine vieljährige praktische Erfahrung bei der Entwicklung von CAD-Systemen, sowohl für den Bereich der Hochleistungstechnologie als auch für den Bereich der Standardtechnologie.

Für die Erfassung, für die Korrektur und das Layout der Texte sorgten mit viel Geduld B. Bichler, U. Köpf, C. Müller, S. Penninger, S. Zettler und M. Zilles. Ihnen gilt unser besonderer Dank.

München, im April 1989                    W. Sammer,   H. Raffler

# Mitarbeiterverzeichnis

| | | | |
|---|---|---|---|
| Dr. Gerhard Bischof | Kap. 4 | Ludwig Krispenz | Kap. 4 |
| Reimund Dachauer | Kap. 1 u. 4 | Heinz Leßenich | Kap. 6 |
| Klaus Ditschke | Kap. 3 | Jutta Loers | Kap. 5 |
| Franz Egger | Kap. 3 u. 7 | Dr. Theo Lützeler | Kap. 6 |
| Frank Eser | Kap. 3 u. 5 | Johann Maierhofer | Kap. 5 |
| Dr. Jörg-Uwe Feldmann | Kap. 3 | Aleksandar Morelj | Kap. 1 u. 6 |
| Dieter Frantz | Kap. 3 | Arno Robel | Kap. 4 |
| Dr. Joachim Grollmann | Kap. 3 u. 5 | Dieter Scherf | Kap. 2 |
| Rudolf de Haye | Kap. 6 | Franz Josef Schmid | Kap. 5 |
| Prof. Ralf Hollstein | Kap. 3 | Helmuth Schmitt | Kap. 2 |
| Franz Kapsner | Kap. 2 u. 5 | Jörg Sülzle | Kap. 5 |
| Stefan Kiefl | Kap. 4 | Peter Weber | Kap. 4 |
| Mats Kinnman | Kap. 7 | Wolfgang Wenderoth | Kap. 5 |

Sämtliche Mitarbeiter gehörten bei Entstehen dieses Buches der Zentralabteilung Forschung und Entwicklung, Forschung für Informatik und Software der Siemens AG in München an.

# Inhaltsverzeichnis

# 1 Einführung in die Technologie von Moduln und Systemen

## 1.1 Überblick

Die Entwicklung elektronischer Moduln und Systeme basiert auf Grundelementen wie Transistor, digitale Verknüpfungsglieder (Gatter, Flip-Flop) bis hin zum Mikroprozessor. Diese werden miteinander so verbunden, daß die daraus entstehende Schaltung die gewünschte Funktion erfüllt (Schaltungsplan). Für die Realisierung der Schaltung liegen diese Grundelemente meistens in Form von einzelnen Bausteinen (auch Bauteile oder Bauelemente genannt) mit entsprechenden geometrischen Abmessungen vor. Sie müssen räumlich geeignet angeordnet und befestigt sowie entsprechend dem Schaltungsplan miteinander verdrahtet werden.

Dazu verwendet man heute in fast allen elektronischen Geräten und Anlagen Leiterplatten, die sowohl Bausteinträger sind als auch die benötigten Verbindungen enthalten.

Eine mit vorgegebenen Bausteinen bestückte Leiterplatte wird Flachbaugruppe oder auch *Modul* genannt und stellt die Realisierung eines Ausschnittes der gewünschten Schaltung dar. Bild 1.1 zeigt einige Beispiele von Moduln in Form von steckbaren Flachbaugruppen. Ein elektronisches *System* besteht im allgemeinen aus mehreren Teilsystemen, wobei jedes Teilsystem einen oder mehrere Moduln umfaßt.

Bei der Realisierung werden mehrere Flachbaugruppen in einen Rahmen (auch Baugruppenträger genannt) und diese in Schränke eingebaut (Bild 1.2).

Im folgenden werden, nach historischem Rückblick,

- Einbautechnik (mechanischer Aufbau),
- Schaltkreistechnik (elektrisches Verhalten) und
- Fertigungstechnik (Herstellung)

näher betrachtet.

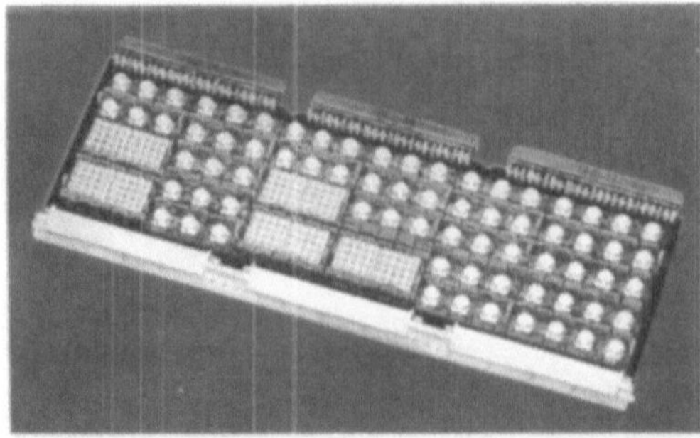

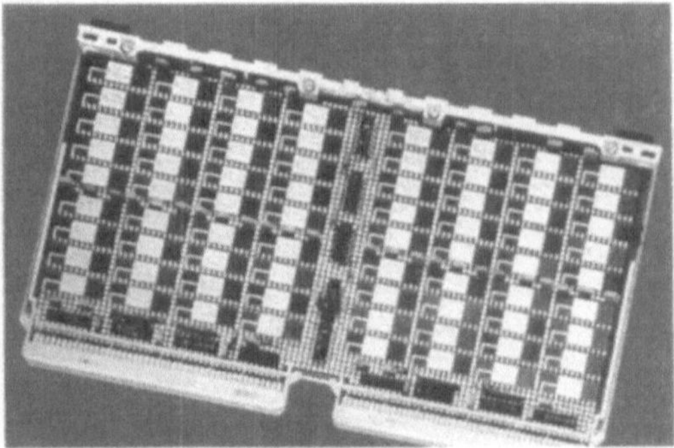

Bild 1.1: Steckbare Flachbaugruppen (Moduln)

Bild 1.2: Schrank mit Flachbaugruppen (System)

## 1.2 Technologieentwicklung - der Innovationsmotor für elektronische Systeme

Die größten Impulse für die Innovationen bei elektronischen Systemen gingen von den Erfindungen auf dem Gebiet von aktiven (Strom- bzw. Spannung verstärkenden) elektronischen Bauteilen aus. So hat die Erfindung des Transistors im Jahre 1948 zur Folge gehabt, daß die bis dahin allgegenwärtigen Röhren aus elektronischen Systemen praktisch verschwunden sind und nur noch bei Spezialanwendungen (Senderöhren, Wanderfeldröhren) zum Einsatz kommen.

Auch die Einbautechnik veränderte sich stark. Das übliche Aluminium-Chassis mit entsprechenden Lötstützpunkten wurde durch Leiterplatten ersetzt. Die Nutzung dieser Möglichkeiten war noch in vollem Gang, als ein neuer Innovationsschub in Form von ersten integrierten Schaltungen am Markt einsetzte. Anstatt wie bisher auf einem kleinen Silizium (Si-)Plättchen nur jeweils einen Transistor herzustellen, war es gelungen, mehrere komplette Gatter auf einem etwas größerem Si-Plättchen, nunmehr Chip genannt, zu integrieren, d.h. gleichzeitig herzustellen. Dabei konnte das Herstellverfahren, erweitert um einige Verfahrensschritte, weitgehend beibehalten werden.

Nachdem diese integrierten Bauteile die gleichen Ausfallraten wie die einzelnen Halbleiter aufwiesen, weniger Einbaufläche pro Gatter beanspruchten, kürzere Gatterlaufzeiten aufwiesen und zu Preisen angeboten wurden, die niedriger lagen als die Kosten für die Gatter, die aus herkömmlichen einzelnen Bauelementen zusammengesetzt waren, war ihr Siegeszug vorgezeichnet. Die markantesten Meilensteine dieser neuen Entwicklung waren:

- □ 1960   erster integrierter Logik-Schaltkreis,
- □ 1969   erster integrierter Speicher-Schaltkreis,
- □ 1974   erster Mikroprozessor.

Hauptsächlich durch die Verkleinerung der Strukturen im Silizium konnte der Integrationsgrad laufend erhöht werden, und dieser Trend hält auch heute noch an. Dabei ist wesentlich, daß sich die auf die Si-Fläche bezogenen Herstellkosten der integrierten Schaltungen vergleichsweise nur langsam erhöhten. Somit brachte eine Verkleinerung der Strukturen auch eine Kostenreduzierung je Gatter bzw. Speicherbit mit sich. Dieser degressive Kostenverlauf war die wesentliche Triebkraft, die die Miniaturisierung so rasch voranschreiten ließ. So wurde innerhalb von 20 Jahren z.B. bei Logikbausteinen die Anzahl der Gatter pro Baustein von anfänglich 10 auf über 10000 erhöht, wobei gleichzeitig auch Fortschritte bei der Verminderung der Gatterlaufzeit (Zeit vom Anlegen einer Signaländerung am Eingang bis zur Reaktion des Ausgangs) von 10 ns auf unter 1 ns (Bild 1.3) erzielt wurden.

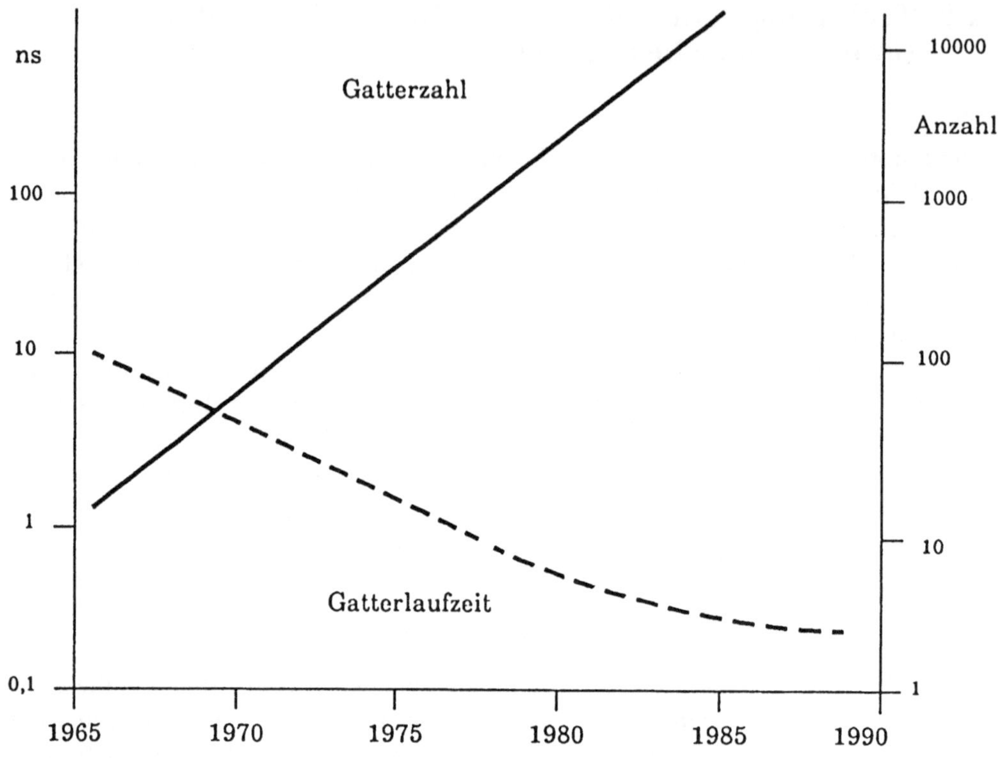


Bild 1.3: Gatterzahl und Gatterlaufzeit von Logikbausteinen (bipolar)

Noch stürmischer verlief die Entwicklung bei Halbleiter-Speichern, die sehr schnell ihre Vorgänger, die Magnetkernspeicher, vollständig verdrängt haben. Hier wurde die Speicherkapazität pro Chip innerhalb von 10 Jahren um den Faktor 100 erhöht und dabei die Speicherzugriffszeit auf die Hälfte reduziert (Bild 1.4).

Diese Fortschritte auf dem Gebiet der integrierten Schaltungen brachten den Entwicklern von Geräten und Systemen nicht nur im Mittel pro Jahr um 25 % reduzierte Kosten je Gatter und Speicherbit, sondern auch eine starke Verkleinerung der für einen Logikkomplex benötigten Einbaufläche. Bild 1.5 zeigt Beispiele dafür aus den Jahren 1956 bis 1975. Im Abstand von etwa 5 Jahren wurde der Logikinhalt einer Flachbaugruppe jeweils durch einen einzigen integrierten Schaltkreis ersetzt. Ein weiteres Beispiel für die Verkleinerung der benötigten Einbaufläche ist im Bild 1.6 dargestellt.

Damit die Vorteile, die integrierte Schaltungen bieten, wie im Bild 1.5 und 1.6 gezeigt, genutzt werden konnten, mußte auch die Einbautechnik und im besonderen die Leiterplattentechnologie weiterentwickelt werden [1.1].

Hauptforderung war die Bewältigung der ständig ansteigenden Zahl von Bausteinanschlüssen pro Flächeneinheit und des damit zusammenhängenden erhöh-

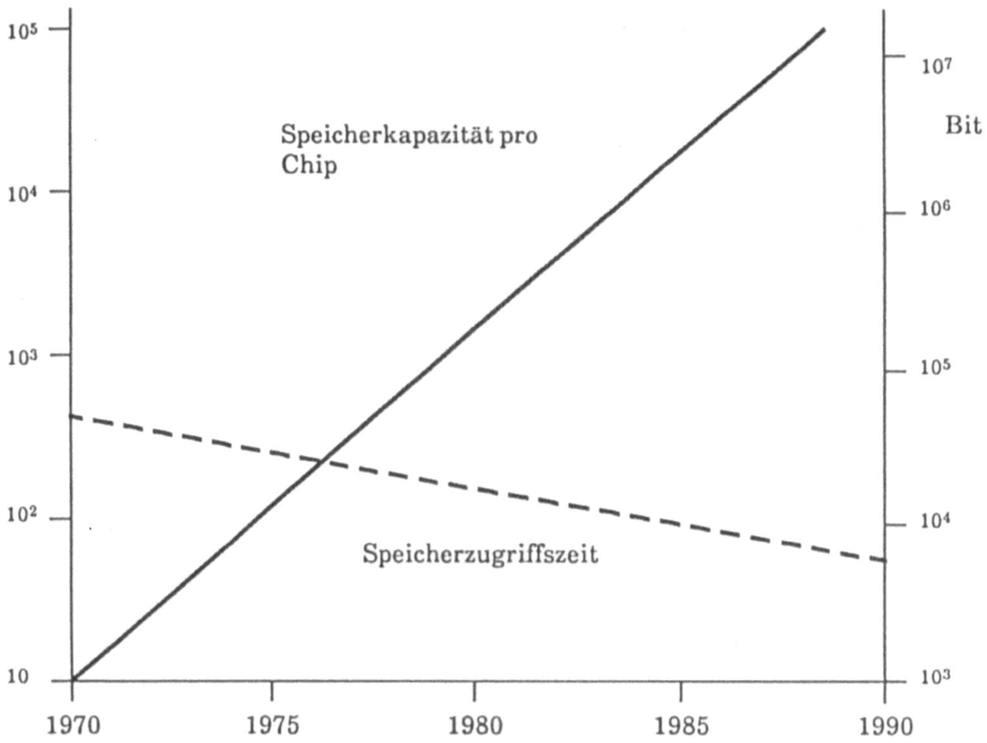



Bild 1.4: Kapazität und Zugriffszeit von Halbleiterspeichern

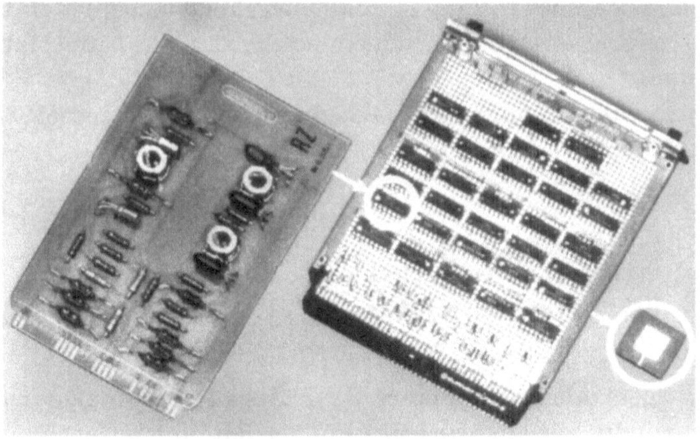

Bild 1.5: Fortschritte durch Integration bei Bauteilen

Bild 1.6: Verkleinerung der Einbaufläche von Logik auf Flachbaugruppen
durch Hochintegration der Bauteile [1.2]

ten Bedarfs an Verdrahtungsraum. Dies konnte durch die Verfeinerung der benutzten Leiterbilder und durch die Erhöhung der Lagenzahl erreicht werden. Im Bild 1.7 ist ein Beispiel für diese Entwicklung gezeigt, ausgehend von einer einlagigen Leiterplatte mit Leiterbreite von 0,5 mm zu einer sechslagigen Leiterplatte mit Leiterbreite von 0,2 mm.

Diese Entwicklung wurde in den folgenden Jahren fortgesetzt. Derzeit (1988) liegen die Grenzwerte in etwa bei:

- Leiterbreite:         0,08 mm
- Leiterabstand:        0,08 mm
- Bohrdurchmesser:  0,4 mm (Bohren mechanisch)
                        0,2 mm (Bohren mit Laser)
- Anzahl der Lagen: 30

Bei Systemen, wie z.B. Zentraleinheiten einer DV-Anlage [1.2], wo möglichst hohe Verarbeitungsgeschwindigkeit eine wichtige Rolle spielt, kommt noch eine weitere Forderung hinzu: die Minimierung der Signallaufzeit. Darunter wird die Zeit verstanden, die für die Erzeugung und Übertragung eines elektrischen Signals von einem Gatter zu einem anderen benötigt wird. Sie setzt sich zusammen aus:

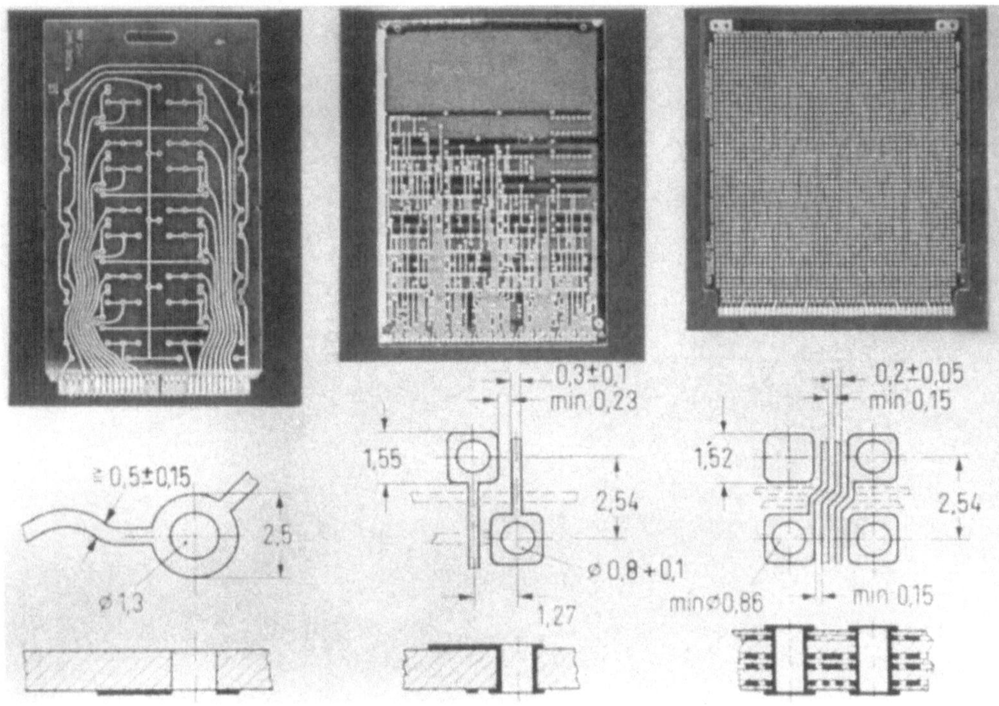

Bild 1.7: Flachbaugruppen-Leiterplatten 1960 - 1968 - 1972

☐ Gatterlaufzeit und
☐ Leitungslaufzeit.

Wie im Bild 1.8 dargestellt, ist dabei die Leitungslaufzeit in den letzten 10 Jahren zum bestimmenden Faktor für die Signallaufzeit geworden. Es mußte nach Wegen gesucht werden, sie zu verringern. Da das Gehäuse eines Bausteins eine relativ große Fläche auf der Leiterplatte beansprucht, lag es nahe, die Chips ohne Gehäuse zu benutzen. Ein Beispiel dafür in sogenannter TAB (Tape Automated Bonding)-Technik ist im Bild 1.9 gezeigt. Hier ist der Chip nur mit einer Schutzschicht überzogen auf einen Kaptonfilm mit Kupfer-Spinne aufgelötet. Beim Bestücken wird er ausgestanzt und direkt auf die Leiterplatte aufgebracht.

Durch die Benutzung solcher Mikropacks und anderer SMD (Surface Mounted Devices)-Bauteile konnte die Packungsdichte erneut erhöht und über die Verkürzung von Leitungslängen ein Beitrag zur Reduzierung der Leitungslaufzeit erbracht werden.

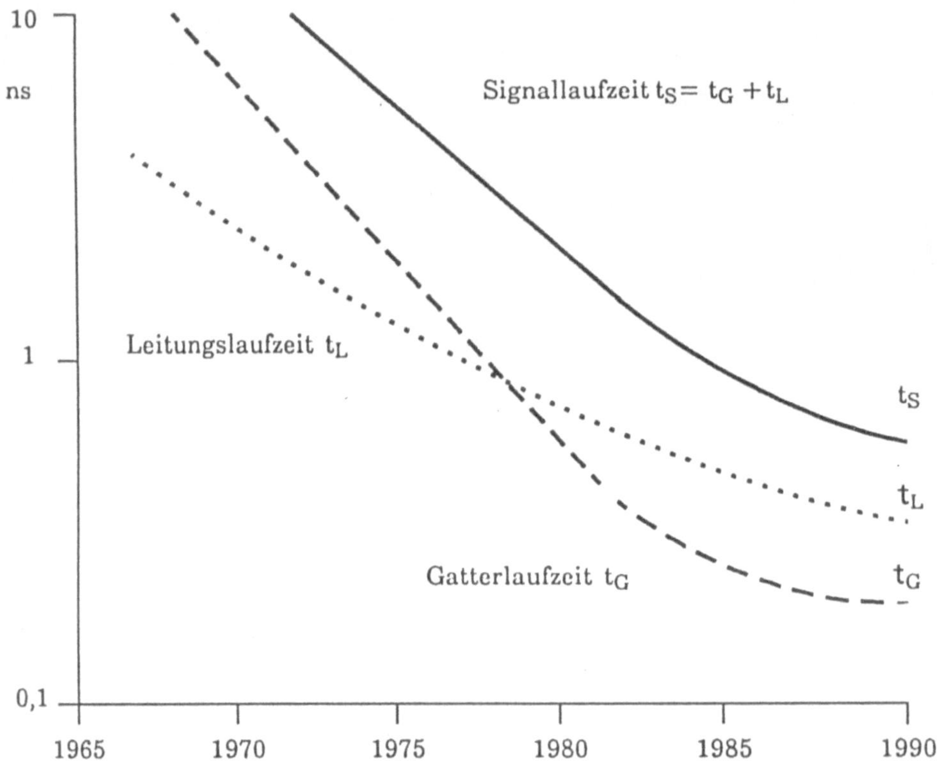


Bild 1.8: Entwicklung der Signallaufzeit bei Siemens-Zentraleinheiten [1.2]

Bild 1.9: Mikropack mit 320 Anschlußstellen [1.2]

## 1.3  Einbautechnik

Die Einbautechnik legt die Art und Weise fest, in der die Bausteine zu einem Modul oder System zusammengesetzt werden. Sie umfaßt die Definition von:

- Pin- und Anschlußstrukturen der Bausteine,
- Leiterplatten als Träger der Bausteine,
- Kupferbahnen und diskreten Drähte für die logischen Verbindungen,
- (Flach-) Baugruppen (Moduln),
- Funktionseinheiten (Systeme): Zusammenfassung mehrerer Leiterplatten über Stecker, Rückwand-Leiterplatten und Kabel.

Optimierungskriterien sind Herstellungskosten, Flächennutzung, Verdrahtbarkeit und Leitungslaufzeiten. Dabei müssen die Randbedingungen der Fertigungs- und Schaltkreistechnik, der Stromzuführung und Kühlung sowie gegebenenfalls vorgeschriebene Einbaumaße beachtet werden.

Pin- und Anschlußstrukturen wirken sich gravierend auf den Flächenbedarf eines integrierten Bausteins aus. Bei unveränderter maximaler Chipgröße von bis

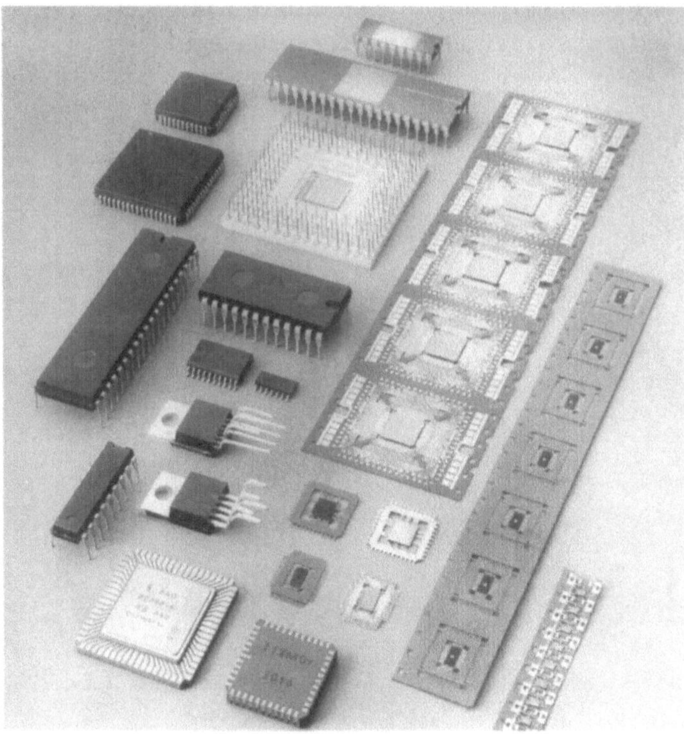

Bild 1.10: Verschiedene Gehäuse und Anschlußarten

zu 1,5 cm$^2$ müssen heute oft über 300 Anschlüsse aus dem Baustein geführt werden. Gebräuchliche Anschlußtechniken mit Drahtstiften in 0,1 Zoll Abstand, die aus den Bausteingehäusen geführt und durch vorbereitete Bohrungen der Leiterplatte gesteckt werden, erfordern große Bausteingehäuse, kosten Leiterplattenfläche und führen zu langen Leitungen mit großen Leitungslaufzeiten. Neue Anschlußtechniken ermöglichen durch Oberflächenmontage der Bausteine feinere Anschlußstrukturen. Dies führt zu kleineren Bausteinen und beidseitig bestückbaren Leiterplatten. Bild 1.10 zeigt die verschiedenen Gehäuse- und Anschlußarten.

Die Bausteineigenschaften beeinflussen die Dimensionierung der Leiterplatte:

- die Anzahl der benötigten Lagen für die Realisierung der Bausteinverbindungen und die Art der Durchkontaktierungen (leitende Verbindungen der Lagen),
- die Art der Potentialzuführung (Potentialflächen, -schienen oder eigene Potentiallagen),
- Material und Dicke der leitenden und isolierenden Schichten,
- Schirmung der signalführenden Lagen gegeneinander durch Einfügen von Potentiallagen.

Ein Beispiel für den Aufbau einer Leiterplatte ist in Bild 1.11 gegeben. Bei der Dimensionierung eines elektronischen Systems werden festgelegt:

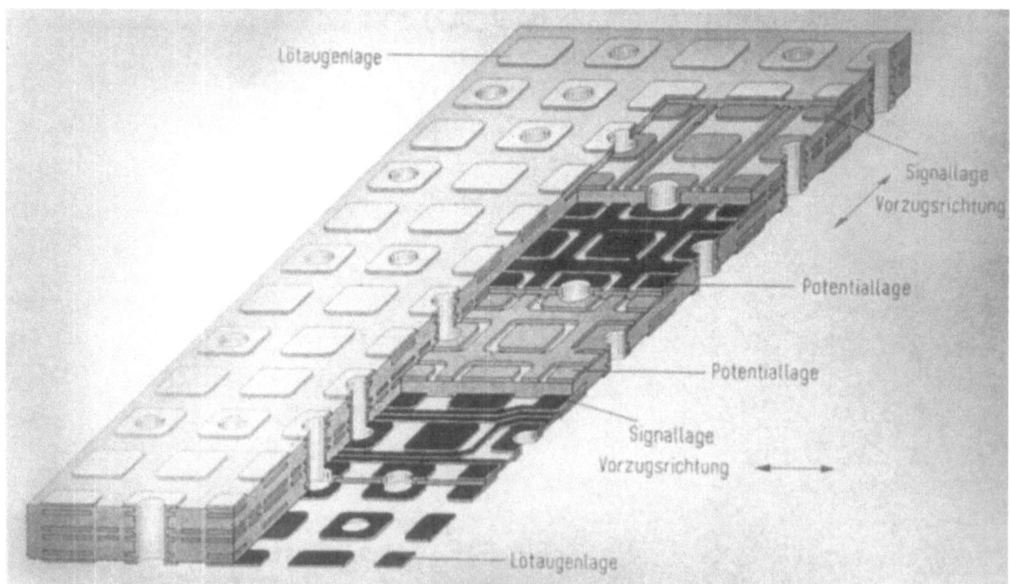


Bild 1.11: Prinzipieller Aufbau einer Leiterplatte

Bild 1.12: Diskretverdrahtung in Wrap-Technik

□ Abmessungen der Leiterplatten und Anordnung der Stecker,
□ Anzahl und Gruppierung der Steckerstifte,
□ Anordnung der Leiterplatten auf der Rückwand,
□ Abstand der Leiterplatten voneinander (abhängig von Bauteilhöhe, ein-
   oder zweiseitiger Bestückung, Bauteilekühlung),
□ Realisierung der Verbindungen zwischen den Leiterplatten
   - gedruckt: der Aufbau der Rückwandleiterplatte ist festzulegen,
   - diskrete Drähte, gelötet, gesteckt oder auf Stifte gewickelt (Bild 1.12):
     Anschlußpunkte (z.B. Stiftraster), Anschlußkapazität (z.B. Stiftlänge)
     und Verbindung mit gedruckter Verdrahtung müssen bestimmt werden,
   - in Form von Steckverbindungen und Kabel zwischen den Leiterplatten,
□ Realisierung der Verbindungen zwischen Rückwänden mittels Kabel,
□ zusätzliche Kühlvorrichtungen.

Die Festlegungen der Einbautechnik müssen beim physikalischen Entwurf der
Schaltungen (Kapitel 4) beachtet werden.

In Tabelle 1.1 ist die heutige Bandbreite der Einbautechnik dargestellt. Typische Daten einfacher Anwendungen, im folgenden mit Standardtechnologie bezeichnet, und Merkmale der Spitzen- oder Hochleistungstechnologie schneller
Rechner- und Vermittlungssysteme sind beispielhaft aufgeführt. Der Übergang in
der Praxis ist fließend: man findet Moduln und Systeme mit einer Mischung von
Merkmalen aus Standardtechnologie und Hochleistungstechnologie.

Tabelle 1.1: Typische einbautechnische Kenndaten von Technologien

| Merkmal | Standardtechnologie | Hochleistungstechnologie |
|---|---|---|
| Komplexität | 1 Baugruppe (Modul), max. 1 Funktionseinheit | mehrere Funktionseinheiten (System) |
| Stückzahl | hoch | niedrig |
| Bausteinabmessungen | freie Formen und Größen | reguläre Strukturen |
| Pins pro Baustein | selten über 100 | über 300 |
| Pin- und Durchkontaktierungsraster | uneinheitlich | regulär |
| Leiterplattenformate | frei | fest, rechteckig |
| Lagenzahl | typisch 2, maximal 8 | bis 30 |
| Externe Anschlüsse (Steckerstifte) | bis 200 | über 1000 |
| Verdrahtung | auf Außen- und Innenlagen | nur Innenlagen |
| Leiterbahnbreite | frei | einheitlich |
| Potentialzuführung | auf Signallagen | auf eigenen Lagen |

## 1.4  Schaltkreistechnik

Die Schaltkreistechnik umfaßt Typ und Betriebsart der Halbleiterelemente (Transistoren, Widerstände, Dioden), ihre Verschaltung zu logischen Grundfunktionen, Möglichkeiten der räumlichen Anordnung der Grundfunktionen auf dem Halbleiterchip und, daraus abgeleitet, die elektrischen Kenngrößen der integrierten Bausteine mit ihren Auswirkungen auf die Verschaltung auf der Leiterplatte. Im folgenden werden zunächst die Eigenschaften der Halbleiterelemente charakterisiert und anschließend die daraus resultierenden Auswirkungen auf die Schaltkreistechnik bei Moduln und Systemen aufgezeigt.

*Schaltkreistechnik der Halbleiterelemente*

Aus der Grundbauform der Transistoren leiten sich die beiden Stammfamilien der Schaltkreistechnik ab: bipolare Schaltkreistechnik (ECL, TTL) und MOS-Schaltkreistechnik (NMOS, CMOS). (ECL = Emitter Coupled Logic, TTL = Transistor Transistor Logic, MOS = Metal Oxid Semiconductor, NMOS = n-Channel MOS, CMOS = Complementary MOS).

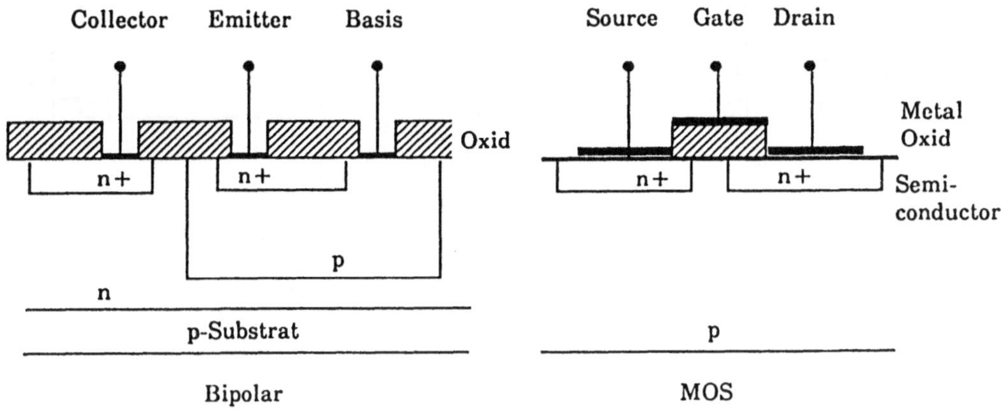


Bild 1.13: Transistorbauformen (n: negativ leitend, p: positiv leitend)

Bild 1.13 zeigt den prinzipiellen Aufbau eines bipolaren und eines MOS-Transistors.

Durch den einfacheren Aufbau können MOS-Transistoren mit geringerem Flächenbedarf hergestellt werden als bipolare (ca. Faktor 10 bis 100). Dadurch lassen sich höhere Integrationsgrade erzielen, d.h. auf einem Halbleiterchip können mehr MOS-Transistoren untergebracht werden als bipolare. Außerdem werden weniger Fertigungsschritte benötigt. Mit Bipolartechniken können dagegen höhere Arbeitsgeschwindigkeiten erzielt werden.

Weitere Eigenschaften werden durch die Verschaltung von Transistoren zu logischen Grundfunktionen gebildet. In bipolarer Technik werden heute hauptsächlich TTL- und ECL-Logikfamilien verwendet. MOS-Schaltungen werden vorwiegend in CMOS ausgeführt. Beispiele für die Realisierung einfacher Logikkomplexe zeigt Bild 1.14.

Bei Varianten der TTL-Schaltkreistechnik werden spezielle Dioden (Schottky-Barrier-Dioden) zur Steigerung der Arbeitsgeschwindigkeit (TTL-Schottky) oder zur Senkung der Verlustleistung eingeführt (TTL Low-power Schottky).

Standardlogikbausteine werden heute in TTL realisiert. Für schnelle Schaltungen der Hochleistungstechnologie, bei denen die Verlustleistung eine untergeordnete Rolle spielt, wird häufig ECL verwendet. Ansonsten werden integrierte Schaltungen in MOS-Technologie erstellt.

Wichtige Kenngrößen und charakteristische Daten der Schaltkreisfamilien gibt Tabelle 1.2 wieder.

Generell kann ein Zusammenhang zwischen Verlustleistung und Schaltzeit festgestellt werden. Kürzere Schaltzeiten bedeuten in der Regel höhere Verlustleistung. Bei einzelnen ECL-Bausteinen müssen heute über 20 W Verlustleistung abgeführt werden, was spezielle Kühlmaßnahmen bei der Einbautechnik erfor-

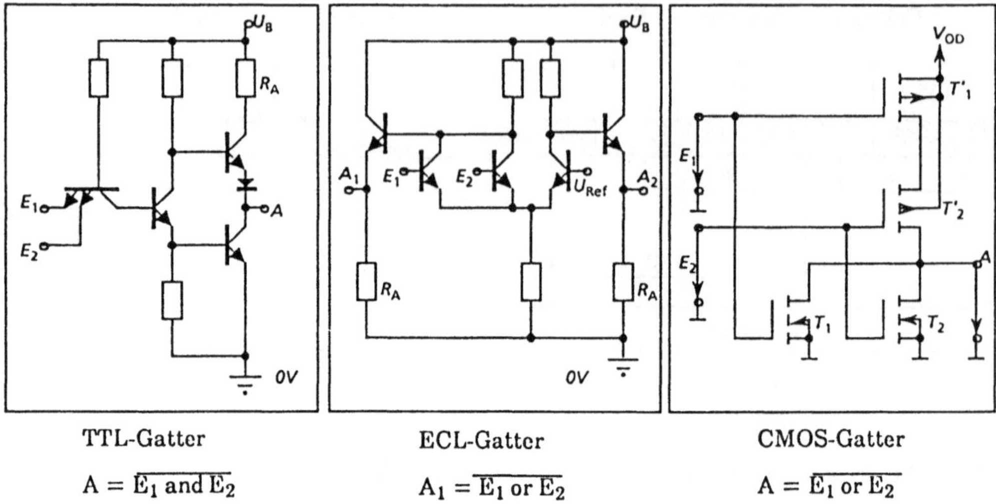


TTL-Gatter
$A = \overline{E_1 \text{ and } E_2}$

ECL-Gatter
$A_1 = \overline{E_1 \text{ or } E_2}$

CMOS-Gatter
$A = \overline{E_1 \text{ or } E_2}$

Bild 1.14: Transistorgrundschaltungen

Tabelle 1.2: Kenndaten gebräuchlicher Schaltkreisfamilien

| | Versorgungs-spannung | Leistungsauf-nahme pro Gatter | Gatter-laufzeit | Integrations-grad (Transi-storen /mm²) | Speicher-größen |
|---|---|---|---|---|---|
| TTL (74xy) | + 5 V | 10 m W | 10 ns | | - |
| TTL-Schott-ky (74 Sxy) | + 5 V | 20 m W | 3 ns | 800 - 1000 | - |
| TTL-Low Power, Schottky (74 LSxy) | + 5 V | 2 m W | 10 ns | 800 - 1000 | - |
| CMOS | + 5 V - + 15 V | 0.3-3 μW/kHz | < 1 ns | 3000 - 4000 | 1 - 4 MBit |
| ECL | - 5,2 V | < 1 m W | < 0,2 ns | 200 - 300 | 16 kBit |

dert. Bei neueren Bausteinfamilien kann bei fest vorgegebenem Produkt aus Verlustleistung und Schaltzeit beide Größen verändert und somit an die Erfordernisse des Entwurfs angepaßt werden. Damit kann ein Baustein wahlweise mit kurzen Schaltzeiten und höherer Verlustleistung oder größeren Schaltzeiten und kleiner Verlustleistung betrieben werden.

Halbleiterspeicher merken sich die angelegte Information und können sie auf Anforderung wiedergeben. Speicher in MOS-Technologie können äußerst flächeneffizient als Ein-Transistor-Zelle realisiert werden (Bild 1.15). Dadurch erklärt sich der deutlich höhere Integrationsgrad gegenüber bipolaren Speichern.

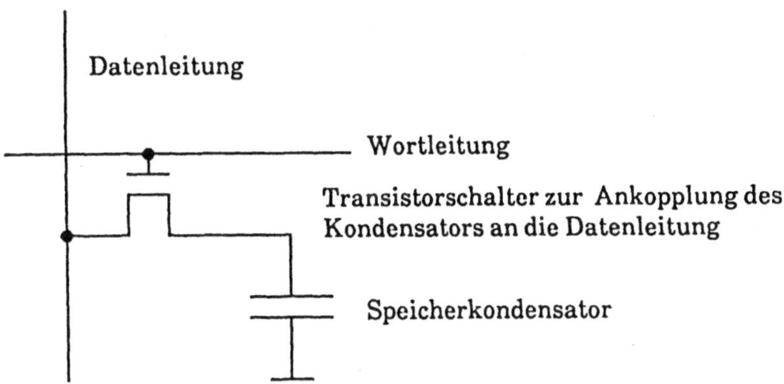


Bild 1.15: Ein-Transistor-MOS-Speicherzelle

Grundlagen der Elektronik und der Halbleiterschaltungstechnik können z.B. in [1.3 - 1.5] nachgelesen werden.

*Schaltkreistechnik bei Moduln und Systemen*

Integrierte Schaltkreise bestehen aus einer Vielzahl logischer Grundfunktionen und speichernder Elemente. Für die Verschaltung auf einer Leiterplatte sind ausschließlich die elektrischen Eigenschaften derjenigen Elemente maßgeblich, die direkt mit einem externen Anschluß (Pin) des Chips verbunden sind. Dabei unterscheidet man, ob der Anschluß auf eine Eingangsstufe oder eine Ausgangsstufe der Transistorschaltung führt. Daneben gibt es bidirektionale Schaltstufen, die wahlweise Signale empfangen oder senden können.

Ausgangsstufen sind gekennzeichnet durch Innenwiderstand, maximalen Ausgangsstrom und Flankensteilheit, Eingangsstufen durch Eingangswiderstand, Eingangskapazität und Schaltschwellen. Aus diesen Daten und den physikalischen Gesetzen über Ströme und Spannungen in einem Netzwerk [1.6] ergeben sich insbesondere für Halbleiterbausteine mit kurzen Schaltzeiten Vorschriften, die bei der Verschaltung auf der Leiterplatte zu beachten sind (Abschnitt 4.5).

Beispiel: Erreicht ein Signalimpuls eine Eingangsstufe, so muß deren Eingangskapazität aufgeladen werden. Dies verlängert die Zeitspanne, die vergeht, bis die volle Impulsamplitude aufgebaut und die Schaltschwelle der Eingangsstufe erreicht ist. Im Sinne kurzer Signallaufzeiten gibt es daher Regeln, die die kapazitiven Lasten in einem Schaltnetz begrenzen.

*Zellenkonzepte*

Steigende Komplexität der integrierten Schaltkreise (teilweise mehr als 100000 Transistoren auf einem Chip) bei niedrigen Stückzahlen für anwenderspezifische Schaltkreise (ASIC = Application Specific Integrated Circuit) und Forderung nach erheblich kürzeren Entwicklungszeiten führten zur Einführung von

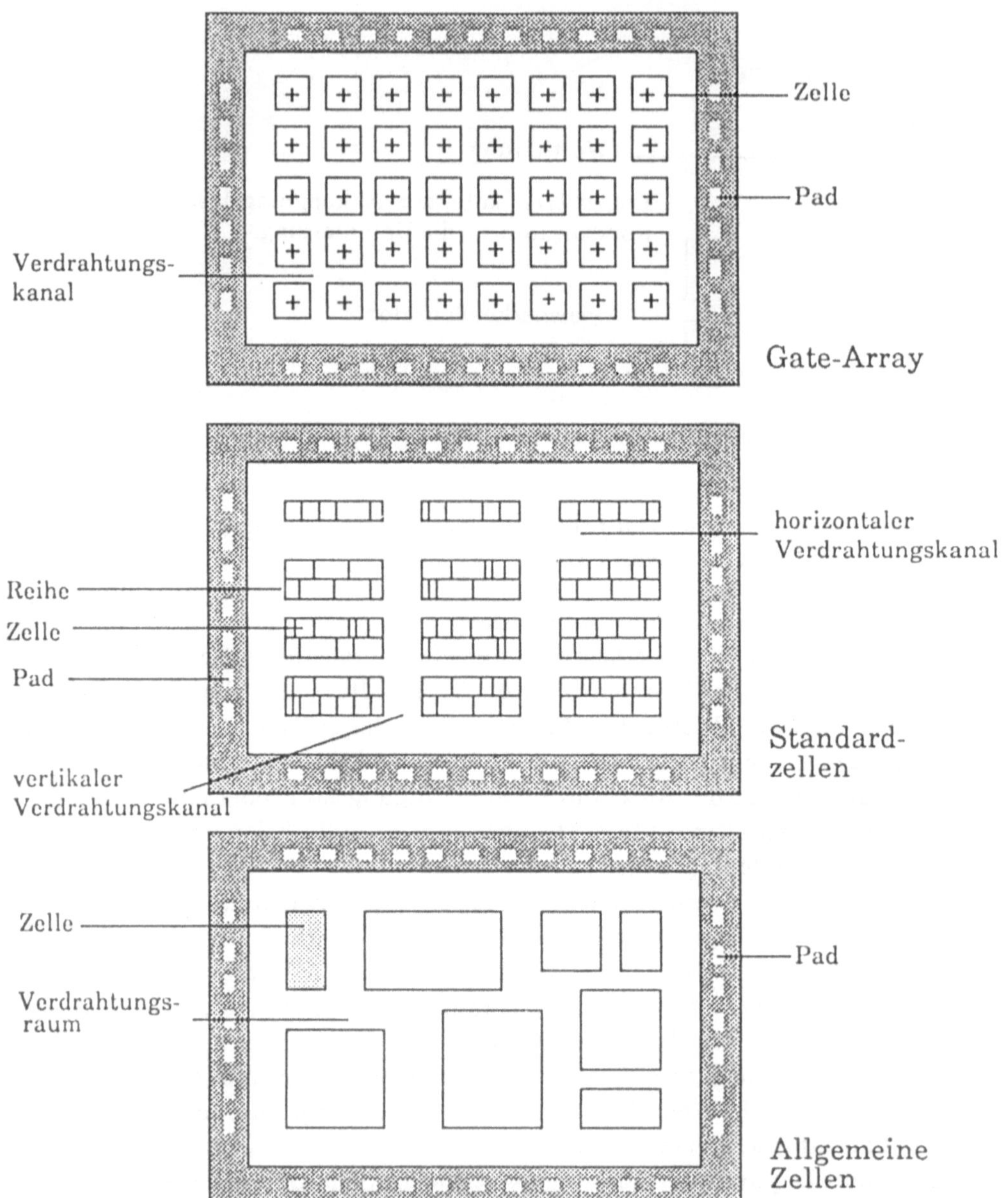


Bild 1.16: Zellenkonzept [1.2]

Zellen-Konzepten bei allen Schaltkreistechniken. Zellen sind vorentwickelte und verifizierte Schaltungsteile mit definierter logischer Funktion. Der Entwurf für ihre physikalische Realisierung als Teil eines integrierten Schaltkreises, und damit auch ihre geometrische Abmessung, liegt vor und kann abgerufen werden. Man unterscheidet zwischen Gate-Arrays, Standardzellen und Allgemeinen Zellen (Bild 1.16).

Bei Gate-Arrays liegen die Positionen der Zellen im IC fest. Die gewünschte Funktion wird durch entsprechende Verdrahtung der Zellen eingestellt. Diese kann als letzter Fertigungsschritt auf standardmäßig vorgefertigte Bausteine aufgebracht werden.

Bei Standard- und Allgemeinen Zellen ist diese Vorfertigung nicht möglich, da neben der Interzellverdrahtung auch die räumliche Anordung der Zellen individuell bestimmt werden muß. Standardzellen, im Unterschied zu Allgemeinen Zellen, haben eine einheitliche Höhe, was diese Aufgabe erleichtert.

Der Vorteil von Gate-Arrays liegt in der sehr kurzen Entwicklungs- und Fertigungszeit bei nicht optimaler Flächennutzung. Sie sind deshalb für Spezialanwendungen in niedrigen Stückzahlen geeignet. Mit Allgemeinen Zellen wird eine bessere Flächennutzung und höhere Packungsdichte erzielt. Dies erfordert höheren Entwicklungsaufwand, bringt aber niedrigere Fertigungskosten. Dieses Konzept wird daher auf in großen Mengen benötigte IC's, die billig sein müssen, angewendet.

## 1.5  Fertigungstechnik

Die Fertigungstechnik legt die Art und Weise fest, in der Moduln und Systeme hergestellt werden (Materialfluß s. Bild 1.17). Da die Produkte wirtschaftlich und in gleichbleibend hoher Fertigungsqualität herstellbar sein sollen, müssen bereits bei der Konstruktion, d.h. bei der Festlegung der Einbautechnik, die Grenzen und Eigenheiten der zum Einsatz kommenden Fertigungs-Verfahren und -Mittel berücksichtigt werden.

So bestimmen z.B. bei der Leiterplatten (Lp)-Fertigung (Abschnitt 6.4) das vorgesehene Ätzverfahren und die eingesetzten Galvanikeinrichtungen die erzielbare minimale Breite der Leiterbahnen und den kleinsten Abstand zwischen ihnen. Sollen einzelne Lagen und fertige Leiterplatten mit einem numerisch gesteuerten Verdrahtungsprüfautomaten auf Fertigungsfehler (Kurzschlüsse, Unterbrechungen der Sollverbindungen) geprüft werden, so ergeben sich weitere Randbedingungen für die Einbautechnik. Die Verbindung zwischen dem Prüfautomaten und dem Prüfling (einzelne Lage bzw. komplette Leiterplatte) wird hier über einen Nadeladapter (Bild 1.18) hergestellt.

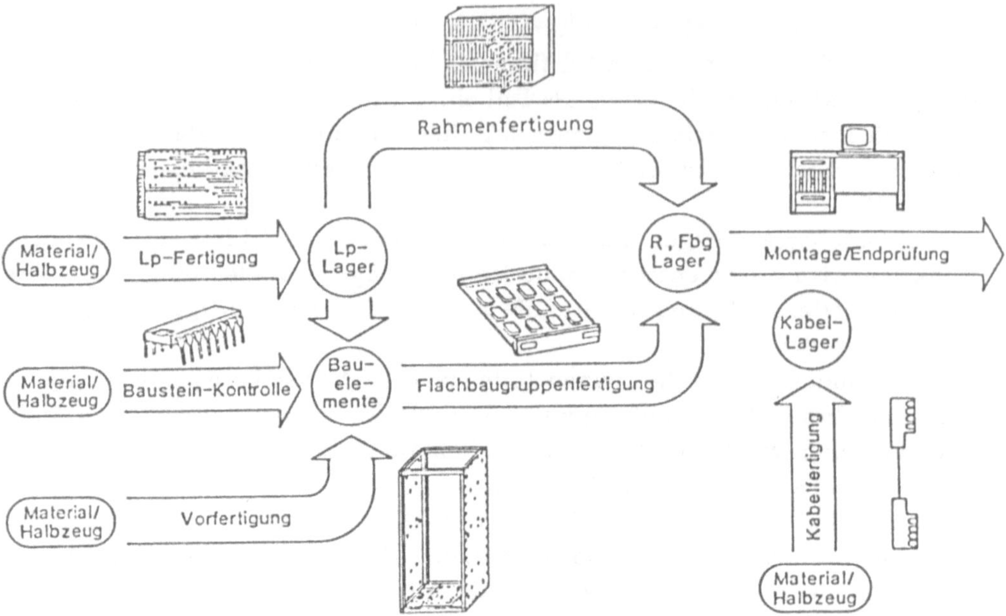


Bild 1.17: Systemfertigung; Materialfluß

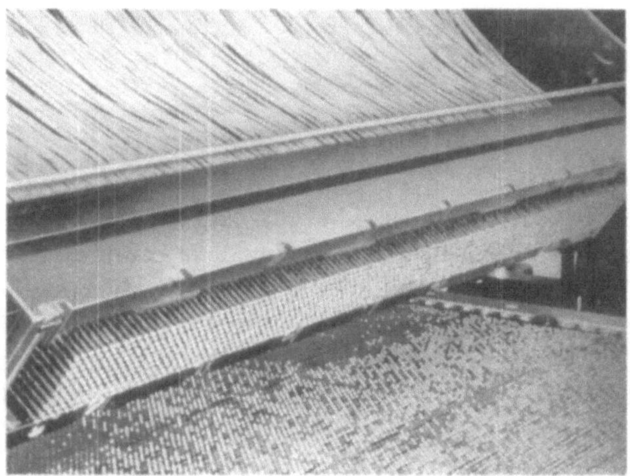

Bild 1.18: Nadeladapter des Verdrahtungsprüfautomaten

Daraus ergibt sich die Forderung, daß auf den Lagen, die adaptiert werden, die Lötaugen (Bild 1.10) nur auf Rasterpunkten, die dem Nadeladapter entsprechen, gesetzt werden dürfen. Darüber hinaus sollen Leitungen nicht auf den Rasterlinien des Adapters verlaufen, da sonst mit dem Abgleiten der Nadeln von der

Kupferbahn und als Folge davon mit unsicheren Kontaktverhältnissen zu rechnen ist.

Auch bei der Flachbaugruppenfertigung mit den Hauptarbeitsgängen:

- Bestücken,
- Löten und
- Prüfen

ist der Einfluß eingesetzter Fertigungsmittel zu beobachten. Solange das Einsetzen von Bauelementen in die Leiterplatte manuell, z.B. am Bestücktisch, mit optischem Anzeigen des Einsatzsortes geschieht, sind keine besonderen Einschränkungen zu berücksichtigen. Weder die äußere Form der Bauteile noch die Art der Anschlüsse (radial, axial) und ihre Ausformung spielen dabei eine wesentlicheRolle. Bei der Anordnung der Bauteile auf der Leiterplatte ist nur ihr Platzbedarf zu berücksichtigen.

Ist der Einsatz von Bestückautomaten (Bild 1.19) vorgesehen, so ändern sich die Randbedingungen. Die äußere Form und die Anschlußarten der Bauteile sind nunmehr ein wichtiger Parameter. So benötigt man jeweils unterschiedliche Bestückungsautomaten für:

- DIP (Dual Inline Packages) - Bauteile,
- SMD (Surface Mounted Devices) - Bauteile,
- Bauteile mit Axialanschlüssen und
- Bauteile mit Radialanschlüssen.

Bild 1.19: Bestückungsautomat für DIP-Bauteile [1.2]

Die Ausformungen der Anschlüsse sind durch den Automaten vorgegeben. Bei der Anordnung der Bauteile auf der Leiterplatte sind nur wenige Einbaulagen zugelassen. Außerdem muß der Platzbedarf des jeweiligen Einsetzwerkzeuges (der sog. Bestückschatten) berücksichtigt werden. Damit beim Einsetzen eines Bauteiles die Anschlußbeinchen nicht umknicken und so Bestückungsfehler entstehen, werden z.B. bei DIP-Bauteilen auch höhere Anforderungen an die Bauteile selbst gestellt: der Durchmesser der Beinchen muß enger toleriert sein und die Lage der Beinchenspitzen genauer eingehalten werden.

Als nächste Automatisierungsstufe bietet sich die Verkettung der Bestückungsautomaten und anderer Bearbeitungsstationen durch ein Transportsystem an [1.7]. Hierbei wird unter anderem auch der Transportrahmen festgelegt, auf dem die zu bestückenden Leiterplatten befestigt werden und so aufgespannt das Fertigungssystem durchlaufen. Bei der Festlegung dieses Rahmens und der Aufspannmöglichkeiten müssen die zu fertigenden Leiterplatten-Formen und Leiterplatten-Größen berücksichtigt werden. Um einen möglichst hohen Nutzungsgrad zu erreichen, ist eine Standardisierung der Leiterplattenformate erforderlich, was auch bei dem Entwurf der Einbautechnik zu berücksichtigen ist.

## Literatur

[1.1]  Müller, H.: Chip Carrier - Pin Grid Array - TAB-Anwendung. E.G. Leuze, 1984.

[1.2]  Heusler, J.: Wie entsteht ein Computer? Siemens, Bereich Datentechnik, 1987.

[1.3]  Müller, R.: Grundlagen der Halbleiterelektronik. Springer, 1987.

[1.4]  Müller, R.: Bauelemente der Halbleiterelektronik. Springer, 1987.

[1.5]  Hörbst, E.; Nett, M.; Schwärtzel, H.: VENUS Entwurf von VLSI-Schaltungen. Springer, 1986.

[1.6]  Hilberg, W.: Impulse auf Leitungen. Reihe Grundlagen der Schaltungstechnik. Oldenbourg, 1981.

[1.7]  Doetsch, E.; Wolf, H.C.: Mit CAI bereit zur Innovation. Siemens, COM-Magazin, Special CAI, Jan. 1988, S.11-13.

# 2  Entwurfsmethodik

In diesem Kapitel wird die Vorgehensweise beim Modul- und Systementwurf und die Motivation dafür im Überblick dargestellt. Nach den Zielen und Prinzipien des methodischen Vorgehens beim Entwurf werden die Entwurfsaufgaben und der Prozeß, der zu ihrer Erfüllung führt, dargestellt. In den weiteren Abschnitten wird dieser Prozeß aus dem Gesichtspunkt der Computerunterstützung betrachtet.

## 2.1  Ziele einer Entwurfsmethodik

Unter Entwurf verstehen wir einerseits den Plan eines Systems, nach dem dieses hergestellt werden kann, andererseits den Prozeß, der zu diesem Plan führt. Eine Entwurfsmethodik ist eine Systematisierung dieses Prozesses. Sie ist eine vorgegebene Folge von Schritten, um ein gesetztes Ziel zu erreichen. Sie legt für jeden dieser Schritte die Voraussetzungen fest, unter denen er ausgeführt werden kann, die Durchführung und die Ergebnisse, die er erbringen muß. Hierzu gehört insbesonders die Festlegung der Objekte und ihrer Eigenschaften, die ein Entwurfsschritt benutzen kann, sowie der Objekte und deren Eigenschaften, die er ergeben soll. Eine Methodik beinhaltet Elemente, die ihre Anwendung steuern; sie führt den Entwerfer einerseits und kontrolliert andererseits, ob er den vorgezeichneten Weg geht. Zu einer wohldefinierten Methodik gehört die Festlegung ihres Anwendungsbereiches.

Von einer Entwurfsmethodik erwarten wir generell, daß sie dazu dient:

- die Komplexität der zu entwerfenden Systeme zu beherrschen,
- den Vorgang des Entwerfens zu verstehen, zu vereinfachen, zu beschleunigen und zu standardisieren,
- den Entwurfsvorgang reproduzierbar zu machen,
- den Prozeß des Entwerfens planbar und kontrollierbar zu machen,
- die gesetzten Ziele im Hinblick auf Qualität, Termine und Kosten sicher zu erreichen bzw. die Voraussetzung für ihre Erreichbarkeit in nachfolgenden Prozessen zu schaffen und

□ die Konsistenz zwischen dem Entwurfsprozeß und anderen zu Produktentwicklung und -einsatz gehörigen Prozessen zu gewährleisten.


## 2.2  Elemente einer Entwurfsmethodik


Die Methoden des System- und Modulentwurfs beruhen im wesentlichen auf drei Prinzipien:

□ Abstraktion,
□ hierarchische Modularisierung,
□ Strukturierung des Entwurfsprozesses.


### 2.2.1 Abstraktion

Das Prinzip der Abstraktion ist die Klassenbildung [2.1, 2.8]. Anstatt vieler Individuen, die sich durch individuelle Attributwerte unterscheiden, betrachtet man Klassen mit neu definierten Attributen, deren Werte sich aus denen der Individuen ableiten. Rechtfertigung von Abstraktion ist, daß sich einerseits bestimmte Aspekte eines Systems mit ausreichender Genauigkeit durch Betrachtung der Klassen anstatt der Individuen beschreiben lassen. Andererseits treten wichtige Aspekte und ihr Zusammenwirken erst bei abstrakter Betrachtungsweise deutlich hervor. Ein klassisches Beispiel aus der Physik:

Die Thermodynamik ist eine Abstraktion im Hinblick auf die kinetische Gastheorie. An diesem Beispiel sieht man besonders deutlich den Nutzen der Abstraktion: energetische Vorgänge von Wärmekraftmaschinen lassen sich durch Zustandgrößen wie Energie und Entropie weniger makroskopischer Objekte beschreiben, die kinetische Gastheorie muß zum selben Zweck von der ungeheuren Vielzahl atomarer Objekte ausgehen.

Für den Entwurf elektronischer Schaltungen haben sich einige mehr oder weniger klar umrissene Abstraktionsebenen herauskristallisiert. Jede Ebene ermöglicht eine Beschreibung des Entwurfsobjektes im Hinblick auf bestimmte Aspekte. Eine Abstraktionsebene stellt für den Entwurf Objekte mit bestimmten Attributen zur Verfügung und Konstruktionsalgorithmen, die die Konstruktion komplexer Objekte aus einfachen ermöglichen. Der Entwurfsprozeß verläuft in zwei Richtungen:

□ Entwurf auf einer Abstraktionsebene,
□ Übergang zwischen Abstraktionsebenen, in der Regel von einer höheren zu einer tieferen.

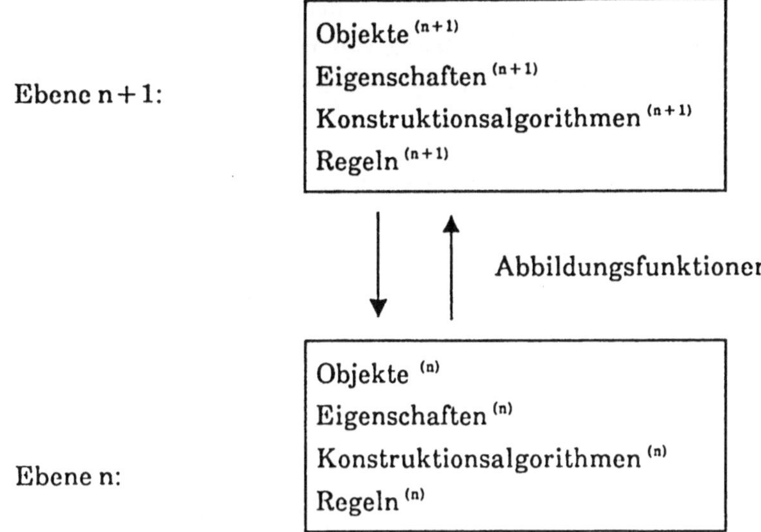


Bild 2.1: Beziehungen zwischen Abstraktionsebenen

Die Entwurfsmethodik garantiert - mit Hilfe von Abbildungsfunktionen - daß
Objekte der höheren Ebene in der tieferen "realisiert" werden können. Um sicherzustellen, daß Aspekte, die in der tieferen Ebene von Bedeutung sind, frühzeitig
berücksichtigt werden, wird die Entwurfsfreiheit auf der höheren Ebene durch
Entwurfsregeln eingeschränkt. Bild 2.1 stellt diese Zusammenhänge dar.

### 2.2.2 Die Abstraktionsebenen für den Entwurf digitaler Systeme

Für die Schaltungsentwicklung haben sich bestimmte Abstraktionsebenen eta-
bliert. Wenn sie auch nicht alle so präzise definiert sind wie z.B. die Theorien der
Physik und keine allgemein akzeptierte Klassifizierung besteht, ist doch folgendes
Schema als Basis für eine weltweit praktizierte Entwurfsmethodik zu nennen:

*Systemebene*
Das Entwurfsobjekt wird als ein Netz miteinander kommunizierender Moduln
beschrieben. Beschreibungsmittel sind formale Sprachen, die eng an höhere Programmiersprachen angelehnt sind, mit zusätzlichen Konstrukten für Prozeßsyn-
chronisation, Darstellung von Parallelität und zeitlichem Verhalten. Informationen sind als komplexe Datentypen repräsentiert. Dabei interessieren Informati-
onsklassen und nicht Informationsinhalte, oder gar konkrete Darstellungen dieser
Inhalte (also z.B. die Informationsklasse "Integer" und nicht, ob eine Integer-Zahl
mit Wert 15 oder 50 vorliegt und schon gar nicht ihre Darstellung als 16-Bit-Dual-

zahl im 2er- oder 1er-Komplement). Aspekte, die auf dieser Ebene untersucht werden, sind die Systemleistung, die Parallelisierung von Vorgängen, Synchronisationsmechanismen, Verarbeitungsstrategien, Zuordnung von Prozessen zu Betriebsmitteln und dergleichen.

Auf der Systemebene steht die Betrachtung der Funktion im Vordergrund, wobei Realisierungsalternativen durch Parameterwerte (z.B. Verarbeitungszeit, Kapazitätswerte von Speichern und Kanälen) berücksichtigt werden. Es wird deshalb häufig (vor allem aus der Sicht des Hardwareentwicklers) auch von funktionaler Beschreibung bzw. Beschreibung auf Funktionsebene gesprochen.

*Logikebene*

Die Informationen sind mittels einer zweiwertigen Logik als Bitstrings repräsentiert, informationsverarbeitende Elemente sind Operatoren auf Bitstrings (kombinatorische Elemente, Speicherelemente), das zeitliche Verhalten ist als taktgesteuerte Kausalstruktur beschrieben. Auf der Logikebene steht als Aspekt die logisch korrekte Realisierung der Datenpfade und Steuerpfade einer Schaltung mit Hilfe vorgegebener digitaler Schaltelemente im Vordergrund. In der Praxis reicht heute die ausschließliche Berücksichtigung dieser rein logischen Aspekte nicht mehr aus. Deshalb hat man Beschreibungselemente hinzugenommen, um auch auf dieser Ebene der diskreten Beschreibung (diskret bzgl. Werten und Zeit) elektrische Effekte berücksichtigen zu können. So werden z.B. Signalstärken durch eine mehrwertige Logik (Kapitel 3) und Zeitverhältnisse durch Schalt- und Signallaufzeiten dargestellt. Von Gatterebene spricht man, wenn die Basiselemente einfache Speicherelemente (Flipflops) und Gatter (AND, OR) sind. Die Verwendung komplexerer Elemente (Register, Multiplexer, ALU) und die Zusammenfassung von Signalen zu Signalbündeln führt zur klassischen Registertransferebene. Weiterentwicklungen von Beschreibungssprachen für die Registertransferebene (Registertransfersprachen) reichen in die Systemebene hinein [2.2, 2.3].

Registertransfersprachen werden häufig benutzt, um die Funktion einer Schaltung algorithmisch zu beschreiben, während auf Gatterebene die Schaltung als Struktur aus Schaltelementen dargestellt wird (strukturorientierte Beschreibung).

*Schaltkreisebene*

Die Information ist als Strom- und Spannungsverlauf beschrieben. Objekte sind Transistoren, Kapazitäten, Induktivitäten, Ohmsche Widerstände. Das Zeitverhalten wird als stetige Funktion elektrischer Werte im Zeitraum und im Frequenzraum beschrieben. Betrachtungen auf der Schaltkreisebene zielen auf die Vermeidung von Störungen durch elektrische Effekte (Reflexion, Übersprechen) und stellen sicher, daß die Abstraktion auf Logikebene gerechtfertigt ist. Es werden dabei Impulsformen, Spannungspegeln, Kapazitäten, Widerstände usw. untersucht. Nur wenn z.B. bestimmte Toleranzen in den Impulsformen und Spannungspegeln nicht überschritten werden, ist eine Abstraktion von einer kontinuierlichen Spannungskurve zu diskreten Logikwerten zulässig. Auf der Schaltkreisebene werden Parameter (z.B. Schaltzeiten, Laufzeiten, Treiberstärken) ermittelt, die auf der Logikebene verwendet werden.


*Geometrieebene*

Die Verarbeitungselemente und Informationswege sind als geometrische - topologische Strukturen beschrieben (Baustein-, Leiterplattenkonturen, Leiterbahnen). Im Vordergrund der Betrachtung steht hier die geometrisch-topologische Realisierung einer Schaltungslogik und die Ermittlung elektrischer Basiswerte (Widerstand, Kapazität) aus geometrischen Werten (wie Leitungsdimensionen, Abstände von Leitungen), die in der Schaltkreisebene als Parameter verwendet werden. Häufig werden auf der Geometrieebene zwei Abstraktionsebenen unterschieden: die Topologieebene, in der von konkreten, geometrischen Werten abstrahiert wird und nur die relative Lage von Objekten zueinander und ihr Typ interessiert (symbolisches Layout) und die eigentliche Geometrieebene, auf der das Entwurfsobjekt geometrisch genau beschrieben ist (reales Layout).


*Technologieebene*

Die Objekte sind mit ihren Materialeigenschaften beschrieben und mit genauen realisierungsbezogenen Dimensionen. Der Technologie sind Herstellverfahren zugeordnet, die sozusagen als unterste Abstraktionsebene das physikalische Objekt realisieren. Auf der Technologieebene werden physikalische Konstanten, wie spezifischer Widerstand, Dielektrizitätskonstante, ermittelt, die auf der Schaltkreis- und Geometrieebene verwendet werden.

Die Bedeutung von Abstraktionsebenen läßt sich wie folgt charakterisieren:

- Für die Berücksichtigung bestimmter Aspekte genügt es, die Schaltung nur in der dafür erforderlichen Abstraktion zu entwerfen. Die Aspekte sind dann in der für sie adäquaten Abstraktion optimal zu behandeln.
- Durch die Vorgabe von Basisobjekten auf jeder Ebene und die Gewähr, daß diese Objekte in der nächst tieferen Ebene mit zugesicherten Leistungen und bekanntem Aufwand realisiert werden können, wird der Entwurf in Richtung eines realisierbaren Objektes gelenkt.
- Die Entwurfstiefe kann dadurch reduziert werden, daß für Basisobjekte einer Ebene "vorgefertigte" Realisierungen der tieferen Ebene verwendet werden (Bibliotheken, Kapitel 5).
- Der Übergang von einer höheren zu einer tieferen Ebene kann - bei wohldefinierter Zuordnung zwischen den Ebenen - automatisiert werden.
- Die Etablierung von Abstraktionsebenen erlaubt es, allgemein einsetzbare ebenenspezifische Werkzeuge und Entwurfstechniken zu entwickeln.

### 2.2.3 Hierarchische Modularisierung

Die hierarchische Modularisierung verfolgt das Ziel, anstelle komplexer Objekte
zu einem Zeitpunkt und durch einen Entwickler einfachere Teilobjekte zu betrachten.

Die Bildung solcher Teilobjekte erfolgt unter zwei Gesichtspunkten:

- im Hinblick auf den physikalischen Aufbau,
- im Hinblick auf die logische Funktion.

Für den System- und Modulentwurf ist die grundsätzliche physikalische Struktur durch die Aufbautechnik vorgegeben, wie in Kapitel 1 beschrieben und in Bild
2.2 dargestellt (soweit für den Entwurf relevant).

Die konkrete physikalische Struktur ergibt sich für ein System einerseits aus
der Komplexität desselben (z. B. die Zahl der logischen Grundfunktionen) und andererseits aus den angewandten Elementtypen. So wird ein System, das mit an-
wendungsspezifischen hochintegrierten Bausteinen realisiert wird, anders strukturiert sein, als wenn es mit niederintegrierten Standardbausteinen aufgebaut
wird. Die Festlegung der physikalischen Struktur ist Teil des "physikalischen Entwurfs" (Kapitel 4).

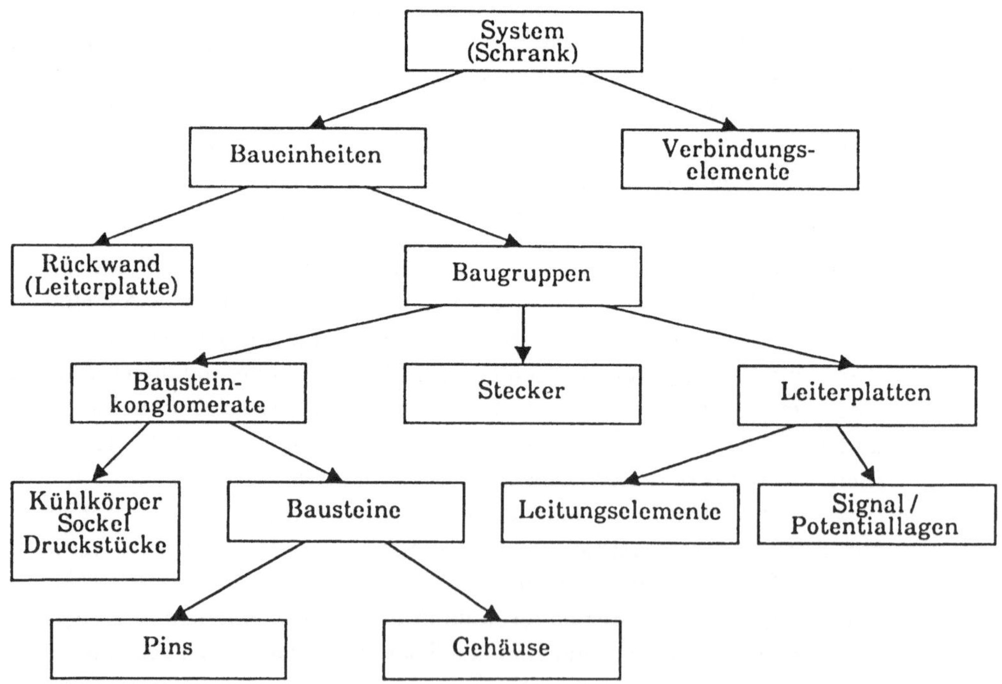


Bild 2.2: Physikalische Struktur eines elektronischen Systems

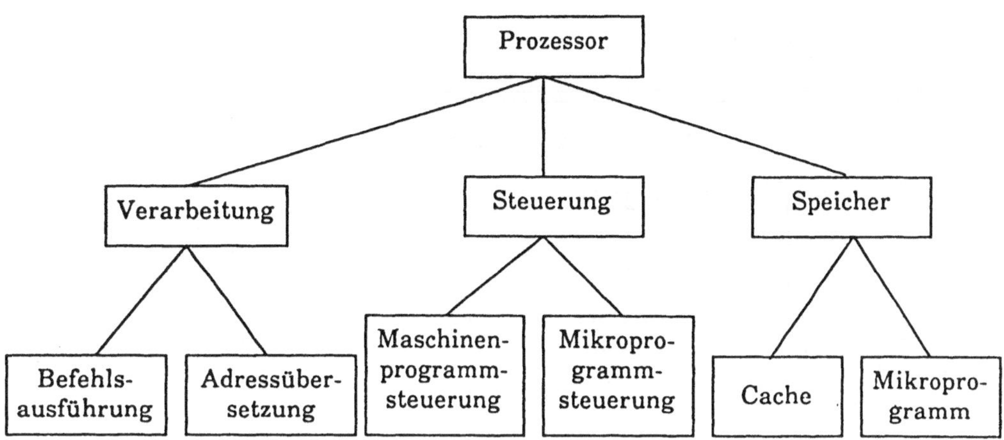


Bild 2.3: Beispiel für eine funktionale Hierarchie

Im "funktionalen Entwurf" (in der Hardwareentwicklung häufig auch als "Logikentwurf" bezeichnet) wird die logische Funktion des Systems über mehrere Hierarchieebenen in Teilfunktionen zerlegt. Auf der untersten Stufe ist die Gesamtfunktion durch vorgegebene Basiselemente dargestellt, für die es entsprechende physikalische Objekte wie Bausteine oder Zellen gibt.

Ein Beispiel für die oberen Stufen einer funktionalen Hierarchie zeigt Bild 2.3. Die Zerlegung in Teilfunktionen erfolgt nach unterschiedlichen Gesichtspunkten:

- vorgegebene, etablierte Funktionsprinzipien von speziellen Schaltungstypen,
- Bildung in sich abgeschlossener, funktional autonomer Einheiten mit einfachen, klar definierten Wechselwirkungen mit der Umgebung,
- Wissensspezialisierung im Hinblick auf Teilfunktionen,
- Architekturkriterien, wie parallele Ausführbarkeit von Teilfunktionen,
- Parallelisierung des Entwurfs,
- Verwendbarkeit von Teilfunktionen in unterschiedlichen Systemen,
- Realisierbarkeit mit einem Objekt der physikalischen Struktur.

Auf jeder Zerlegungsstufe der Funktion wird der Informationsfluß zwischen den Teilfunktionen in seiner Informationsfluß- und Kausalstruktur entworfen. Bild 2.4 zeigt z.B. die Informationsflußstruktur der nächsten Zerlegungsstufe von Bild 2.3.

Je nachdem, ob die hierarchische Modularisierung ihren Ausgang von einer höheren oder einer niedrigeren Hierarchiestufe nimmt, spricht man von Top-down- oder Bottom-up-Entwurf. Das Prinzip der Modularisierung fordert die Festlegung und Realisierung von Schnittstellen - das Außenverhalten einer Funktion - in einer Weise, daß die anderen Funktionen diese Schnittstellen ohne Kenntnis der internen Funktionsweise nutzen können. Eine stärkere Forderung ist, daß die

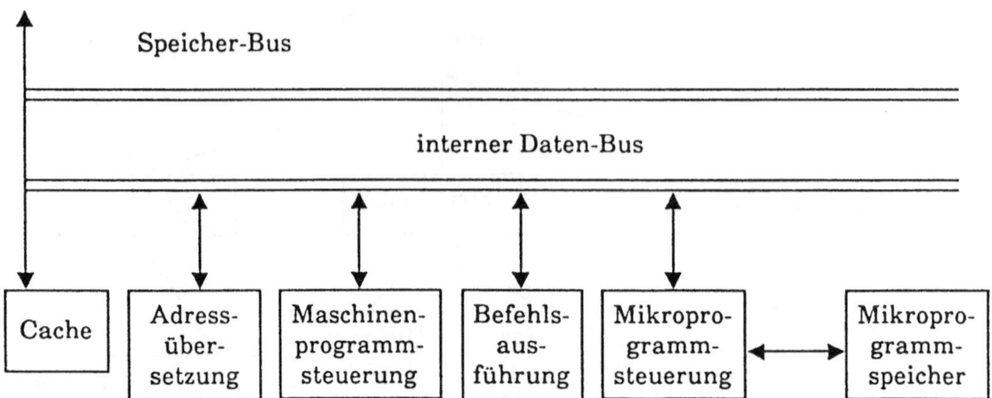


Bild 2.4: Beispiel für Informationsflußstruktur

Schnittstelle ihre Eigenschaften unabhängig von der sie nutzenden Umgebung
beibehält. Dies ist insbesonders bei einem Bottom-up-Entwurf erforderlich, weil
hier das einzelne Element vor der Struktur, in der es eingesetzt wird, vorliegt,
während beim Top-down-Entwurf mit der Struktur die Schnittstellen definiert
werden.

Die heute etablierte Entwurfsmethodik sieht eine weitgehend voneinander unabhängige, funktionale und physikalische Strukturierung vor. Im Prinzip geht sie
davon aus, daß zuerst der funktionale Entwurf erfolgt und dann der physikalische
Entwurf, der die logischen Funktionen auf eine physikalische Struktur abbildet.
Dies ist jedoch allenfalls dann möglich, wenn eine weitgehende Festlegung der
physikalischen Struktur - und der zugrundeliegenden Technologien - von Haus
aus gegeben ist, z.B. aufgrund eines spezialisierten Produktspektrums. Im allgemeinen aber muß eine gewisse Festlegung der physikalischen Struktur und der zugrundeliegenden Technologie getroffen werden, bevor die unterste Hierarchiestufe
des funktionalen Entwurfs erreicht ist. Der Grund: im funktionalen Entwurf werden Basiselemente verwendet, die eine Entsprechung in physikalischen Elementen besitzen müssen. Das Spektrum dieser physikalischen Elemente ist aber unterschiedlich, je nachdem ob die Logik z.B. auf einem hochintegrierten Baustein
oder durch niederintegrierte Standardbausteine realisiert wird.

Von den Anforderungen an eine Entwurfsmethodik erfüllt die hierarchische
Modularisierung insbesonders die Bewältigung der Komplexität, die Sicherheit
des Entwurfsprozesses durch frühzeitige Spezifikation von Funktionen und
Schnittstellen einschließlich ihrer Verifikation und die Beschleunigung des Entwurfsprozesses durch Parallelisierung.

### 2.2.4 Strukturierung des Entwurfsprozesses

Der Entwurfsprozeß läßt sich in einzelne Phasen strukturieren. Jede Phase verfolgt definierte Entwurfsziele unabhängig von den Zielen anderer Phasen. Jede Phase beinhaltet Zieldefinition (Spezifikation), Konstruktion und Verifikation. Die Verifikation hat die Aufgabe, sicherzustellen, daß die Konstruktion zu den vorgegebenen Zielen führt. Ergebnisse des Verifikationsschrittes können Zielvorgaben für spätere Phasen liefern. So kann z.B. die Verifikation des Zeitverhaltens auf einer Zerlegungsstufe ergeben, daß eine Schaltung nur dann die geforderte Leistung erbringt, wenn die Schaltzeit eines Elements einen gewissen Wert nicht überschreitet.

Der phasenorientierten Entwurfsmethodik liegt das Prinzip der Spezialisierung und Sequentialisierung von Entwurfsaufgaben zugrunde. Die Trennung von funktionalem Entwurf und physikalischem Entwurf ist ein Beispiel dafür. Der Vorteil dieses Vorgehens liegt in der Vereinfachung der einzelnen Entwurfsschritte, in der Transparenz des Entwurfsprozesses und in der Sicherheit, die es dadurch schafft, daß jeder Entwurfsschritt auf einer verifizierten Basis aufsetzt. Das Risiko liegt darin, daß Entwurfsziele in der Regel miteinander konkurrieren und eine unabhängige Verfolgung derselben selten zu einem Gesamtoptimum führt. Die Phasen des Entwurfsprozesses müssen deshalb so gewählt und aneinandergereiht werden, daß ein Abgleich zwischen konkurrierenden Zielen rechtzeitig erfolgt (Kapitel 4).

### 2.2.5 Der Prozeßraum

Der Systementwurf orientiert sich - wie geschildert - an den drei grundsätzlichen Prinzipien:

- □ Abstraktion,
- □ hierarchische Modularisierung (funktional, physikalisch),
- □ Strukturierung des Entwurfsprozesses.

Diese drei Prinzipien bilden sozusagen ein dreidimensionales Gitter, wie in Bild 2.5 dargestellt, wobei - der Einfachheit halber - auf der X-Achse nur die physikalische Hierarchie wiedergegeben ist. Jeder Gitterpunkt stellt einen möglichen Entwurfsschritt dar. Er ist festgelegt durch die Abstraktionsebene, die Hierarchiestufe und die Phasenaufgabe. Ein solcher Entwurfsschritt ist also z.B.:

- □ *Zieldefinition* auf *Systemebene* für ein *System* oder
- □ *Verifikation* einer auf *Logikebene* entworfenen *Steuerungsfunktion* (könnte z.B. der dritten Stufe der funktionalen Zerlegung eines Systems "Prozessor" angehören).

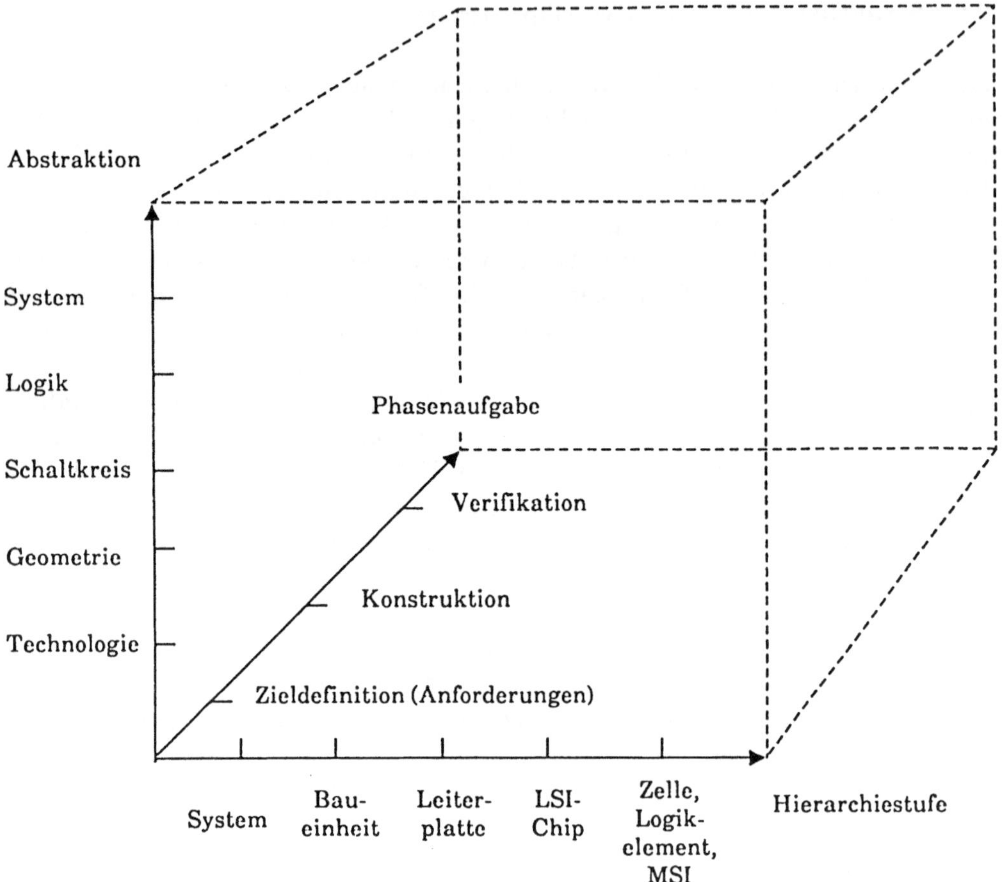



Bild 2.5: Der Prozeßraum

Der Entwurfsprozeß als eine Aneinanderreihung von Entwurfsschritten ist ein Pfad in diesem dreidimensionalen "Prozeßraum". Ein solcher Pfad wäre - um ein simples Beispiel zu nennen:

- □ Zieldefinition auf Logikebene für eine Baugruppe (Beschreibung der geforderten Funktion mit einer Registertransfersprache),
- □ Konstruktion der Baugruppe auf Logikebene (Schaltplan mit Gattern, Widerständen usw., Zuordnung Logikelemente zu Bausteinen),
- □ Verifikation der Baugruppe auf Logikebene (Simulation mit einem Logiksimulator),
- □ Konstruktion der Baugruppe auf Geometrieebene (Plazierung der Bausteine, Festlegen der Leiterbahnen).

In der Praxis werden bei Entwurfsprozessen weder alle Abstraktionsebenen durchlaufen, noch werden auf jeder Abstraktions-/Hierarchieebene alle drei Phasenaufgaben ausgeführt. Große Abschnitte des Entwurfsprozesses stellen eine unmittelbare Folge von Konstruktionsschritten dar, Zieldefinition und Verifikation werden ausgelassen.

## 2.3  Entwurfsaufgaben in der Elektronik

Im Abschnitt 2.2 wurden die grundsätzlichen Aspekte der Entwurfsmethodik behandelt, die zum Entwurfsprozeß als einer Folge von Entwurfsschritten im Prozeßraum führen. In diesem Abschnitt sollen die unterschiedlichen Aufgaben, die in den Entwurfsschritten zu bewältigen sind, charakterisiert werden. Die Entwurfsaufgaben bestehen in der Elektronik ganz allgemein darin, entsprechend definierter Vorgaben Schaltungen zu entwerfen und dabei vollständige und eindeutige Angaben zur Fertigung und Prüfung der herzustellenden Einheiten zu erarbeiten. Die Einzelaufgaben, die sich beim Entwurf stellen, ergeben sich aus Vorgaben zu Funktion und Leistung, Fertigungs- und Prüftechnik, Aufbautechnik, Umgebungs- und Einsatzbedingungen, Qualität, Herstellkosten, Entwicklungsaufwand und Entwicklungstermin. Die wichtigsten Aufgaben sind im folgenden kurz charakterisiert:

*Entwurf der Logikfunktion*
Elektronische Schaltwerke werden mit vorgegebenen Basiselementen, aktiven und passiven Schaltelementen, entworfen. Aktive Schaltelemente sind im allgemeinen mehr oder weniger komplexe Transistorschaltungen. Nur in ganz seltenen Fällen werden heute noch Schaltungen oder Teile von Schaltungen auf der Ebene einzelner Transistoren entworfen.

In der Digitaltechnik reicht das Spektrum der Schaltelemente für den Entwurf kombinatorischer Logik von fundamentalen 2-Bit-Verknüpfungsgliedern (AND/NAND/OR/NOR/EXOR) bis zu komplexen Multiplexern, Decodierern, Zählern, Addierern usw. Auch für den Entwurf sequentieller Logik steht heute in verschiedenen Technologien eine Vielzahl verschiedener speichernder Glieder vom einfachen Flipflop bis zu tief gestaffelten Registereinheiten zur Verfügung.

Für den Logikentwurf allein ist es unerheblich, ob die verfügbaren Schaltelemente als Zellen, anwendungsspezifisch zu integrierender Schaltungen (ASICs) oder als fertige MSI- bzw. LSI-Bausteine zur Verfügung stehen. Mit welchen Schaltelementen die Logik zu entwerfen ist, ist mit der vorgegebenen Technologie der herzustellenden Einheit festgelegt. Aufgabe des Logikentwurfs ist es, durch sinnvolle Verknüpfung verfügbarer Schaltelemente eine Schaltungslogik zu beschreiben, mit der die für den Modul spezifizierten Funktionen realisiert werden.

*Sicherstellen der elektrischen Funktion*

Beim Entwurf der Schaltungslogik ist sicherzustellen, daß die (logisch korrekte) Schaltung in der vorgegebenen Technologie funktionieren kann. Das elektrische Verhalten der Schaltelemente muß beim Logikentwurf berücksichtigt werden. Die vorgeschriebenen Signalpegel müssen durch entsprechende Dimensionierung von Lasten und Leitungen gewährleistet, Störungen durch Reflexionen und Übersprechen vermieden, Zeitbedingungen zwischen Signalen eingehalten werden. Die Grenzen der physikalischen Einheiten sind in der Logik mit entsprechenden Sender- und Empfängerelementen zu berücksichtigen (z.B. Ausgangswandler). Die Stromaufnahme der Schaltelemente ist bei der Auslegung der Stromversorgungseinrichtungen und der Versorgungsleitungen zu berücksichtigen, die Verlustleistung der Schaltung bei der Gestaltung der Kühlungseinrichtungen. Zuverlässigkeitsanforderungen und Umweltbedingungen (z.B. Klimaklasse) sind hier wesentliche Einflußgrößen.

*Erreichen der geforderten Operationsgeschwindigkeit*

Die Schaltzeiten der einzelnen Elemente und die Signallaufzeiten in den Netzen der Schaltung bestimmen die Operationsgeschwindigkeit eines Schaltwerks und damit die Leistungsfähigkeit eines Systems. Der Entwurf einer Schaltung ist so zu gestalten, daß die spezifizierten Funktionen in der erforderlichen Zeit ausgeführt werden können. Dabei ist - besonders in sequentieller Logik - sicherzustellen, daß zu definierten Zeitpunkten eindeutige Schaltzustände bestehen. Verbindungsleitungen und Lasten sind so zu dimensionieren, daß Zeitvorgaben eingehalten werden.

*Gewährleisten von Zuverlässigkeit*

Zuverlässigkeitsanforderungen an ein Schaltwerk sind in der Schaltungslogik durch besondere Maßnahmen zu berücksichtigen. Je nach Anforderungen können relativ einfache Überwachungseinrichtungen (z.B. Paritätsprüfung auf Datenwegen), ECC-Mechanismen (Fehlerkorrektureinrichtungen in Registern und Speichern), aber auch redundante Schaltwerksteile für Fehlertoleranz der Gesamtschaltung im Entwurf vorgesehen werden.

*Sicherstellen der Prüfbarkeit*

Beim Entwurf der Schaltungslogik muß erreicht werden, daß die Schaltung auf Fertigungsfehler geprüft werden kann; die Funktionen der Schaltung müssen sich vollständig verifizieren lassen (Abschnitt 3.3).

*Entwurf einer fertigungsgerechten Konstruktion*

Der physikalische Aufbau der Schaltung ist unter Berücksichtigung der Vorgaben und der Möglichkeiten physikalischer Realisierung zu entwerfen. Logische Elemente sind physikalisch vorgegebenen Elementen zuzuordnen (z.B. Schaltele-

mente zu Bausteinen, Signale zu Leitungstypen, logische Ein- und Ausgänge zu
Pins). Die Erfordernisse und Möglichkeiten der Fertigungswerkzeuge (z.B. der Bestückautomaten) sind dabei zu berücksichtigen.

*Fertigungs- und Prüfdatenermittlung*
Die Ergebnisse des logischen und des physikalischen Modulentwurfs sind in einer Form festzuhalten und darzustellen, die die weitgehend automatische Fertigung, Prüfung und Wartung der Einheit ermöglicht (Kapitel 6).

*Einhalten physikalischer und geometrischer Randbedingungen*
Zu diesen Randbedingungen zählen z.B. Leistungsaufnahme, Wärmeabgabe,
Raumbedarf.

*Dokumentation des Entwurfs*
Die Einbettung des Systems in die Umgebung, seine Anwendung und Wartung
erfordern eine Dokumentation des Systemverhaltens und seiner Konstruktion.

## 2.4  Der Entwurfsprozeß für den Modul- und Systementwurf in der Elektronik

Der Entwurfsprozeß stellt eine Reihenfolge dar, in der Entwurfsaufgaben erledigt
werden. Bei grober Betrachtung - sie wird in der Besprechung des computerge-
stützten Entwurfsprozesses differenziert werden (Bild 2.7) - verläuft der Prozeß in
vier großen aufeinanderfolgenden Teilprozessen wie in Bild 2.6 dargestellt:

*Systementwurf*
Ausgehend von der Aufgabenstellung wird das Außenverhalten der Schaltung
spezifiziert. In einer wechselseitigen Berücksichtigung funktionaler und physikalischer Architektur und möglicher Technologien wird das System in folgenden
Punkten festgelegt:

- Schnittstellen nach außen,
- Funktionsaufteilung und Methodik der Funktionserfüllung (z.B. Realisie-
  rung in Hardware oder Firmware),
- Kooperation der Funktionen (Datenpfade, Kommunikationsprotokolle,
  Takte usw.),
- physikalische Struktur bis auf Leiterplattenebene, u. U. auch bis auf die
  Ebene hochintegrierter Bausteine und Zuordnung der Funktionen zu den
  physikalischen Strukturelementen,

◻ Festlegung der Technologie (Leiterplattenformate, Bausteinspektrum, Aufbautechnik, Kühltechnik usw.).

Diese Festlegungen betreffen in hohem Maße die Entwurfsaufgaben hinsichtlich Operationsgeschwindigkeit, fertigungsgerechter Konstruktion, Raumbedarf, Wärmeabgabe, Leistungsaufnahme, Zuverlässigkeit (Auswahl von Bauelementen) unter Berücksichtigung des vorgegebenen Kosten- und Terminrahmens.

*Funktionaler Modulentwurf (Logikentwurf)*

Ausgehend von den im Teilprozeß Systementwurf festgelegten Funktionseinheiten wird die Funktionslogik aus logischen Basiselementen synthetisiert. Die Entwurfsaufgaben Zuverlässigkeit und Prüfbarkeit werden hierbei mit berücksichtigt.

*Physikalischer Modulentwurf*

In diesem Teilprozeß werden die Elemente des Logikentwurfs physikalischen Basiselementen zugeordnet (soweit dies noch nicht in der Systementwurfsphase geschehen ist) und diese geometrisch festgelegt. Dabei ist festzulegen, welche Schaltungsteile in einer Konstruktionseinheit (Baueinheit, Baugruppe) zusammenzufassen und im ASIC-Entwurf (Application Specific IC), welche Schaltungsteile in einem Baustein zu integrieren sind. Die physikalischen Einheiten sind in einer übergeordneten Konstruktionseinheit zu plazieren, es ist zu bestimmen, welche Anschlüsse der plazierten Einheiten entsprechend der Schaltungslogik miteinander zu verbinden und auf welchen Wegen die Verbindungen zu führen sind. So werden Lage und Verbindungen der Zellen in einem integrierten Baustein, der Bausteine auf einer Baugruppe und der Baugruppen in einer Baueinheit festgelegt. Im Vordergrund des physikalischen Entwurfs stehen die fertigungsgerechte Konstruktion, die Sicherstellung der Operationsgeschwindigkeit und der elektrischen Funktion.

*Fertigungs- und Prüfdatenermittlung*

Es werden die für Fertigung und Prüfung erforderlichen Daten selektiert und in geeigneten Darstellungen an den Fertigungs- und Prüfprozeß übergeben.
Wie in Bild 2.6 angedeutet ist, sind diese Teilprozesse nicht ohne Rückwirkung aufeinander. Die Ergebnisse jedes Teilprozesses können seinen erneuten Durchlauf oder eine Korrektur in einem früheren Teilprozeß und damit u. U. den erneuten Durchlauf des gesamten Prozesses erforderlich machen. So kann der physikalische Modulentwurf z.B. ergeben, daß die Zuordnung von Funktionen zu physikalischen Objekten, wie sie in der Systementwurfsphase getroffen wurde, nicht realisierbar ist; eine Änderung des funktionalen Modulentwurfs (Optimierung) bzw. eine andere funktionale Aufteilung oder Zulassung anderer Bausteine kann zur Lösung erforderlich sein.

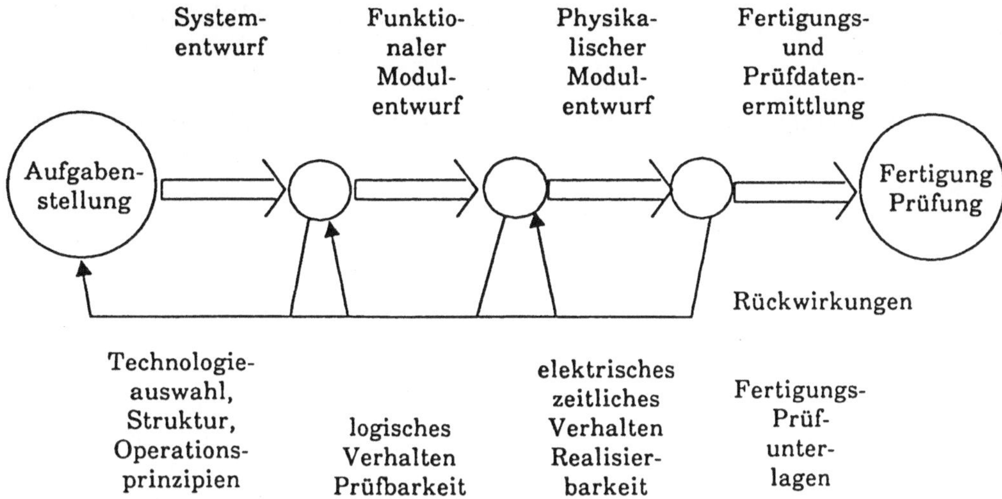


Bild 2.6: Entwurfsprozeß

Zur Ausführung der Entwurfsaufgaben und zur Erkennung, ob sie den Zielvorgaben entsprechend ausgeführt wurden, tragen Werkzeuge im Rahmen von
CAD-Verfahren bei. Bevor in Abschnitt 2.6 im einzelnen ausgeführt wird, welche
CAD-Werkzeuge zur Aufgabenerfüllung heute beitragen, sollen zunächst Prinzipien genannt werden, die dem computerunterstützten Entwurf zugrundeliegen.

## 2.5  Prinzipien des computerunterstützten Entwurfsprozesses

Der Entwurfsprozeß hat zum Ziel, einen Plan - in Form einer Datenbasis - bereitzustellen, nach dem das Entwurfsobjekt mit den geforderten Eigenschaften gefertigt werden kann. Diese Datenbasis muß ohne menschliche Eingriffe durch automatisierte Prozesse interpretierbar sein. Ihre Interpretation durch diese Prozesse
muß letzten Endes zu einer korrekt funktionierenden Schaltung führen, wobei die
Überprüfung des korrekten Funktionierens mit Hilfe dieser Datenbasis möglich
sein muß. Es stellen sich damit drei Forderungen an die Datenbasis eines CAD-Systems:

 □ die formale Korrektheit der Datenbasis,
 □ die inhaltliche Korrektheit, d. h. sie beschreibt ein Objekt, das den Anforderungen entspricht,
 □ die Interpretierbarkeit der Daten durch Automaten, das bedeutet die weitgehend automatische Herstellbarkeit und Prüfbarkeit des Objektes.

Zur Erfüllung dieser Forderungen tragen die nachstehenden Prinzipien bei:

*Datenmodell*

Die Grundlage eines CAD-Prozesses ist ein vollständiges Datenmodell der potentiellen Entwurfsobjekte. Es ist einheitlich und konsistent für alle Entwurfsschritte.

*Formalisierung*

Der Aufbau einer Datenbasis für ein konkretes Entwurfsobjekt kann nur mit den im allgemeinen Datenmodell vorgesehenen Datenobjekten und gemäß den darin festgelegten Strukturen erfolgen. Datenhaltungssysteme überwachen die Eindeutigkeit und Konsistenz der Daten (Kapitel 5). Formale Sprachen für Entwurf und Verifikation und zugehörige Übersetzer gewährleisten, daß nur Daten entsprechend den Regeln des Datenmodells aufgebaut werden (Kapitel 3). Die Formalisierung des Entwurfsablaufes und die Kontrolle auf Einhaltung des vorgegebenen Ablaufs sorgt dafür, daß die Datenbasis nur mit den für einen bestimmten Entwurfsschritt vorgesehenen Mitteln geändert wird und die Änderungen überprüft werden.

*Inhaltliche Verifikation mit Hilfe von Modellen*

CAD-Systeme stellen Werkzeuge zur Verfügung, mit denen automatisch Modelle des beschriebenen Objektes zur Verifikation logisch und elektrisch korrekten Verhaltens erzeugt werden können. Das CAD-System garantiert die Äquivalenz zwischen Modell und Beschreibung des Objekts. Im Verfahren werden Verifikationsschritte so früh wie möglich angesetzt, um Änderungsschleifen möglichst kurz zu halten.

*Verwendung von Basisobjekten*

CAD-Systeme stellen in Bibliotheken (Kapitel 5) Basisobjekte (Entwürfe realer Objekte und Modelle für Verifikationszwecke) zur Verfügung, mit denen der Entwurf ausschließlich erfolgen muß. Diese Basisobjekte sind bzgl. ihrer Funktion und Qualität verifiziert, und es gibt technische Verfahren für ihre Herstellung und Prüfung bzw. für ihre Anwendung bei der Herstellung und Prüfung komplexer Objekte. Die Äquivalenz von Modellen und entsprechenden realen Objekten ist gewährleistet.

*Regelgesteuerter und automatischer Entwurf*

Entwurfsschritte werden, soweit möglich, automatisch ausgeführt. Neben der Beschleunigung des Entwurfs ist ein wesentlicher Vorteil die Korrektheit des Entwurfsergebnisses bzgl. der im Entwurfsschritt behandelten Aspekte. Für die Ausführung von Entwurfsschritten stehen Regeln zur Verfügung, deren Einhaltung die Berücksichtigung von Aspekten gewährleistet, die nicht im Vordergrund des betreffenden Entwurfsschrittes stehen (z.B. Prüfbarkeit beim Logikentwurf). Die Einhaltung der Regeln wird durch CAD-Funktionen so früh wie möglich überprüft bzw. automatisch sichergestellt.

## 2.6 CAD-Werkzeuge für den Modul- und Systementwurf in der Elektronik

Wie in Abschnitt 2.2 ausgeführt, erfolgt der Entwurf elektronischer Schaltungen auf unterschiedlichen Abstraktionsebenen, wobei entsprechend einem phasenorientierten Vorgehen Zieldefinition, Konstruktion und Verifikation zu einer Entwurfsphase gehören. Die Tabellen 2.1 bis 2.4 zeigen CAD-Werkzeuge, die den Entwurf auf den einzelnen Abstraktionsebenen unterstützen und die Entwurfsaufgaben die mit ihrer Hilfe ausgeführt werden.

*Werkzeuge auf der Systemebene (Tabelle 2.1)*

Auf der Systemebene stehen in erster Linie formale Sprachen zur Beschreibung des funktionalen Systemverhaltens und Simulationssysteme zur Verifikation des Leistungsverhaltens und von Kooperationsmechanismen (z.B. Synchronisation von Prozessen) zur Verfügung [2.4]. Auf der Systemebene werden vor allem die Aufgaben des Teilprozesses Systementwurf erfüllt. Alternative Funktionsaufteilungen, Kooperationsmechanismen und Realisierungsmöglichkeiten werden in Si-

Tabelle 2.1: CAD-Werkzeuge für die Systemebene

| Phasenaufgabe | CAD-Werkzeug | Entwurfsaufgabe |
|---|---|---|
| Zieldefinition | Systembeschreibungs-sprachen | Dokumentation des Verhaltens |
| Konstruktion | Systembeschreibungs-sprachen mit grafischen Repräsentationen | Beschreibung der Funktionsstruktur und Kooperation der Funktionen |
| Verifikation | Compiler für Beschreibungssprachen Simulationssysteme | Formale Korrektheit der Dokumente, Leistung, Operationsgeschwindigkeit, Dimensionierung der Hardware, Überprüfung von Kooperationsmechanismen |

mulationsmodellen nachgebildet. Technologie und physikalische Struktur gehen
in diese Modelle als (vor allem Zeit- und Kapazitäts-) Parameter ein. Der Einsatz
von Werkzeugen auf Systemebene wird heute noch wenig praktiziert. Gründe dafür sind, daß die Werkzeuge der Begriffswelt des Hardwareentwicklers zu wenig
angepaßt sind, formale Beschreibung und Modellierung meistens getrennte und je-

Tabelle 2.2: CAD-Werkzeuge für die Logikebene

| Phasenaufgabe | CAD-Werkzeug | Entwurfsaufgabe |
|---|---|---|
| Zieldefinition | Wahrheitstabellen<br>Boolesche Algebra<br>Registertransfersprachen | Dokumentation der<br>Logikfunktion und des<br>zeitlichen Verhaltens;<br>Vorgaben für Konstruktion<br>und Verifikation |
| Konstruktion | Grafische Sprachen für die<br>Schaltungsdarstellung<br>Bibliotheken für<br>Logiksymbole<br>Spektrum von<br>Logikelementen<br>Interaktive Grafik-/Text-<br>editoren für die Schaltungs-<br>konstruktion<br>Generatoren, die aus der<br>Zieldefinition einen Logik-<br>entwurf erzeugen<br>Optimierungsprogramme<br>Generierung von<br>Zusatzlogik für Prüfzwecke<br>Automatische Zuordnung<br>von Logikelementen zu<br>Bausteinen | Dokumentation<br>Logikfunktion<br><br><br><br><br><br><br><br><br><br><br>Prüfbare Logik<br><br>Fertigungsgerechter<br>Entwurf |
| Verifikation | Beschreibungssprachen für<br>Simulationsmodelle und<br>Verifikationsdaten<br>Bibliotheken für<br>Simulationsmodelle<br>Automatische Modell-<br>erzeugung<br>Simulatoren für<br>Gatter-/RT-Ebene<br>Analyseprogramme:<br>- Formale Richtigkeit<br>- Verwendung<br>  zugelassener<br>  Logikelemente<br>- Entwurfsregeln<br>- Prüfbarkeitsregeln<br>- Laufzeitanalyse | Logikfunktion<br>Dokumentation<br><br><br><br><br><br><br><br><br>Dokumentation<br>Logikfunktion<br>Zuverlässigkeit<br>Elektrische Funktion<br>Prüfbarkeit<br>Operationsgeschwindigkeit |

weils sehr aufwendige Vorgänge sind, und Optimierung - ein Hauptziel des Systementwurfs - mit Hilfe von Simulation aufwendig und nur indirekt über die Bewertung von Alternativen möglich ist.

Im Forschungsbereich gibt es Ansätze, aus einer Beschreibung auf Systemebene den Schaltungsentwurf automatisch zu generieren [2.5].

*Werkzeuge auf der Logikebene (Tabelle 2.2)*

Auf der Logikebene wird heute vor allem der Entwurf auf der untersten Ebene des hierarchischen funktionalen Modulentwurfs praktiziert und durch Werkzeuge unterstützt. Vorgegebene Logikelemente, zugehörige Grafiksymbole und Simulationsmodelle, aus denen automatisch mit Hilfe der Verbindungsstrukturen der Schaltungsbeschreibung ein Simulationsmodell der Schaltung erzeugt wird, charakterisieren den Entwurf. Die Erstellung von Testdaten ("Stimuli") für die Simulation, die Bewertung der Simulationsergebnisse und die Konstruktion der Schaltungslogik werden überwiegend manuell ausgeführt. Für die automatische Ableitung der Schaltungskonstruktion aus den Zielvorgaben gibt es Ansätze [2.6, 2.10]. Die Top-down-Konstruktion der Logikfunktion wird vielfach im Sinne des hierarchischen funktionalen Modulentwurfs ausgeführt, jedoch findet praktisch keine Verifikation auf den höheren Hierarchiestufen statt. Der Grund ist, daß die Modellbeschreibung der Module höherer Hierarchiestufen durch den Entwickler selbst ausgeführt werden müßte (keine Bibliotheken für komplexe anwendungsspezifische Module). Die Verifikation durch Simulation erfolgt Bottom-up: die Entwürfe der einzelnen Module werden auf unterster Ebene zusammengefaßt und schrittweise in immer größeren Einheiten, bis hin zum gesamten System, simuliert.

Die Zuordnung von Logikelementen zu Bausteinen stellt den ersten Schritt des physikalischen Modulentwurfs dar. Auf der Ebene der Logikelemente werden mit Laufzeitanalyseprogrammen Laufzeitbedingungen (z.B. Setup- und Hold-Zeiten) verifiziert.

*Werkzeuge auf der Geometrieebene (Tabelle 2.3)*

Auf der Geometrieebene wird in erster Linie der physikalische Modulentwurf ausgeführt. Es stehen ausgereifte, weitgehend automatisch arbeitende Werkzeuge zur Verfügung. Die Möglichkeiten einer Zieldefinition und Berücksichtigung der spezifizierten Vorgaben durch die Werkzeuge sind heute noch sehr eingeschränkt (Kapitel 4).

*Werkzeuge auf der Schaltkreisebene (Tabelle 2.4)*

Auf der Schaltkreisebene erfolgen in erster Linie Analysen, ob der physikalische Entwurf das korrekte elektrische Verhalten gewährleistet (Übersprechen, Störungen durch Reflexionen, Signalformen). Mit Hilfe kontinuierlicher Simula-tion kann überprüft werden, ob das spezifizierte Verhalten bzgl. Strom- und Span-

Tabelle 2.3: CAD-Werkzeuge für die Geometrieebene

| Phasenaufgabe | CAD-Werkzeug | Entwurfsaufgabe |
|---|---|---|
| Zieldefinition | Möglichkeit für Längen- und Topologievorgaben | Operations- geschwindigkeit |
| Konstruktion | Konstruktionsbibliotheken (Bausteine, Leiterplatten, Stecker) | Fertigungsgerechte Konstruktion |
| | Automatische und interaktiv grafische Belegung | Fertigungsgerechte Konstruktion und Dokumentation |
| | Automatische Verdrahtung und interaktiv grafische Bearbeitung des Layouts | Fertigungsgerechte Konstruktion |
| Verifikation | Vergleich von Logikkon- struktion und Layout | Logikfunktion |
| | Verifikation von geome- trisch-topologischen Regeln | Fertigungsgerechte Konstruktion, elektrisches Verhalten, Operations- geschwindigkeit |
| | Verifikation von Belegungs- regeln | Fertigungsgerechte Konstruktion |

Tabelle 2.4: CAD-Werkzeuge für die Schaltkreisebene

| Phasenaufgabe | CAD-Werkzeug | Entwurfsaufgabe |
|---|---|---|
| Zieldefinition | Darstellung der elektrischen Funktion in mathematischer oder tabellarischer Notation | Dokumentation elektrisches Verhalten |
| Konstruktion | Automatische Berechnung von Netzabschlußwider- ständen und Kapazitäten | Elektrisches Verhalten |
| | Konstruktionselemente mit vorgegebenen elektrischen Werten in Bibliotheken | Elektrisches Verhalten |
| Verifikation | Verifikation von Schaltkreisregeln | Elektrisches Verhalten |
| | Berechnung von Laufzeiten aus elektrischen und geometrischen Werten | Vorleistung zur Laufzeitanalyse |
| | Simulatoren und Modell- bibliotheken zur Simulation analoger Schaltungen | Elektrisches Verhalten |

nungsverlauf erreicht wird (Kapitel 3). Kontinuierliche Simulation wird insbesonders für analoge Schaltungsteile angewandt ("Analog-Simulation"). Neuere Werkzeuge streben eine gemeinsame Simulation digitaler und analoger Schaltungsteile an [2.9].

## 2.7 Der computerunterstützte Entwurfsprozeß

Die Kooperation der CAD-Werkzeuge in einer vorgegebenen Reihenfolge führt zum computerunterstützten Entwurfsprozeß. Die Kooperation wird ermöglicht durch das einheitliche Datenmodell, das allen Werkzeugen und Bibliotheken zugrundeliegt. Daten, die ein Werkzeug erzeugt, können von anderen Werkzeugen verwendet werden. Die Klammer zwischen den CAD-Werkzeugen wird (im Idealfall) hergestellt durch Datenhaltungs- und Verwaltungsprogramme, die die Konsistenz der Daten gewährleisten und sie den Werkzeugen zur Verfügung stellen, durch eine einheitliche Bedienoberfläche und eine Ablaufsteuerung, die für die korrekte Anwendung der Werkzeuge sorgt (Kapitel 5).

Der CAD-Prozeß ist in Bild 2.7 dargestellt. Der Teilprozeß Systementwurf ist in der heutigen Praxis nicht in den computerunterstützten Prozeß im obigen Sinn integriert und dementsprechend in der Darstellung nicht berücksichtigt. Dagegen sind Werkzeuge aufgeführt, die heute vorwiegend für den Entwurf von Moduln und Systemen der Hochleistungstechnologie in Inhouse-CAD-Systemen großer Computerhersteller eingesetzt werden. Solche Werkzeuge sind insbesonders Programme für Laufzeitberechnung und -analyse, Prüfbarkeitsanalyse und Schaltkreisregelverifikation. In der Spalte Bibliotheken/Daten von Bild 2.7 sind die Daten angegeben, die die Werkzeuge untereinander austauschen, die als Beschreibung der Basiselemente in Bibliotheken gespeichert sind und die an andere Prozesse elektronisch weitergereicht (z.B. Prüfdaten, Fertigungsdaten) oder von ihnen übernommen werden (z.B. Mikroprogramme).

Der heute praktizierte Weg der Logikkonstruktion ist der manuelle Entwurf mit interaktiv-grafischen Hilfsmitteln. Insbesonders für den Entwurf mit programmierbaren Bausteinen hat es sich jedoch durchgesetzt, die Programmierinformation aus einer formalen Spezifikation der Logikfunktion automatisch abzuleiten. Dies ist in Bild 2.7 angedeutet.

Die Logikkonstruktion kann noch auf eine weitere Weise in den Enwurfsprozeß einfließen: durch Übernahme der Schaltungslogik von ASIC-Bausteinen aus einem separaten Baustein Entwurfsprozeß. Dieser Prozeß ist jedoch nicht Gegenstand dieses Buches [2.7].

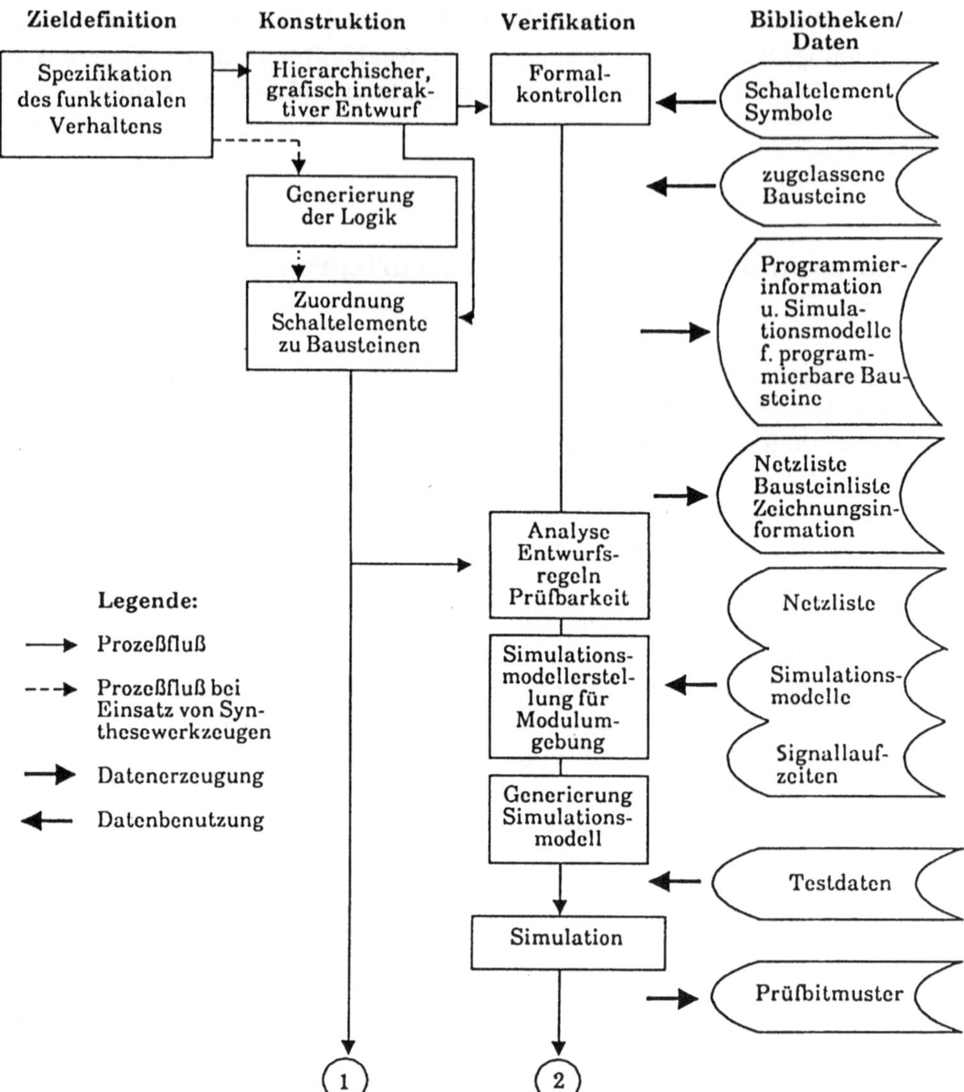


Bild 2.7a: Funktionaler Modulentwurf (Teil 1)

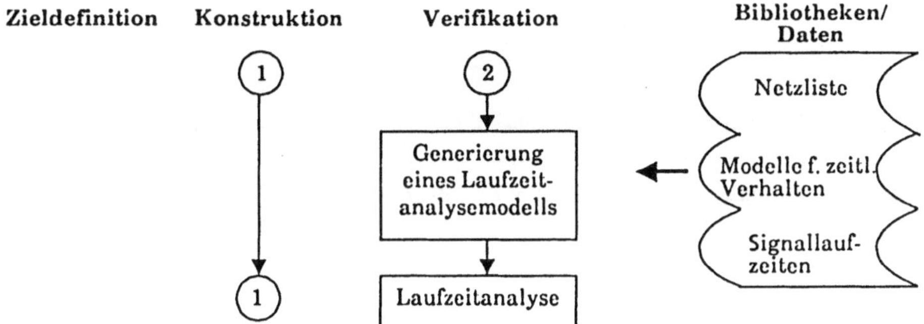



Bild 2.7a: Funktionaler Modulentwurf (Teil 2)

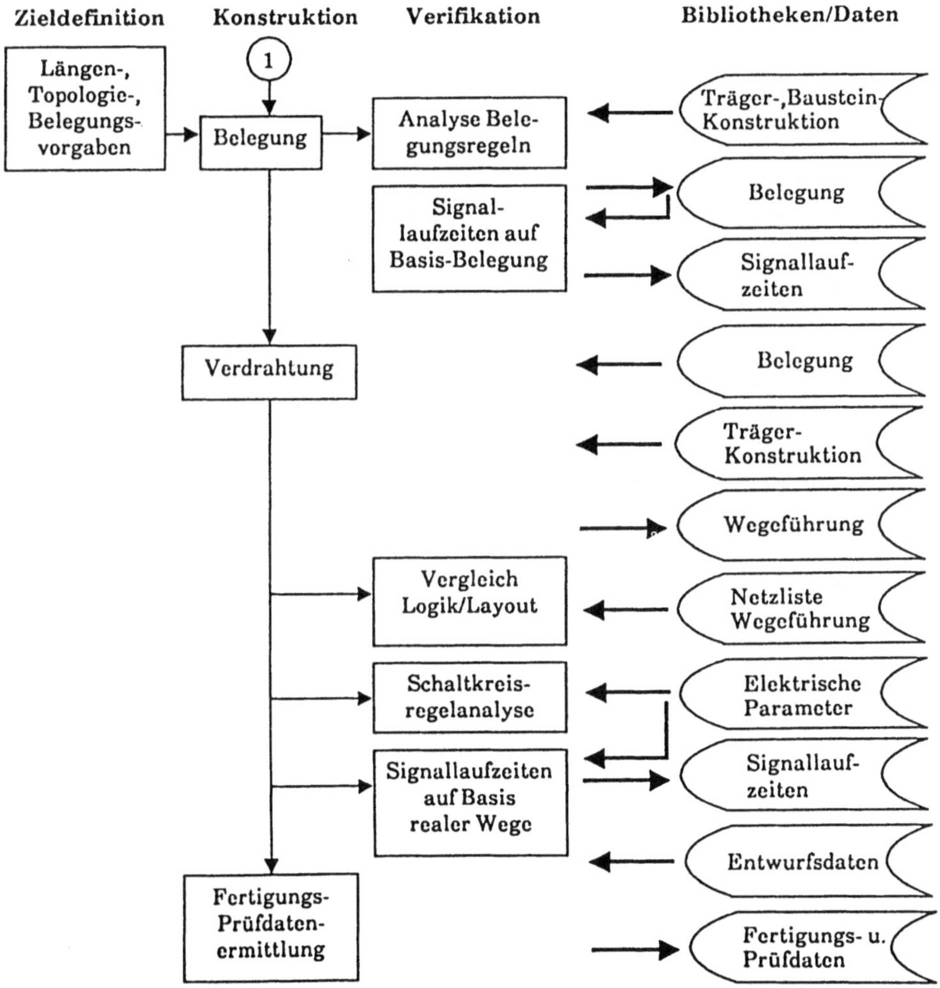

Bild 2.7b: Physikalischer Modulentwurf, Fertigungs-, Prüfdatenermittlung

# Literatur

[2.1]  Hesse, W.; Keutgen, H.; Luft A.L.; Rombach, H.D.: Ein Begriffssystem für die Softwaretechnik. Informatik Spektrum. Bd. 7, Heft 4, Springer, 1984.

[2.2]  Frantz, D.; Rammig, F.J.: The Impact of an Advances CHDL on VLSI Design. Proc. ICCD, 1983.

[2.3]  Waxman, R.: Hardware Design Languages for Computer Design and Test. IEEE Computer, April 1986.

[2.4]  Maierhofer, J.; Schmitt, H.: Modelling and Simulation on the Upper Levels of Computer System Design with BORIS. Proc. SCSC, 1984.

[2.5]  Kelle, N.; Krüger, H.; Marwedel, G.; Nowak, F.; Leutz, D.; Wosnitza, W.: Werkzeuge des MIMOLA-Hardware-Entwurfssystems. Bericht Nr. 8707, Universität Kiel, Juni 1987.

[2.6]  Camposano, R.: Synthesis Techniques for Digital Systems Design. Proc. ICCD, 1984.

[2.7]  Hörbst, E.; Nett, M.; Schwärtzel, H.: VENUS Entwurf von VLSI-Schaltungen. Springer, 1986.

[2.8]  Niessen, C.: Abstraction Requirements in Hierarchical Design Methods. Design Methodologies, pp. 151 - 182. North Holland, 1986.

[2.9]  Munns, D.: Mixed analog-digital simulator for VLSI Design. Electronic Product Design, October 1987.

[2.10] Trevillyan, L.: An Overview of Logic Synthesis Systems. Proc. 24th ACM/IEEE Design Autom. Conf., pp. 166 - 172, 1987.

# 3  Logikentwurf

## 3.1  Einführung

### 3.1.1  Umfeld heutiger Hardware-Entwicklungen

Die Produktentwicklung in der digitalen Elektronik ist stark beeinflußt durch technologische Fortschritte und Neuerungen in der Schaltkreis- und Leiterplattentechnik. Durch die zunehmende Integrationsdichte wird einerseits eine Miniaturisierung der Schaltungen und andererseits die Realisierung komplexerer Funktionen erreicht. Damit werden neue Anwendungsgebiete erschlossen, aber es wird auch die zu beherrschende Komplexität vergrößert. Im Mittel kann man davon ausgehen, daß sich die Anzahl der äquivalenten Gatterfunktionen pro System jährlich verdoppelt. Die raschen Fortschritte in der Basistechnologie, mit der ein Hardware-Entwickler arbeitet, bewirken eine hohe Innovationsrate auch bei den Endprodukten. Für den Hardware-Entwickler bedeutet dies, daß er seine Entwicklungen in relativ kurzer Zeit zu Ende führen muß, wenn seine Produkte über einen wirtschaftlich ausreichenden Zeitraum konkurrenzfähig bleiben sollen. Bei einem Produkt der digitalen Elektronik ist damit zu rechnen, daß es bereits in wenigen Jahren technologisch veraltet ist.

### 3.1.2  Anforderungen an die Hardware-Entwicklung

Im Vordergrund der Hardware-Entwicklung stehen die Sicherheit und die Qualität des Entwurfs. Das bedeutet, daß bereits die Entwurfsmethode den daraus resultierenden Anforderungen gerecht werden muß. Nicht zuletzt wegen der hohen Integrationsdichte ist es erforderlich, mit der Verifikation möglichst früh zu beginnen. Prüfungen erst am Prototyp vorzunehmen ist nicht sinnvoll, da hier erkannte Fehler über ein zeitaufwendiges Redesign korrigiert werden müssen, was zu Iterationsschleifen führt, die die Entwicklungszeit unnötig verlängern. Während 1972 eine Logikänderung am Prototyp einige Stunden dauerte und mit ca. DM 500,-- zu

Buche schlug, verursacht derselbe Vorgang heute bei der Entwicklung von VLSI-Bausteinen in Gate-Array-Technik hundertfach höhere Kosten und dauert mehr als einen Monat. Ziel muß deshalb sein, Fehler frühzeitig in dem Entwurfsschritt, in dem sie entstehen, zu erkennen, um damit die Iterationsschleifen möglichst klein zu halten und Redesigns bereits realisierter Teile zu vermeiden. In einem phasenorientierten Entwurfsprozeß (Kapitel 2), in dem verifizierbare Zwischenergebnisse definiert sind, können Fehler rechtzeitig erkannt und verifiziert werden. Das Risiko, Fehler erst am Prototyp zu entdecken, wird verringert und die dadurch notwendigen Redesigns mit erneuten physikalischen Realisierungen werden vermieden. Transparenz und definierbare Zwischenergebnisse werden erreicht durch einen hierarchischen Entwurf und durch ein phasenorientiertes Vorgehen. Neue Systemarchitekturen können nur entwickelt und Alternativen bewertet werden, wenn die Entwurfsmethode eine Verifikation auch auf abstrakten Modellierungsebenen vorsieht und physikalische Realisierungen hierfür keine Voraussetzung sind [3.6].

### 3.1.3  Ziele in der Phase Logikentwurf

Aus diesen globalen Anforderungen an die Hardware-Entwicklung können einige Ziele für die Phase Logikentwurf definiert werden. Unbedingt notwendig ist es, den Logikentwurf für eine Schaltung gegenüber der Spezifikation zu verifizieren und das Erreichen der gestellten Anforderungen zu validieren. Die Entwurfsmethode der schrittweisen Verfeinerung setzt voraus, daß auch innerhalb der Phase Logikentwurf die Zwischenergebnisse auf Konsistenz geprüft werden, bevor der Entwurf weiter detailliert wird. Die Modularisierung und die damit mögliche Aufteilung auf verschiedene Hardware-Entwickler erfordert die Überprüfung parallel erreichter Ergebnisse in definierten, nicht zu großen Abständen. Für eine Parallelisierung der Arbeiten ist eine vollständige und eindeutige Dokumentation der Funktionen und der Schnittstellen der Moduln Voraussetzung, um Mißverständnisse bei der Kommunikation zwischen den beteiligten Entwicklern zu vermeiden. Für die Qualität des Entwurfs ist es vorteilhaft, wenn auch Teilkomponenten in der kompletten Systemumgebung analysiert und - wenn notwendig - optimiert werden können. Letztes Ziel in der Phase Logikentwurf ist schließlich die Bereitstellung einer gesicherten Datenbasis für den sich anschließenden rechnergestützten physikalischen Entwurf.

### 3.1.4  Anforderungen an ein CAD-System für den Logikentwurf

Die Leistungen, die ein modernes CAD-System bieten muß, sind beeinflußt von der oben skizzierten und als richtig erkannten Entwurfsmethodik. Das hierarchische und modulare Entwerfen und die phasenorientierte Vorgehensweise bei der schrittweisen Verfeinerung müssen durch entsprechende Beschreibungs- (Abschnitt 3.2), Kontroll- (Abschnitt 3.3) und Verifikationswerkzeuge (Abschnitt 3.5 und 3.7) des CAD-Systems ermöglicht werden. Die Unterstützung der Verifikation des logischen und zeitlichen Verhaltens des Schaltungsentwurfs auf verschiedenen Modellierungsebenen ist sicher der Schwerpunkt in der Phase Logikentwurf. Aspekte der Machbarkeit und der Performance müssen bereits beim Logikentwurf berücksichtigt werden, d.h. es wird kein strenges Top-down-Vorgehen geben, vielmehr müssen an kritischen Stellen Realisierungsgesichtspunkte mitüberlegt werden. Ein CAD-System muß also einen Schaltungsentwurf, der aus Teilentwürfen mit unterschiedlichen Detaillierungen besteht, bearbeiten können. Für zeitkritische Datenpfade ist beispielsweise eine Verfeinerung bis auf Gatterebene, eine Partitionierung, eine Belegung und die ungefähre Bestimmung der Verdrahtungswege erforderlich, um die Schaltzeiten und Leitungslaufzeiten mit der nötigen Genauigkeit bestimmen zu können (s. hierzu auch Abschnitt 4.7). Aus solchen lokalen Verfeinerungen können sich unter Umständen neue Parameterwerte für abstrakte Modelle auf einer hierarchisch höheren Ebene ergeben. Die Funktionsfähigkeit der Schaltung ist nicht nur für typische, sondern auch für extreme Betriebsbedingungen sicherzustellen. Die Abhängigkeit der Schaltzeiten und der Leitungslaufzeiten von Fertigungstoleranzen, von Temperatur- oder von Spannungsschwankungen muß vom CAD-System mit berücksichtigt werden.

Neben der Verifikation des Entwurfs hinsichtlich des Sollverhaltens sind die Prüfungen, die ein CAD-System ausführen kann, in ihrer Bedeutung nicht zu unterschätzen. Durch rechtzeitige formale Kontrollen auf Vollständigkeit und Konsistenz der Entwurfsdaten in sich und gegenüber Bibliotheksdaten werden eine Verschleppung von Fehlern und unter Umständen aufwendige Fehleranalysen vermieden. Entwurfsregeln, die zur Qualität des Entwurfs, wie z.B. Robustheit, Störsicherheit und, nicht zu vernachlässigen, der Testbarkeit beitragen, können vom CAD-System aufgrund der erfaßten Entwurfsdaten und der Regeln auf Einhaltung geprüft werden. In leistungsfähigen CAD-Systemen sind solche projekt- und technologiespezifischen Regeln nicht fest einprogrammiert, sondern können den spezifischen Projektanforderungen angepaßt werden. Parallel zum Schaltungsentwurf werden die Prüfprogramme zur späteren Fertigungsendkontrolle oder zum Einsatz bei der Wartung erstellt. Die Basis hierzu bilden die Ergebnisse aus der Verifikation des Logikentwurfs. Die Qualität der Prüfprogramme hinsichtlich einer vollständigen Fehlererkennung wird mit Hilfe der im Logikentwurf erstellten Schaltungsmodelle analysiert.

Die Funktionalität eines CAD-Systems allein ist jedoch nicht ausreichend für die Akzeptanz und den effizienten Einsatz im Hardware-Entwicklungsprozeß. Die Gestaltung der Benutzungsschnittstelle (Kapitel 5) des CAD-Systems ist von nicht zu unterschätzender Bedeutung. Nicht die DV-technische, sondern die problemorientierte Sicht muß sich in der Benutzungsschnittstelle widerspiegeln. Den Hardware-Entwickler interessieren weniger die CAD-Funktionen, mit denen er arbeiten kann, sondern vielmehr die Ergebnisse, die er zur Unterstützung seiner Arbeit benötigt. Die Beschreibung der Entwurfsdaten und die Darstellung von Ergebnissen müssen der Gedankenwelt des Hardware-Entwicklers und dem Sachverhalt angemessen sein und dürfen nicht ein vollständiges Umdenken eines Entwicklers, der bisher ohne CAD-Unterstützung arbeitete, erfordern. Hierzu gehört auch, daß die Erfassung und Darstellung von Sachverhalten und Zusammenhängen in Form von Grafiken mit Hilfe des Einsatzes von Arbeitsplatzrechnern mit grafikfähigen Bildschirmen in CAD-Systemen verstärkt genutzt wird [3.1 - 3.5].

## 3.2  Entwurfsbeschreibung

Die im vorhergehenden Kapitel skizzierte Entwurfsmethodik kann nur praktiziert werden, wenn die einzelnen Zwischenergebnisse des Entwurfs auch vollständig und eindeutig dokumentiert sind. Die Konsistenz der Ergebnisse aufeinanderfolgender Entwurfsschritte kann nur geprüft werden, wenn hierfür Entwurfsbeschreibungen vorliegen. Eindeutige Schnittstellendefinitionen von Moduln sind unbedingte Voraussetzung für parallele Entwicklungsarbeiten. Wie für die Software-Entwicklung ist auch für die Entwicklung von Hardware-Systemen eine Formalisierung der Entwurfsbeschreibungen erforderlich, was aber auch den Vorteil bietet, daß Interpretationsmöglichkeiten durch Entwickler, wie sie bei Beschreibungen in natürlicher Sprache möglich sind, vermieden werden. Ziel des Logikentwurfs ist es, mit einer verifizierten Schaltungsbeschreibung die Basis für den physikalischen Entwurf zu schaffen. Die Mittel, die ein CAD-System zur Entwurfsbeschreibung bietet, müssen geeignet sein, hierarchische Entwürfe zu beschreiben und dabei sowohl die Top-down- als auch die Bottom-up-Vorgehensweise zu unterstützen. Für das Verständnis der notwendigen Beschreibungsmittel ist sicher nützlich, sich vorher über das Entwurfsobjekt und die dafür geeigneten Abstraktionsebenen und Sichten Gedanken zu machen [3.8, 3.11].

### 3.2.1  Abstraktions- und Darstellungsebenen

Ausgangspunkt für jeden Entwurf ist die Spezifikation der Leistungsmerkmale und der Randbedingungen, die das zu entwickelnde Produkt erfüllen muß. Hier werden die Anforderungen festgelegt hinsichtlich Funktionalität, Schnittstellenverhalten, Performance, Verfügbarkeit und Preis-/Leistungsverhältnis, um nur einige zu nennen. Mit den Daten der Spezifikation sind die Ergebnisse des Logikentwurfs und das Endprodukt zu validieren. Im Logikentwurf können im wesentli-

chen drei Abstraktions- oder auch Betrachtungsebenen definiert werden: die
Funktionsebene, die Register-Transfer-Ebene und die Schaltelementebene.


*Funktionsebene*

In der Funktionsebene werden funktionale Blöcke und deren Zusammenwirken
betrachtet. Beispielsweise sind beim Entwurf eines Rechners Zentralprozessor,
Speicher und Ein-/Ausgabeeinheit solche Blöcke. Ihr Zusammenwirken spiegelt
sich im Daten- und Steuerfluß wider. Bei den einzelnen Blöcken interessiert ihre
Funktion, d.h. es werden die entsprechenden Algorithmen und das an den Schnittstellen sichtbare Verhalten beschrieben.

Während die Kontrollmechanismen zwischen Funktionsblöcken implizit durch
die Verbindungsstruktur und die Steuersignale definiert sind, können Kontrollstrukturen innerhalb eines Blocks auch explizit durch eine entsprechende Strukturierung der Algorithmen dargestellt werden. Eine entsprechende Verfeinerung
eines Funktionsblocks in eine Struktur mit Teilblöcken und ihren Verbindungen
ist deshalb nicht ausgeschlossen.

Beobachtet, analysiert und verifiziert werden bei einem Schaltungsentwurf auf
Funktionsebene die Logiksignale an den Schnittstellen und auf den Daten- und
Steuerwegen nicht nur als Folge aufeinanderfolgender Ereignisse, sondern sehr
wohl mit definierten zeitlichen Abständen, Abhängigkeiten und Bedingungen. Die
Untersuchung geeigneter Kommunikationsschnittstellen, ob parallel oder seriell
bzw. synchron oder asynchron, erfolgt bereits auf Funktionsebene.


*Register-Transfer-Ebene*

Die nächste wichtige Stufe im Verfeinerungsprozeß ist die Register-Transfer-
Ebene. Auch hier überwiegt die funktionale Betrachtung. Die Strukturierung erfolgt - wie der Begriff "Register-Transfer" schon ausdrückt - auf der Ebene von
speichernden (Register-)Einheiten und den dazwischenliegenden Datentransfers
einschließlich der zugeordneten Datenoperationen. Die Datenstrukturen werden
auf dieser Ebene vollständig definiert: Datenleitungen in Form von Einzelleitungen oder Bussen und Steuerleitungen, die dazu dienen, den Datenfluß zwischen
den einzelnen "Register"-Einheiten zu steuern. Durch die auf dieser Ebene vorwiegend implizite Darstellung der Kontrollstruktur wird der Übergang zur realisierungsbezogenen Schaltelementebene schon vorbereitet. Zugriffs- und Synchronisationsmechanismen für Pipelining und Parallelverarbeitung werden auf dieser
Abstraktionsebene entworfen und analysiert. Die zur Definition von Mikrobefehls-
formaten erforderliche Detaillierung des Schaltungsentwurfs ist auf dieser Abstraktionsebene erreicht, so daß auch die Abarbeitung kompletter Mikroprogramme simuliert und verifiziert werden kann.

*Schaltelementebene*

Auf der Schaltelementebene wird der Logikentwurf soweit verfeinert, daß eine realisierungsbezogene Darstellung erreicht wird, die im nachfolgenden physikalischen Entwurf eine direkte Zuordnung der als Black Box behandelten Logikblöcke zu physikalischen Blöcken, wie z.B. Zelle oder Bausteinen, ermöglicht. Bei zunehmender Detaillierung wächst deshalb ständig die strukturorientierte gegenüber der funktionalen Betrachtungsweise. Das Zusammenwirken der einzelnen Komponenten wird nicht mehr explizit und funktional, sondern implizit durch die Struktur der Verbindungen zwischen den Einzelkomponenten dargestellt. Durch die entsprechenden Verknüpfungen der Schnittstellen werden die Wege für den Daten- und Steuerfluß festgelegt. Die funktionale Darstellung ist auf die Komponenten beschränkt, die nicht weiter verfeinert und direkt auf physikalische Elemente abgebildet werden können. Bei der funktionalen Betrachtung interessiert das logische und zeitliche Verhalten der Daten- und Steuersignale an der Schnittstelle einer Komponente. Das Zeitverhalten wird sehr genau betrachtet. So werden für jedes Schnittstellensignal die Zeitwerte abhängig von der fallenden oder der steigenden Signalflanke für typische und für Worst Case-Bedingungen berechnet. Eingangsbedingungen bezüglich logischer Ansteuerung oder zeitliche Abhängigkeiten gehen ebenfalls in die Modellierung des Schnittstellenverhaltens ein [3.9].


## 3.2.2 Funktionsorientierte Beschreibung

Zur Beschreibung des Schaltungsentwurfs auf Funktions- und Register-Transfer-Ebene werden Hardware-Beschreibungssprachen (HDL = hardware description language) eingesetzt. Sie eignen sich für eine adäquate und problemorientierte Darstellung und Modellierung des Entwurfs mit der auf diesen Abstraktionsebenen geforderten Genauigkeit. Leistungsfähige Sprachen wie z.B. DSDL [3.47], VHDL [3.71] bieten die erforderliche Durchgängigkeit und Vielfalt in den Modellierungsmöglichkeiten, so daß auch die Verfeinerungsschritte des Entwurfsprozesses in der Beschreibung nachvollzogen werden können. Die Modularisierung im hierarchischen Entwurf läßt sich durch entsprechende Sprachmittel auf die Modellbeschreibungen abbilden, wobei eine Gesamtbeschreibung sich aus Teilbeschreibungen auf verschiedenen Abstraktionsebenen zusammensetzen kann. Neben der eigentlichen Modellierung des Entwurfs bieten Hardware-Beschreibungssprachen aber auch die Möglichkeit, die Betriebsbedingungen - das sind die Randbedingungen, die für ein einwandfreies Funktionieren der zu entwerfenden Schaltung eingehalten sein müssen - zu beschreiben. Ein derart beschriebener Entwurf kann formal und logisch mit Rechnerunterstützung geprüft und analysiert werden. Allein durch die Art der formalisierten Beschreibung von Entwurfsebenen lassen sich nicht nur Formalfehler, sondern auch Logikfehler im Schaltungsentwurf entdecken.

Moderne Hardware-Beschreibungssprachen orientieren sich in ihrem Aufbau an modernen Programmiersprachen, wie z.B ADA [3.72] oder PASCAL [3.73] . Sie erlauben selbstverständlich eine frei formatierte Notation und an beliebiger Stelle Kommentare. Die Transparenz und die Qualität der Beschreibung wird verbessert durch die Trennung von Typdefinition, Objektdeklaration und der Definition von Algorithmen.

Datenobjekte der hier relevanten funktionsorientierten Sichten sind zum einen die ein oder mehrere Bits breiten, nicht speichernden Knoten, die Netze, und zum anderen die speichernden Knoten, realisiert durch Flip-Flops, Register und Speicher. Speichernde wie nicht speichernde Objekte werden beschrieben durch Bitketten beliebiger Breite, die der Komplexität des Objekts entsprechend zusammengesetzt und strukturiert werden können. Als Strukturierungsmittel werden hierfür die von der Softwaretechnik her bekannten Sprachelemente wie Array für homogene Strukturen und Record für inhomogene Strukturen eingesetzt. Drei einfache Beispiele sollen dies verdeutlichen. Alle nachfolgenden Beispiele werden in einer DSDL [3.27, 3.47] ähnlichen Notation beschrieben.

```
TYPE reg_a        =    BIT(8)                    (*8 Bit breites Register*)
TYPE reg_bank     =    ARRAY[1...32] of reg_a    (* Registerbank mit 32 Registern*)
                                                 (* vom Typ reg_a*)
TYPE instr_reg    = RECORD OF                     (* Befehlsregister mit*)
                       op-code  BIT(2)            (* Operationscode*)
                       mode     BIT(2)            (* Adreßmodus*)
                       operand  BIT(2)            (* Operand*)
                       END
```

Für die Beschreibung von Modelldaten, die nicht in direktem Zusammenhang zur Schaltung stehen, sondern Hilfsgrößen zur Modellierung von Algorithmen sind, können Datenobjekte für Konstante, Festpunkt- und Gleitkommazahlen oder spezielle Zeitvariable definiert werden.

Eine Funktion wird durch Folgen von Elementaroperationen oder vordefinierten Funktionen definiert. Eine Operation, die den Begriff Register-Transfer prägt, ist die Zuweisung, mit der einem Datenobjekt ein neuer Wert zugewiesen wird, d.h., es wird damit der Datentransfer zwischen Registern beschrieben. Diese Transfers sind zeitbehaftet, was in der Zuweisung durch eine Verzögerungsanweisung ausgedrückt wird. Durch die Verzögerungsanweisung kann für flankenabhängige Laufzeiten eine vom Zuweisungswert abhängige Zuordnung der richtigen Verzögerungszeit erreicht werden. Ein Beispiel:

```
reg_b := reg_a DELAY (RISE 2 ns, FALL 5 ns)
```
Erläuterung: Den einzelnen Bits von reg_b werden die entsprechenden Inhalte von reg_a nach 2 ns bei steigender und nach 5 ns bei fallender Signalflanke zugewiesen.

Sollen Laufzeittoleranzen mit betrachtet werden, so kann dies durch eine FROM-TO-Angabe in der DELAY-Anweisung ausgedrückt werden:

reg_b := reg_a DELAY (RISE FROM 2ns TO 3ns FALL FROM 5ns TO 6ns)
Erläuterung: Die einzelnen Bits von reg_b werden nach 2 ns bzw. 5 ns auf Undefiniert und nach 3 ns bzw. 6 ns auf die definierten Werte von reg_a gesetzt.

Die Datenoperationen, die zur Modellierung des Schaltungsentwurfs zur Verfügung stehen, reichen von den Logik- über die Arithmetik- und Vergleichs- bis hin zu den Bitketten-Operationen. Mit den monadischen Logikoperatoren, wie NOT oder EXOR, können beispielsweise Inverter oder Paritätsprüfer auf einfachste Weise modelliert werden. Die dyadischen Logikoperatoren wie AND und OR modellieren einfache Gatter. Die Funktionalität einer Arithmetik-Logik-Einheit (ALU) kann mit den Arithmetik- und Vergleichsoperatoren beschrieben werden. Die Operatoren können auf Bitketten beliebiger Breite angewendet werden, d.h. die Multiplikation der Inhalte zweier Register, ob 8 oder 64 Bit breit, wird mit ein und demselben Operator ausgeführt. Einige Beispiele:

```
even       := NOT EXOR data_bus        (* logisch 1 bei gleicher Parität*)
reg_c      := reg_a * reg_b            (* Multiplikation mit beliebiger Bitbreite*)
cond_less  := data_b1 < data_b2        (* logisch 1, wenn Gleichung erfüllt*)
```

Mit Hilfe der Bitkettenoperationen können Einzelleitungen oder Signalbündel zu größeren Bussen zusammengeführt werden, bzw. kann eine Aufspaltung von Bussen beschrieben werden:

```
op code    := instr reg.(1..2)         (* Die Inhalte der Bits 1 und 2
                                          werden zugewiesen.*)
instr reg  := op code II mode II operand  (* Die Inhalte von drei Objekten
                                          werden konkateniert und zugewiesen.*)
```

Alternativen und Abhängigkeiten von Steuersignalen oder bestimmten Datenkonstellationen werden mit dem IF...THEN...ELSE- oder dem CASE-Konstrukt modelliert:

```
buffer  := IF indirect                         (* Zuweisung bei*)
           THEN memory (.memory(.addr.).)      (* indirekter und bei*)
           ELSE memory (.addr.)                (* direkter Adressierung.*)

reg_a   := CASE op_code OF                      (* Abhängig von op_code*)
           plus:    reg_a + reg_b              (* wird addiert oder*)
           minus:   reg_a - reg_b              (* subtrahiert, sonst*)
           ELSE:    ERROR ("illegal opcode")   (* Fehlermeldung.*)
           END
```

Bedingungen, die sich nicht nur auf bestimmte Zeitpunkte beziehen, sondern die Änderungen eines Datums in der Zeit berücksichtigen, werden mit Hilfe vordefinierter Standardfunktionen beschrieben. Zwei Beispiele: in DSDL kann die Periodendauer eines Taktsignals mit der Funktion PERIOD, das Vorhandensein einer positiven Signalflanke mit der Funktion RISE bestimmt werden.

Wie schon erwähnt, kann nicht nur die Funktion der zu entwerfenden Schaltung, sondern es können auch die Betriebsbedingungen, und falls diese verletzt werden, die Reaktionen darauf, wie z.B. das Setzen bestimmter Zustände oder die Ausgabe von Fehlermeldungen bei der Simulation, beschrieben werden.

Mit den oben vorgestellten Sprachmitteln läßt sich das lokale Verhalten eines Schaltwerkes modellieren. Für eine Entwurfsbeschreibung insgesamt ist es jedoch notwendig, auch die Zusammenhänge zwischen den einzelnen Anweisungen, eine sogenannte Abarbeitungsreihenfolge, zu definieren. Moderne Hardwarebeschreibungssprachen enthalten prozedurale und nonprozedurale Beschreibungsformen.

*Prozedurale Beschreibung*

Mit Hilfe von prozeduralen Beschreibungsformen kann die Reihenfolge der Abarbeitung der Anweisungen definiert werden. Bei der Beschreibung eines Schaltungsentwurfs sind nicht nur sequentielle, sondern auch parallel synchrone und nebenläufige Abläufe zu modellieren. Auf der funktionalen Ebene wird die Kontrollstruktur explizit beschrieben. Eine Entwurfsbeschreibung wird also durch Anweisungen zur Definition der Abarbeitungsreihenfolge strukturiert. Solche Anweisungen können natürlich ineinandergeschachtelt verwendet werden. Zur weiteren Strukturierung eines Algorithmus gehören die Verzweigungen (IF) und Fallunterscheidungen (CASE), sowie die Bildung von Schleifen für zyklische Vorgänge oder Wiederholungen. Einige Beispiele:

```
SEQBEGIN                                (* Die Anweisungen*)
        reg_a := b + c                  (* werden sequentiell*)
        reg_c := reg_d + reg_a          (* ausgeführt.*)
END.
CONBEGIN                                (* Die Anweisungen*)
        reg_a := b + c                  (* werden nebenläufig*)
        reg_c := reg_d + reg_a          (* ausgeführt.*)
END.
IF reset   THEN count := 0              (* Bei reset = 1 wird count*)
           ELSE count := count + 1      (* zurückgesetzt.*)
CASE opcode OF                          (* Abhängig von opcode*)
        plus:   x := x + y              (* wird addiert oder*)
        minus:  x := x - y              (* subtrahiert, sonst*)
        ELSE:   ERROR ("illegal opcode")(* Fehlermeldung.*)
```

Ein wichtiger Aspekt des Hardware-Entwurfs ist die Definition einer geeigneten Taktstruktur. Eine prozedurale Entwurfsbeschreibung kann im ersten Ansatz vollkommen ohne Taktstruktur erfolgen. Nachdem dieser verifiziert ist, wird in einem Verfeinerungsschritt die Taktstruktur definiert. Mit Hilfe von Taktsynchronisationsanweisungen, die einzelnen oder Blöcken von Anweisungen vorangestellt werden, können die Ausführungszeitpunkte abhängig vom Eintreffen einzelner oder der Kombination bestimmter Daten- und Zeitwerte gesteuert werden. Ein Beispiel hierfür:

```
AT RISE (takt AND enable) THEN        (* Der nachfolgende*)
    CONBEGIN                          (* Block wird dann aus-*)
    ...                               (* geführt, wenn enable*)
    ...                               (* logisch1 ist und eine positive*)
    ...                               (* Taktflanke eintrifft.*)
    END.
```

*Nonprozedurale Beschreibung*

Im Gegensatz zur prozeduralen Beschreibung wird bei der nonprozeduralen Form mit der Aufschreibungsreihenfolge der einzelnen Anweisungen noch keine Abarbeitungsreihenfolge definiert. Eine Anweisung wird dann ausgeführt, wenn sich neue Voraussetzungen für die Berechnung des Werts des Zuweisungsziels ergeben. Das ist der Fall, wenn sich Werte der Quellvariablen ändern oder eine Bedingung, von der die Anweisung abhängt, wahr wird. Zwei Beispiele:

```
a := b+c                    (* die Summe von b und c wird immer dann berechnet*)
                            (* und a zugewiesen, wenn sich b oder c ändert.*)
IF RISE (takt)              (* bei einer positiven Taktflanke erhält q*)
THEN BEGIN    q := d;       (* den Wert von d und qb den negierten*)
              qb := NOT d;  (* Wert von d.*)
    END.
```

Wie aus dem letzten Beispiel ersichtlich, können die Bedingungen nicht nur für einzelne Anweisungen, sondern auch für Gruppen von Anweisungen definiert werden, d.h. es ist dann der Ausführungszeitpunkt der gesamten Gruppe von der Bedingung abhängig. Die Gruppe selbst kann durchaus selbst prozedural beschrieben werden. Über die Art der Gruppenanweisung wird definiert, ob die Gruppen sequentiell, parallel oder nebenläufig ausgeführt wird.

Die Abhängigkeiten der einzelnen Funktionen untereinander ergeben sich bei der nonprozeduralen Beschreibung ausschließlich durch Zustandsänderungen von Daten und Steuerbedingungen. Der Steuerfluß wird nicht explizit modelliert, sondern ergibt sich implizit durch die Folge der Ereignisse in diesem Abhängigkeitsnetz, was auch als implizite Kontrollstruktur bezeichnet wird.

Es ist offensichtlich, daß hier bereits eine mehr realisierungsbezogene Darstellung erreicht wird. Die Kombinatorik läßt sich durch eine Folge einfacher Wertzuweisungen wie im obigen Beispiel beschreiben. Das Zusammenspiel von Funktionsblöcken, die über Daten- und Steuerleitungen verbunden sind, wird durch eine

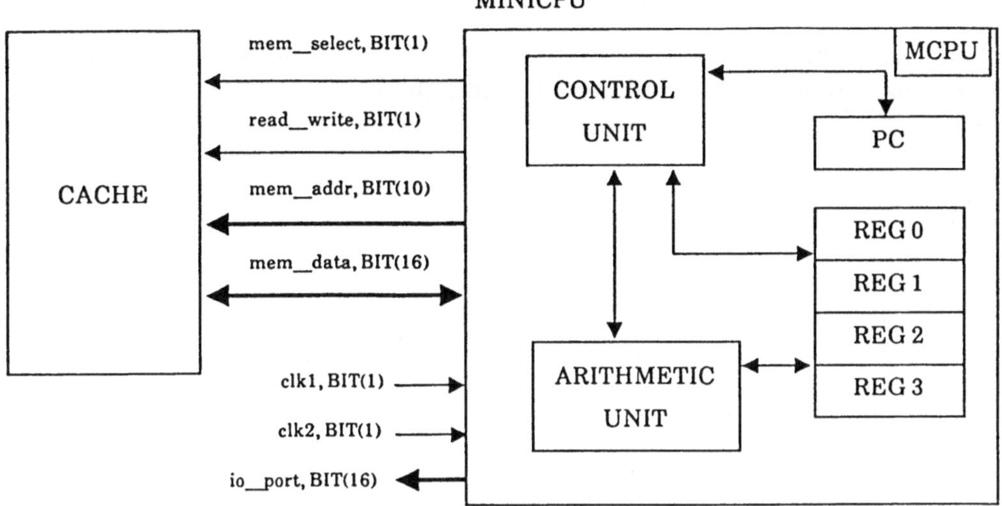


Bild 3.1a: Beispiel für die Zusammenschaltung von Funktionsblöcken
über die Schnittstellenbeschreibung in grafischer Darstellung

PROCEDURE minicpu
　　　　[read_cycle_time, write_cycle_time : TIMEVAR]
　　　　(*Determines the period of read and write access, only needed to check timing of
　　　　memory access*)

　　　　(*Interface to cache memory*)
　　　　OUT　　mem_select :　BIT(1);　　　　(*If "1", memory access is required*)
　　　　OUT　　read_select :　BIT(1);　　　　(*If "1", read access is required*)
　　　　OUT　　mem_addr :　　BIT(10);　　　　(*Determines the memory access*)
　　　　INOUT mem_data :　　BIT(16);　　　　(*Data to be transferred*)

　　　　(*External variables*)
　　　　IN　　clk1　　　:　BIT(1);
　　　　(*Clock signal to synchronize execution,　　rising edge: load instruction,
　　　　　　　　　　　　　　　　　　　　　　falling edge: decode instruction*)
　　　　IN　　clk2　　　:　BIT(1);
　　　　(*Clock signal to synchronize execution, rising edge: execute instruction,
　　　　　　　　　　　　　　　　　　　　falling edge: load operator*)
　　　　OUT　io_port　　:　BIT(16)
　　　　(*State variable, containing the current instruction to be executed*);
　　　　●
　　　　●
　　　　●


PROCEDURE cache
　　　　[read_cycle_time, write_cycle_time : TIMEVAR]
　　　　(*Determines the period of read and write access*)
　　　　IN　　mem_select :　BIT(1);　　　　(*If "1", memory access is required*)
　　　　IN　　read_write :　BIT(1);　　　　(*If "1", read access is required*)
　　　　IN　　mem_addr :　　BIT(10);　　　　(*Determines the memory access*)
　　　　INOUT mem_data :　　BIT(16);　　　　(*Data to be transferred*);
　　　　●
　　　　●
　　　　●

Bild 3.1b: Beispiel für die Zusammenschaltung von Funktionsblöcken
über die Schnittstellenbeschreibung in alphanumerischer Form

Schnittstellenbeschreibung definiert [3.7, 3.12, 3.13]. Ein Beispiel einer Schnittstellenbeschreibung zeigen Bilder 3.1a und 3.1b.


### 3.2.3  Strukturorientierte Beschreibung

*Alphanumerische Beschreibung*

Die alphanumerische Beschreibung von Schaltungsstrukturen wird vorwiegend auf der Schaltelementebene eingesetzt, in der ein direkter Bezug zur physikalischen Realisierung besteht. Aufgabe einer solchen Beschreibung ist es, die einzelnen Komponenten, wie Gatter oder Register, eindeutig zu identifizieren und die Verbindungen zwischen ihnen zu definieren. Je nach Verwendungszweck sind zwei verschiedene Sichten auf die Schaltungsstruktur gebräuchlich: in der Blocksicht ist die einzelne Komponente der Schlüsselbegriff, und die daran angeschlossenen Netze sind untergeordnet. In der Netzsicht ist das Netz der Schlüsselbegriff, und alle einem Netz zugeordneten Komponenten werden diesem untergeordnet.

Zur Beschreibung der Komponenten gehört auch die Definition der Schnittstelleneigenschaften: die Pins werden als Eingangs-, Ausgangs- oder bidirektionaler Pin gekennzeichnet, es werden die Schaltzeiten an den Ausgangspins, die Eingangskapazitäten, die Eingangswiderstände und die maximalen Fanin- und Fanout-Belastungen angegeben. Für die Modellierung des Logikverhaltens sind zudem Angaben über das Tristateverhalten von Eingangspins oder das Verhalten von offenen Eingängen notwendig.

Technologiebezogene Daten, wie Spannungspegel der Logikzustände oder Zulässigkeit und Verhalten von Wired- und Bus-Verbindungen, werden global angegeben.


*Grafische Beschreibung*

Im Hardware-Entwurf sind Funktionsblockdiagramme und Stromlaufpläne geeignete Dokumentationsformen. Die grafische Darstellung enthält alle strukturbezogenen Einzelinformationen und bietet zugleich den notwendigen Überblick über globale Zusammenhänge. Auf die grafische Darstellung von Schaltungsstrukturen kann im Hardware-Entwurf, ob mit oder ohne CAD, nicht verzichtet werden. Für den Hardware-Entwickler ist natürlich von Vorteil, wenn er beim Einsatz eines CAD-Systems die grafische Darstellungsform auch zur Erfassung und Änderung von Schaltungsstrukturen verwenden kann und er hier nicht auf die alphanumerischen Netzlisten angewiesen ist. Seit einigen Jahren finden verstärkt grafikfähige Arbeitsplatzrechner Einsatz im CAD-Elektronik-Bereich. Damit verbunden verliert die alphanumerische Form der Beschreibung von Schaltungsstrukturen an Bedeutung und es werden zunehmend grafische Mittel zur Erfassung und Darstellung von Schaltungsstrukturen verwendet.

Die grafisch erfaßten Schaltungsentwürfe, ergänzt um funktionsorientierte, nicht weiter strukturierte Entwurfsbeschreibungen, sind die Datenbasis für alle im Verfahrensablauf benutzten CAD-Funktionen. Die grafische Darstellung wird entsprechend der Komplexität der Schaltung hierarchisch aufgebaut. So kann, beginnend mit einem Funktionsblockdiagramm, der Entwurf über mehrere Stufen bis hin zum Stromlaufplan auf Gatterebene verfeinert werden [3.10].


## 3.3   Entwurfsregeln und Entwurfsüberprüfung

### 3.3.1   Einleitung

Zu den Regeln des Logikentwurfs zählen syntaktische, prüftechnische und elektrische Regeln, sowie Konsistenz- und Vollständigkeitsregeln. Es ist kaum möglich, alle diese Regeln ohne Systemunterstützung zu beachten. Neben dem Umfang des Regelwerkes liegt dies auch an der ständig zunehmenden Komplexität der Schaltungen.

Das Nichtbeachten dieser Regeln führt u.a. dazu, daß die Entwurfsdokumentation nicht den Vereinbarungen entspricht, daß nachfolgende Funktionen den Entwurf nicht weiterverarbeiten können, oder daß die Schaltung technisch funktionsunfähig ist. Der für die Fehlererkennung und Fehlerbeseitigung anfallende Mehraufwand und die damit verbundenen zeitlichen Verzögerungen werden bestimmt durch den Zeitpunkt, zu dem innerhalb des Verfahrensablaufes die existierenden Entwurfsregelverletzungen erkannt werden. Erfahrungsgemäß verursachen alle relativ spät erkannten Fehler wesentliche Kostenerhöhungen, wobei in extremen Fällen auch ein komplettes Redesign eines Teils der entworfenen Schaltung notwendig werden kann. Das Nichtbeachten kann darüber hinaus auch zu unnötiger Ineffizienz beim Ablauf nachfolgender Verarbeitungsschritte führen, z.B. erhöht unnötige Redundanz in der Schaltung im allgemeinen die Anzahl der notwendigen Prüfbitmuster; die Forderung nach Vermeidung von Redundanz wird daher als prüftechnische Regel betrachtet. Ziel der Entwurfsüberprüfung ist es, den nachfolgenden Designschritten einen Datenbestand bereitzustellen, der dem Entwurfsschritt entsprechend vollständig und konsistent ist und den Entwurfsregeln entspricht.

Da frühe Prüfungen im Gegensatz zu späteren sowohl Umfang als auch Anzahl notwendiger Fehlerkorrekturschleifen verringern, sind alle Entwurfsregeln schon während der oder direkt im Anschluß an die Entwurfserfassung zu prüfen, soweit eine solche Überprüfung automatisiert werden kann und zu diesem Zeitpunkt auch möglich ist [3.23].

Zu den wesentlichen CAD-Funktionen des Logikentwurfs zählt daher die automatisierte und zu einem möglichst frühen Zeitpunkt stattfindende Entwurfsüberprüfung auf die genannten Regeln. Ergebnisse sind Fehlermeldungen und Warnungen, falls möglich, versehen mit konstruktiven Hinweisen, aufgrund derer das Design modifiziert werden muß bzw. kann.

Die Einhaltung von Entwurfsregeln bedeutet auch gewisse Einschränkungen der Entwurfsfreiheit; jedoch gilt für viele Regeln, daß sie eingehalten werden müssen, um einen funktionsfähigen Entwurf überhaupt zu ermöglichen. Darüberhinaus wird die Einschränkung der Entwurfsfreiheit durch Zeitersparnis in nachfolgenden Verarbeitungsschritten und durch eine Verbesserung der gesamten Entwurfsqualität mehr als aufgewogen. Dennoch ist darauf zu achten, daß keine unnötige Einengung der Entwickleraktivität erfolgt; d.h., für den Entwickler muß die Möglichkeit bestehen, sowohl auf den Umfang des vorgegebenen Regelkatalogs als auch auf den Zeitpunkt der zugehörigen Überprüfung steuernd einwirken zu können. Alle wesentlichen Regeln sollten z.B. aktiviert bzw. unwesentliche temporär ausgeblendet werden können. Dies ergibt sich unter anderem auch daraus, daß manche Regeln Worst-case-Bedingungen beschreiben, die im Einzelfall abgemildert werden können - dies allerdings in Verantwortung des Entwicklers.

Neben dem Umfang der Regelüberprüfung ist auch der dafür geeignetste Zeitpunkt zu bedenken. Manche Prüfungen sollten on-line, andere auf ein Kommando hin, bzw. erst zum Abschluß eines Entwurfsabschnittes durchgeführt werden. Generell gilt aber, daß mit Abschluß eines Entwurfsschrittes die Einhaltung der relevanten Regeln gewährleistet sein muß.

Zu den in der Entwurfsphase relevanten Regeln zählen die in den Abschnitten 3.3.2 bis 3.3.4 erläuterten syntaktischen Regeln, Konsistenzregeln, Vollständigkeitsregeln, Strukturregeln, prüftechnischen Regeln und elektrischen Designregeln.

Anmerkungen zur Implementierung von Regeln finden sich in Abschnitt 3.3.5.


### 3.3.2 Syntaktische Regeln, Vollständigkeitsregeln und Konsistenzregeln

Um eine reibungslose Verarbeitung von Schaltungsbeschreibungen innerhalb des CAD-Systems, bzw. eine Weiterverarbeitung der schaltungsbeschreibenden Daten über definierte CAD-System-externe Schnittstellen zu garantieren, werden dem Entwickler von Beginn des Schaltungsentwurfes an anhand von Erfassungskonventionen bestimmte Orientierungshilfen, aber auch Restriktionen, vorgegeben.

Erfassungskonventionen werden sowohl durch CAD-System-spezifische Randbedingungen als auch durch projektspezifische Vorgaben geprägt.

Die die Syntax, Vollständigkeit und Konsistenz betreffenden Entwurfskontrollen werden von den jeweils gültigen Erfassungskonventionen abgeleitet, die i.w. abhängen von dem für das CAD-System festgelegten Verfahrensablauf, von den eingesetzten Technologien und von firmenspezifischen Randbedingungen.

*Syntaktische Regeln*

Die syntaktischen Kontrollen erfolgen direkt im Zusammenhang mit der Benutzereingabe. Dadurch wird die syntaktische Korrektheit der Benutzerangaben zum frühestmöglichen Zeitpunkt sichergestellt. Das zu überprüfende Spektrum der Benutzereingaben reicht von der Namensvergabe für Schaltungen über Bezeichner innerhalb von Schaltungsbeschreibungen und die Vergabe von Eigenschaften, die den Objekten innerhalb der Schaltungsbeschreibung zugeordnet werden, bis hin zur Syntax der kompletten Schaltungsbeschreibung. Wie bereits oben erwähnt, werden die relevanten syntaktischen Kontrollen ausgehend von den in den Erfassungskonventionen festgelegten syntaktischen Regeln erstellt. Eine detaillierte Syntaxbeschreibung ist also ein wesentlicher Bestandteil der jeweils gültigen Erfassungskonventionen. Es sind darin unter anderem konkrete Aussagen bezüglich Länge und Zeichenvorrat aller in der Schaltungsbeschreibung zugelassenen Klassen von Bezeichnern und Eigenschaften vorzunehmen. Die Klassen beziehen sich auf Schaltungen, Signale, Signalbündel, Pins, Schaltelemente, Bausteine, etc. Der Entwickler wird also z.B. direkt bei der Erfassung informiert, falls der von ihm gewählte Signalname zu lang oder ein darin enthaltenes Zeichen nicht zulässig ist.

Beispiel: Die folgenden in Backus-Naur-Form formulierten Syntaxregeln sind für die Vergabe von Signalnamen einzuhalten:

```
<Signalname> ::= <alfa-Zeichen>{<Zeichen>}₁¹⁵
<Zeichen> ::= <alfa-Zeichen>|<num-Zeichen>|<Sonder-Zeichen>
<alfa-Zeichen> ::= A|B|...|Z
<num-Zeichen> ::= 0|1|...|9
<Sonder-Zeichen> ::= _
```

Nach dieser Regel ist HERA_SIG1 ein korrekter Signalname, _SIG1@ dagegen nicht.


*Vollständigkeitsregeln*

Analog dem im Abschnitt Syntaktische Regeln beschriebenen Sachverhalt wird auch der Umfang der Vollständigkeitsregeln mit den Erfassungskonventionen festgelegt. Der Zustand "vollständig" kann beim Erfassen von Schaltungen nur schrittweise erreicht werden. Dadurch ist im Gegensatz zu den syntaktischen Kontrollen die Überprüfung auf Vollständigkeit nicht zu jedem Zeitpunkt, sondern nur beim Übergang von einem Entwurfsschritt zum nächsten, bzw. zwischenzeitlich auf Wunsch des Benutzers sinnvoll. Der Benutzer kennt den Zustand seiner Schaltungsbeschreibung und kann dadurch beurteilen, zu welchem Zeitpunkt eine Überprüfung auf Vollständigkeit durchgeführt werden soll. Diese Leistung wird ihm über ein spezielles Kommando angeboten. Aufgabe des CAD-Systems ist es, automatisch vor dem nächsten Entwurfsschritt eine Überprüfung auf Vollständigkeit durchzuführen.

In den Bereich der Vollständigkeit fallen die Kontrollen auf Existenz aller formal obligaten Objekte und Eigenschaften.

Beispiel: Im Gegensatz zu Mehrpunkt-Verbindungen müssen bei den Einpunkt-Verbindungen vom Entwickler Signalnamen vorgegeben werden.

Es geht bei den Vollständigkeitskontrollen nicht darum, die erfaßte Schaltung auf vollständiges Erreichen gewünschter Funktionen abzuprüfen. Die Behandlung der Vollständigkeitsregeln ist im Zusammenhang mit der Generierung von schaltungsbeschreibenden Daten zu sehen. So darf z.B. bei fehlenden Individualnamen für Schaltelemente keine Meldung an den Benutzer erfolgen, solange vom Benutzer eine Generierung dieser Information durch das CAD-System gewünscht wird.

*Konsistenzregeln*

Ein wesentlicher Aspekt während der Designphase ist die Sicherstellung der Konsistenz der erfaßten Schaltungsdaten. Für das Verständnis der weiteren Ausführungen erscheint es sinnvoll, den Aspekt Konsistenz kurz näher zu betrachten. Konsistenzaussagen können nur in einem bestimmten Zusammenhang (Kontext) getroffen werden. Eine genaue Definition des jeweils gültigen Zusammenhangs ist also bei der Behandlung von Konsistenzregeln unbedingt erforderlich.

In unserem Fall ist der Kontext zum einen durch definierte Vorgaben (Erfassungskonventionen) bestimmt, zum anderen durch die Verflechtung der Schaltungsdaten untereinander als Resultat des hierarchischen Entwurfsprinzips.

Regeln wie "Für Signale sind nur bestimmte Attribute zugelassen" oder "Eigenschaftswerte außerhalb des spezifizierten Wertebereichs sind nicht zulässig" sind Beispiele für Konsistenzregeln, die anhand der Erfassungskonventionen festgelegt werden. Je nach Komplexität und Gültigkeitsbereich der Regeln werden Verstöße entweder direkt bei der Eingabe oder als Ergebnis eines Check-Kommandos dem Benutzer gemeldet.

Bildet die hierarchische Schaltungsbeschreibung den Kontext, so ist die Widerspruchsfreiheit dieser Daten

- □ auf den einzelnen Hierarchieebenen,
- □ an den Ebenenübergängen,
- □ über alle Ebenen hinweg

sicherzustellen. Entsprechende Regeln sind allgemein gültig, also unabhängig von den aktuellen Erfassungskonventionen.

Auf jeder einzelnen Hierarchieebene ist eine sehr große Anzahl von Konsistenzkontrollen vorzunehmen. Folgende Beispiele sollen das einer Ebene zugeordnete Regelspektrum andeuten:

- □ Pins und angeschlossenes Signal weisen eine einheitliche Breite auf,
- □ Einzelsignale eines Signalbündels sind nicht miteinander kurzgeschlossen,
- □ Objekte werden nicht mit widersprüchlichen Eigenschaften versehen.

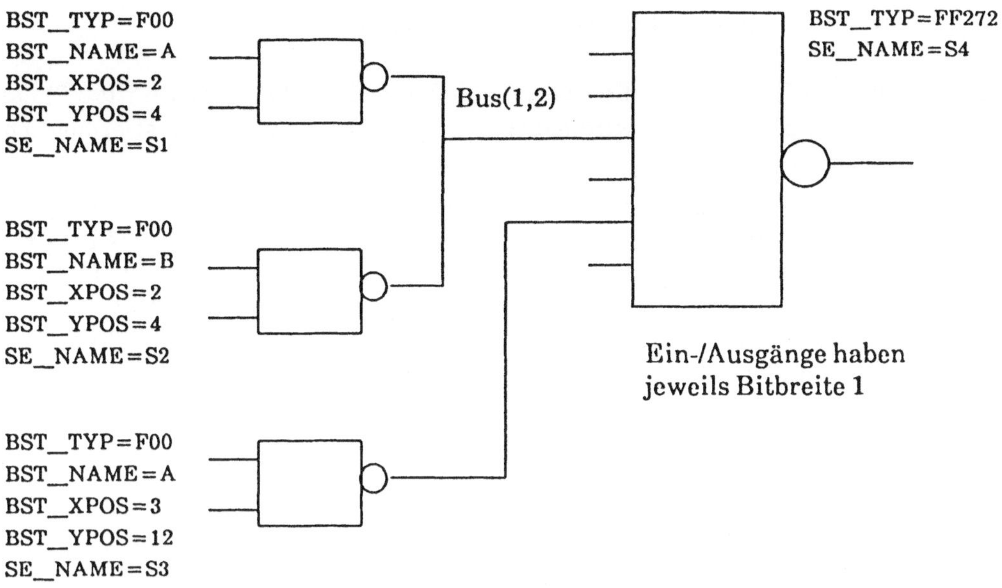


Bild 3.2: Konsistenzverletzungen innerhalb einer Hierarchieebene

Im Bild 3.2 werden einige typische Konsistenzverletzungen innerhalb einer Hierarchieebene des Gesamtentwurfs dargestellt:

- BUS(1,2) mit Bitbreite 2 ist an einem Eingang mit Bitbreite 1 angeschlossen.
- Dem Baustein mit Namen "A", der die beiden Schaltelemente "S1" und "S3" beinhaltet, sind zwei unterschiedliche Positionen auf der Leiterplatte zugeordnet.
- Dagegen werden die unterschiedlichen Bausteine "A" und "B" ("B" enthält Schaltelement "S2") auf ein und dieselbe Position auf der Leiterplatte plaziert.

Ebenenübergänge dokumentieren sich durch die Schnittstellen zwischen einem Logikblock und der zugeordneten Teilschaltung. An diesen Übergängen muß gewährleistet sein, daß die Anschlüsse am Logikblock mit den aus der Teilschaltung führenden Signalen in Anzahl und Eigenschaften übereinstimmen.

Ist die Konsistenz innerhalb einer Gesamtschaltung pro Teilschaltung sowie für alle Übergänge von Logikblock zu Teilschaltung sichergestellt, kann daraus abgeleitet werden, daß die hierarchisch strukturierte Gesamtschaltung formal korrekt aufgebaut ist.

Bei der Betrachtung der Gesamtschaltung sind z.B. die Kontrollen auf rekursive Verwendung von Teilschaltungen oder auf eindeutige Verwendung von Individualnamen durchzuführen.

### 3.3.3 Strukturregeln und prüftechnische Regeln

Der Ablauf von Funktionen, die - wie z.B. die Laufzeitanalyse, (Abschnitt 3.7) - auf
die Entwurfsanalyse folgen, wird deutlich erleichtert, teils sogar erst ermöglicht,
wenn bestimmte Strukturregeln während der Entwurfserfassung bereits berücksichtigt worden sind. Insbesondere kann die Effizienz solcher Funktionen beim
Entwurf größerer Funktionseinheiten, wie etwa Zentraleinheiten, gesteigert werden, wenn gewisse strukturelle Anforderungen an die Logik erfüllt sind [3.24].

Die Laufzeitanalyse untersucht das Zeitverhalten in einem digitalen Schaltwerk unter Berücksichtigung von Fertigungstoleranzen; z.B. wird auf Einhaltung
von Setup- und Hold-Zeiten oder eines Mindestwertes für Pulsbreiten abgeprüft.
Die abgeprüften Zeitbedingungen verlangen eine Unterscheidung zwischen Da-
ten- und Taktpfaden. Taktpfade werden in den heute verwendeten Schaltwerken
zur Synchronisierung eingesetzt. Werteänderungen auf Datenpfaden müssen z.B.
zeitgleich mit bestimmten Taktphasen, etwa der steigenden Flanke, eintreten. Um
entsprechende Kontrollen durchführen zu können, ergibt sich folgende Anforderung:

> *Eine Unterscheidung zwischen Daten- und Taktpfaden muß eindeutig mög-*
> *lich sein.*

Kritisch für die Laufzeitanalyse - aber auch z.B. für die Testbarkeit der Schaltung - sind Rückkopplungen, denn diese erfordern Untersuchungen von Ein-
schwingvorgängen, da zu Testbeginn ein wohldefinierter eingeschwungener Zustand vorliegen muß. Insbesondere dürfen Rückkopplungen nicht in der "reinen"
Kombinatorik auftreten; beispielsweise genügt es aber in der Regel, wenn sich in
jeder Rückkopplungsschleife wenigstens ein Master-Slave-Flipflop befindet. Als
Anforderung ergibt sich:

> *Rückkopplungen dürfen nur in einer vorgegebenen Art und Weise auftreten.*

Das Bild 3.3 zeigt eine typischerweise verbotene Rückkopplung sowie daneben
einen stattdessen zulässigen Schaltungsausschnitt. Eine entsprechende Regel
kann automatisiert überprüft werden.

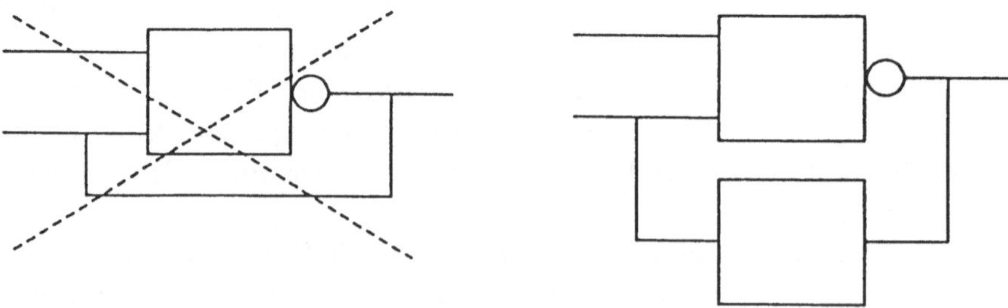

Bild 3.3: Verbotene und zulässige Rückkopplung

Eine Funktion, die von außerordentlicher Bedeutung ist, und deren Ablaufeffizienz durch Maßnahmen während der Entwurfserfassung sogar sehr drastisch gesteigert werden kann, ist die Funktionsprüfung der gefertigten Baugruppe, bzw. des gefertigten Systems (Kapitel 6). Durch Verwendung höchstintegrierter Bausteine und zunehmend dichtere Belegung von Baugruppen steigt deren Komplexität. Auch werden die Schaltkreistechniken zunehmend schneller. Es wird immer schwieriger, das Verhalten einzelner Bausteine und einzelner Takt- oder Datenpfade zu beobachten, bzw. zu beeinflussen. Dies bedeutet, daß die Prüfbarkeit sinkt, wenn nicht geeignete, z.B. strukturelle, Maßnahmen ergriffen werden. Ferner bedingt die wachsende Komplexität, daß die Anzahl der Prüfbitmuster stark erhöht werden muß, wenn ein akzeptabel hoher Fehlererkennungsgrad beibehalten werden soll. Die Beachtung geeigneter Strukturregeln kann helfen, Prüfbitmuster - und damit Prüfzeit - einzusparen. Dies ist auch ein Indiz dafür, daß die Prüfvorbereitung im Vergleich zur eigentlichen Prüfdurchführung immer gewichtiger wird.

Die oben genannte Anforderung an Rückkopplungen ist auch für das Ziel einer Verbesserung der Prüfbarkeit einzuhalten. Weitere typische strukturelle Anforderungen, die diesem Ziel dienen, sind beispielsweise:

- *Im Stromlaufplan ist logische Redundanz zu vermeiden, soweit sie nicht aus Gründen der Zuverlässigkeit erwünscht ist.*
- *Ein definierter Prüfanfangszustand der Schaltung muß extern einstellbar sein.*
- *Die Schaltung muß ohne zusätzliche Beschaltung prüfbar sein.*

Es ist nicht möglich, alle diese Anforderungen an die Entwurfserfassung automatisiert abzuprüfen; z.B. ist es sehr problematisch, logische Redundanzen in der Schaltung herauszufiltern. Möglich ist es dagegen, bei hinreichend exakt definierten Erfassungskonventionen, die beiden erstgenannten Forderungen - Unterscheidung zwischen Daten- und Taktpfaden, sowie Einschränkungen von Typen von Rückkopplungen - automatisiert auf Erfüllung zu prüfen.

Für eine Unterscheidung von Daten- und Taktpfaden ist es zunächst erforderlich, Erfassungskonventionen aufzustellen, damit bei der Erfassung die Möglichkeit besteht, einzelne Pfade explizit als Daten- oder Taktpfade zu kennzeichnen. Zusätzlich können Pfade implizit als Daten- oder als Taktpfade gekennzeichnet sein, indem sie an bestimmte Anschlußtypen von Bausteinen oder an bestimmte Bausteine angeschlossen sind. Beispielsweise könnten Signale, die mit Ausgängen von als solchen deklarierten Quarzbausteinen, also Taktgebern, verschaltet sind, von der Laufzeitanalyse grundsätzlich als Takte betrachtet werden. Es ist hierzu erforderlich, daß entsprechende Bausteine bzw. Bausteinanschlüsse in der Datenbasis entsprechend gekennzeichnet sind. Außerdem kann vorgesehen werden, daß nicht gekennzeichnete Signale grundsätzlich als Datenpfade interpretiert werden. Es ist selbstverständlich unumgänglich, daß nachverarbeitende Funktionen gleiche Interpretationen benutzen. Es ist nun die Aufgabe der Entwurfsanalyse, die vorhandenen Kennzeichnungen auf Vollständigkeit und Konsistenz zu überprüfen; fehlende Kennzeichen können automatisch nachgetragen werden.

Für eine Überprüfung der Korrektheit von Rückkopplungen müssen diese zunächst erkannt werden können. Dazu ist pro Verbindung die Signalflußrichtung zu ermitteln; zu beachten ist, daß der Signalfluß auf einer Verbindung auch - zu verschiedenen Zeitpunkten - in beide Richtungen gehen kann. Die Signalflußrichtung richtet sich nach den Bausteinanschlüssen an der Verbindung, die in einer Bibliothek entsprechend klassifiziert werden müssen: typischerweise als Empfänger, Sender oder bidirektionaler Anschluß. Anschließend sind in dem zu der Schaltung gehörenden gerichteten Verbindungsgraphen Zyklen zu finden. Diese repräsentieren Rückkopplungen. Schließlich ist pro Rückkopplung zu prüfen, ob sie den Anforderungen genügt. Dazu ist es in der Regel wieder erforderlich, auf in einer Bibliothek vorhandene Klassifizierungen der in der Rückkopplung auftretenden Bausteine zuzugreifen. Diese Beispiele sollen zeigen, daß für Überprüfungen von Anforderungen an die Entwurfserfassung in der Regel Erfassungskonventionen zusammen mit darauf abgestimmten Interpretationen von nachverarbeitenden Funktionen und klassifizierende Einträge in Bibliotheken erforderlich sind.

### 3.3.4  Elektrische Designregeln

Jeder Entwurf ist auf die Einhaltung von Regeln zu überprüfen, die sich auf das elektrische Verhalten eines Schaltwerkes beziehen. Die Nichteinhaltung solcher Regeln kann zu elektrischem Störverhalten, zu erhöhter Störanfälligkeit oder sogar zu logisch falschem Verhalten führen.

Es ist zu unterscheiden zwischen Regeln, deren Einhaltung bereits während oder direkt nach der Logikerfassung überprüfbar ist (Abschnitt 4.5).

Eine typische Regel, deren Einhaltung während oder nach der Entwurfserfassung prüfbar ist:

> ☐ *In bestimmten Technologien müssen logisch unbenutzte Anschlüsse beschaltet werden.*

Beispielsweise führt eine fehlende Beschaltung von Eingängen von CMOS-Bausteinen zur Zerstörung dieser Bausteine im Arbeitsbetrieb.

Außerdem dürfen nicht beliebig Anschlüsse von Bausteinen miteinander verbunden werden; z.B. sind nicht alle Technologien kombinierbar. Daraus resultiert folgende Regel:

> ☐ *Die Kombination verbundener Bausteinanschlüsse muß zulässig sein.*

Diese Regel befaßt sich also mit der "Familienverträglichkeit" miteinander verbundener Anschlüsse. Die Zulässigkeit einer Typkombination kann beispielsweise noch abhängen von Widerständen, die am Signal angeschlossen sind.

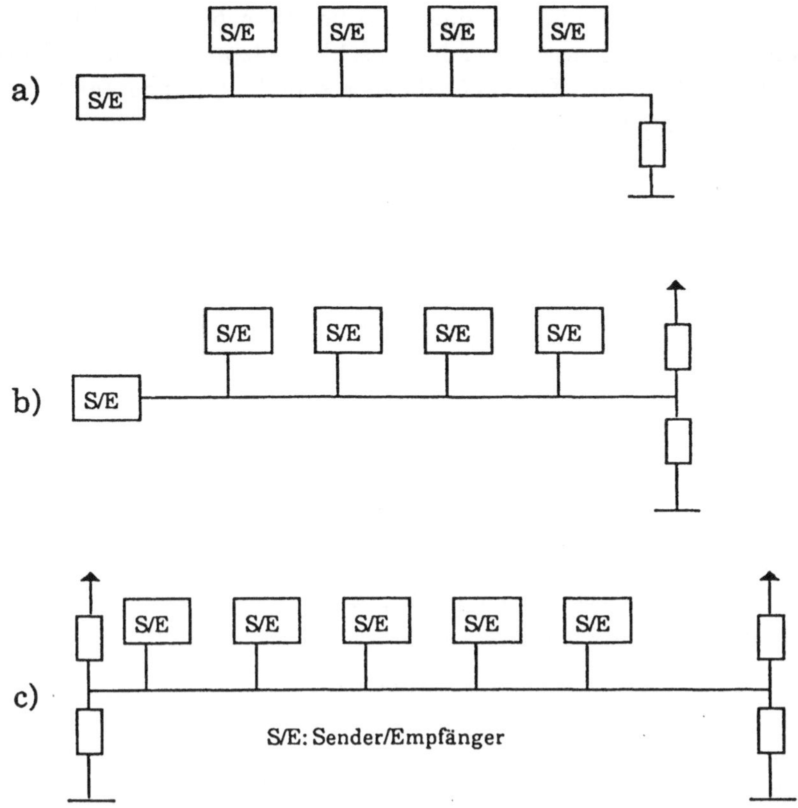


Bild 3.4: Einige mögliche Abschlußwiderstandskombinationen

Die Abschlußwiderstandskombination eines Signals muß zulässig sein. Das
Bild 3.4 zeigt einige der möglichen Abschlußwiderstandskombinationen eines Signals (von oben nach unten):

a) ein einzelner auf Masse gelegter Abschlußwiderstand,

b) eine Abschlußwiderstandskombination zweier Widerstände, von denen
einer an Masse, einer an das höhere Potential (im allgemeinen 5 oder 12
Volt) angeschlossen ist,

c) wie vorher, jedoch zweifach (zur besonders effektiven Vermeidung von
Reflexionen elektrischer Wellen).

Für jedes Signal muß gelten, daß die durch die angeschlossenen Empfänger
verursachte dynamische bzw. statische Belastung (dynamisches bzw. statisches
Fanout) von den vorhandenen Sendern gespeist werden kann.

Wie die Beispiele zeigen, lassen sich die Regeln einteilen in solche, die Aussagen über einzelne Anschlüsse machen, solche, die Aussagen über einzelne Bausteine machen, und solche, die Aussagen über einzelne Signale machen. Regeln, die

sich auf einzelne Anschlüsse oder einzelne Bausteine beziehen, benötigen Informationen über die elektrischen Eigenschaften der Anschlüsse bzw. Bausteine. Diese Daten müssen in einer Bibliothek (Kapitel 5) abgelegt sein. Unter anderem zählen hierzu folgende Bausteindaten:

- *eine Kennzeichnung des Bausteins als aktiv oder passiv, sofern es sich um einen elektronischen Baustein handelt (im Gegensatz etwa zu mechanischen Elementen wie Kühlkörpern),*
- *Kennzeichnungen passiver Bausteine als Widerstände, Kondensatoren, etc.,*
- *eine Kennzeichnung aktiver programmierbarer Bausteine als PAL (Programmable Array Logic), PLA (Programmable Logical Array), PROM (Programmable Read Only Array), etc.,*
- *eine Kennzeichnung der Bausteintechnologie, etwa TTL-LS, CMOS.*

Zu den Anschlußdaten zählen:

- *eine Kennzeichnung des Funktionstyps als Sender, Empfänger, bidirektionaler Anschluß, etc. (z.B. Steckeranschluß),*
- *Aussagen über die Treiberfähigkeit des Anschlusses,*
- *Aussagen über Belastbarkeiten des Anschlusses (statisch und dynamisch).*

Regeln, die Aussagen über einzelne Signale machen, verwenden Informationen über die elektrischen Eigenschaften der angeschlossenen Bausteine. Die Geometrie des Signals hingegen, die durch die Lage der Verbindungen, ihre Länge, etc. definiert ist, ist zu diesem Zeitpunkt im Entwurfsablauf noch unbekannt.

Für eine Überprüfung von elektrischen Regeln im Rahmen des Logikentwurfs ist es erforderlich, die zu prüfenden Signale zu klassifizieren. Beispielsweise kann das Signal eine Zusammenschaltung darstellen: mehr als ein Sender ist angeschlossen, und darunter befinden sich Tristate-, Open-Kollektor- oder bidirektionale Anschlüsse. Informationen über die Anschlüsse sind wieder einer Bibliothek zu entnehmen. Ratsam ist es auch, zumindest bei einer Beschreibung der Regeln, diese - sofern signalklassenabhängig - nach Signalklassen zu gruppieren. Es ist zu beachten, daß ein Signal gleichzeitig in mehrere Signalklassen fallen kann und dementsprechend dann die Regeln mehrerer Regelgruppen angewendet werden müssen.

### 3.3.5 Bemerkungen zur Implementierung von Regeln

Der Umfang der genannten Prüfungen ist durch Regelsätze definiert. Ein Regelsatz muß eindeutig und widerspruchsfrei sein. Generell sollten produkt- und technologiespezifische Änderungen der Regeln eines Regelsatzes möglichst unabhängig von programmtechnischen Änderungen in das System eingebracht werden können: Insbesondere die Form, wie Regeln aufgestellt, formuliert und in ein rechnergerechtes Format gebracht werden, ist ein wesentlicher Bestandteil, von dem die Technologieunabhängigkeit, aber auch die Benutzungsfreundlichkeit des Systems abhängen. Hierzu ein Beispiel: Bei einer Überprüfung der Typverträglichkeit der in einem Netz vorhandenen Anschlüsse sollten nur die möglichen Unverträglichkeiten herausgefiltert werden, die im Rahmen des aktuellen Entwicklungsprojektes auftreten können: Der Prüfumfang hängt also ab vom aktuellen Projekt. Also muß der Gesamtumfang einer Überprüfung, d.h. der Umfang des aktuellen Regelsatzes, modifiziert werden können. Auch der Umfang des zu überprüfenden Objekts muß definierbar sein: Es ist nicht immer erforderlich, komplette Schaltungen zu prüfen, stattdessen kann es insbesondere am Beginn einer Entwicklung genügen, "lokale" Prüfungen durchzuführen. Letztlich muß auch der Zeitpunkt, zu dem eine Prüfung ablaufen soll, beeinflußbar sein: Manche Prüfungen sollten direkt bei der Eingabe der Daten durchgeführt werden, andere sind sinnvoll erst zu einem späteren Zeitpunkt anwendbar. Zusammengefaßt ergeben sich folgende wesentliche Forderungen:

- □ Jeder Regelsatz muß eindeutig und widerspruchsfrei sein.
- □ Der Gesamtumfang einer Prüfung muß beeinflußbar sein.
- □ Die Regeln selbst müssen leicht modifiziert werden können.
- □ Der Umfang des zu prüfenden Objektes muß definiert werden können.
- □ Der Zeitpunkt einer Prüfung muß innerhalb eines Entwurfsschrittes frei wählbar sein.

Die erste Forderung ist zu erfüllen beim Aufstellen des gesamten Regelkatalogs. Gegenseitige Abhängigkeiten der Regeln sind dabei zu beachten; das Ergebnis ist so zu dokumentieren, daß alle Restriktionen bei einer Implementierung Berücksichtigung finden. Die Dokumentation des Regelsatzes muß neben mathematisch-exakter Formulierung auch einen textuellen Teil und eventuell sogar Beispiele enthalten. Text und Beispiele dienen der Information des Entwicklers der Schaltung. Über die Eindeutigkeit und Widerspruchsfreiheit hinaus sollte der Regelsatz auch vollständig sein. Dies ist heute allerdings nicht immer zu garantieren. Aus diesem Grund werden in Zukunft lernfähige Systeme verwendet, die die Erweiterbarkeit aktueller Regelsätze unterstützen. Die eigentliche Arbeit der Implementierung einer Entwurfsüberprüfung beginnt nach dem Erstellen eines Regelkatalogs.

Bei der Definition des Umfangs der aktuellen Überprüfung sollte es möglich sein, einzelne Regeln auszublenden; es sollte auch möglich sein, die komplette Regelüberprüfung ausschalten zu können. Schließlich sollte die Möglichkeit geboten werden, den Prüfumfang nicht nur anhand der Regelmenge, sondern auch anhand der in früheren Prüfläufen aufgetretenen Fehler zu beeinflussen: bei Bedarf sollte nur das noch einmal abgeprüft werden, was sich früher als fehlerhaft herausgestellt hatte.

Regeln lassen sich wie folgt formulieren:

- Benutzung von fest im Programm vorgegebenen Regeln; allerdings widerspricht dies der Forderung, produkt- und technologiespezifische Änderungen der Regeln unabhängig von programmtechnischen Änderungen in das System einbringen zu können.

- Benutzung von Regelsprachen. Mögliche Vorteile sind, daß ein hoher Grad an Exaktheit und Eindeutigkeit der formulierten Regeln erreicht werden kann und daß dadurch eine automatische Generierung von Prüfprogrammen ermöglicht wird. Eine genauere Betrachtung von Regelsprachen und ihrer Behandlung findet sich in Abschnitt 4.5.

- Benutzung von parameterisierbaren Regeln. Soll beispielsweise die Verträglichkeit elektrischer Anschlußtypen überprüft werden, dann hängt die Implementierung einer solchen Prüfung nicht von den konkreten Typen ab, die miteinander nicht verträglich sind; daher kann die Implementierung unabhängig von der expliziten Auflistung von nicht-verträglichen Typen durchgeführt werden. Diese Auflistung kann aus einer dem aktuellen Projekt zugeordneten Bibliothek übernommen werden. Dies ist ein Kompromiß zwischen fest im Programm vorgegebenen Regeln und Regelsprachen. Es wird damit allerdings nicht die Flexibilität von Regelsprachen erreicht.

Es ist zweckmäßig, Teilschaltungen auf verschiedenen Hierarchiestufen abzuprüfen. Außerdem sollte es möglich sein, wahlweise mit und ohne Einbeziehung der Informationen aus tieferen Hierarchiestufen zu prüfen.

Eine Überprüfung kann on-line, mittels Kommando zu freigewählten Zeitpunkten innerhalb der Entwurfserfassung, oder erst am Ende, d.h. nach Abschluß der Erfassung eines kompletten Teils der Schaltung erfolgen. Welche Regeln zu welchen Zeitpunkten abgeprüft werden sollten, hängt i.w. von der jeweiligen Regel selbst ab.

## 3.4   Generative Methoden für den Logikentwurf

### 3.4.1   Entwurfsautomatisierungen

Entwurfszeit und die Entwicklungskosten für elektronische Systeme und Moduln können nur dann vernünftig begrenzt werden, wenn in verstärktem Maße generative Methoden eingesetzt werden, die die anspruchsvollen Entwurfsarbeiten automatisieren. Generatoren werden zur Zeit noch weitgehend in der unteren Ebene des Elektronikentwurfs, vor allem bei der Layoutgenerierung, eingesetzt. Ziel der Entwurfsautomatisierung ist es, aus der Spezifikation einer möglichst hohen Ebene mit Hilfe von Syntheseprogrammen bzw. generativen Verfahren über mehrere Entwurfsebenen hinweg Entwurfs- und Verifikationsdaten zu generieren. Diese Verfahren sind heute allerdings noch Gegenstand der Forschung.

*Automatische Logiksynthese*

Beim Entwurf von digitalen Schaltungen unterscheidet man zwischen der funktionalen, strukturellen und geometrischen Beschreibung (Abschnitt 3.2). In der funktionalen Beschreibung wird das Verhalten der zu entwerfenden digitalen Schaltung spezifiziert, wobei hier formale Sprachen zur Funktionsbeschreibung (Hardware-Beschreibungssprache) eingesetzt werden (Abschnitt 3.2.2). In der Strukturbeschreibung wird die abstrakte Implementierung in Form von Logik-Komponenten und deren strukturellen Verknüpfungen dargestellt (Abschnitt 3.2.3), während in der geometrischen Beschreibung die physikalische Realisierung mittels Elementen der Aufbau-, Schaltkreis- und Verdrahtungstechnik beschrieben wird. Bild 3.5 zeigt das von Gajski eingeführte Y-Diagramm für den VLSI-

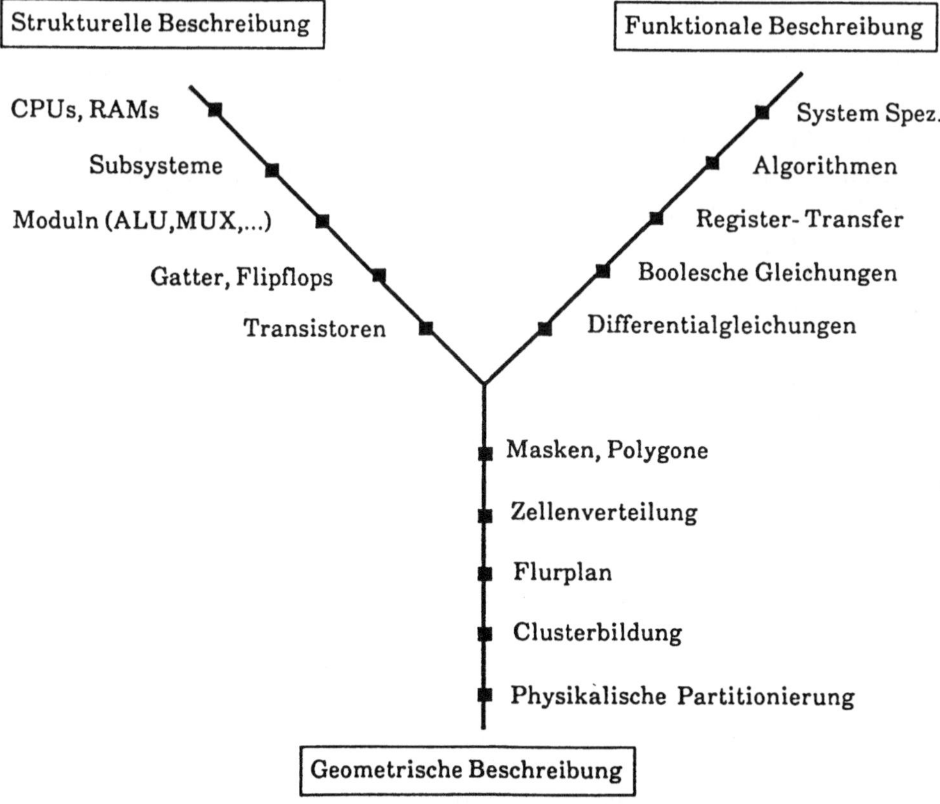


Bild 3.5: Das Y-Diagramm

Entwurf [3.29, 3.39], das die drei Beschreibungsweisen mit ihren verschiedenen Abstraktionsstufen darstellt, wobei der Abstraktionsgrad längs der drei Achsen in Richtung des Mittelpunktes abnimmt.

Unter Logiksynthese versteht man die automatische Umsetzung einer funktionalen Beschreibung einer zu realisierenden Schaltung in eine Strukturbeschreibung. Bei Anwendung der Logiksynthese kann auf Überprüfung der logischen Korrektheit des Ergebnisses verzichtet werden (Prinzip der "correctness by construction"), wodurch sich die Entwurfszeit verkürzt. Die logische Simulation des Ergebnisses ist dann nur bei interaktiven Änderungen der Schaltung erforderlich.

Die meisten Synthese-Programme erlauben lediglich den Entwurf auf der Register-Transfer-Ebene, bzw. sie können nur endliche Automaten oder Boolesche Gleichungen als Eingabeform bearbeiten. Ferner sind die heute zur Verfügung stehenden Synthese-Systeme noch ineffizient hinsichtlich des Flächenbedarfs der generierten Schaltung. Der Einsatz ist daher nur dann sinnvoll, wenn die Entwicklungskosten stärker ins Gewicht fallen als die Fertigungskosten. Zudem sind die effizienten Synthese-Prozeduren technologie- bzw. anwendungsspezifisch. Verwendungsmöglichkeiten bestehen bei der schnellen Erstellung eines Prototyps oder bei der Untersuchung von Entwurfsalternativen.

Zur Lösung der Syntheseprobleme werden verschiedene Techniken eingesetzt, wie z.B. Expertensysteme [3.32, 3.36], Datenfluß-Techniken [3.35], grafentheoretische Methoden [3.34], symbolische Programmierung [3.32] und heuristische Verfahren, die in fast allen Synthesesystemen verwendet werden. Die meisten Synthese-Programme sind für den Chipentwurf entwickelt worden. Es ist jedoch generell auch möglich, sie in Verbindung mit CAD-Systemen für den Entwurf von Leiterplatten einzusetzen.

*Silicon-Compiler*

Unter einem Silicon-Compiler versteht man ein System, das automatisch aus einer funktionalen Beschreibung einer Schaltung ein geeignetes geometrisches Layout erzeugt. Die Umsetzung erfolgt dabei top-down, d.h. die funktionale Beschreibung wird schrittweise mittels Logiksynthese und Layoutgeneratoren zu einer fertigungsnäheren Darstellung verfeinert. Der Einsatz von Silicon-Compilern reduziert die Entwicklungszeit bei gleichzeitig hoher Entwurfssicherheit. Zudem sind keine speziellen, technologie-spezifischen Designkenntnisse erforderlich.

Silicon-Compiler sind mit herkömmlichen Software-Compilern vergleichbar. Ausgehend von einer Spezifikation einer Schaltung mittels einer Hardware-Beschreibungssprache wird die Schaltungsbeschreibung vom Silicon-Compiler in Folgen von Befehlen übersetzt, die ein Rechner bis hin zum Layout verarbeitet. Allerdings ist diese Umsetzung weitaus komplexer als die Übersetzung von höheren Programmiersprachen in Maschinencode. Während der Software-Compiler Objektcode generiert, der in einem hinreichend großen Speicher abgelegt wird, sind die bei der Hardware-Entwicklung erzeugten Elemente auf einer zweidimensionalen Leiterplatte bzw. einem Chip mit kleinen Abmessungen in optimaler Weise zu plazieren.

Bei der Entwicklung von Silicon-Compilern ergeben sich ferner Probleme hinsichtlich der Umsetzung einer abstrakten funktionalen Schaltungsbeschreibung in eine Schaltung aufgrund der exponentiellen Anzahl von Synthese-Möglichkeiten und der Schwierigkeit bei der Formulierung von Selektionskriterien. Angesichts dieser Probleme sind die heute entwickelten Silicon-Compiler [3.28, 3.30, 3.37, 3.40] nur für Teilaufgaben einsetzbar, bzw. noch in der Experimentierphase. Zudem ist die erreichte Layoutdichte noch weit von der eines per Hand optimierten Layouts entfernt.

*Modulgeneratoren und PLA-Design*

Die meisten Silicon-Compiler sind geeignet für den Entwurf von regulären Strukturen, wie z.B. ROM (Read Only Memory), RAM (Random Access Memory), PLA (Programmable Logic Array). Solche Compiler werden auch Modulgeneratoren genannt (ein Modulgenerator kann ein Stand-alone-System oder Teil eines Silicon-Compilers sein).

Die PLA-Struktur bietet eine sehr gute Voraussetzung für die Entwurfsautomatisierung. Denn zum einen sind PLAs regulär aufgebaut und zum anderen hinsichtlich der UND/ODER-Struktur universell einsetzbar, da jede Logikfunktion als Boolesche Summe von Produkten (UND/ODER-Verknüpfungen) darstellbar und somit in einem hinreichend großen PLA implementierbar ist. Sequentielle Logikfunktionen lassen sich als endliche Automaten mit einem PLA realisieren, dessen Ausgänge über Register zurückgeführt werden. Logiksyntheseverfahren für den PLA-Entwurf (wie z.B. Logikminimierung, Splitten und Falten) sind in den letzten Jahren intensiv untersucht worden.

PLAs finden in vielen ASICs (Application Specific ICs) Verwendung, wobei hier die Programmierung mit Metallmasken erfolgt. Mit FPLA (Field Programmable Logic Array) bezeichnet man dagegen vorgefertigte Bausteine mit der PLA-Struktur, deren logische Funktionalität durch gezieltes Durchbrennen von Sicherungen programmiert wird. Die Programmierung wird hier vom Anwender mit Hilfe von handelsüblichen Programmiergeräten durchgeführt. Die FPLAs gehören zur Familie der PLDs (Programmable Logic Devices). Die PLD-Bausteine, wie auch PLD-Generatoren, die einen automatischen Design-Durchlauf aus einer funktionalen Beschreibung bis hin zur programmierten PLD-Schaltung ermöglichen, werden im folgenden beschrieben.


### 3.4.2 Programmierbare Logikschaltungen

*PLD-Bausteine*

Die Grundarchitektur der PLD-Bausteine besteht aus einer Matrix von logischen UND-Gattern, deren Ausgänge auf eine Matrix von logischen ODER-Gat-

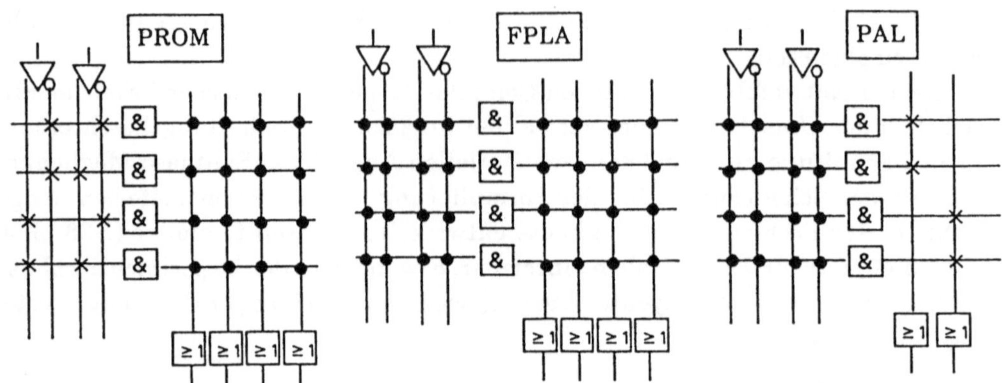


Bild 3.6: Logikarchitektur von PROM, FPLA und PAL

tern führen. Hinsichtlich der Programmierbarkeit der UND- bzw. ODER-Matrix
unterscheidet man zwischen FPLA, PAL und PROM-Bausteinen. Während beim
FPLA beide Matrizen programmierbar sind, ist bei einem PAL nur die UND-Matrix programmierbar. Dagegen besitzen PROMs eine feste UND-Matrix und eine
programmierbare ODER-Matrix. Bild 3.6 zeigt in der PLD-Symbolik den prinzipiellen Aufbau von FPLA, PAL und PROM.

Die Eingänge und ihre Umkehrungen werden bei den PALs bzw. FPLAs über
Sicherungen mit den UND-Gattern verknüpft, wobei jedes UND-Glied so viele
Eingänge besitzt, wie Input-Lines vorhanden sind. Durch die Kombination der
sich daraus ergebenden Produktterme mit den Gattern der ODER-Matrix wird
dann eine Boolesche Gleichung in der disjunktiven Normalform realisiert.

FPLAs bieten gegenüber den PAL-Bausteinen den Vorteil, daß jeder Produkt-
term mit jedem ODER-Gatter verknüpft werden kann. Da jedoch nur in wenigen
Anwendungen ein FPLA benötigt wird, bei dem die UND-Gatter einem bestimmten Ausgang zugeordnet sind, wurden die einfacheren PAL-Bausteine entwickelt,
die dennoch über eine hohe Flexibilität verfügen. Bei einem FPLA-Baustein sind
die Durchlaufzeit, der Verbrauch des Versorgungsstroms und - wegen der größeren
Chipfläche - die Produktionskosten höher als bei den PAL-Bausteinen, da bei den
PALs die Programmierschaltung der ODER-Matrix entfällt.

PROM-Bausteine werden u.a. eingesetzt als Speicherbausteine, wobei die feste
UND-Matrix die Adressierung der einzelnen Speicherstelle realisiert und die Spei-
cherinhalte durch die Programmierung der ODER-Matrix festgelegt werden. In
PROMs ist jede kombinatorische Logikschaltung implementierbar, jedoch steigt
die erforderliche PROM-Kapazität exponentiell mit der Zahl der Eingangsvariablen, da alle möglichen Eingangskombinationen kodiert werden müssen.

*Konfigurationen der PAL-Bausteine*

Unter den PAL-Bausteinen gibt es eine Vielzahl von verschiedenen Grundtypen, die sich neben der Anzahl der Ein- und Ausgänge, der Anzahl der UND-Verknüpfungen pro Ausgang, dem Stromverbrauch und der Signallaufzeit noch durch zusätzliche Programmiereigenschaften unterscheiden.

PAL-Schaltungen mit der UND/ODER-Grundstruktur werden ausschließlich eingesetzt für die Realisierung von kombinatorischen Schaltungen. Manche PALs besitzen programmierbare bidirektionale E/A-Kontrollblöcke. Damit können über ein Steuer-Produktterm gewisse Ein-/Ausgänge mit folgenden Anwendungsmöglichkeiten variabel programmiert werden: entweder ausschließlich als Ausgang mit Rückführung in die UND-Matrix, ausschließlich als Eingang oder dynamisch umschaltbar in Abhängigkeit von den Eingangsvariablen. Für die Implementierung von sequentiellen Schaltungen existieren PAL-Bausteine, die zur Speicherung von Zustandsgrößen Flipflops an den Ausgängen besitzen, wobei ein Takteingang gleichzeitig die Flipflops schaltet und der Komplementärausgang des Registers in die programmierbare UND-Matrix zurückgeführt wird. Einige PALs verfügen an den Ausgängen über eine programmierbare Ausgangspolarität, die mit einer Sicherung via eines XOR-Gatters festgelegt wird. Ist diese Sicherung durchgebrannt, so wird das Signal als logisches Komplement an den Ausgang geführt. Damit können einzelne Funktionen mit der Polarität implementiert werden, die die kleinere Produkttermzahl aufweist. Bei manchen PAL-Bausteinen werden mehrere Produktterme (UND-Gatter) gleichzeitig zwei nebeneinander liegenden Ausgängen zugeordnet. Die Aufteilung dieser Produktterme erfolgt durch Programmierung gewisser Sicherungen (Produktterm-Sharing). Auf diese Weise können komplexere logische Schaltungen implementiert werden. Weiterhin besteht bei einigen Register-PALs die Möglichkeit mittels eines programmierbaren Multiplexers das Register auszukoppeln, wodurch sich u.a. kürzere Laufzeiten und kleinerer Stromverbrauch ergeben.

Es werden außerdem PLD-Bausteine unter der Bezeichnung EPLD (Erasable Programmable Logic Device) angeboten, die eine Lösch- und Wiederprogrammierbarkeit erlauben. Diese Bausteine werden vorwiegend in der Entwicklungs- und Prototypenphase eingesetzt, da Modifikationen ohne zusätzliche Bauteilekosten und nahezu ohne zusätzlichen Zeitaufwand vor Ort durchgeführt werden können. Bei den sogenannten HAL (Hard Array Logic)-Bausteinen handelt es sich um die maskenprogrammierte Version eines PAL, deren Einsatz sich bei höheren Produktionsstückzahlen als rentabler erweist.

*Systementwurf mit PLDs*

Bei der Entwicklung von Baugruppen wird im Top-down-Entwurf die gesamte Logik in Funktionsblöcke unterteilt, die schrittweise bis auf überschaubare Teilblöcke zerlegt werden. Lassen sich Teile dieser Logikkomplexe in PLDs realisieren, so ist dadurch eine hohe Flexibilität gewährleistet: bei bereits fertiggestellten

Leiterplatten können Änderungen oder Erweiterungen durch einfaches Austauschen neu programmierter Bausteine erfolgen. Eine Änderung der gedruckten Schaltung ist nicht erforderlich.

Hinsichtlich der Integrationsdichte schließen die PLDs die Lücke zwischen MSI/SSI (Medium/Small Scale Integration)-Bausteinen und Gate-Arrays. Da ein einzelner PLD-Baustein mehrere konventionelle TTL (Transistor-Transistor-Logic)-Bauelemente ersetzen kann, ermöglicht der Einsatz der PLDs gegenüber einem MSI/SSI-Schaltkreis einen wesentlich kompakteren und übersichtlicheren Aufbau einer Leiterplatte. Programmierbare Bausteine und Gate-Arrays, die zu den wichtigsten Vertretern der Semicustom-ICs gehören, haben unterschiedliche Einsatzbereiche. Während bei den Gate-Arrays der Trend in Richtung höhere Integrationsdichte geht, stehen bei den PLDs die höhere Flexibilität und die kurze Design- bzw. Fertigungszeit im Vordergrund. Bei kleineren Stückzahlen erweisen sich die PLDs als ideale Lösung, da die Entwicklungszeit mit Hilfe von Softwareunterstützung nur wenige Stunden bis Tage dauert und die Entwicklungskosten gegenüber Gate-Arrays erheblich niedriger sind. Es ist oftmals auch sinnvoll, für die schnelle Erstellung und Erprobung eines Prototyps einen Hardware-Aufbau mit PLD-Schaltungen zu verwenden und anschließend das PLD-Design in einem Gate-Array bzw. Standardzellen-IC zu übernehmen.

Die PAL- bzw. FPLA-Bausteine bieten auch den Vorteil, daß ihre Ein- und Ausgänge frei wählbar sind. Bei der rechnergestützten Layout-Erstellung können durch Ausnutzung der flexiblen Pinbelegung verbesserte Entflechtungsergebnisse erzielt werden (Pinswap, Abschnitt 4.3).


### 3.4.3  PLD-Generatoren

Für die Entwicklung anwenderspezifischer Schaltungen mit programmierbarer Logik sind geeignete CAD-Werkzeuge notwendig, die den Anwender von der funktionalen Beschreibung der Schaltung bis hin zur Generierung der Fertigungs- und Testdaten unterstützen. Neue Technologien, Erweiterung des Bausteinspektrums oder steigende Komplexität erfordern Entwicklungssysteme, die eine flexible Anpassungsfähigkeit besitzen müssen, um eine schnelle Verfügbarkeit zu gewährleisten. Es stehen mehrere PLD-Generatoren zur Auswahl (z.B. ABEL [3.41], CUPL [3.42], LOG/iC [3.43], PALASM2 [3.44], PLAN [3.45]), die einzelne Bausteine bearbeiten können. Derzeit sind Systeme in Entwicklung, die PLD-Bausteine in den Baugruppenentwurf einbeziehen.


*Designablauf*

Eingabeformen der PLD-Generatoren sind Boolesche Gleichungen, Wahrheitstafeln, Impulsdiagramme, Zustandstabellen oder Zustandsdiagramme. Einige

Entwicklungssysteme akzeptieren die Eingabe in einer Hochsprache (Hardware-Beschreibungssprache, Abschnitt 3.2.2).

Die meisten Entwicklungssysteme enthalten Simulatoren, die die Eingabe auf Übereinstimmung mit der gewünschten Logikfunktion hin verifizieren und hierbei Testvektoren erzeugen. Mit Hilfe dieser Testvektoren kann dann eine Funktionsprüfung des programmierten Bausteins an handelsüblichen Programmiergeräten durchgeführt werden. Für das Korrigieren von Fehlern im Entwicklungsentwurf sind lediglich Änderungen einer Eingabe-Datei erforderlich.

Nach der Syntax- und Konsistenzüberprüfung setzen die PLD-Generatoren die Eingabe automatisch in Boolesche Gleichungen um, die dann einer Logikminimierung unterzogen werden können. Die Minimierung hat hier zum Ziel, die vorgegebene Schaltungslogik in einem PLD unterzubringen bzw. mit einem möglichst kleinen Baustein auszukommmen. Dazu sind Optimierungen erforderlich, die bei der PAL-Struktur die Anzahl der Produktterme jeder einzelnen Ausgangsvariablen so reduzieren, daß sie die Anzahl der im PAL verfügbaren Produktterme (programmierbare UND-Gatter) nicht übersteigt. Beim Logikentwurf mit (F)PLAs werden unter Ausnutzung der Mehrfachverwendung von Produkttermen mittels sogenannter "Bündelminimierungs"-Algorithmen alle Ausgangsfunktionen so optimiert, daß die Gesamtzahl der Produktterme minimal wird.

Wenn die Booleschen Gleichungen in reduzierter Form vorliegen, so ist zu überprüfen, ob sie in einem verfügbaren PLD-Baustein realisierbar sind. Nützlich ist hierbei die Unterstützung des Anwenders bei der Wahl eines geeigneten Bausteintyps. Reicht die Anzahl der zur Verfügung stehenden Produktterme nicht aus, so muß die vorgegebene Logikfunktion in mehrere PLDs aufgeteilt werden. Eventuell führen beim PAL-Entwurf die Produktterm-Erweiterungsmöglichkeiten der PAL-Bausteine mit Produktterm-Sharing zum Ziel.

Die PLD-Generatoren erzeugen die für die Programmierung der PLDs erforderlichen standardisierten Fertigungsdaten, die von den gängigen Programmiergeräten gelesen und verarbeitet werden können.


*Optimierungsverfahren*

Für die Produktterm-Reduzierung beim PLD-Design stehen eine Vielzahl von schaltalgebraischen Minimierungs-Verfahren zur Verfügung, die seit Anfang der 50er Jahren entwickelt wurden und noch heute Gegenstand der Forschung sind. Ein Standardverfahren, das in vielen einschlägigen Lehrbüchern beschrieben wird, ist die grafische Methode von Karnaugh [3.39], die jedoch für mehr als sechs Variablen ungeeignet ist. Basierend auf der Erkenntnis, daß jede Minimalform die Disjunktion von Primimplikanten ist, entwickelten Quine und McClusky ein Minimierungsverfahren [3.39], das heute weit verbreitet ist und im wesentlichen aus den zwei folgenden Schritten besteht:

    □ Erzeugung aller Primimplikanten,

□ Bestimmung einer minimalen irredundanten Teilmenge hiervon, die alle
Terme der vorgegebenen Logikfunktion überdeckt ("Covering Problem").

Das Verfahren von Quine-McClusky eignet sich ebenfalls nur für weniger komplexe Logikfunktionen. Es wurden daher neue Methoden und Varianten zur Bestimmung aller Primimplikanten entwickelt. Da jedoch die Menge der möglichen Primimplikanten einer Logikfunktion exponentiell mit der Anzahl der Variablen steigt und die Berechnung der Primimplikanten sehr aufwendig und teilweise überflüssig ist, suchte man nach neuen Methoden, die eine geeignete Auswahl der für die Berechnung der minimalen Lösung relevanten Implikanten treffen. Das "Covering Problem", das zu der Klasse der NP-vollständigen Problemen gehört [3.33], ist i.a. schwieriger zu lösen als die Bestimmung der Primimplikanten. Daher wurden in den letzten Jahren Algorithmen entwickelt, die eine möglichst gute Näherungslösung der gewünschten Minimalform heuristisch berechnen.

In den meisten PLD-Generatoren werden die heuristischen Minimierungsprogramme MINI [3.25] oder PRESTO [3.26], bzw. Varianten hiervon eingesetzt. Effizientere Methoden werden in dem in [3.33] beschriebenen Programm ESPRESSO II verwendet, das heute vor allem bei der VLSI-Synthese weite Verbreitung gefunden hat.

*Synthese endlicher Automaten beim PLD-Entwurf*

Endliche Automaten sind in PALs bzw. FPLAs implementierbar, die zur Speicherung von Zustandsgrößen Register an den Ausgängen mit Rückführungen in die UND-Matrix besitzen. Es stehen heute PLD-Generatoren zur Verfügung, die aus der Beschreibung der endlichen Automaten direkt die Programmierdaten generieren.

Eingabeformen der PLD-Generatoren für den Entwurf von endlichen Automaten sind Zustandstabellen, bei den komfortableren Entwicklungssystemen ist auch die grafische Eingabe eines Zustandsdiagramms möglich. Sinnvoll ist die Beschreibung des endlichen Automaten in einer höheren Programmiersprache, die gleichzeitig die Eingabesprache eines Simulators ist. Durch die einheitliche Beschreibungsform ist ein Umsetzen oder Neuformatieren nicht erforderlich. Bild 3.7 zeigt die Beschreibung einer Ampelsteuerung in der Hardware-Beschreibungssprache DSDL (Digital Systems Description Language, [3.27, 3.47]. Ein manueller Entwurf dieses Schaltwerks, der sehr zeitaufwendig und fehleranfällig ist, findet sich in [3.31]. (Die dort entworfene Schaltung kann in einem Standard-PAL-Baustein vom Typ 16R8 mit acht Flipflops, acht Ein- und acht Ausgängen realisiert werden). Der PLD-Entwurf von komplexeren Schaltwerken ist praktisch nur mit Entwicklungssystemen durchführbar, die folgende Syntheseschritte automatisieren:

□ Zunächst ist die Anzahl der Zustände des vorgegebenen endlichen Automaten (in 3.3 liegen die Zustände STATE = 0,...,11 vor) zu reduzieren, d.h.

```
(*   VERKEHRSREGELUNG ZWEIER SICH KREUZENDER EINBAHNSTRASSEN A
     UND B MIT ZWEI AMPELN IN RICHTUNG A UND B, DIE MITTELS SENSOREN
     SENA UND SENB GESTEUERT WERDEN                              *)

PROCEDURE AMPEL (IN INIT, CLOCK, SENA, SENB : BIT;
       OUT  REDA, YELA, GRNA, REDB, YELB, GRNB : BIT; INOUT STATE : INTEGER);

(* INIT "INITIALISIERUNGSVARIABLE", STAT E  "ZUSTAND"  *)

SEQBEGIN
  IF  RISE(CLOCK)  THEN (* RISE(CLOCK) HAT WERT 1 NUR BEI POSITIVER
                         SIGNALFLANKE *)
    CASE STATE OF
      0 : BEGIN
            REDA: = "0"; YELA: = "0";GRNA: = "1";REDB: = "1";YELB: = "0";GRNB: = "0";
            IF (SENA & /SENB) THEN STATE: = 0;                (* & "AND" *)
            IF (SENA & SENB) | (/SENA & /SENB) THEN STATE: = 1;  (* | "OR"  *)
            IF (/SENA & SENB) THEN STATE: = 4;                (* / "NOT" *)
            IF INIT THEN STATE: = 0
          END;

      1 : BEGIN
            REDA: = "0"; YELA: = "0";GRNA: = "1";REDB: = "1";YELB: = "0";GRNB: = "0";
            STATE: = 2;
            IF INIT THEN STATE: = 0
          END;

                  .
                  .
                  .

      11 : BEGIN
            REDA: = "1"; YELA: = "0";GRNA: = "0";REDB: = "0";YELB: = "1";GRNB: = "0";
            STATE: = 0;
            IF INIT THEN STATE: = 0
          END
    END
END.
```

Bild 3.7: Beschreibung einer Ampelsteuerung in der Hardwarebeschreibungssprache DSDL [3.47]


Zustände, die in ihrem Gesamtverhalten äquivalent sind, zusammenzulegen. Auf diese Weise kann die Anzahl der Zustände und damit der benötigten Register verringert werden, was eine bessere Ausnutzung des PLD ermöglicht.

□ Für die Realisierung eines endlichen Automaten in einem Register-PLD ist eine Zustandskodierung erforderlich, die jedem Zustand des Schaltwerks ein Binärmuster der Flipflops im PLD zuordnet. (Im Handentwurf [3.31] des Beispiels 3.3 werden die Zustände aufsteigend dual kodiert). Die Auswahl einer speziellen Kodierung hat einen bedeutenden Einfluß auf die Anzahl der Produktterme bzgl. der kombinatorischen Logik, die sich aus der Zustandskodierung ergibt. Bei den heute zur Verfügung stehenden PLD-Generatoren wird die Zustandskodierung vorwiegend mittels Dual- oder 1-aus-N-Kodierung festgelegt, bzw. vom Anwender angegeben, da die bisher bekannten Zustandskodierungsverfahren bei größeren Schaltwerken sehr rechenzeitintensiv sind.

- Nach der Zustandskodierung sind die Flipflop-Ansteuerungs- und Ausgabefunktionen zu bestimmen, die dann einer Logikminimierung unterzogen werden können.
- Wenn die erzielte Lösung in ein PLD paßt (eventuell kann durch Änderung der Kodierung das Ergebnis verbessert werden), so sind hieraus zur Implementierung des gegebenen endlichen Automaten die Programmierdaten zu generieren.

## 3.5  Digitalsimulation

Die Notwendigkeit, digitale Simulationsverfahren in den Entwurfsprozeß mit einzubeziehen, wurde von den Hardware-Entwicklern spätestens Mitte der 70er Jahre erkannt, als die Komplexität der zu entwickelnden und einzusetzenden Bausteine sprunghaft anstieg (ca. 25 Gatterfunktionen 1972, ca. 1000 Gatterfunktionen 1975) und der Entwurf der Logik und des Laufzeitverhaltens nicht mehr überschaubar war. Obwohl bereits zu dieser Zeit diverse digitale Simulatoren zur Verfügung standen - teils aus dem Hochschulbereich, teils Eigenentwicklungen größerer Hardware-Hersteller - dauerte es noch eine geraume Zeit, bis die Simulation als fundamentale Komponente in den CAD-Verfahrensabläufen der Produktentwicklungen verankert war.

Von den frühen Anforderungen an produktiv einsetzbare Simulationssysteme sind grundsätzliche Leistungsmerkmale, wie hohe Simulationsgeschwindigkeit, der Entwurfsmethodik adäquate Beschreibungsmittel sowie praxisgerechte Ergebnisauswerte-Funktionen, auch heute noch von großer Bedeutung. Der Einsatz von Simulationsverfahren ist jedoch nicht mehr auf spezielle Entwurfsphasen beschränkt; gefordert werden leistungsfähige, homogene Simulationssysteme, die die Verifikation des Entwurfs über alle Designphasen hinweg - beginnend bei systemnahen Beschreibungsebenen bis hin zu Gatter- und Transistorebene - und somit eine Analyse und Bewertung der Entwurfsobjekte in jeder Phase des Logikentwurfs ermöglichen.

Mit dem Software-Konzept eng verbunden ist auch bei Simulationswerkzeugen die einzusetzende Hardware. Auf modernen Arbeitsplatzrechnern, die mit steigender Verarbeitungsleistung zunehmend verfügbar sind, können bei entsprechendem Arbeitsspeicherausbau bereits Schaltungskomplexe von mehr als 500000

Gatterfunktionen effizient simuliert werden. Leistungsfähige Grafikfunktionen werden speziell für die Analyse von Simulationsergebnissen und zur Gestaltung problemorientierter Benutzungsoberflächen genutzt. Dort, wo Workstations an die Grenzen stoßen - Geschwindigkeit, Arbeitsspeicher oder externe Speicherkapazität - werden weiterhin leistungsstarke Universalrechner (Mainframes) oder Spezialrechner ihren Einsatz finden. Speziell im Rahmen der Entwurfsverifikation rücken Simulationsrechner und Hardwarezusätze, mit deren Hilfe physikalische Bausteine in die Simulation einbezogen werden können, in den Vordergrund [3.46].

### 3.5.1 Grundprinzipien der Simulation

Eine der Idealforderungen an ein CAD-Werkzeug zur Entwurfsverifikation ist wohl sicher folgende: ausgehend von einer geeignet formulierten Spezifikation der zu realisierenden Schaltung, d.h. der Vorgaben für Funktion, Laufzeitanforderungen, Betriebsbedingungen und Toleranzbereiche, überprüft das Simulationssystem selbständig den aktuellen Schaltungsentwurf und lokalisiert mögliche Designfehler. Von dieser Zielsetzung sind allerdings die heute eingesetzten Simulatoren in einigen Punkten noch weit entfernt. Noch ist es die Aufgabe des Hardware-Entwicklers, die Testdaten für die Verifikation selbst aus der Spezifikation abzuleiten, die daraus resultierenden Simulationsergebnisse zu analysieren, zu bewerten und die endgültige Entscheidung über die logische Funktionstüchtigkeit in Eigenverantwortung zu treffen.

Der Schaltungsentwurf als Basis des Simulationsmodelles ist i.a. eine strukturierte, hierarchische Darstellung der Funktionsblöcke mit deren Schnittstellen und Verbindungen. Für die Logikkomponenten werden Simulationsmodelle vorausgesetzt, die mit Hilfe der simulatorspezifischen Beschreibungsmöglichkeiten definiert werden können oder bereits in Standardbibliotheken - speziell für Komponenten der unteren Hierarchieebenen - zur Verfügung stehen. Diese strukturierte Schaltungsbeschreibung in ihrer ursprünglichen Form (Grafik, Netzliste) wird für den Simulator in eine geeignete, interne Darstellung transformiert; ein Vorgang, der allgemein als Modellaufbereitung bezeichnet wird. Analoges wird durchgeführt mit den Stimulidaten, d.h. mit den vom Hardware-Entwickler vorzugebenden Daten, die das logische und zeitliche Verhalten der Umgebung an der Eingangsschnittstelle des zu simulierenden Logikkomplexes beschreiben. Damit sind die Voraussetzungen für die eigentliche Simulation erfüllt.

Die Idee der digitalen, diskreten Simulation beruht auf dem Prinzip der Abstraktion, nach dem digitale Bausteine nur die Zustände logisch 0 und logisch 1 verarbeiten. Im Gegensatz zum physikalischen Verhalten einer stetig verlaufenden Zustandsänderung werden nur die diskreten Zeitpunkte des Zustandwechsels von 0 nach 1 und umgekehrt betrachtet. Der Digitalsimulator kennt somit nur sta-

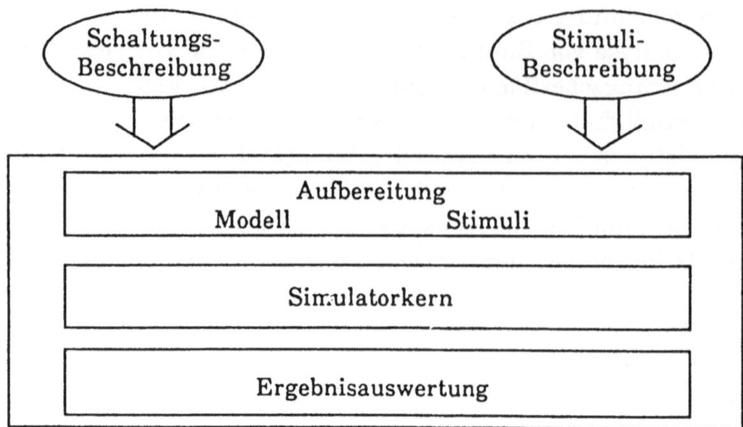



Bild 3.8: Basisfunktionen eines Simulators

bile Zeitbereiche mit den genannten Logikzuständen. Dies reicht häufig nicht aus:
Für eine realitätsnahe Verarbeitung sind weitaus mehr logische Zustände sowie
verschiedene Signalstärken zu berücksichtigen. Außerdem müssen Verzögerungs-
und Schaltzeiten exakt verarbeitet werden.

Das Simulationsmodell wird durch die über die Stimulidaten vorgegebenen Zu-
standsfolgen - letztendlich jeweils Kombinationen von logischen Zuständen zu definierten Zeitpunkten - aktiviert. Der Simulator berechnet aufgrund dieser Zu-
standsübergänge an der Eingangsschnittstelle des Modells unter Berücksichtigung der in den Modellkomponenten festgelegten Laufzeiten alle daraus resultierenden Zustandsänderungen. Desweiteren werden verschiedene Überwachungs-
vorgänge durchgeführt, kritische Zustände wie Buskonflikte und Oszillationen
werden erkannt und benutzerdefinierte Betriebsbedingungen, wie z.B. Setup-Zei-
ten, werden auf Einhaltung überprüft. Alle Ereignisse werden gesichert und stehen damit jederzeit für eine Analyse und Bewertung zur Verfügung. Diese Ergebnisse, nach spezifischen Sichten über diverse Auswertungsfunktionen aufbereitet
und dargestellt, bilden das Potential für die kreative Aufgabe des Hardware-Entwicklers, seinen Schaltungsentwurf zu verifizieren und darüber hinaus optimal zu
gestalten (Bild 3.8).


## 3.5.2  Simulationsmodelle

Zur Verifikation des Entwurfes müssen für alle Komponenten simulationsspezifi-
sche Modelle vorliegen, die das logische Verhalten, d.h. Funktion und Zeitverhalten, mit einer dem jeweiligen Abstraktionsgrad entsprechenden Genauigkeit
nachbilden. Für die realisierungsnahen Komponenten, speziell auf Schaltelementebene, sind technologische Einflüsse mit zu berücksichtigen; Parameter, die i.a. al-

phanumerisch über entsprechende Sprachmittel anzugeben sind. Alphanumerische Sprachen finden ihre Anwendung auch bei der klassischen Modellierung, mit Hilfe spezieller Simulatorgrundfunktionen, den sogenannten Simulator-Primitives. Diese Funktionen, fest im Simulator verankert und aus Effizienzgründen meist maschinennah programmiert, bilden die Basis für strukturierte Modelle, wobei das Spektrum von einfachen Gatterfunktionen, wie AND, NOR, etc., bis hin zu komplexen Elementen, wie z.B. ALU's, reicht. Dieser Methodik sind aufgrund der steigenden Komplexität der zu modellierenden Bausteine und wegen unzureichender Herstellerangaben über die interne Realisierung Grenzen gesetzt. Diese Modellierungsart wird deshalb vorwiegend für einfache Funktionen oder physikalisch orientierte Modelle, wie z.B. zur Nachbildung MOS-spezifischer Eigenschaften, gewählt [3.52]. Ein absolutes Muß hingegen ist diese Modellbildung bei Simulatoren, deren Algorithmen auf diese Primitives hin optimiert sind, so z.B. bei vielen Hardware-Simulatoren (Abschnitt 3.5.6).

Die Bilder 3.9a und b zeigen ein Beispiel einer Modellierung mit Simulator-Primitives.

Auf die Bedeutung des Einsatzes von Hardware-Beschreibungssprachen innerhalb des Logikentwurfs wurde bereits ausführlich in Abschnitt 3.2 eingegangen. Die Möglichkeiten, neben einer algorithmischen Beschreibung der nachzubildenden Funktion bereits ein dem Entwurfsstand entsprechend genaues Laufzeitverhalten sowie Betriebsbedingungen, wie z.B. Setup- und Hold-Zeiten zu definieren, rechtfertigen die Verwendung funktionaler Beschreibungssprachen sowohl für die Beschreibung des Schaltungsentwurfs auf höheren Abstraktionsebenen als auch für die Modellierung realisierungsnaher Logikkomponenten [3.47].

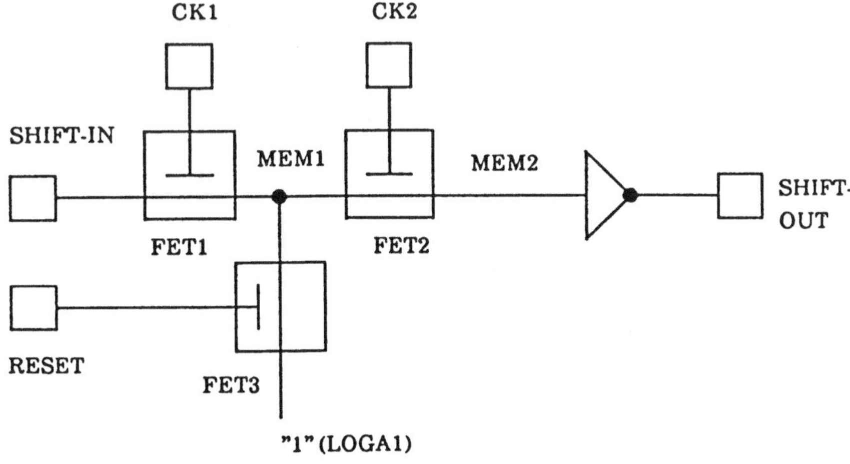


Bild 3.9a: Beispiel eines Simulationsmodells für eine MOS-Speicherzelle

```
CIRCUIT mosmemcell;
EXTERNAL
    INPUT = shiftin, reset, ck1, ck2;
    OUTPUT = shiftout;
NODE   MEMORIZE = yes; SIGNAL = mem1, mem2;
PRIMITIVE NUDRIVER (fet1, fet2, fet3);
                /*nmos-treiber, unidirektional*/
                EXTERNAL        INPUT = in; OUTPUT = out;
                TECHNIC         DELAY = (1 ns, 700 ps, 1500 ps);
PRIMITIVE INVERT (inv1);
                EXTERNAL        INPUT = in; OUTPUT = out;
                TECHNIC         DELAY = (2 ns, 1500 ps, 2600 ps);
CONNECTION
    FROM mosmemcell     :    shiftin TO fet1.in;
                             shiftout TO inv1.out;
                             mem1 TO fet1.out; mem2 TO fet2.out;
    FROM fet1           :    gate TO ck1; out TO fet2.in;
    FROM fet2           :    gate TO ck2; out TO inv.in;
    FROM fet3           :    gate TO reset; out TO fet2.in; in TO LOGA1;
END.
```

Bild 3.9b: Beispiel eines Simulationsmodells für eine MOS-Speicherzelle

Funktionale Modelle können i.a. leicht parametrisiert werden (z.B. Bitbreite
einer ALU), und technologiebedingte Daten, wie z.B. Laufzeitwerte, können über
Attribute eingebracht werden. Weitere Parameter, wie Angaben über den Einbau
von Fehlern für die Fehlersimulation oder globale Technologieangaben, können
zusammen mit den aktuellen Attributwerten meist mit einer Art "Schale" um das
funktionale Modell gelegt werden. Somit lassen sich funktionale Beschreibungen
universell erstellen und beliebige Ausprägungen nach den verschiedenen Kriterien rasch ableiten.

Beispiel: Funktionale Beschreibung eines 8-Bit Schieberegisters

```
PROCEDURE shift__register
    [clear__delay, shift__delay : TIMEVAR]
        (  IN       data__in, shift, clear   : BIT;
           OUT  data__out                    : BIT   );
VAR  state  : BIT(8);
       i      : AUX INTEGER;
ASSERTIONS
    shift AND clear    = >    ERROR ('Requiring shift and clear simultaneously not allowed.');
    UNDEFTEST (clear)  = > BEGIN
```

```
                                        ERROR ('Clear undefined.');
                                        state := ALL_X;
                                        EXIT("1");
                        END;
BEGIN
   IF clear = "1" THEN
   BEGIN
      state := ALL_0;
      data_out := "0" AFTER (clear_delay);
   END
   ELSE
   BEGIN
      IF NOT UNDEFTEST (shift) THEN
      BEGIN
         AT RISE (shift) DO
         BEGIN
            data_out := state.(7) AFTER (shift_delay);
            FOR i := 7 DOWNTO 1 DO
               state.(i) := state.(i-1);
            state.(0) := data_in;
         END
         ELSE ;
      END
      ELSE
      BEGIN
         state := ALL_X;
         data_out := state.(7) AFTER (shift_delay);
      END;
   END;
END.
```

Beispiel: Beschreibung einer individuellen Ausprägung des 8-Bit-Schiebe-
registers

```
SHELL fbdl_shift_register;
   ELEMENT shift_register;
      ATTRIBUTE
            clear_delay = (5NS,2NS,7NS);
            shift_delay = (10NS,8NS,12NS);
      END;
   END.
```

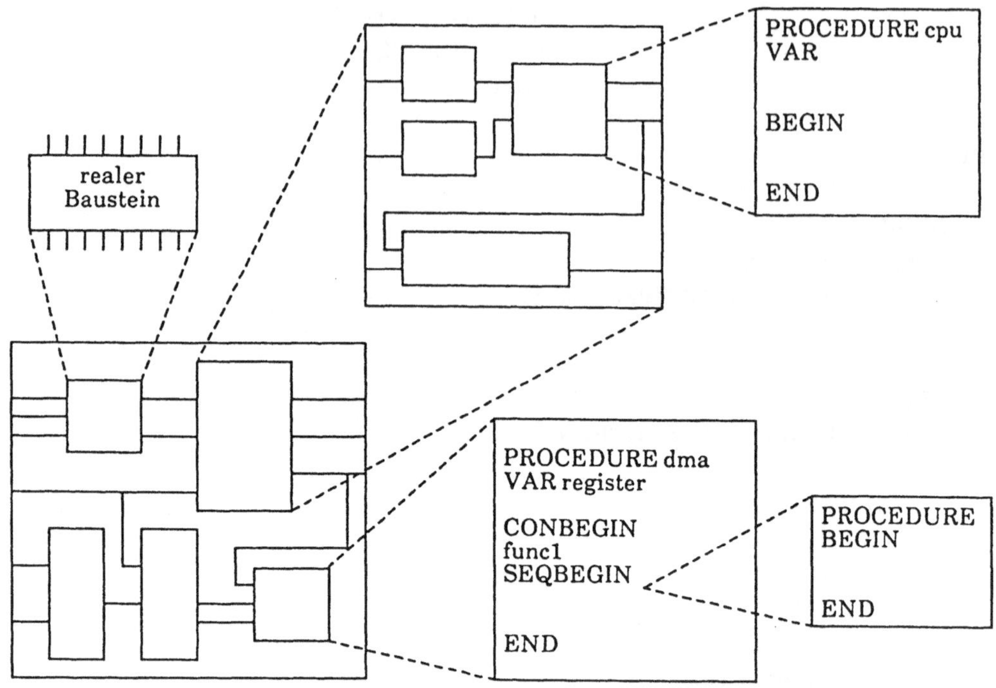


Bild 3.10: Mehrebenenmodell

Die Leistungsfähigkeit einer Hardware-Beschreibungssprache wird wesentlich
bestimmt von den durchgängigen Modellierungsmöglichkeiten über die verschiedenen Abstraktionsebenen des Logikentwurfs hinweg. Dementsprechend zeichnen
sich Simulationssysteme dadurch aus, die funktional beschriebenen Teilkomponenten unabhängig vom Entwurfsstand modellgetreu innerhalb der Gesamtschaltung zu verarbeiten sind, wobei nicht vorausgesetzt wird, daß alle Komponenten
jeweils den gleichen Abstraktionsgrad aufweisen. Vielmehr können z.B. einzelne
Moduln bereits auf der realisierungsbezogenen Schaltelementebene beschrieben
sein, während andere Logikblöcke noch auf einer der abstrakten höheren Ebenen
modelliert sind. Mit Simulationssystemen, die derartig aufgebaute, sogenannte
”Mehrebenenmodelle” (s. Bild 3.10) verarbeiten können, ist die Voraussetzung erfüllt, den Logikentwurf in jeder Phase des Designs zu verifizieren [3.5, 3.48, 3.50].

### 3.5.3  Stimulibeschreibung

Die Qualität des zu verifizierenden Entwurfes wird wesentlich von der Vollständigkeit und Genauigkeit der für den Verifikationsprozeß gewählten Stimulidaten
bestimmt. Die exakte Nachbildung der Schnittstellenverhältnisse, bzw. der Umgebung des zu simulierenden Objekts, sowie die geeignete Auswahl der Daten, die

ausreichend sind für die funktionelle Vollständigkeit der Simulation, ist neben der
Bewertung der Simulationsergebnisse eine der aufwendigsten Tätigkeiten im Verlauf der Entwurfsverifikation. Deswegen muß diesem Aufgabengebiet weitaus
mehr Bedeutung zugemessen werden als bisher; nötig sind Beschreibungsmittel,
die allen Anforderungen dieses Entwurfsschrittes gerecht werden.

Zur Beschreibung der Testdaten werden derzeit mehr oder weniger komfortable Stimulibeschreibungssprachen eingesetzt. Die am häufigsten verwendeten
Sprachmittel sind Anweisungen zur Beschreibung der Änderungen der Schnittstellensignale und zur Definition von Signalverläufen auf Einzel- oder Busleitun-
gen. Die Angabe von Speicherinhalten für ROM- und RAM-Bausteine gehört
selbstverständlich dazu. Zur Vorgabe zusätzlicher interner Logikzustände sind
spezielle Beschreibungsmöglichkeiten erforderlich, so z.B. für das Festhalten interner Signale auf bestimmte Logikpegel zu Initialisierungszwecken, zur Vorein-
stellung von Registerinhalten (etwa Befehlszähler) oder zur Versorgung interner
Variablen funktionaler Modelle. Moderne Stimulibeschreibungssprachen, die
meist an höheren Programmiersprachen orientiert sind, ermöglichen darüber hinaus kompakte und doch übersichtliche Beschreibungen durch Strukturierungsmittel für Verzweigungen und Schleifenbildung, durch den Einsatz vordefinierter
Standardfunktionen und durch die Möglichkeiten der Modulbildung [3.49].

Über die Testdaten sollte nicht nur das Logikmodell stimuliert werden, sondern auch Bedingungen der Simulationssteuerung vorgegeben werden können.
Dadurch ist es möglich, schon während des Simulationslaufes das Eintreffen bzw.
Nichteintreffen bestimmter Ereignisse zu überwachen und davon abhängig benutzerdefinierte Meldungen auszugeben oder die Simulation zu unterbrechen.

Vereinzelt werden auch Möglichkeiten zur interaktiven grafischen Beschreibung von Signalverläufen eingesetzt. Über Maus und Kommandos können Signalzustände und Wechselzeitpunkte definiert bzw. geändert werden. Die resultierenden Impulsdiagramme werden sofort auf dem Grafikbildschirm dargestellt. Kritische Fälle entstehen jedoch, wenn die Stimuli sehr lang sind, die Auflösung des
Bildschirms für eine exakte Angabe der Wechselzeitpunkte nicht ausreicht oder
die Eingangsschnittstelle nicht vollständig auf dem Bildschirm dargestellt werden
kann.

Ein weiteres Anwendungsfeld der Stimulibeschreibung liegt in der Vorbereitung von Prüfprogrammen für die Baustein- und Baugruppenprüfung. Zur Gewinnung von Prüfdaten für den Funktionstest über die Simulation ist eine Strukturierung der Stimulidaten in Zyklen und Testsequenzen erforderlich. Außerdem müssen für die Automatenprüfung für den Soll-/Ist-Vergleich die Ansteuerungsbedingungen und Abtastkriterien beschrieben werden können (Abschnitt 7.3).

### 3.5.4  Funktionalität und Leistungsmerkmale digitaler Simulatoren

Die Einsatzschwerpunkte der digitalen Simulation innerhalb des Logikentwurfs liegen in den Phasen Verifikation und Prüfdatenerstellung. Diesen unterschiedlichen Einsatzfällen wird durch eine entsprechende Auslegung der Funktionalität Rechnung getragen. Unabhängig von diesen spezifischen Anwendungsgebieten ist generell für eine wirklichkeitsgetreue Nachbildung des physikalischen Verhaltens eine differenzierte Behandlung der Signalzustände und der Laufzeitbedingungen notwendig [3.54].

Simulatoren, die nur die klassischen Logikzustände 0, 1, X (logisch undefiniert, d.h. 0 oder 1) und den Tristate-Zustand verarbeiten können, werden den derzeitigen Anforderungen nicht mehr gerecht. Zur Vermeidung unberechtigter Kurzschlußmeldungen allein bei einfachen Busstrukturen oder bei Verwendung von pull-up-/pull-down-Widerständen ist die Einbeziehung einer weiteren Signalstärke für die o.g. logischen Grundzustände (auch als Zustände mit aktiver Signalstärke bezeichnet) Voraussetzung. Die so entstandene 7-wertige Logik wird i.a. auch in funktional beschriebenen Modellen verarbeitet. Für die Nachbildung MOS-spezifischer Schaltungen, z.B. bei Einsatz uni-/bidirektionaler Transistormodelle oder dynamischer Zellen, ist eine Erweiterung der Signalstärkenanzahl unumgänglich. Logiksimulatoren arbeiten daher mit weit mehr als 4 Zuständen, wobei sich die Anzahl der Logikwerte durch Überlagerung der Grundzustände 0, 1 und X mit verschiedenen definierten Signalstärken und Undefiniert-Kombinationen (z.B. aktiv oder speichernd) dieser Stärken ergibt.

Das Laufzeitverhalten muß abhängig vom jeweiligen Abstraktionsgrad so genau wie möglich nachgebildet und verarbeitet werden. Speziell auf der realisierungsbezogenen Schaltelementebene sollte für eine exakte Behandlung von Spikes (Impulse, die kürzer als die Element-Schaltzeit sind) bei der Gesamtlaufzeit der Elemente eine Trennung in Durchlaufzeit und reine Schaltzeit möglich sein. Die Laufzeiten können i.a. pinindividuell, d.h. abhängig von Eingangs-/Ausgangspfad der jeweils ausgelösten Funktion simuliert werden. Eine differenzierte Behandlung von steigenden und fallenden Flanken wird bei entsprechender Vorgabe im Modell automatisch durchgeführt. Abhängig vom Stand des physikalischen Entwurfs können Leitungslaufzeiten näherungsweise oder exakt berechnet und in das Simulationsmodell eingebunden werden. Berechnungsalgorithmen für die Approximation von Leitungslaufzeiten sind vereinzelt noch direkt im Simulationssystem verankert zu finden; diese Aufgaben sollten jedoch grundsätzlich von spezifischen CAD-Funktionen im Bereich des physikalischen Entwurfs übernommen und über geeignete Schnittstellen innerhalb des CAD-Systems dem Simulator zur Verfügung gestellt werden (Abschnitt 4.6).

Besonders in den frühen Verifikationsphasen sind häufig nur die gemittelten Laufzeiten für die Funktionsüberprüfung von Interesse. Zu diesem Zeitpunkt sollten jedoch auch schon Worst-Case-Betrachtungen durchgeführt werden können, z.B. durch Variierung der typischen Laufzeiten in Relation zu Temperatureinflüssen oder durch explizite Verwendung der vorgegebenen Minimal- und Maximal-Laufzeiten. In beiden Fällen müssen physikalische Realisierungsaspekte berücksichtigt werden, z.B. durch Differenzierung der Laufzeitstreuungen innerhalb von VLSI-Bausteinen und auf Baugruppen und der separaten Behandlung von Streuungen der Leitungslaufzeiten (Abschnitt 3.7).

Neben der modellgetreuen Verarbeitung von Funktion und Laufzeitverhalten sind verschiedene Überwachungsfunktionen während der Simulation erforderlich. Anwenderdefinierte Betriebsbedingungen, wie z.B. Setup- und Holdzeiten, Mindestimpulsdauer etc. müssen auf ihre Einhaltung hin überprüft werden. Auftretende Konfliktsituationen wie Spikes müssen analysiert und gemeldet werden. Oft ist global steuerbar, ob diese Störimpulse gefiltert oder als entsprechender Logikzustand weitergeleitet werden sollen. Bei Busstrukturen werden Konflikte, die durch gleichzeitiges Senden unterschiedlicher aktiver Pegel entstehen können, erkannt und in den Ergebnissen abgelegt [3.51, 3.53].

*Entwurfssimulation*

Für die Verifikation des Entwurfs werden dem Simulator die zu überprüfenden Funktionen über die Eingangsschnittstelle des Schaltungskomplexes in Form von dynamischen Stimulifolgen vorgegeben. Die Stimulierung erfolgt dabei unter Echtzeitbedingungen, d.h. Taktfrequenz, Versorgung der Steuer- und Dateneingänge, Befehlsüberlappung und Pipelining sowie asynchrone Ereignisse, können realitätsgetreu dynamisch vorgegeben werden. Dieser Modus der Logiksimulation wird häufig auch als Echtzeitsimulation oder Entwurfssimulation bezeichnet. Von verschiedenen Simulationsalgorithmen hat sich für dieses Anwendungsfeld die Methode der ereignisgesteuerten Simulation als effizientestes Verfahren auf Universalrechnern durchgesetzt. Ein Logikelement - ob Simulator-Primitiv oder komplexes funktionales Modell - wird nur dann neu berechnet, wenn sich mindestens ein Eingangssignal an diesem Element geändert hat (Ereignis) oder eine Aktivierung zur Neuberechnung im funktionalen Modell explizit definiert ist (z.B. Monoflop). Die notwendigen Elementberechnungen werden somit auf ein Minimum beschränkt, Rückkopplungen können ohne weiteres behandelt und Oszillationen erkannt werden.

*Prüfsimulation*

Im Rahmen der Prüfdatenermittlung werden weitere Simulationsmodi eingesetzt, im folgenden als Richtig- und Fehlersimulation bezeichnet.

Die *Richtigsimulation* wird zur Erzeugung von Prüfbitmustern für den Funktionstest von Baugruppen und VLSI-Bausteinen eingesetzt. Im Gegensatz zur dynamischen Entwurfssimulation werden jedoch die Stimuli in einer den Prüfautomaten analogen Art und Weise an das Schaltungsmodell angelegt. Die Testdaten werden grundsätzlich in Zyklen (und Zyklengruppen) aufgeteilt, wobei innerhalb dieser Zyklen durchaus wieder dynamische Wertzuweisungen (Takte, Eingangssignalverzögerungen, etc.) erfolgen können. Insofern unterscheidet sich dieser Simulationsmodus von der Entwurfssimulation im wesentlichen nur durch die Steuerung bzgl. des Anlegens der jeweiligen Zyklen und der Berücksichtigung der vorgegebenen Abtastzeitpunkte. Insbesondere stehen somit die Leistungen und Funktionen der Entwurfssimulation voll zur Verfügung.

Da die Ergebnisse der Entwurfsverifikation, nach prüftechnischen Kriterien aufbereitet, eine sehr gute Basis für Prüfprogramme darstellen, werden zunehmend Selektierungsfunktionen eingesetzt, welche die Steuerungsmöglichkeiten moderner Prüfautomatensysteme berücksichtigen (s. Abschnitt 7.3). Derartige Stimuliselektierverfahren können darüber hinaus auch zur Gewinnung dynamischer Stimuli für Teilkomplexe im Bereich der Mehrebenensimulation genutzt werden; z.B. um aus einer Gesamtsimulation für eine Teilschaltung, die ausschnittsweise detailliert verifiziert werden soll, die nötigen Testdaten abzuleiten.

Zur qualitativen Bewertung der Prüfprogramme werden in das Simulationsmodell mögliche Fertigungsfehler eingebaut. Mit Hilfe der *Fehlersimulation* wird ermittelt, welche Fehler durch das Prüfprogramm an der Ausgangsschnittstelle sichtbar werden. Die Anzahl der entdeckten Fehler in Relation zur Gesamtmenge stellt die Aussage über Güte und somit Eignung des Prüfprogrammes für den Funktionstest dar. Methodik und Einsatz der Fehlersimulation sind ausführlich in Abschnitt 7.4 beschrieben.


### 3.5.5 Auswertung von Simulationsergebnissen

Die Darstellung der Simulationsergebnisse sollte in jeder Phase des Entwurfsprozesses homogen und unabhängig vom jeweiligen Abstraktionsgrad erfolgen, wobei je nach Betrachtungsfall die Ausgabemedien Grafikbildschirm, Plotter und Schnelldrucker einbezogen werden.

Die klassische Präsentation ist immer noch die grafische Signalverlaufsdarstellung in Form von Impulsdiagrammen (Bild 3.11).
Diese Darstellung wird i.a. nach Beendigung der Simulation oder an Haltepunkten während der Simulation ausgegeben, wobei Signalmengen, Zeitbereiche und Rasterung beliebig gewählt bzw. verändert werden können. Die logischen Signalzustände werden binär als Impulsdiagramme bzw. dezimal oder hexadezimal bei Signalbündeln oder Busstrukturen angezeigt. Optimale Signalverfolgungsmöglichkeiten sind meist durch diverse Blätter- und Zoom-Funktionen gegeben. Für das Auffinden bestimmter Schaltungszustände, z.B. Registerinhalte oder unerlaubte Kombinationen, positionieren Suchfunktionen automatisch auf den Zeitpunkt des eventuellen Auftretens. Zeit- und Abstandsmessungen werden speziell bei Grafikbildschirmen über Cursorfunktion ermöglicht. Die Steuerung der Auswerte- und Darstellungsfunktionen erfolgt je nach den Möglichkeiten des Ausga-

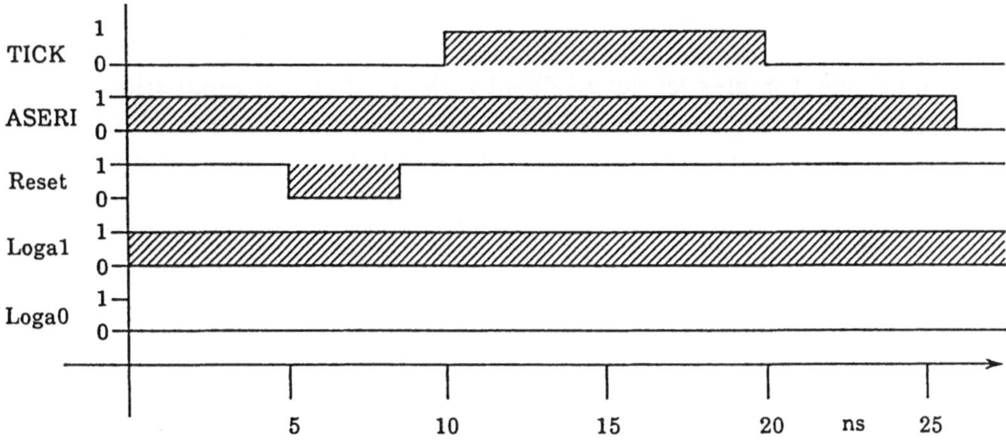

Bild 3.11: Grafische Signallaufzeitdarstellung

bemediums über Menüs, Masken oder Kommandos. Innerhalb geschlossener CAD-Systeme werden zunehmend die Möglichkeiten der Interprozeßkommunikation genutzt, z.B. zur Auswahl der zu betrachtenden Signale über den Grafikeditor oder zur Darstellung bestimmter Ergebnisinformationen auf dem Stromlaufplan.

Eine weitere Form der Ergebnispräsentation stellt die sogenannte Animation dar. Hier werden die Ergebnisse parallel zur Simulation aufbereitet und fortlaufend dynamisch grafisch dargestellt. Neben der anschaulichen Darstellung des Fortschreitens von Simulationsläufen bietet diese Technik im interaktiven Betrieb speziell Hinweise für Abbruchkriterien. Nachteilig wirkt sich hier jedoch die begrenzte Darstellbarkeit von Signalen aus.

Die Auswertefunktionen über Schnelldrucker entsprechen i.w. denen der interaktiven Auswertung; die Signalverlaufsdarstellung ist hier natürlich den eingeschränkten Möglichkeiten dieses Ausgabemediums angepaßt. Zusätzlich werden zur exakten Bewertung der Ergebnisse diverse Listen und Statistiken, z.B. über Signalwechselhäufigkeit, Buskurzschlüsse von bestimmter Dauer, etc. angeboten.

Für den Vergleich verschiedener Simulationen werden zunehmend komfortable Vergleichsfunktionen benötigt. Derartige Funktionen sollen einen weitgehend automatischen Vergleich der Ergebnisse

□ verschiedener Abstraktionsebenen (Mehrebenensimulation),

□ von Simulationsläufen mit modifizierten Testdaten (z.B. bei Verfeinerungen),

□ von Simulationsläufen mit modifizierter Logik (z.B. Regressionstest bei Simulation mit exakten Leitungslaufzeiten)

ermöglichen.

### 3.5.6  Spezialhardware

Die steigende Komplexität der Logikentwürfe führt bei der Simulation zu immer höheren Anforderungen an die Rechenleistung und an den Speicherplatzbedarf der verwendeten Datenverarbeitungsanlagen. Außerdem wird die Modellierung von komplexen Logikelementen immer mehr zu einem Problem, da der interne Aufbau der Elemente auf Basis von Gattern und FF's bei käuflichen Elementen nicht verfügbar ist und eine Modellierung auf funktionaler Ebene nur bei wenigen Simulatoren möglich und immer noch mit erheblichem Aufwand verbunden ist (z.B. für einen Mikroprozessor 8086 mehr als 6 Mannmonate).

Um diese Nachteile zu umgehen, wurden in letzter Zeit verschiedene Hardwarezusätze entwickelt, mit dem Ziel, die Simulationsgeschwindigkeit zu steigern und den Modellierungsaufwand für komplexe Elemente zu verringern. Auf dem Markt werden zur Zeit unterschiedliche Produkte angeboten, die sich in zwei Kategorien einteilen lassen:

- □ Hardware-Simulator,
- □ Spezialhardware zur physikalischen Modellierung.


*Hardware-Simulator*

Das Prinzip der Hardware-Simulatoren beruht darauf, daß die leistungsbestimmenden Algorithmen direkt in Hardware realisiert werden. Außerdem besteht ein derartiges Simulationssystem meist aus mehreren Spezialprozessoren, um durch Parallelisierung eine weitere Geschwindigkeitssteigerung zu erreichen. Diese Hardware-Simulatoren können in der Regel mit einem großen physikalischen Speicher ausgerüstet werden, wodurch auch die Simulation von umfangreichen Schaltungskomplexen möglich ist (bis zu 1 Million Gatter).

Da die Fehlersimulation wesentlich zeitintensiver als die Logiksimulation ist, unterstützen die meisten Hardware-Simulatoren auch diesen Simulationsmodus.

Der prinzipielle Systemaufbau ist in Bild 3.12 dargestellt. Der Hardware-Simulator ist über eine Datenleitung (z.B. MULTIBUS oder Ethernet) an einen General-Purpose-Processor (z.B. eine Workstation) angekoppelt.

Der General-Purpose-Processor hat die Aufgabe, die Kommunikation mit dem Anwender abzuwickeln und die Steuerung des Hardware-Simulators vorzunehmen. In der Regel müssen dabei die Daten für den Hardware-Simulator (Schaltungsbeschreibung, Eingangsbitmuster usw.) in ein spezielles Format umgewandelt und dann an den Hardware-Simulator übertragen werden.

Der Hardware-Simulator besteht aus einem Control-Processor und mehreren Simulations-Prozessoren. Der Control-Processor übernimmt die Kommunikation mit dem General-Purpose-Processor; d.h., alle Daten und Steueranweisungen, die vom General-Purpose-Processor kommen, werden zentral übernommen und an die einzelnen Simulations-Prozessoren weitergeleitet.

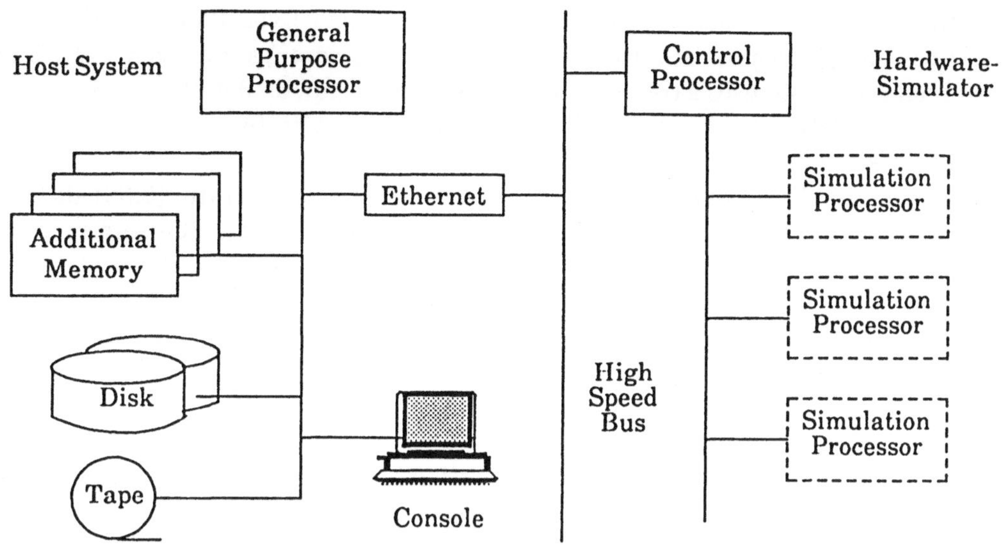


Bild 3.12: Systemstruktur-Simulationssystem mit Hardware-Simulator

Dabei wird die Gesamtschaltung in mehrere Teilkomplexe zerlegt, so daß jeder Simulations-Prozessor unabhängig einen Teilkomplex bearbeiten kann. Da zwischen den einzelnen Teilkomplexen logische Verbindungen bestehen, ist es Aufgabe des Control-Processors, die zeitliche Synchronisierung und den Datenaustausch zwischen den einzelnen Simulations-Prozessoren vorzunehmen.

Während des Simulationsablaufes werden außerdem die Simulationsergebnisse zentral im Control-Processor gesammelt und an den General-Purpose-Processor zurückgeschickt. Bei diesem Konzept wird nur der eigentliche Simulationsablauf durch den Hardware-Simulator beschleunigt. Die Aufbereitung der Schaltungsdaten und die Auswertung der Simulationsergebnisse erfolgt aber auf dem General-Purpose-Processor. Bei größeren Schaltungskomplexen (z.B. größer 100000 Gatter) können die Aufbereitungszeiten mehrere Stunden betragen und damit die reine Simulationszeit um ein Vielfaches übersteigen.

Der Einsatz von Hardware-Simulatoren ist daher besonders dann effektiv, wenn der Logikentwurf größtenteils abgeschlossen ist und umfangreichere Simulationsläufe, ohne zwischenzeitliche Schaltungsänderungen, durchgeführt werden sollen.

*Spezial-Hardware zur physikalischen Modellierung*

Die Simulation von Schaltungen, die komplexe VLSI-Bausteine, wie z.B. Mikroprozessoren, Peripherie-Bausteine, Custom-IC's, Gate-Array-Bausteine usw. enthalten, stellt zur Zeit ein großes Problem für die Entwickler von Systemen dar.

Dies liegt darin begründet, daß bei den meisten Logiksimulatoren die Entwürfe auf der Basis von Gattern und Flipflops modelliert und simuliert werden. Diese

Methode hat sich in der Vergangenheit für den Entwurf von Random-Logik sehr gut bewährt, jedoch bei Schaltungen mit Mikroprozessoren, komplexen VLSI-Bausteinen und Custom-IC's treten erhebliche Probleme auf, da detaillierte Spezifikationen auf Gatterebene für diese Bausteine meist nicht verfügbar sind und außerdem die Modellerstellung sehr zeitaufwendig ist.

Daher wurde auf Basis einer Spezial-Hardware, in der Literatur [3.55] als Realchip oder Physical Modeller (PM) bezeichnet, eine neue Modellierungsmethode entwickelt, bei der ein physikalisch vorhandener Baustein als funktionales Referenzmodell für die Simulation verwendet wird.

Will man z.B. eine Schaltung mit einem Mikroprozessor 8086 simulieren, so wird der Mikroprozessor-Chip in den Hardwarezusatz gesteckt und das funktionale Verhalten des Mikroprozessors direkt daran gemessen. Dazu werden die vom Software-Simulator ermittelten Eingangssignale über die Spezial-Hardware an den Mikroprozessor angelegt und die Reaktion an den Ausgängen gemessen. Das so ermittelte funktionale Verhalten des Mikroprozessors wird an den Software-Simulator zurückgeliefert und für den weiteren Simulationsablauf verwendet.

Für diese Modellierungsmethode sprechen gegenüber der herkömmlichen Software-Modellierung folgende Fakten:

□ Detaillierte Spezifikationen über käufliche VLSI-Bausteine sind selten verfügbar und somit ist die Erstellung von genauen Software-Modellen äußerst schwierig.

□ Die Erstellung eines exakten Software-Modells, auch wenn alle Daten verfügbar sind, ist immer noch extrem zeitaufwendig (bis zu mehreren Mannjahren).

□ Hardware-Modelle sind bezüglich der Ausführungsgeschwindigkeit um Größenordnungen schneller als funktional vergleichbare Software-Modelle.

□ Der Erstellungs- und Wartungsaufwand für Hardware-Modelle ist wesentlich geringer als für Software-Modelle, da nur die Zuordnung und die Charakteristik der Anschlußpins beschrieben werden muß.

□ Der Speicherplatzbedarf für Hardware-Modelle ist wesentlich geringer als für Software-Modelle.

□ Hardware-Modelle können für statische und dynamische Bauelemente bis zu einer Taktfrequenz von 16 MHz (abhängig vom verwendeten Hardwarezusatz) erstellt werden.

□ Beliebig viele Inkarnationen eines Bausteins im Schaltungsmodell können mit einem Hardware-Modell simuliert werden.

Der prinzipielle Aufbau eines Hardware-Zusatzes ist in Bild 3.13 dargestellt. Der Anschluß an einen Host-Computer erfolgt bei den meisten käuflichen Geräten über Ethernet. Ein Control-Processor dient zur Abwicklung des Ethernet-Protokolls und steuert den Ablauf der einzelnen Teilfunktionen des Systems. Kernstück

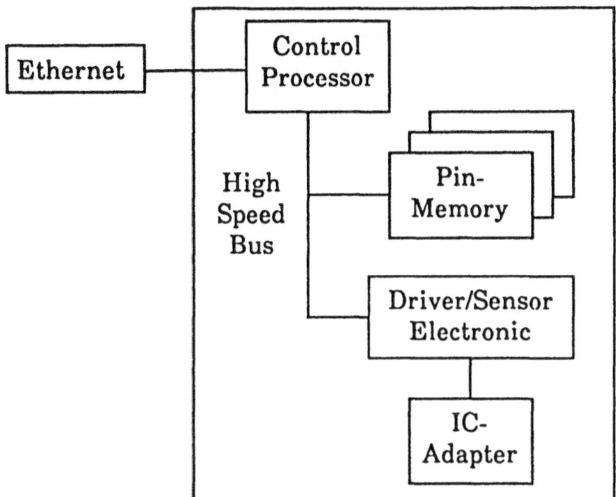


Bild 3.13: Prinzipieller Aufbau eines Hardware-Zusatzes zur Modellierung

des PM-Zusatzes ist die Driver-/Sensor-Electronic. Ähnlich dem Prüfautomaten kann damit an die Eingänge des adaptierten Bausteins ein definiertes Bitmuster oder eine Bitmuster-Folge angelegt und die Reaktion am Ausgang gemessen werden.

Enthält der Baustein eine kombinatorische Logik, so ist das Anlegen eines einzigen Bitmusters ausreichend, um das Ausgangsverhalten zu ermitteln. Bei sequentieller Logik muß eine Folge von Bitmustern angelegt werden, um die gewünschte Funktion einzustellen.

Bei dynamischen Bausteinen (z.B. Mikroprozessoren) ist es außerdem erforderlich, die Bitmuster in einem festen Zeitraster anzulegen und eine minimale Taktfrequenz dabei nicht zu unterschreiten. Daher werden die Eingangs-Bitmuster zuerst in den Pin-Speicher geladen und können dann daraus mit der entsprechenden Taktfrequenz an die Eingänge des Bausteins angelegt werden.

Zur Ermittlung des Funktionszustandes zum Zeitpunkt $t_n$ werden alle Bitmuster vom Zeitpunkt $t = 0$ bis $t_n$ angelegt und zum Zeitpunkt $t_n$ die Zustände an den Ausgängen gemessen (s. Bild 3.14).

Diese Zustände werden an den Simulator übertragen, der damit das Verhalten der Gesamtschaltung weitersimuliert, bis sich daraus wieder Änderungen an den Eingängen des physikalisch modellierten Bausteins ergeben (z.B. zum Zeitpunkt $t_{n+m}$). Diese Eingangsänderungen werden als neue Bitmuster in den Pin-Speicher eingetragen und die PM-Hardware vom Zeitpunkt $t = 0$ neu gestartet. Zum Zeitpunkt $t_{n+m}$ werden die Funktionszustände an den Ausgängen ermittelt und anschließend wieder an den Simulator zur Weiterverarbeitung übergeben. Dieses Wechselspiel zwischen Simulator und PM-Hardware wiederholt sich während des gesamten Simulationsablaufes.

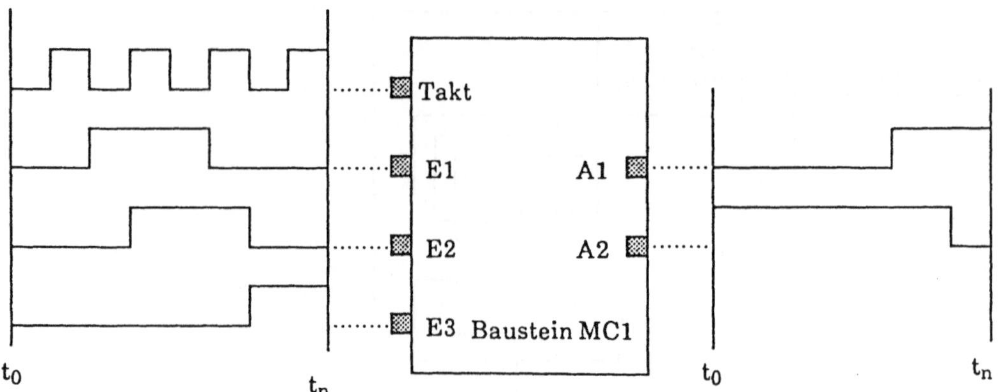

Bild 3.14: Betrieb eines dynamischen Bausteins

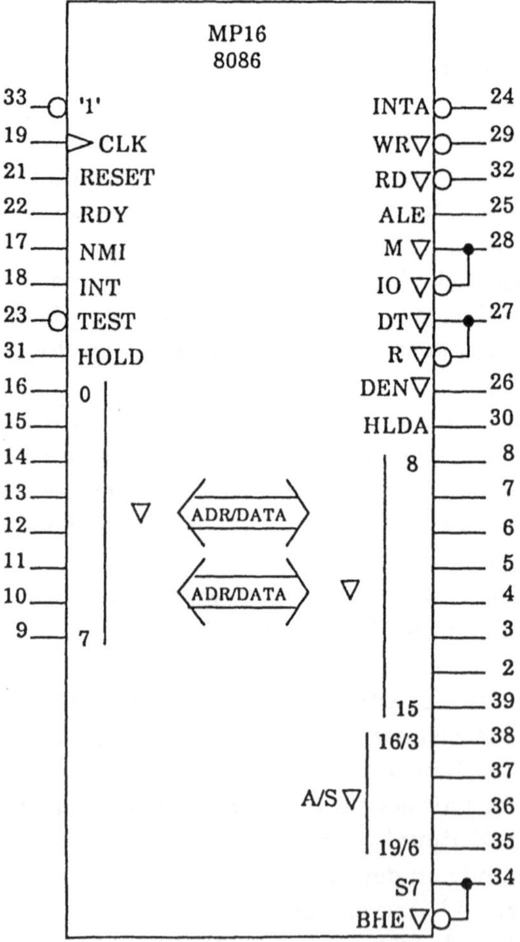

Bild 3.15: Schaltungssymbol des Mikroprozessors 8086

Über den IC-Adapter werden die Bausteine an das Realchip-Gerät angeschlossen, wobei bei den meisten PM-Geräten mehrere Bausteine gleichzeitig adaptiert werden können und per Software der momentan benötigte Baustein selektiert wird.

Wie schon erwähnt, ist der Modellierungsaufwand bei Verwendung einer Realchip-Hardware sehr gering. Dies soll anhand der Beschreibung des Mikroprozessors 8086 für das entwickelte Simulationssystem SMILE [3.48] im folgenden Beispiel gezeigt werden. Bild 3.15 enthält das Schaltungssymbol des Mikroprozessors 8086 und Bild 3.16 die zugehörige Modellierung für den PM-Zusatz.

Die Beschreibung besteht aus einer sogenannten Technikschale und der eigentlichen Bausteinbeschreibung.

Da mit der PM-Hardware nicht das dynamische, sondern nur das statische Verhalten der Ausgänge gemessen werden kann, besteht in der Technikschale die Möglichkeit, den einzelnen Ausgängen eine individuelle Verzögerungszeit zuzuordnen. Dies erfolgt in der Sektion 'external'. Alle nicht dort aufgeführten Ausgänge und Bidirektional-Pins werden mit den unter 'TECHNIC' definierten Verzögerungszeiten behandelt. In der Bausteinbeschreibung werden die einzelnen Pins entsprechend ihrer Funktion in Eingangs-, Ausgangs- und Bidirektional-Pins unterteilt. Außerdem muß festgelegt werden, welche Pins mit dem Systemtakt verbunden werden sollen (pintype = clock).

Die Angabe 'pintype = tristate' bedeutet, daß diese Bidirektional-Pins einen hochohmigen Zustand einnehmen können. Die Sektion 'resetseq' enthält eine Bitmustersequenz, die zur Initialisierung des Bausteins dient und vor dem eigentlichen Simulationsablauf ausgeführt wird.


## 3.6   Analogsimulation


Bei der Analogsimulation werden anstelle diskreter logischer Signalzustände stetige Strom- und Spannungsverläufe und daraus abgeleitete Größen als Funktion von Strom, Spannung, Zeit, Frequenz und Temperatur berechnet. Die Schaltung wird dabei auf der Basis elektrischer Elemente (wie Widerstände, Kondensatoren, Transistoren) oder Funktionsbausteine (wie Operationsverstärker, Komparatoren) beschrieben. Dabei wird das nichtlineare Verhalten der Bauelemente mitberücksichtigt. Der bekannteste Vertreter dieser Simulatoren ist das an der Universität Berkeley entwickelte Programm SPICE [3.63, 3.66]. Als Beispiel ist die Analogsimulation eines Optionsverstärkers in den Bildern 3.17 bis 3.21 dargestellt.

Im Rahmen des Logikentwurfs findet die Analogsimulation ihre Hauptanwendung beim Entwurf und der Charakterisierung der digitalen Grundbausteine (Gatter, Flipflops usw.). Dabei wird zunächst durch Simulation zahlreicher Varianten ein optimales Design ermittelt. Aus den Simulationsergebnissen des opti-

```
REALSHELL     !8086mx!;
   ELEMENT    !8086!;
   EXTERNAL
   OUTIN  =   rqgt1   risedel  =  85ns    falldel  =  85ns    offdel  =  10ns,
              rqgt0   risedel  =  85ns    falldel  =  85ns    offdel  =  10ns;
   OUTPUT =   rd      risedel  =  150ns   falldel  =  150ns   offdel  =  10ns;
   (alle anderen Pins müssen in der Pindeklaration nicht wiederholt werden, da sie keine von
   der Technikdeklaration abweichende Pineigenschaften aufweisen!)
   TECHNIC              risedel  =  110ns   falldel  =  110 ns  offdel  =  10ns;
   end;
end.


REALCHIP !8086!           ;
   device        =       2;
   devicetype    =       dynamic;
   clockperiod   =       200ns ... 500ns;
   clockedge     =       both;
EXTERNAL
   INPUT   =   clk      pinno  =   25,      pintype  =  clock,
               ready    pinno  =   56,
               intr     pinno  =   24,
               test     pinno  =   57,
               nmi      pinno  =   23,
               reset    pinno  =   55,
               mx       pinno  =   68;
   OUTIN   =   ad15     pinno  =   74,
               ad14     pinno  =    7,
               ad13     pinno  =    8,
               ad12     pinno  =    9,
               ad11     pinno  =   10,
               ad10     pinno  =   11,
               ad09     pinno  =   12,
               ad08     pinno  =   13,
               ad07     pinno  =   14,
               ad06     pinno  =   15,
               ad05     pinno  =   17,
               ad04     pinno  =   18,
               ad03     pinno  =   19,
               ad02     pinno  =   20,
               ad01     pinno  =   21,
               ad00     pinno  =   22,
               rqgt1    pinno  =   64,
               rqgt0    pinno  =   66;
   OUTPUT =   as19     pinno  =   70,      pintype  =  tristate,
              as18     pinno  =   71,      pintype  =  tristate,
              as17     pinno  =   72,      pintype  =  tristate,
              as16     pinno  =   73,      pintype  =  tristate,
              bhe      pinno  =   69,      pintype  =  tristate,
              rd       pinno  =   67,      pintype  =  tristate,
              s2       pinno  =   62,      pintype  =  tristate,
              s1       pinno  =   61,      pintype  =  tristate,
              s0       pinno  =   60,      pintype  =  tristate,
              lock     pinno  =   63,      pintype  =  tristate,
              qs1      pinno  =   58,
              qs2      pinno  =   59;
RESETSEQ
   reset  =   loga1, loga1, loga1, loga1, loga1, loga1, loga1, loga1, loga1, loga1;
   rqgt0  =   loga1, loga1, loga1, loga1, loga1, loga1, loga1, loga1, loga1, loga1;
   rqgt1  =   loga1, loga1, loga1, loga1, loga1, loga1, loga1, loga1, loga1, loga1;
   end;
end.
```

◀ Bild 3.16: Physikalische Modell-Beschreibung des Mikroprozessors 8086

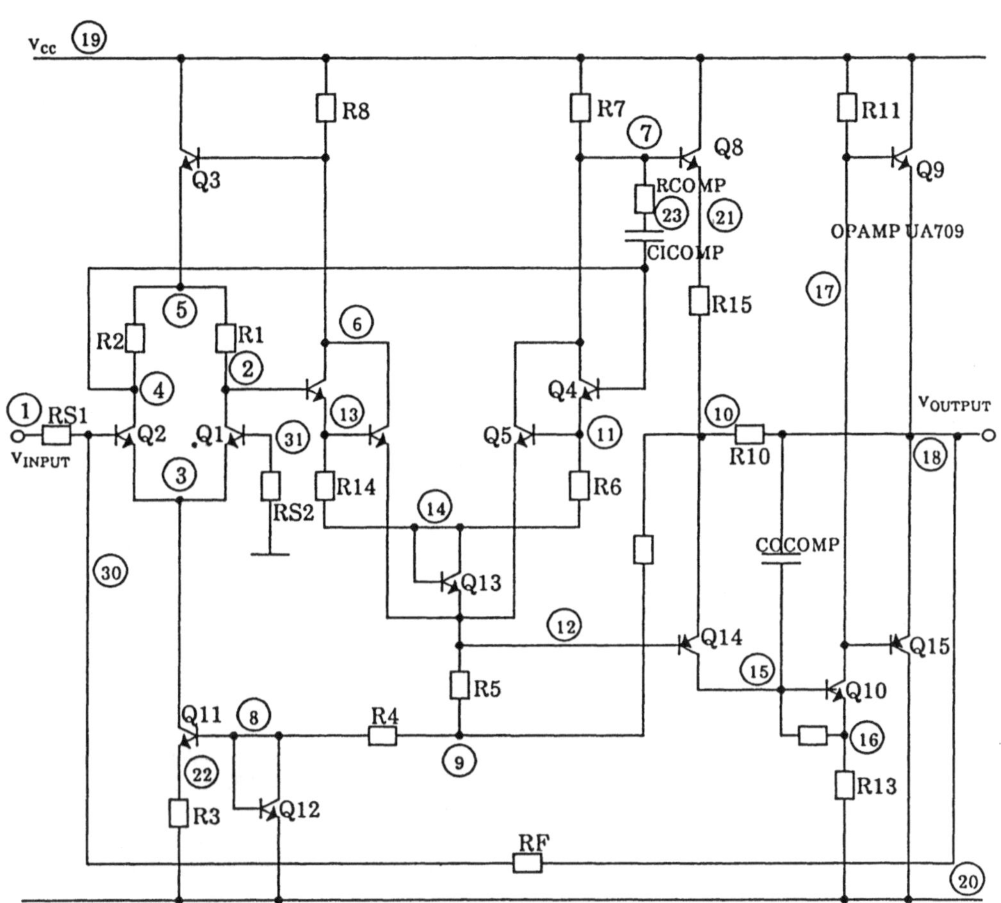


Bild 3.17: Stromlaufplan eines Operationsverstärkers

mierten Bausteins können dann charakteristische Kenngrößen wie Signallaufzeiten, Leistungsaufnahme für die Festlegung der Entwurfsregeln und für die Digitalsimulation bereitgestellt werden. Bei integrierten Schaltungen werden hierzu die elektrischen Bauelemente einschließlich aller parasitären Elemente, wie z.B. Leitungskapazitäten, aus dem Layout extrahiert, was einen hohen Sicherheits- und Genauigkeitsgrad der Simulation ermöglicht [3.64, 3.69].

```
$$$$    UA709 - OPERATIONAL AMPLIFIER
*
*       CIRCUIT-DESCRIPTION
*
*       RESISTORS
RS1       30      1       1K
RS2       31      0       1K
RF        30     18     100K
RCOMP      7     23     1,5K
R1         5      2      25K
R2         5      4      25K
R3        22     20     2,4K
R4         8      9      18K
R5         9     12     3,6K
R6        11     14       3K
R7        19      7      10K
R8        19      6      10K
R9         9     10      19K
R10       10     18      30K
R11       19     17      20K
R12       15     16      10K
R13       16     20     75,0
R14       13     14       3K
R15       21     10       1K
*
*       CAPACITORS
CICOMP  23      4    5000PF
COCOMP  18     15     200PF
*
*       TRANSISTORS
Q1         2     31       3   QNL
Q2         4     30       3   QNL
Q3        19      6       5   QNL
Q4         7      4      11   QNL
Q5         7     11      12   QNL
Q6         6     13      12   QNL
Q7         6      2      13   QNL
Q8        19      7      21   QNL
Q9        19     17      18   QNL
Q10       17     15      16   QNL
Q11        3      8      22   QNL
Q12        8      8      20   QNL
Q13       14     14      12   QNL
Q14       15     12      10   QPL
Q15       20     17      18   QPL
*
*       MODEL PARAMETERS
*

*
* SOURCES
*
VIN  1   0   SIN(0 0,1  10KHZ) AC 1
VCC  19  0   15
VEE  20  0   -15
*
* RUN CONTROLS
*
.TEMP 50
*
.DC       VIN -0,25 0,25   0,01
.AC       DEC   10 1    10MEGHZ
.TRAN    1US    100US
*
.OPT LIST   ACCT
*
* OUTPUT REQUESTS
*
.PRINT      DC V(7)    V(18)
.PLOT       DC V(18)
.PRINT      AC VM(18)    VP(18)
.PLOT       AC VM(18)    VP(18)
.PRINT      TRAN V(7)    V(18)
.PLOT       TRAN V(18)
*
.FILE UA709.STORE
.STORE   PPF=ALL
*
.END

. MODEL  QNL  NPN(BF=80  RB=100  CCS=2PF  TF=0,3NS  TR=6NS  CJE=3PF
CJC=2PF + VA=50)
. MODEL QPL PNP(BF=10 RB=20 TF=1NS TR=20NS CJE=6PF CJC=4PF VA=50)
```

Bild 3.18: Eingabedatei für die Analogsimulation des Operationsverstärkers mit SPICE

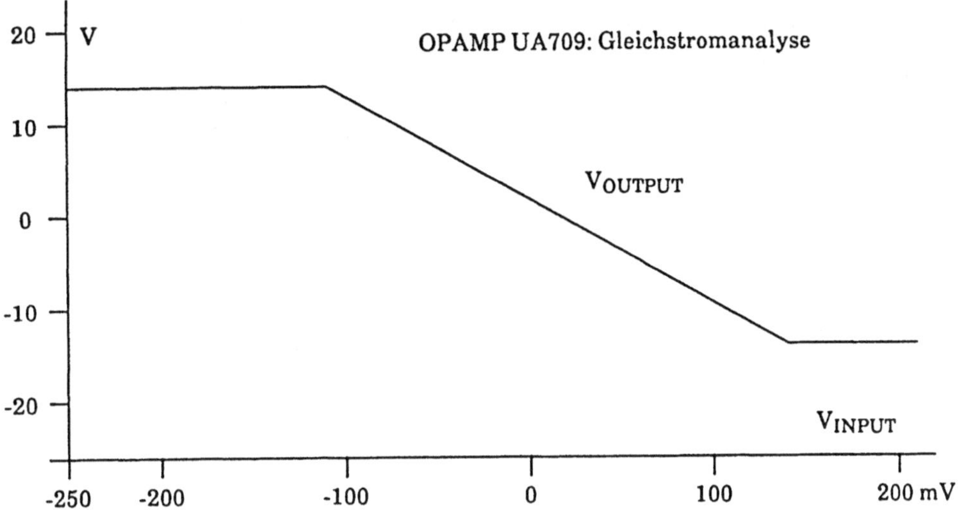


Bild 3.19: Simulation des Operationsverstärkers im Gleichstrombereich

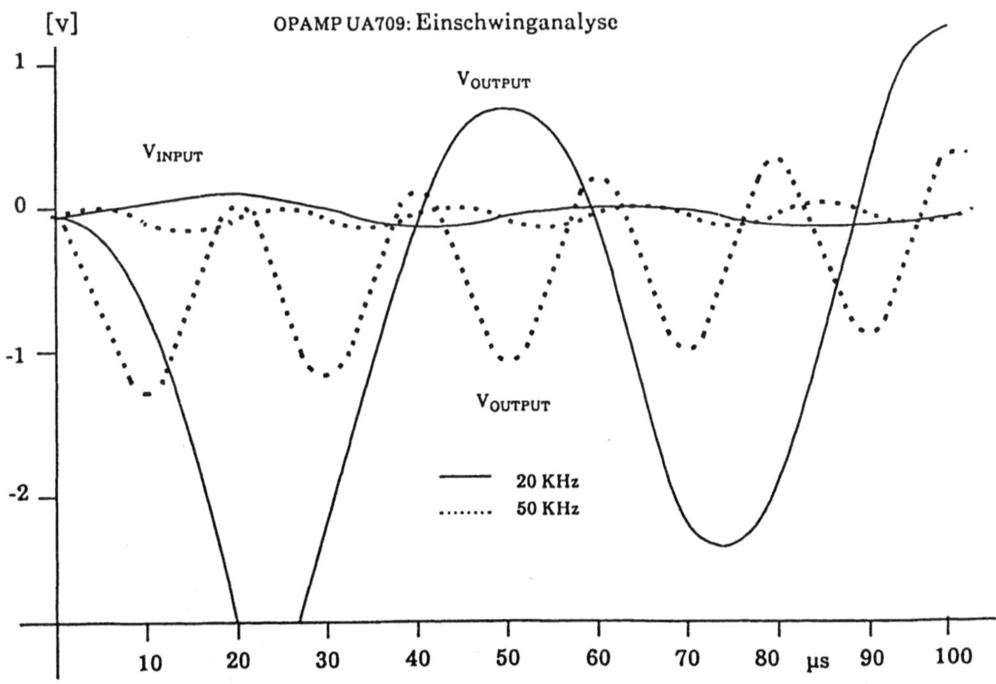


Bild 3.20: Simulation des Operationsverstärkers im Zeitbereich

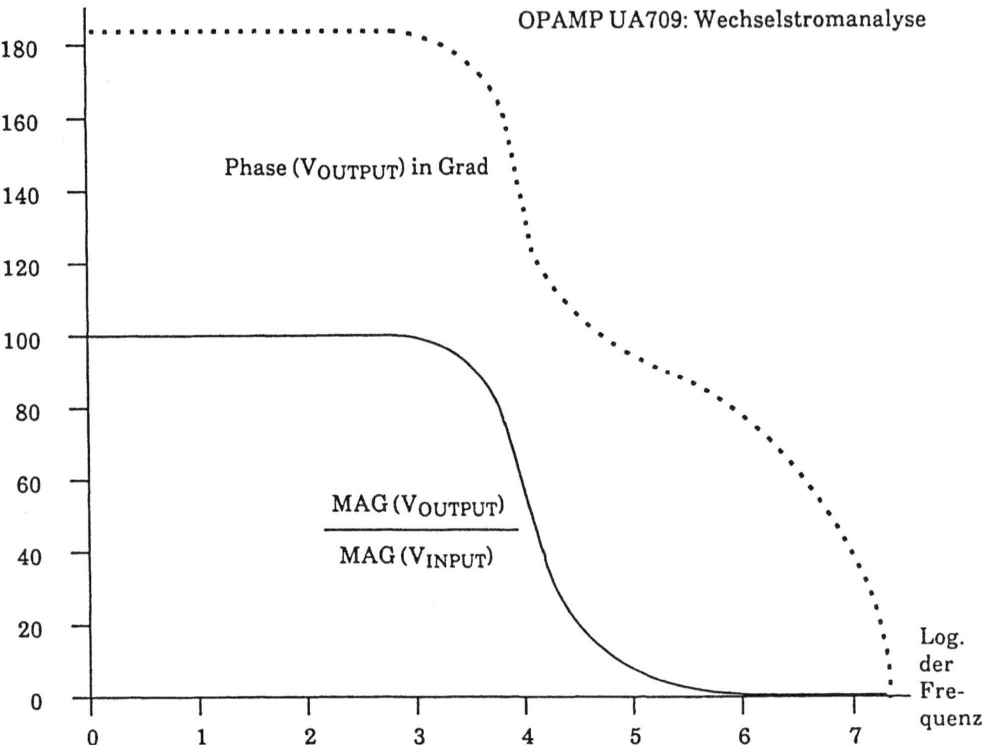


Bild 3.21: Simulation des Operationsverstärkers im Frequenzbereich

*Verfahren*

Die wichtigste Analyseart bei der Analogsimulation ist die Untersuchung von
dynamischen Schaltvorgängen innerhalb elektrischer Netzwerke im Zeitbereich.
Diese werden durch ein gekoppeltes implizites System von gewöhnlichen nichtlinearen Differentialgleichungen 1. Ordnung und nichtlinearen Gleichungen beschrieben, für das geeignete Anfangswerte vorgegeben sein müssen. Die Unbe-
kannten sind dabei im allgemeinen die Potentiale der Netzwerkknoten. Die Glei-
chungsstruktur wird schematisch durch Anwendung der Kirchhoffschen Regeln
direkt aus der Schaltungsbeschreibung abgeleitet. Im einfachsten Fall ergibt sich
für jeden Knoten gerade eine Gleichung aus der Forderung, daß die Summe aller
in den Knoten fließenden Zweigströme verschwinden muß. Durch Zeitdiskretisie-
rung und numerische Integration, bei der die Zeitableitungen durch Differenzen-
quotienten variabler Ordnung approximiert werden, erhält man ein nichtlineares
Gleichungssystem. Dieses wird iterativ z.B. mit dem Newton-Verfahren [3.56] gelöst; das jeweils entstehende lineare Gleichungssystem wird direkt durch LU-
Zerlegung und Vorwärts-Rückwärts-Substitution gelöst, wobei die relativ geringe
Besetzung der System-Matrix zur Einsparung von Rechenzeit ausgenutzt wird.

Schematisch läßt sich das Lösungsverfahren für die Zeitanalyse darstellen durch:

*Für alle Zeitpunkte DO*
*  BEGIN*
*    bestimme die aktuellen Werte der Eingangsquellen;   (1)*
*    bestimme eine Anfangsnäherung der Lösung;  (2)*
*    bis zur Konvergenz DO*
*      BEGIN*
*      berechne die Bauelementcharakteristika*
*      und ihre Ableitungen;   (3)*
*      berechne die Zeitableitungen;   (4)*
*      berechne die Koeffizienten des linearisierten Systems;  (5)*
*      berechne die nächste Newton-Iteration durch*
*      Lösen des linearen Systems; (6)*
*      prüfe die Konvergenz;(7)*
*      END;*
*      Fehlerabschätzung zur Zeitschrittkontrolle*
*      und Ordnungssteuerung;   (8)*
*      END;*

Die Teilschritte (3) bis (5) kann man als "Laden" der Systematrix und den Schritt (6) als "Lösen" des linearen Gleichungssystems bezeichnen. Diese oft durchlaufenen Schritte sind sehr rechenintensiv und deshalb hauptverantwortlich für die hohen Rechenzeiten bei der Analogsimulation.


*Transistormodelle*
Die Verfahren der Analogsimulation sind genau und realisierungstreu, so daß die Abweichungen zwischen Rechnung und Messung üblicherweise nur zwischen 1 und 5 Prozent liegen. Voraussetzung ist allerdings eine sorgfältige Erfassung aller parasitären Elemente wie Leitungskapazitäten und Bahnwiderstände und - noch wichtiger - eine exakte Modellierung der Transistorkennlinien. Hierbei muß ein Kompromiß zwischen Genauigkeit und Rechenaufwand gefunden werden. Prinzipiell wäre der Weg über die numerische Lösung der Halbleitergleichungen gangbar, jedoch ist der Rechenaufwand zur Lösung dieser partiellen Differentialgleichungssysteme im Rahmen der Analogsimulation viel zu hoch. Man behilft sich daher durch vereinfachende Annahmen für die verschiedenen Arbeitsbereiche des Transistors, die es gestatten, die Halbleitergleichungen direkt zu lösen. Dies führt im allgemeinen zu analytischen Formeln für die Terminalströme und Terminalladungen des Transistors als Funktion der äußeren Potentiale. Die Formeln haben frei wählbare "Modellparameter", die technologiespezifisch sind und als Fittingparameter zur Angleichung von Modell und Messung dienen.

Diese analytischen Transistormodelle sind zwar teilweise sehr komplex (etwa
1000 Lines of Code im Simulator), sie bieten aber bei vertretbaren Rechenzeiten
die Möglichkeit zu genauen Analogsimulationen einschließlich der Beschreibung
von physikalischen Trends bis zu den Rändern des Technologiefensters [3.62].

*Rechenzeit und Speicherplatz*

Der hohe Aufwand für die Modellierung und die numerischen Verfahren
schlägt sich in den Rechenzeiten und dem Speicherplatzbedarf der Analogsimulatoren nieder. Generell kann man von einem um drei bis vier Größenordnungen höheren Aufwand als bei der Digitalsimulation ausgehen. Zwar werden Schaltungen
mit einigen zehn Transistoren sogar auf gewöhnlichen PC's in wenigen Minuten
simuliert; jedoch steigen Speicherplatz- und Rechenzeitbedarf überproportional bis
quadratisch mit der Schaltungsgröße an (vgl. Bild 3.22), so daß selbst auf Super-
computern kaum Schaltungen mit mehr als 5000 Transistoren analog simuliert
werden. Die Rechenzeit beträgt hier einige Stunden; der Speicherbedarf ist wenigstens 8 MBytes, wobei zusätzlicher Speicherplatz zur Beschleunigung der Simulation ausgenutzt werden kann.

Häufige Anwendungen treten allerdings weniger beim Logikentwurf rein digitaler Schaltungen als vielmehr beim Entwurf von intern teilweise analog arbeitenden Full-Custom-Schaltungen auf. Sie werden dann notwendig, wenn bei gemischten Analog-Digital-Schaltungen das Zusammenspiel zwischen dem analogen
und dem digitalen Teil simuliert werden muß.

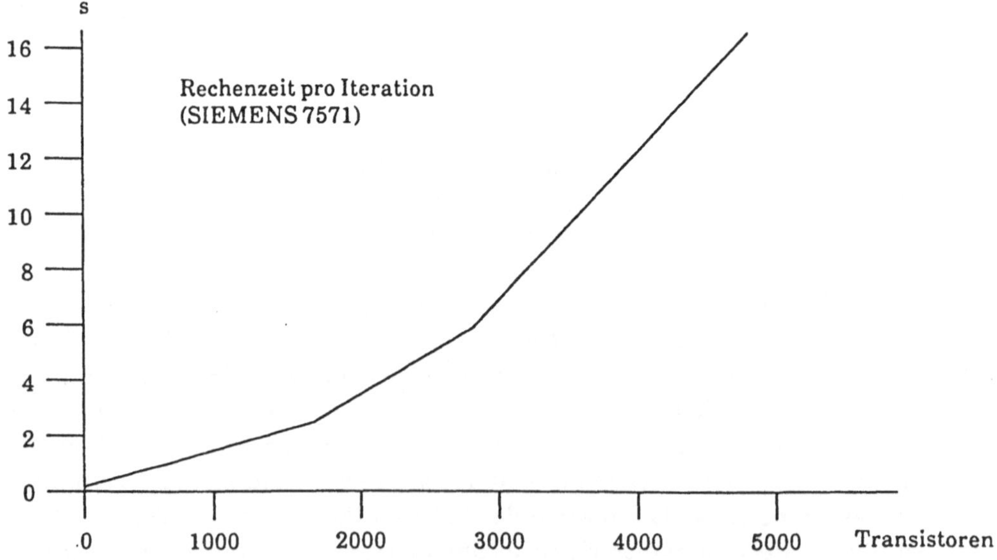


Bild 3.22: Rechenzeit bei der Analogsimulation als Funktion der Schaltungsgröße

*Beschleunigungsmöglichkeiten*

Der hohe Rechenaufwand bei weiter steigenden Anforderungen hinsichtlich der zu simulierenden Schaltungskomplexität ist der Grund, weshalb weltweit intensiv an Maßnahmen zur Beschleunigung der Analogsimulation gearbeitet wird. Hierzu werden sowohl die Möglichkeiten neuer Rechnerarchitekturen genutzt als auch neue Simulationsverfahren entwickelt und erprobt.

Bei der Hardware bieten sich neben schnellen Gleitpunktprozessoren hauptsächlich Array- und Vektorprozessoren an [3.61]. Meistens konzentriert man sich dabei auf die Parallelisierung der oben erwähnten rechenintensiven Programmteile "Laden" und "Lösen". Beim Laden werden die Gleichungen für möglichst viele gleichartige Bauelemente (z.B. Transistoren) gleichzeitig ausgewertet. Zur Vermeidung von Zugriffskonflikten ist es dabei u. U. sinnvoll, vor der Analyse geeignete Elementklassen zu bilden und dann nur die Elemente einer Klasse parallel zu bearbeiten. Bei der Lösung des linearen Gleichungssystems zeigte sich, daß es nicht ausreicht, nur die Matrixoperationen eines einzigen Eliminationsschritts parallel auszuführen; vielmehr müssen mehrere unabhängige Eliminationsschritte zusammen behandelt werden, um hinreichend lange Vektoroperationen zu erhalten.

Nach dem heutigen Stand lassen sich durch derartige Maßnahmen bei entsprechend großen Schaltungen Geschwindigkeitssteigerungen um den Faktor 3 bis 10 auf Array- bzw. Vektorprozessoren erzielen; der Softwareaufwand ist hierbei noch vergleichsweise gering, so daß zahlreiche Spezialversionen von Analogsimulatoren für diese Rechner industriell eingesetzt werden. Die Installation entsprechender Programme auf Multiprozessorsystemen ist dagegen noch im Gange, ebenso wie die Entwicklung spezieller Hardware für Analogsimulation (z.B. "SPICE-Engine"). Die heute bekannten Ansätze streben - teilweise unter Verwendung neuer Simulationsverfahren - Parallelverarbeitung auf einer etwas höheren Blockebene an und versuchen ferner, Data-Flow-Prinzipien anzuwenden.

Zur Beschleunigung der Simulationsverfahren gibt es hauptsächlich folgende Ansätze:

- □ Ausnutzen der Schaltungsstruktur durch Zerlegen in Teilsysteme (Partitionierung),
- □ Ausnutzen der Latenz durch Einführung einer Ereignissteuerung,
- □ Tabelleninterpolation zur Beschleunigung der Modellauswertung,
- □ Verwendung von Makromodellen für Standardkonfigurationen,
- □ Verzicht auf Genauigkeit.

Durch die Partitionierung erhält man kleinere Teilsysteme, die jeweils für sich mit eigens angepaßten Methoden gelöst werden können. Die Kopplung der Teilsysteme wird dann meist iterativ durch Relaxationsverfahren berücksichtigt. Die Partitionierung ist daher dann besonders erfolgreich, wenn die Teilsysteme entweder nur schwach miteinander kommunizieren oder wenn sie unidirektional miteinander kommunizieren und die Berechnungsreihenfolge der Signalflußrichtung folgt. Wenn dann die Zerlegung auf der Ebene der nichtlinearen oder der linearen Gleichungssysteme erfolgt, spricht man von Timing-Simulation. Erfolgt sie hingegen auf der Ebene der Differentialgleichungen, spricht man von Waveform-Verfahren; in diesem Fall wird jedes Teilsystem in einem größeren Zeitfenster für sich gelöst und die dabei berechnete "Waveform" iterativ an die benachbarten Teilsysteme als Randbedingung weitergegeben. Waveform-Verfahren sind besonders gut für die Implementierung auf Mikroprozessorsystemen geeignet. Ferner bieten sie eine leichte Möglichkeit zur Anwendung eines Latenzprinzips: nur diejenigen Teilsysteme werden neu berechnet, die im betrachteten Zeitfenster "aktiv" im Sinne der Digitalsimulation sind [3.65].

Mit solchen iterativen Verfahren lassen sich geeignete Schaltungsklassen (vorwiegend digitale MOS-Schaltungen) 10- bis 100mal schneller simulieren, wobei die Simulationsgeschwindigkeit oft wesentlich von der Partitionierung abhängt. Diese kann in vielen Fällen durch ein dem Simulationslauf vorangestelltes Verfahren aus der Schaltungsbeschreibung ermittelt werden. Nachteil dieser Verfahren ist die schlechte Konvergenz bei stark rückgekoppelten oder analog arbeitenden Schaltungen, die keine geeignete Partitionierung zulassen. In solchen Fällen kann die Rechenzeit sogar deutlich höher sein als bei den klassischen Verfahren. Dieses ist auch der Hauptgrund für die zögernde Akzeptanz der neueren Verfahren im breiten industriellen Einsatz.

Das gröbste im Rahmen der Analogsimulation behandelbare Schaltungsmodell erhält man, wenn man MOS-Transistoren durch bidirektionale Schalter ersetzt, Widerstände und kleine Kapazitäten vernachlässigt und große Kapazitäten als ladungsspeichernde Elemente nach Masse betrachtet. Mit diskretisierten Signalzuständen kommt man dann zur Switch-Level-Simulation, die als Logiksimulation auf Transistorebene bezeichnet werden kann und ebenfalls um 3 bis 4 Größenordnungen schneller ist als die klassische Analogsimulation. Diese Simulationsart hat sich wegen ihrer Effizienz und Realisierungstreue gerade für die Logikverifikation von MOS-Schaltungen "aus dem Layout" in der Industrie weitgehend eingebürgert. Die damit behandelbare Schaltungskomplexität geht bis zu 100k Transistoren.

*Gemischte Analog-Digital-Simulation*

Aus der zunehmend genutzten Möglichkeit, gemischte Analog-Digital-Schaltungen als Semi-Custom-Baustein herzustellen, ergibt sich auch für den Systementwickler die Notwendigkeit zur gemischten Analog-Digital-Simulation. Grundanspruch an den Analogsimulator ist dabei die Bereitstellung und Verarbeitung einer funktionellen Beschreibungssprache für die Analogfunktionen (wie Operationsverstärker, Komparator, usw.), da auf dieser Ebene nicht mehr mit Strukturbeschreibungen gearbeitet werden kann. Zweites wesentliches Problem ist die Kopplung der Digital- mit der Analogsimulation. Die Entwicklung entsprechender

Mixed-Mode-Simulatoren ist derzeit an vielen Stellen im Gange. Manche Ansätze umgehen das Interface-Problem durch einen Quasi-Mixed-Mode: entweder werden die Logikgatter durch elektrische Netzwerkelemente modelliert (was aber zusätzliche Rechenzeit mit sich bringt), oder die Analogsignale werden digitalisiert und die Analogsimulation durch Digitalsimulation nachgebildet (nur möglich bei eindeutig bekanntem Signalfluß). Andere Ansätze lassen Digital- und Analog-Simulator als getrennte, eigenständige Programme unter einem gemeinsamen Steuerprogramm laufen. Die beste Lösung wird Analog- und Digitalblöcke in der Schaltung gleichberechtigt behandeln und unter einer gemeinsamen Ereignissteuerung die Berechnung der aktiven Schaltungsteile veranlassen. Signalumwandlung und Rückkopplung zwischen Analog- und Digitalteil ist dabei zu jedem Zeitpunkt über programminterne Interfaceelemente möglich. Da die funktionelle Beschreibung der Analogblöcke stets idealisiert ist und das Verhalten in Grenzbereichen nicht erfaßt, wird zugleich mit der Simulation auch eine dynamische Überwachung der Betriebsbedingungen für die einzelnen Teilblöcke notwendig, die den Anwender über interne kritische Zustände der Schaltung informiert [3.60].

*Zellencharakterisierung*

Bereits heute leisten Analogsimulatoren einen erheblichen Beitrag zur Charakterisierung der digitalen Grundbausteine (Zellen) in den Bausteinbibliotheken. Moderne Digitalsimulatoren sehen z.B. detaillierte Laufzeitmodelle vor, bei denen die Signallaufzeit von jedem Gattereingang zu jedem Gatterausgang für steigende und fallende Signalflanken individuell berücksichtigt wird und außerdem vom Fanout abhängt. Für ein Gatter mit m Eingängen und n Ausgängen macht dies i.a. die Analogsimulation von wenigstens $4*m*n$ Signalwechseln erforderlich. Dies ist weniger ein Simulations- als mehr ein Hantierungs- und Aufwandsproblem und sollte daher so automatisiert und effizient wie möglich abgewickelt werden. Ein automatisches Verfahren muß folgende Teilschritte leisten:

- □ Einbettung der Zelle in die "Meßschaltung",
- □ Generieren der Stimuli für den Analogsimulator aus dem Datenblatt,
- □ Generieren der zugehörigen Steuerdatei für die Laufzeitmessung,
- □ Simulation und "Messung" der Signallaufzeit für verschiedene Fanouts,
- □ Fitting des Laufzeitmodells,
- □ Eintrag in die Zellenbibliothek.

Mit einem solchen System kann der Aufwand für die Charakterisierung einer vollständigen Bibliothek von mehreren Monaten auf ein bis zwei Wochen reduziert werden.

Ungleich schwieriger als bei Digitalzellen stellt sich die Charakterisierung von Analogzellen dar. Ziel ist die automatische Ableitung einer funktionellen Beschreibung des analogen Zellenverhaltens aus der strukturellen Zellenbeschreibung. Wegen der wesentlich größeren Anwendungs- und Modellvielfalt für Analogfunktionen ist dabei a priori gar nicht klar, welcher analoge Effekt für die vorgesehene Anwendung in das Modell mit aufzunehmen ist. Auf diesem Gebiet sind daher noch grundsätzliche Entwicklungsarbeiten zu leisten. Sicher ist nur, daß die Analogsimulation in hohem Maß als Datenlieferant für sich anschließende Fittingverfahren benötigt wird [3.58, 3.59, 3.70].

Analogsimulation ist ein Standardwerkzeug für die Bibliothekscharakterisierung der digitalen Grundbausteine sowie für den Full-Custom-Entwurf. Zwar wird ihre Bedeutung für die Laufzeitanalyse kritischer Pfade in Digitalschaltungen zugunsten intelligenter Verifikationsverfahren zurückgehen, jedoch wird sie für den Entwurf von gemischten Analog-Digital-Schaltungen zunehmend an Bedeutung gewinnen. Voraussetzung hierfür ist ihre Einbettung in einen Mixed-Mode-Simulator mit Analogsimulation auf der funktionalen Ebene.

## 3.7  Laufzeitanalyse

### 3.7.1  Problemstellung

Die Fehlerrate digitaler Systeme bei der Prototypeinschaltung konnte durch den Einsatz von Werkzeugen zur Logikverifikation, wie der Simulation, deutlich gesenkt werden. Es zeigte sich jedoch insbesondere bei Systemen aus der Hochleistungstechnik mit ihren hohen Verarbeitungsgeschwindigkeiten, daß eine Restfehlerrate von etwa 5 %, die auf Zeitfehlern beruht, nur mit speziellen Analysemitteln weiter reduziert werden kann.

Digitale Schaltungen, die der Anforderung nach hoher Verarbeitungsgeschwindigkeit genügen müssen, einem wichtigen Kriterium bei der Entwicklung von Prozessoren für leistungsfähige Rechner, arbeiten mit Taktfrequenzen, die bis an die Grenzen des schaltkreistechnisch Machbaren gehen, d.h. Periodendauer und Pulsbreite liegen in der gleichen Größenordnung wie die Schaltelement- und Leitungslaufzeiten.

Neben der hohen Verarbeitungsgeschwindigkeit führt die Verflechtung zeitkritischer Pfade immer wieder zu Problemen, wenn die Funktionsfähigkeit nicht durch entsprechende Analysen garantiert wurde. Eine solche Verflechtung entsteht vor allem dann, wenn in der Schaltung viel parallel verarbeitet wird oder Befehlsfolgen im Pipeline-Verfahren abgearbeitet werden.

Bei allen diesen Schaltungen ist es besonders wichtig, das Zeitverhalten bereits im Entwurf möglichst exakt zu berücksichtigen und zu verifizieren. Die Schaltelement- und Leitungslaufzeiten, die in später gefertigten Schaltungen auftreten, weisen Streuungen auf, die durch Fertigungstoleranzen, durch Temperatur- oder Spannungsschwankungen hervorgerufen werden können. Diese Streuungen müssen im Modell beim Entwurf unbedingt mit berücksichtigt werden, wenn zur Erhöhung der Performance das Synchronisationsverhalten knapp kalkuliert und alle Sicherheitsreserven ausgeschöpft wurden. Eine Analyse des Zeitverhaltens muß, um Fehler in der Taktstruktur aufzudecken, die Ansteuerungen von Taktsperrgattern, von Flipflops und von Speichern auf Zulässigkeit prüfen. Wichtig ist, daß diese Prüfung vollständig erfolgt, unabhängig von zusätzlichen Bitmustern ist und dabei auch die fehlerverursachenden Pfade ermittelt werden. Zeitkritische Pfade müssen automatisch erkannt und die noch vorhandenen Sicherheitsbereiche berechnet werden. Für die Abstimmung der Schnittstellen zwischen Moduln müssen die Toleranzbereiche der Schnittstellensignale ermittelt werden.

## 3.7.2  Methoden

*Überprüfbare Kriterien*

Die Aufgabe einer Laufzeitanalyse ist, vereinfacht ausgedrückt, zu überprüfen, daß auch unter Berücksichtigung von Streuungen die Pfadlaufzeiten bezüglich des Taktrasters weder zu kurz noch zu lang sind. Unter Pfadlaufzeiten verstehen wir hier die Laufzeit einer Signalflanke von einem Primäreingang bzw. Speicherelementausgang zu einem Primärausgang bzw. Speicherelementeingang. Die Überprüfung der Taktstruktur setzt sich aus einer Reihe einzelner Prüfungen zusammen, die unabhängig voneinander durchgeführt werden können. Für alle Einzelprüfungen gemeinsame Voraussetzung ist die Berechnung der Pfadlaufzeiten unter Berücksichtigung von Streuungen, von Längs- und Querkorrelationen auf und zwischen den Daten- und Taktpfaden. Je nach Schaltkreistechnik muß die Flankenabhängigkeit der Laufzeiten berücksichtigt werden.

Der Einfluß von unterschiedlichen Flankenlaufzeiten und Taktsteuerlogik kann Taktpulse in unzulässiger Weise verändern. Die Breite eines Taktpulses darf eine Mindestbreite und eine Maximalbreite nicht unter- bzw. überschreiten. Bei Taktsperrgattern, die notwendig sind, um abhängig vom Zustand im Schaltwerk bestimmte Takte für die Weiterverarbeitung im Schaltwerk auszuwählen, muß geprüft werden, daß eine Taktlaufflanke nicht beschnitten wird oder die Freigabe vor einer Rückflanke erfolgt.

Bei der Analyse von Taktauswahl- und Multiplexerschaltungen ist die Kenntnis des Steuersignals notwendig, wenn irrelevante Fehlermeldungen vermieden werden sollen. In diesen Fällen muß die Analyse aller strukturell möglichen Pfade auf die funktional relevanten eingeschränkt werden.

Für Elemente mit speicherndem Verhalten wie Flipflops oder Speicher muß die zeitliche Reihenfolge von Takt- und Datensignal bestimmten Anforderungen genügen. Um ein Flipflop definiert zu setzen, muß das Datensignal für eine bestimmte Zeit vor der aktiven Taktflanke, der Setup-Zeit, stabil sein, und es muß eine Mindestzeit, die Hold-Zeit, nach der Taktflanke stabil bleiben (während der Hold-

Zeit stabilisiert sich der kombinatorische Teil des Flipflops bzw. es wird der Slave gesetzt). Zu prüfen ist also, ob ein Datensignal sich in den kritischen Bereichen nicht ändert und dadurch ein Flipflop einen undefinierten Zustand einnimmt. Eine besondere Behandlung erfordern pegelgesteuerte Flipflops (Latch). Ein Latch verhält sich in geöffnetem Zustand wie eine kombinatorische Schaltung, d.h. Dateneingangsänderungen wirken sich unmittelbar auf die Ausgänge aus und der mögliche Datenwechselbereich ist durch die gesamte Taktpulsbreite definiert. Bei Latchketten kann dieser Bereich durch die jeweiligen Takte wieder verkleinert werden.

Neben Standardkriterien, wie oben beschrieben, müssen auch die vom Anwender definierten Bedingungen für Schaltelemente und Logikblöcke (als Betriebsbedingungen in funktionalen Beschreibungen definiert) überprüft werden.


*Analyseverfahren*

Die einzusetzenden Analysemethoden werden durch die zu überprüfenden Kriterien und geforderten Aussagen bezüglich Ort, Zeit und Ursache festgestellter Fehler bestimmt. Die bekannten Laufzeitanalyseverfahren können in drei Hauptklassen eingeteilt werden:

- pfadorientierte Verfahren,
- blockorientierte Verfahren,
- Simulationsverfahren.


*Pfadorientierte Verfahren*

Bei der pfadorientierten Methode werden von einem Startpunkt aus alle strukturell möglichen Pfade fächerartig verfolgt. Die Pfade werden in bzw. gegen Signalflußrichtung aufgebaut. Startpunkte sind die Ausgänge bzw. Eingänge der speichernden Elemente wie Flipflops. Die Anzahl der Pfade pro Fächer hängt vom mittleren Fanout und der Anzahl der durchlaufenen Elemente ab. Bei N durchlaufenen Elementen und einem mittleren Fanout von F sind pro Fächer F**N Pfade zu analysieren. Bei S speichernden Elementen des Gesamtsystems beträgt die Gesamtzahl der zu analysierenden Pfade S*(F**N). Die Anzahl der Pfade und damit die Laufzeit des Analyseprogramms wächst daher exponentiell mit der Größe des Schaltwerks. Sind durch Rekonvergenzmaschen zwischen Start- und Endpunkt mehrere Pfade vorhanden, dann werden für die Analyse meist nur die Extrempfade, das sind die zeitlich kürzesten und längsten Pfade, betrachtet. Irrelevante Pfade, die vom Designer entsprechend markiert sind, können von der Analyse ausgeschlossen werden.

Ein Vorteil der pfadorientierten Verfahren ist, daß nicht nur der Fehlerort, sondern auch der Fehlerpfad bekannt ist. Taktsperrgatter können mit rein pfadorientierten Verfahren nicht analysiert werden.

*Blockorientierte Verfahren*

Bei blockorientierten Verfahren werden ausgehend von den Primäreingängen oder den Speicherelementausgängen die Pfadlaufzeiten bis zu den nächsten Speicherelementeingängen ermittelt. Für die weitere Analyse werden nur die zeitlich kürzesten und längsten Pfade zwischen zwei Gruppen von speichernden Elementen betrachtet. Dieses Verfahren läßt sich auch mit der Ausbreitung einer Wellenfront von Worst-Case-Laufzeiten beschreiben. Ein Vorteil dieser Methode ist, daß bei diesem Verfahren jedes Element nur einmal analysiert wird und damit die Programmlaufzeit nur linear mit der Schaltwerksgröße wächst. Ein Nachteil dieser Methode, die vor allem für Einphasen-Taktsysteme mit starrem Taktraster Anwendung findet, ist, daß nur die Worst-Case-Pfade ermittelt werden und alle anderen verborgen bleiben, auch wenn diese zu einem Fehlverhalten führen können.

*Simulationsverfahren*

Die Simulationsverfahren zur Laufzeitanalyse arbeiten im Gegensatz zu den Logiksimulatoren nicht mit diskreten Signalzuständen, sondern mit den Werten Stabil und Wechselnd. Während der aktiven Taktphasen müssen die jeweils relevanten Datensignale den Zustand Stabil aufweisen. Fällt beispielsweise bei einem Flipflop ein Eingangssignal mit dem Zustand Wechselnd mit einer aktiven Taktphase zusammen, dann wird ein Fehler gemeldet. Vorteile dieses Verfahrens liegen in den vergleichsweise geringen Programmlaufzeiten und der korrekten Behandlung von Taktlogik und Multiplexer-Schaltungen. Nachteile dieses Verfahrens liegen in der Unvollständigkeit der Prüfungen, da die Vollständigkeit von der Qualität der vorgegebenen Eingangsbitmuster abhängt, und in der fehlenden Möglichkeit, auch die fehlerverursachenden Pfade zu ermitteln.

Bei der Realisierung von Laufzeitanalyse-Werkzeugen kommen in der Regel die oben skizzierten Verfahren in modifizierter Form und kombiniert zur Anwendung. Ziel dabei ist, die Analyse möglichst exakt durchzuführen und das Programmlaufzeitverhalten zugleich zu verbessern. Ein Ansatz dabei ist, die Analyse hierarchisch durchzuführen. Ein Teilblock wird pfadorientiert analysiert und die Analyseergebnisse an den Blockrand projiziert. Ein derart voranalysierter Block kann dann bei einer Analyse, die einen größeren Schaltwerksteil umfaßt, in seiner Umgebung wie ein Schaltelement behandelt werden. Probleme bei diesem Verfahren sind die Projektion der Zeitbedingungen an die Schnittstellen eines Blocks und die Verfolgung von Fehlerpfaden in einen solchen Block, da dann ein nochmaliges Analysieren des Blocks notwendig wird. Andere Ansätze sind die Trennung zwischen der Bildung eines Analysemodells und der Analysedurchführung sowie die Zusammenfassung aller Pfade, die durch die rein kombinatorischen Schaltungsteile führen, zu Extrempfaden, die jeweils zwei sequentielle Elemente ohne Unterbrechung durch kombinatorische Elemente verbinden. Die Programmlaufzeit wird hier verbessert durch die Verlagerung von Analysevorbereitungen in die Modell-

aufbereitung, die einmalig erfolgt und bei mehrfachen Analysedurchführungen
genutzt werden kann, und durch die Reduktion der zu analysierenden Pfade in
einem Pfadfächer [3.14 - 3.22].

### 3.7.3  Modellbildung

Das Analysemodell wird aus den im Logikentwurf vorliegenden hierarchischen
Entwurfsbeschreibungen erstellt. Für jede Teilschaltung der Hierarchie wird ein
Teilmodell gebildet. Die gesamte zu analysierende Schaltung wird dann aus den
Teilmodellen zusammengebaut. Da die Teilmodelle in der Regel in unveränderter
Form mehrmals verwendet werden, der Rechenzeitaufwand zur Modellerstellung
also vergleichsweise selten anfällt, wird die Struktur des Analysemodells auf eine
effiziente Verarbeitung durch die Analysedurchführung hin optimiert, und es werden die Vorbereitungen zur Analysedurchführung so weit möglich bei der Modellerstellung durchgeführt. Das Analysemodell wird als Graph aus Knoten und Kanten aufgebaut. Die Knoten repräsentieren die Schaltelemente, für die Analysebe-
dingungen definiert sind. Bei der Analyse sind für diese Schaltelemente Vorgaben
auszuwerten, wie z.B. die Kennzeichnung des Adreßsignals bei einem Multiplexer.
Die Kanten zwischen den Knoten repräsentieren die Pfade durch die restliche Logik des Schaltwerks. Dabei sind mehrere strukturell mögliche Pfade zu Extrempfaden zusammengefaßt mit den minimalen und den maximalen Laufzeiten.

Beim Zusammenbau des Gesamtmodells aus den Teilmodellen werden die Pfade, die Blockgrenzen überschreiten und gleiche Sender und Empfänger haben, wieder zu Extrempfaden zusammengefaßt. Für alle Kanten des Modells werden die
Referenzen zu den Pfaden angelegt, so daß der exakte Pfadverlauf mit den durchlaufenen Schaltelementen und Netzen für die Auswertung der Analyseergebnisse
rekonstruierbar ist.

### 3.7.4  Steuerung der Analyse

Zur Unterstützung eines hierarchischen Entwurfsprozesses gehört auch die Möglichkeit, den Schaltungsentwurf entsprechend modular zu analysieren. Innerhalb
eines Analysemodells, das aus Teilmodellen zusammengebaut ist, können Teilbe-
reiche ausgeklammert werden und die Randpunkte der zu analysierenden Pfade
festgelegt werden, wenn diese nicht mit dem Rand des Analysemodells identisch
sein sollen. An den Randpunkten kann das Zeitverhalten der Takt- und Datensignale einschließlich der Toleranzen manuell vorgegeben werden oder automatisch
aus den Ergebnissen einer im Entwurfsprozeß vorher schon durchgeführten Logiksimulation abgeleitet werden. Bei einer automatischen Ableitung ist dann noch
der Analysezeitbereich zu definieren.

Sollen nur bestimmte, kritische Elemente des Modells analysiert werden, können diese im Gesamtmodell entsprechend ausgewählt, bzw. die nicht zu analysierenden Elemente ausgeschlossen werden. Die Programmlaufzeit der Laufzeitanalyse kann noch positiv dadurch beeinflußt werden, daß bei Latch-Ketten die Anzahl der durchlaufenen Latches im Transparent-Modus oder die Länge eines Pfades, ausgedrückt in Zahl der Schaltelemente, begrenzt werden.

### 3.7.5 Ergebnisse der Analyse

Unter Berücksichtigung der fertigungsbedingten Streuungen und Einbeziehung von Längs- und Querkorrelationen werden die Laufzeiten auf allen Datenpfaden in Bezug zum Taktraster geprüft. Die Laufzeitanalyse liefert dabei die Antworten auf folgende Fragen: Werden die Ansteuerungsbedingungen für speichernde Elemente eingehalten, werden Taktpulsbreiten unterschritten oder liegen Taktanschnitte durch Sperrsignale vor? Die Antworten müssen natürlich für jeden aufgetretenen Fehler den Ort, d.h. an welchem Schaltelement, und den Zeitpunkt, bezogen auf das Taktraster, beinhalten. Bei Fehlern an speichernden Elementen sind zudem der Verlauf der Datenpfade mit den Laufzeiten und Streuungen zwischen Sender und Empfänger und die Wege von Sende- bzw. Empfangstakt zwischen Primäreingang und Sender bzw. Empfänger zur Lokalisierung der Fehlerursachen äußerst nützlich. Wird ein Taktpuls durch ein Taktsperrgatter in unzulässiger Weise beschnitten, dann hilft auch hier die Kenntnis von Zeitpunkt und Streuung der beteiligten Daten- und Taktsignale und der Pfade, die zu dieser Konstellation geführt haben, um die Ursache der Fehler zu lokalisieren. Die Bewertung der einzelnen Fehler wird erleichtert durch eine Klassifizierung nach der Größe der prozentualen Verletzung der verbotenen Bereiche bzw. der Taktpulse.

Ergänzend zur Ermittlung der Elemente mit Zeitfehlern ist es für den Entwickler auch sinnvoll zu wissen, wie groß die Zeitreserven in seinem Entwurf sind, d.h. wie groß der Abstand eines Signalwechsels zum verbotenen Bereich ist. Er kann hieraus die Auswirkungen von Modifkationen des Entwurfs im voraus besser abschätzen.

Für Schnittstellen, für die keine Vorgaben bei der Analyse gemacht wurden, kann mit Hilfe der Laufzeitanalyse eine Schnittstellenspezifikation generiert werden, die definiert, in welchen Zeitbereichen keine Schnittstellensignaländerungen stattfinden dürfen. Ermöglicht wird dies durch die Rückprojektion der verbotenen Bereiche der Analyseobjekte zu den Primäreingängen.

# Literatur

[3.1]  Dzida,W.: Das IFIP-Modell für Benutzerschnittstellen. Sonderheft Office Management, S. 6-8, 1983.

[3.2]  Hayes, P.J.; Szekely, P.A.; Lerner R.A.: Design Alternatives for User Interface Management System Based on Experience with Cousin. Proc. CHI 85 - Human Factors in Computing Systems, pp. 169-175, 1985.

[3.3]  Hübner, W.; Lux-Mülders, G.; Muth M.: Designing a System to Provide Graphical User Interfaces: the THESEUS Approach. Proc. Eurographics 87, North-Holland, Amsterdam, pp. 309-321, 1987.

[3.4]  Shneiderman, B.: Designing the User Interface. Addison-Wesley, 1987.

[3.5]  Gonauser, M.; Egger, F; Frantz D.: SMILE - A Multilevel Simulation System. Proc. ICCD 84, Port Chester, 1984.

[3.6]  Frantz, D.; Rammig, F.J.: The Impact of an Advanced CHDL on VLSI Design. Proc. ICCD 83, New York, 1983.

[3.7]  Lewke, K.-D.; Rammig F.J.: Description and Simulation of MOS Devices in Register Transfer Languages. Proc. VLSI 83, Trondheim, 1983.

[3.8]  Piloty, R.; Barbacci, M.; Borrionne, D.; Dietmeyer D.; Hill F.; Skelly P.: CONLAN Report. Springer, 1983.

[3.9]  Rammig, F.J.: Hierarchical Modular Description of VLSI Systems. Proc. IEEE Workshop on SE ∩ VLSI, Port Chester, 1982.

[3.10]  Ulrich, E.; Hebert D.: Structural vs. Functional Modelling and Simulation. Proc. 19th Design Autom. Conf., 1982.

[3.11]  Borrionne, D.; Piloty R.: The CONLAN Project: Status and Future Plans. Proc. 19th Design Autom. Conf., 1982.

[3.12]  Parker, A.C. et al.: SLIDE: An I/0 Hardware Descriptive Language. IEEE Trans. on Comp., Vol. C-30, No. 6, June 1981.

[3.13]  Barbacci, M.R. et al.: Evaluation of Computer Architecture Using ISPS. IEEE Proc., Vol. 127, Pt. E, No. 4, July 1980.

[3.14]  Nomura, M.; Sato, S.; Takano, N.; Aoyama, T.; Yamada A.: Timing Verification Based on Delay Time Hierarchical Nature. Proc. 19th Design Autom. Conf., pp. 622-628, 1982.

[3.15]  Shelly, J.H.; Tryon D.R.: Statistical Techniques of Timing Verification. Proc. 20th Design Autom. Conf., pp. 396-402, 1983.

[3.16]  Tamura, E.; Ogawa, K.; Nakano T.: Path Delay Analysis for Hierarchical Building Block Layout System. Proc. 20th Design Autom. Conf., pp. 403-410, 1983.

[3.17]  Muraoka, M.; Iida, H.; Kikuchihara, H.; Murakami, M.; Hirakawa K.: ACTAS: An Accurate Timing Analysis System for VLSI. Proc. 22th Design Autom. Conf., pp. 152-158, 1985.

[3.18] Kamikawai, R.; Yamada, M.; Chiba T.:  A Critical Path Delay Check System. Proc. 18th Design Autom. Conf., Las Vegas, pp. 118-123, 1981.

[3.19] Sasaki, T.; Yamada, A.; Aoyama T.: Hierarchical Design Verification for Large Digital Systems. Proc. 18th Design Autom. Conf., pp. 105-112, 1981.

[3.20] Bening, L.C.; Lane, T.A.; Alexander C.R.: Developments in Logic Network Path Delay Analysis. Proc. 19th Design Autom. Conf., pp. 605-615, 1982.

[3.21] Hitchcock, R.B., Smith, G.L.; Cheng D.D.: Timing Analysis of Computer Hardware. IBM Journal of Res. and Developm., Vol. 26, No. 1, pp. 100-105, 1982.

[3.22] McWilliams, T.M.: Verification of Timing Constraints on Large Digital Systems. Journal of Digital Systems, Vol. 5, 1981.

[3.23] Gerner, M.; Grüter, O.; Laßmann R.: Entwicklung von kundenspezifischen Bausteinen, 4. Teil: Prüfvorbereitung und Prüfstrategie. Elektronik 22, Nov. 1984.

[3.24] Hsu, Liang-Hua: An Object-Independent Schematic Editor. Research and Technology Laboratories, Princeton, August 1986.

[3.25] Hong, S.J.; Cain, R.G.; Ostapko D.L.: MINI : A Heuristic Approach for Logic Minimization. IBM Journal of Rese. and Developm., Vol. 18, pp. 443-458, 1974.

[3.26] Brown D.W.: A State-Machine Synthesizer-SMS. Proc. 18th Design Autom. Conf., pp. 301-304, 1981.

[3.27] Dachauer, R.; Gröning, K.; Lewke, K.D.; Rammig, F.J.: The CAP/DSDL System: Simulator and Case Study. Proc. 5th Internat. Conf. on CHDLs and their applications, 1981.

[3.28] Hedges, T.S.; Slater, K.H.; Clow G.W.: The Siclops Silicon Compiler. IEEE Internat. Conf. on Circuits and Computers, pp. 277-280, 1982.

[3.29] Gajiski,D.D.; Kuhn R.H.: New VLSI tools. Computer, Vol. 16, No. 12, 1983.

[3.30] Southard, J.R.; McPitts: An Approach to Silicon Compilation. Computer, Vol. 16, No. 12, 1983.

[3.31] PAL-Handbook. Third Edition, Monolithic Memories, 1983.

[3.32] Zippel R.: An Expert System for VLSI-Design, IEEE Conf. on Circuits and Systems, 1983.

[3.33] Brayton, R.K.; Hachtel, G.D.; McMullen, C.T.; Sangiovanni-Vincentelli A.L.: Logic Minimization Algorithms for VLSI Synthesis. Kluwer, 1984.

[3.34] Girczyc, E.F.; Knight R.P.: An Ada to Standard Cell Hardware Compiler based on Graph Grammars and Scheduling. Proc. Internat. Conf. Computer Design, New York, 1984.

[3.35] Rosenstiel, W.: Synthese des Datenflusses digitaler Schaltungen aus formalen Funktionsbeschreibungen. VDI-Fortschrittbericht, Reihe 10, Nr. 37, VDI-Verlag, 1984.

[3.36] Gajski D.D.: Silicon Compilers and Expert Systems for VLSI. Proc. ACM IEEE 21st Design Autom. Conf., pp. 86-87, 1984.

[3.37] Bartholomeus, M.; Reynders, L.; Pauwels, M.; De Man H.: PLASCO: A Procedural Silicon Compiler for PLA Based Systems. Proc. IEEE Custom Integrated Circuits and Computers, pp. 226-229, 1985.

[3.38] Lewin D.: Design of Logic Systems. Van Nostrand Reinhold, 1985.

[3.39] Walker, R.A. Thomas D.E.: A Model of Design Representation and Synthesis. Proc. 22nd Design Autom. Conf., pp. 453-459, 1985.

[3.40] Johannson, D.; Sabo D.G.: Genesil Silicon Compilation and Design of Testability. Proc. 3rd Internat. IEEE VLSI Multilevel Interconnection Conf., pp. 372-380, 1986.

[3.41] ABEL. User Manual. Data I/O-Corporation.

[3.42] CUPL.User Manual. Assisted Technology.

[3.43] LOG/iC. Benutzerhandbuch. Isdata.

[3.44] PALASM2.User Manual. Monolithic Memories Inc.

[3.45] PLAN.User Manual. National Semiconductor Corporation.

[3.46] Ditschke, K.; Egger, F.; Frantz D.: Strategien und Werkzeuge für den Logikentwurf. Tagungsband CAT 8, S. 67-71, 1987.

[3.47] Digital System Description Language DSDL. Siemens firmeninterner Bericht, 1/88.

[3.48] Ditschke, K.; Egger, F.; Frantz D.: SMILE Mehrebenensimulationssystem. Siemens firmeninterner Bericht, 3/86.

[3.49] Bitsequence Description Languages BSDL. Siemens firmeninterner Bericht, 2/86.

[3.50] Egger F.: SMILE-Multi-Level-Simulator für den Entwurf logischer Schaltungen. Tagungsband ASIM, Springer, 1985.

[3.51] Gai; Somenzi; Ulrich: Advances in Concurrent Multilevel Simulation. IEEE Trans. CAD, Vol. CAD-6, No. 6, pp. 1006-1012, November 1987.

[3.52] Bryant: A Switch-Level Model and Simulator for MOS Digital Systems. IEEE Trans. Computer, Vol. C-33, pp. 160-177, February 1984.

[3.53] Takasaki et ec.: A Mixed Level Hardware Logic Simulation System. Proc. 23th Design Autom. Conf., pp. 581-587, June 1986.

[3.54] Breuer; Friedmann: Diagnosis and Reliable Design of Digital Systems. Computer Science Press, 1976.

[3.55] Widdoes, Harding: CAE Station Uses Real Chips to Simulate VLSI-based Systems. Electronic Design, March 1984.

[3.56] Antognietti, P.; Pederson, D.O.; de Man, H.; ed.: Computer Design Aids for VLSI Circuits. Sijthoff & Nordhoff, 1981.

[3.57] Bridgewater, W.F.; Pokala, R.: Cell Synthesis for ASIC. Proc. CICC 87, 1987.

[3.58] Bryant R.E.: An Algorithm for MOS Logic Simulation. LAMBDA, Vol. 1, No. 3, 1980.

[3.59] Chawla, B.R. et al.: MOTIS - An MOS Timing Simulator. IEEE Trans. CAS-22, No. 12, 1975.

[3.60] Dyson, C.M.; Gray A.H.: A Pipelined Event-Driven Mixed-Mode Simulator. Proc. ICCAD 87, 1987.

[3.61] Feldmann, U.; Rauh, K.-G.; Steger K.: Circuit Simulation on Vectorprocessors. Proc. Comp. Euro 87, 1987.

[3.62] Gummel, H.K.; Poon H.C.: An Integral Charge Control Model of Bipolar Transistor. Bell Syst. Tech. Journal, Vol. 49, 1970.

[3.63] Höfer, E.E.; Nielinger H.: SPICE. Springer, 1981.

[3.64] Horneber, E.-H.: Simulation elektrischer Schaltungen auf dem Rechner. Springer, 1985.

[3.65] Lelarasmee; Ruehli, A.E.; Sangiovanni-Vincentelli A.L.: The Wave-form Relaxation Method for Time-Domain Analysis of Large Scale Integrated Circuits. IEEE Trans. CAD-1, No. 3, 1975.

[3.66] Nagel L.W.: SPICE2 - A Computer Program to Simulate Semiconductor Circuits. University of California, Berkeley, ERL-M520, 1975.

[3.67] Saleh, R.; Newton A.R.: Iterated Timing Analysis in SPICE1. Proc. IEEE ICCAD, 1983.

[3.68] Schindler, M.: Demands on Simulators Escalate as Circuit Complexity Explodes. Electronic Design, October 1987.

[3.69] Spiro, H.: Simulation integrierter Schaltungen. Oldenbourg, 1985.

[3.70] Vladimirescu, A.; Liu, S.: The Simulation of MOS Integrated Circuits Using SPICE2. University of California, Berkeley, ERL-M80/7, 1980.

[3.71] IEEE: VHDL Language Reference Manual, Draft Standard 1076/A, December 1986.

[3.72] Reference Manual for the Ada Programming Language; ANSI/MIL-STD1815 A; U.S. Department of Defense, Washington D.C., January 1983.

[3.73] Däßler, K.; Sommer, M.: Pascal - Einführung in die Sprache. Springer, 1983.

# 4 Physikalischer Entwurf

## 4.1 Aufgaben

Unter dem Begriff "Physikalischer Entwurf" bzw. "Layout-Design" werden alle
Entwurfsarbeiten zusammengefaßt, die dazu dienen, eine logische Funktion mit
den Elementen einer gegebenen Einbau- und Schaltkreistechnik zu realisieren,
d.h. in Hardware umzusetzen. Übergeordnete Zielgrößen sollen optimiert werden:

- Entwurfskosten und -dauer,
- Herstellungskosten und -dauer,
- Prüfbarkeit,
- Wartungskosten,
- Zuverlässigkeit,
- Performance.

Die physikalischen Realisierungselemente lassen sich in zwei Kategorien einteilen (Kapitel 1):

- Elemente der Schaltkreistechnik: digitale und analoge elektronische Bauelemente, wie ICs, Widerstände, Transistoren, Kondensatoren.
- Elemente der Einbautechnik: Leiterplatten aus Epoxid oder keramischen
  Materalien als Träger für die Bauelemente. Mehrere Leiterplatten werden
  über Stecker, Kabel und Rückwände zu Funktionseinheiten zusammengefaßt. Mehrere Funktionseinheiten bilden ein Hardware-System. Systeme,
  Funktionseinheiten, Leiterplatten und Bauelemente definieren die physikalische Hierarchie (Bild 4.1). Gedruckte, nicht isolierte Leitungen (Kupferbahnen) auf ein- oder mehrlagigen Leiterplatten und diskrete Drähte (isoliert, wahlweise geschirmt, auch als Kabel; gelötet, gesteckt oder auf Stifte
  gewickelt) realisieren die logischen Verbindungen. Die Potentialzuführung
  erfolgt außerdem häufig über Potentialflächen, -schienen oder eigene Lagen
  der Leiterplatte.

Aus den Arten der physikalischen Realisierungselemente leiten sich drei
Hauptaufgaben des physikalischen Entwurfs ab:

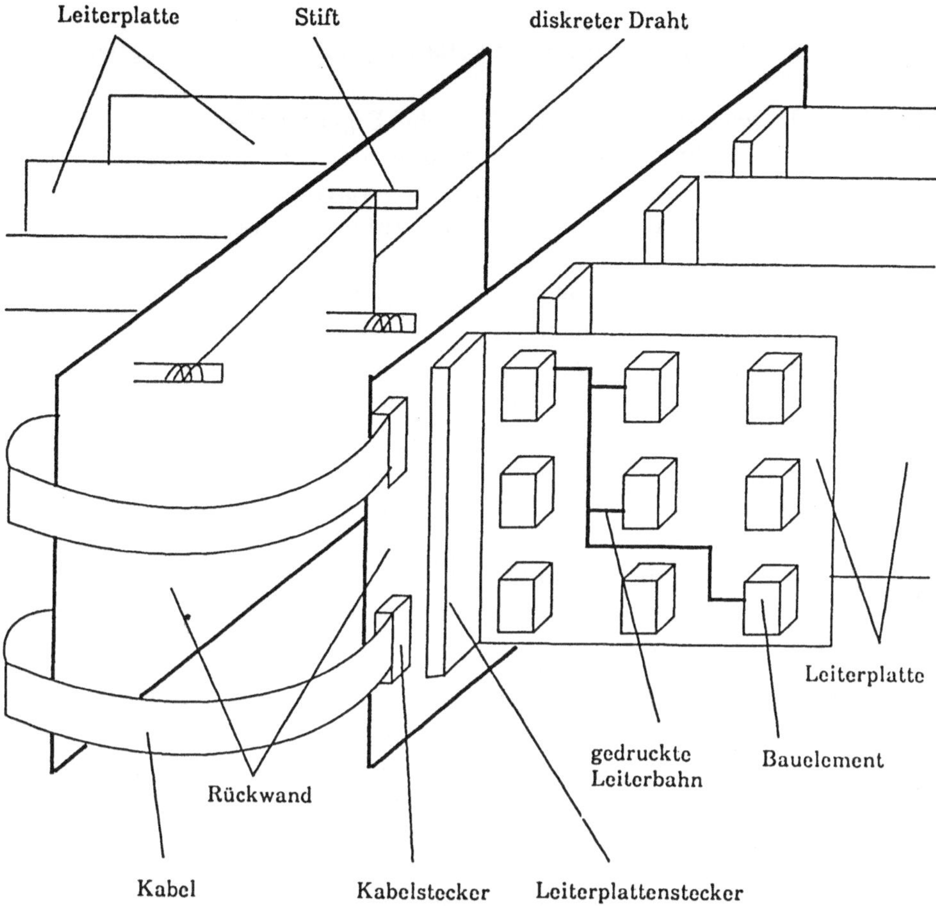



Bild 4.1: Beispiel für ein hierarchisch aufgebautes System (physikalische Hierarchie)

## Partitionierung

Die Schaltungslogik ist hierarchisch so aufzuteilen, daß die entstehenden Teile einem entsprechenden Element der physikalischen Hierarchie zugeordnet werden können (Abschnitt 4.2). Optimierungsziele sind kurze Signallaufzeiten und kostengünstige Nutzung der physikalischen Realisierungselemente.

## Belegung

Physikalische Elemente sind auf einem physikalischen Element einer höheren Hierarchiestufe geometrisch anzuordnen, z.B. Plazieren von Bauelementen auf Leiterplatten oder Plazieren von Bauelementen und Leiterplatten auf Rückwänden, mit dem Ziel hohe Packungsdichten, optimale Verdrahtbarkeit und kurze Signallaufzeiten zu erreichen (Abschnitt 4.3).

*Verdrahtung*

Für die Verdrahtungselemente sind zulässige, üblicherweise möglichst kurze Wege zu finden (Abschnitt 4.4).

Physikalische (geometrische und elektrische) Eigenschaften der Realisierungselemente legen die technischen Randbedingungen dieser Arbeitsschritte fest. Zusätzlich erfordern die elektrischen Eigenschaften weitere Arbeitsschritte:

Elektrische Eigenschaften der Ausgangsstufen (Treiberfähigkeit, Typ der Transistorschaltung) und Eingangsstufen (Eingangswiderstand, -kapazität; Typ der Transistorschaltung), sowie Dämpfung und Reflexion der elektromagnetischen Wellen auf den Verdrahtungselementen (Wellenwiderstand, Einschwingvorgänge) beeinflussen die Signalausbreitung zwischen Schaltelementen. Dies führt zu Signalverzögerungen und -verformungen auf den Verdrahtungselementen. Außerdem müssen bei der Verschaltung der physikalischen Elemente je nach Technologie bestimmte Regeln - die Schaltkreisregeln - eingehalten werden. Zwei weitere Arbeitsschritte des physikalischen Entwurfs folgen daraus:

*Schaltkreisregelbehandlung* (Abschnitt 4.5)

Es muß sichergestellt werden, daß alle relevanten Schaltkreisregeln eingehalten werden, z.B. Regeln über

- Nebensprechen auf parallel geführten ungeschirmten Leitungen,
- Leitungsanpassung (erforderliche Anpassungsnetzwerke),
- topologische Anordnung der Anschlüsse (z.B. serielle Aneinanderreihung der Empfänger),
- Lastverhältnisse (z.B. maximale Anzahl von Empfängern, die von einem Sender gespeist werden können),
- minimale, maximale Laufzeiten auf Signalästen,
- Zusammen- und Parallelschaltungen (z.B. Parallelschaltung nur innerhalb eines Bauelements).

*Leitungslaufzeitberechnung* (Abschnitt 4.6)

Die Signalverzögerungen zwischen sendenden und empfangenden Elementen sind zu berechnen. Sie werden beim Logikentwurf für die exakte laufzeitgenaue Verifikation der Logik benötigt und spielen bei schnellen MOS-, TTL- und ECL-Schaltungen eine wesentliche Rolle. Die Schaltzeiten und Zeitbedingungen der Bauelemente dagegen sind in Datenblättern vorgegeben und müssen nicht berechnet werden.

Vor allem in der Erprobungsphase neuer Systeme werden häufig an der Logik noch Modifikationen vorgenommen. Um die Entwicklungszeit nicht unnötig zu verlängern, werden diese Änderungen als Korrekturen auf den gefertigten Prototypleiterplatten realisiert (durch Austauschen von Bauelementen, Auftrennen gedruckter Leitungen und Realisieren der Änderungsverdrahtung mit diskreten Drähten). Aufgabe des physikalischen Entwurfs ist es, die Änderungen der Logik

zu erkennen und die erforderlichen Arbeitsschritte unter Einhaltung der Randbedingungen und Regeln zu bestimmen - diese Teilaufgabe heißt *Änderungskon-
struktion*. Für die Serienfertigung werden die Leiterplatten neu aufgelöst (physikalisch entworfen), wobei die unveränderte Leitungsgeometrie erhalten bleiben
muß, um die Kennwerte der Schaltung nicht zu verändern (sonst wäre eine erneu-
te Verifikation erforderlich).

Weitere Eigenschaften der Realisierungselemente definieren die Komplexität
einer Technologie und beeinflussen den Schwierigkeitsgrad des physikalischen
Entwurfs. Dazu einige Beispiele:

- Form und Größe der Bauelemente. Gleichgroße, rechteckige Bausteine erleichtern die Belegungsaufgabe,
- mehrlagige Leiterplatten (Multilayer) mit partiellen Durchkontaktierungen vervielfachen die Komplexität des Verdrahtungsproblems,
- die Anzahl gleichartiger oder unterschiedlicher Schaltelemente, die auf einem Bauelement realisiert werden kann, bestimmt die Schwierigkeit der
  Partitionierung.

Weitere technologische Einflußgrößen (Kapitel 1) sind:

- Größe und Form der Träger, Steckerkapazitäten, Kühlmöglichkeiten,
- Wärmeentwicklung, Verlustleistung, Potentialbedarf der Bauelemente,
- Potentialzuführung (Potentialleitungen, -flächen, -schienen, -ebenen), Abblockkondensatoren,
- einheitliche oder individuelle Leiterbahnbreiten und -abstände,
- Form und Vielfalt von Anschlußfiguren,
- reguläre oder freie Durchkontaktierungs- und Leitungsraster,
- ein- oder beidseitig bestückbare Leiterplatten.

Fertigungstechnologie und -automatisierung definieren weitere Randbedingungen des physikalischen Entwurfs. Dazu einige Beispiele:

- Strukturbreiten und -abstände gedruckter Schaltungen werden durch die
  Möglichkeiten der Ätztechnik festgelegt,
- Drahtverlegeautomaten bestimmen die Möglichkeiten der diskreten Draht-
  führung,
- Bestückungsautomaten beeinflussen durch die geometrischen Abmessungen der Greifwerkzeuge die Mindestabstände zwischen Bauelementen,
- Reparaturmöglichkeiten für fehlerhafte Leitungen bei Multilayer-Platten
  erfordern, daß die Leitungen an der Leiterplatten-Außenlage abtrennbar
  sind (z.B. durch standardmäßige Anschlußleitungen an einem Bausteinpin).

Je nach eingesetzter Technologie variieren die Randbedingungen von Produkt
zu Produkt. Alle Kombinationen sind denkbar und treten in der Praxis auf.

Daneben muß der Hardware-Designer beim physikalischen Entwurf produktindividuelle Anforderungen beachten, die der Sicherstellung der Funktionalität, der Wartbarkeit oder der Prüfbarkeit dienen:

- Bündelung von Bauelementen bei der Partitionierung entsprechend der logischen Funktion,
- Einhaltung von vorgegebenen Signallaufzeiten durch entsprechende Bauelementeanordnung und geeignete Leitungsführung (Umwege),
- Definition von Prüfpads als Zugriffspunkte des Prüfadapters.

Die Komplexität der einzelnen Teilaufgaben des physikalischen Entwurfs, verbunden mit teilweise gegeneinander wirkenden Entwurfszielen und der Vielzahl zu beachtender Randbedingungen, führte bereits in den 60er Jahren zum Einsatz von Rechnern. Dabei werden die einzelnen Aufgaben sowohl durch autonome Algorithmen bearbeitet, als auch interaktiv durch den Hardware-Entwickler am grafischen Arbeitsplatz.

Wegen der Komplexität des Gesamtproblems physikalischer Entwurf werden die einzelnen Teilaufgaben heute getrennt durchgeführt. Algorithmische Lösungen existieren für Plazierung und Verdrahtung in CAD-Systemen. Laufzeitberechnung und Schaltkreisregelbehandlung findet man ausschließlich in den internen CAD-Systemen der großen Hardware-Hersteller. Die technologischen Randbedingungen sind in Form von Bibliotheken dargestellt, Entwurfsziele und Regeln meist durch Algorithmen fest vorgegeben. Heute am Markt verfügbare Algorithmen für Plazierung und Verdrahtung beachten geometrische Randbedingungen, aber keine elektrischen.

Die Unterstützung beim interaktiven Entwurf besteht in der grafischen Datenaufbereitung und -manipulation, sowie in der Ergebnisverifikation und -bewertung. Optimale Ergebnisse hinsichtlich Entwurfsqualität und Entwurfsdauer werden durch Kombination von algorithmischen und interaktiven Verfahren erzielt.

In den folgenden Abschnitten werden neuere CAD-Verfahren für die einzelnen Teilaufgaben beschrieben und die Trends der Weiterentwicklung aufgezeigt.


## 4.2  Partitionierung


Die Verbindung zwischen dem logischen Entwurf und seiner physikalischen Realisierung wird durch Partitionierung hergestellt. Die Logik ist als hierarchischer Stromlauf vorgegeben: logische Einheiten einer Hierarchiestufe werden auf der nächstniederen Hierarchiestufe durch eine Verschaltung kleinerer Logikeinheiten gebildet. Die Logikeinheiten der untersten Hierarchiestufe heißen Schaltelemente (Abschnitt 3.2). Die vollständige logische Hierarchie steht erst nach Abschluß der Logikentwicklung fest, wenn die gesamte zu entwerfende Schaltung bis auf Schaltelementebene detailliert ist.

Einbau- und Schaltkreistechnik bestimmen die Klassen physikalischer Objekte, mit denen die Schaltung realisiert werden soll (Bausteine, Leiterplatten, Rückwände, Funktionseinheiten). Diese Objektklassen bilden die physikalische Hierarchie.

Die Partitionierung kann als eine Abbildung der logischen Hierarchie auf die physikalische Hierarchie definiert werden. Im folgenden werden zunächst Aufgaben und Ziele der Partitionierung präzisiert und die technischen Randbedingungen beschrieben. Anschließend werden Methoden für rechnergestützte automatische und interaktive Partitionierung erläutert, sowie die Einsatzgebiete skizziert.

## 4.2.1 Aufgaben

In der Praxis des Entwurfs komplexer Hardware-Systeme findet heute im wesentlichen manuelle Partitionierung statt, CAD-Unterstützung gibt es für das Erfassen und Prüfen der Abbildung, sowie für das Gate-Assignment:

Frühzeitig im Entwurfsprozeß wird eine Stufe in der logischen Hierarchie definiert, deren Logikeinheiten unter Einbeziehung von Erfahrungswerten jeweils einer Leiterplatte zugeordnet werden. Falls für das zu entwickelnde Hardwaresystem auch eigene spezifische ICs benötigt werden, so wird ebenfalls zu diesem Entwurfszeitpunkt die logische Funktion bestimmt, die auf einem IC untergebracht werden soll. Im weiteren Entwurfsverlauf wird die Leiterplattenlogik entworfen:

Die zu realisierende logische Funktion wird als eine Verschaltung verfügbarer Schaltelemente synthetisiert. Schaltelemente sind dadurch ausgezeichnet, daß für sie auf eine vorhandene physikalische Realisierung zurückgegriffen werden kann. Beim Systementwurf ist ein Schaltelement eine logische Funktion, die

a) genau einmal auf einem Baustein des für das Hardware-System zugelassenen Bausteinkatalogs vorkommt (z.B. ein handelsüblicher Mikroprozessor oder ein verfügbarer selbst entwickelter anwendungsspezifischer integrierter Schaltkreis (ASIC),

b) sich mehrmals disjunkt auf einem Baustein befindet (z.B. 4fach NAND auf 74LS00),

c) auf einer verfügbaren Leiterplatte bereits realisiert ist oder

d) mehrmals auf einer verfügbaren Leiterplatte realisiert ist.

In den Fällen a und c ist eine 1:1 Abbildung von logischen und physikalischen Elementen möglich. In den anderen Fällen ist zunächst aus der Menge aller in der Schaltung vorkommenden Schaltelemente gleichen Typs eine Untermenge zu finden:

□ die im Umfang die Anzahl der Schaltelemente auf dem physikalischen Element nicht überschreitet,

□ mit möglichst hoher Vernetzung ihrer Elemente, damit der bausteinexterne Verdrahtungsaufwand niedrig gehalten wird.

Diese Art der Partitionierung wird auch als Gate-Assignment (die Schaltelemente haben meist die Komplexität logischer Grundgatter) oder Packaging (Zuordnung zu einem Bausteingehäuse) bezeichnet (vgl. Abschnitt 4.2.4). In der Regel kommen hier CAD-Funktionen zum Einsatz.

Allgemein muß zwischen hierarchischer Partitionierung (mit Berücksichtigung einer vorausgehenden Partitionierung auf eine andere physikalische Ebene) und globaler Partitionierung (ohne Beachtung dieser Partitionierung) unterschieden werden. Für eine zweistufige physikalische Hierarchie aus Leiterplatten und Bausteinen sind folgende Partitionierungen möglich:

Partitionierung in

□ Leiterplatten ohne Berücksichtigung einer vorhergehenden Aufteilung der Logik in Bausteine,

□ Leiterplatten mit vorheriger Berücksichtigung einer Partitionierung in Bausteine,

□ Bausteine mit Berücksichtigung einer vorhergehenden Partitionierung in Leiterplatten,

□ Bausteine ohne Berücksichtigung einer vorhergehenden Zuordnung zu Leiterplatten.

Was hier für eine zweistufige physikalische Hierarchie beschrieben ist, kann sinngemäß auf die n-stufige physikalische Hierarchie ausgeweitet werden. Unterste Ebene bilden die Zellen von ASICs, denen je nach Typ ein oder mehrere Schaltelemente zugeordnet werden können.


## 4.2.2  Ziel und Randbedingungen

Ziel einer Partitionierung ist immer eine möglichst optimale Zuordnung der Schaltungslogik zur physikalischen Realisierung. Die spezifischen Anforderungen an das jeweils zu entwerfende Hardware-Objekt definieren die Optimierungskriterien, die zugrunde gelegte Technologie bestimmt die einzuhaltenden Randbedingungen.

*Optimierungskriterien*

□ Minimierung des Bedarfs an Hardware-Ressourcen (Anzahl der benötigten Bausteine bzw. Leiterplatten),

□ Minimierung der Leitungslaufzeiten (zum einen durch Minimierung von

Leitungslängen, zum anderen durch geeignetes Zusammenfassen von Schaltungsteilen auf einem laufzeitgünstigen physikalischen Realisierungselement, z.B. einem Baustein in schnellerer Technologie),
- Konformität zwischen logischer und physikalischer Struktur: logische Funktionen werden aufgrund von Wartungsaspekten zusammenhängend auf einer physikalischen Einheit realisiert.

*Randbedingungen*
- Kapazitäten der physikalischen Einheiten bezüglich Fläche, Verdrahtung, Schnittstellen, Potentialzuführung, Wärmeableitung,
- Zuordnungsregeln: welche logischen Elemente dürfen einer physikalischen Einheit zugeordnet werden?
- Schaltkreisregeln: z.B. kann zusätzlicher Bedarf an physikalischen Einheiten durch erforderliche Anpassungsnetzwerke oder Abblockkondensatoren entstehen? Eine vorgeschriebene Netztopologie kann sich auf den Schnittstellenbedarf auswirken: sind beispielsweise der Sender und die n Empfänger in einem Netz auf 2 getrennten Baueinheiten realisiert, so benötigt eine serielle Netztopologie 1 Schnittstelleneinheit (z.B. einen Steckerstift), eine Netztopologie mit sternförmig um den Sender angeordneten Empfängern dagegen n Einheiten,
- individuelle Erfordernisse des jeweiligen Produkts bezüglich Zusammengehörigkeit logischer Komplexe oder individueller Leitungslaufzeit.

### 4.2.3  Einbettung in den Entwurfsablauf

Die Partitionierung sollte begleitend zum hierarchischen Logikentwurf durchgeführt werden. Auf diese Weise können frühzeitig im Entwurfsprozeß Auswirkungen auf die spätere Realisierung erkannt werden (Realisierbarkeitsprognose Abschnitt 4.7). Eventuell erforderliche Eingriffe in den Logikentwurf lassen sich in frühen Entwurfsstadien noch kostengünstig vornehmen. Diese Vorgehensweise wirkt sich in zweifacher Hinsicht auf die Partitionierung beim Top-down-Entwurf aus:

- Eine auf höherer Hierarchiestufe vorgenommene Partitionierung muß bei Partitionierung der verfeinerten Logik beachtet werden (vgl. hierarchische Partitionierung),
- erst nach Erreichen der tiefsten Stufe der logischen Hierarchie (Schaltelementebene) sind die Bedarfswerte der logischen Einheiten genau bekannt (zur Erinnerung: ein Schaltelement ist eine logische Einheit mit verfügbarer physikalischer Realisierung). Die Bedarfswerte der Schaltelemente, wie

Fläche des realisierenden Bausteins, Wärmeabgabe, Leistungsaufnahme und Schaltzeit sind in Datenblättern beschrieben.

In frühen Entwurfsstadien müssen die Bedarfswerte der logischen Einheiten vom Hardware-Entwickler aufgrund von Erfahrungswerten geschätzt werden. Mit zunehmender Detaillierung der Logik steigt die Schätzgenauigkeit.

Bei einfachen Hardware-Systemen, beispielsweise im Umfang einer Leiterplatte, genügt oft ein einziger Partitionierungsschritt nach vollständiger Detaillierung der Logik.


### 4.2.4  Rechnergestützte Partitionierung

Die in den vorhergehenden Abschnitten geschilderten spezifischen Eigenschaften der Partitionierung, mit ihren je nach Technologie, Produkt und Entwurfsstand variierenden, vielschichtigen Zielen und Randbedingungen gestatten heute lediglich beim Gate-Assignment den Einsatz einer vollautomatischen, algorithmischen CAD-Funktion.

In allen anderen Fällen kann der Hardware-Entwickler bei der Festlegung einer Partitionierung durch CAD im wesentlichen nur "beratend" unterstützt werden. Mit seiner Erfahrung und seinem Expertenwissen wird der Hardware-Entwickler den Einsatzzeitpunkt und den Umfang der Partitionierung bestimmen, die Randbedingungen und Ziele festlegen, Konflikte bei der Zielfindung auflösen, die Partitionierung selbst vornehmen, bzw. sich von einer CAD-Funktion einen Vorschlag erarbeiten lassen und die Ergebnisse bewerten.

Die Rechnerunterstützung reicht von der übersichtlichen, grafischen Aufbereitung von Ergebnissen (vorgenommene Zuordnung, Betriebsmittelverbrauch), über Anzeige von Affinitäten, Kontrolle auf Einhaltung von Randbedingungen bis hin zur Durchführung eines Partitionierungsvorschlags für eine vorgegebene Partitionierungssituation.

*Interaktiv grafische Partitionierung*

Nach Festlegung der Daten, Ziele, Randbedingungen und Schätzwerte durch den Anwender werden am Bildschirm die Zielobjekte mit Füllstandsangaben eingeblendet. Daneben wird die Menge der noch zu partitionierenden Objekte angezeigt. Wahlweise kann der Stromlauf in einem eigenen Window eingeblendet werden.

Durch Selektieren und Übertragen eines bereits oder noch nicht partitionierten Elements in ein Zielobjekt nimmt der Anwender einen Partitionierungsschritt vor. Die Füllstandsanzeiger werden automatisch aktualisiert. Weitere Hilfen werden wahlweise gegeben, durch Visualisierung der Verbindungen zwischen den zu partitionierenden Objekten, durch Vorschlag eines Zielobjekts oder durch Anzeige der noch nicht partitionierten Elemente mit maximaler Affinität zu einem selektierten Zielobjekt.

*Partitionierungsvorschlag*

Eine Methode der automatischen Partitionierung basiert auf den Techniken *Clusterung und Min-Cut* [4.1]:

Zunächst werden die Logikelemente mit hohem gegenseitigen Vernetzungsgrad zu Makro-Objekten zusammengefaßt, die im anschließenden Min-Cut-Verfahren als ein Element behandelt werden. Die Größe der Makro-Objekte wird durch die physikalischen Zielobjekte beschränkt. Das Min-Cut-Verfahren teilt die Logikelemente so auf die physikalischen Einheiten auf, daß die Schnittstellen minimiert werden. Beim Einsatz des Min-Cut als Partitionierungswerkzeug wird zunächst die Menge der Zielobjekte in zwei möglichst gleich große Teilmengen zerlegt und die zu partitionierenden Elemente werden auf diese Teilmengen aufgeteilt. Im nächsten Schritt passiert dasselbe mit jeder Teilmenge und der ihr zugeordneten Logik. Die Rekursion endet, wenn jede Teilmenge genau ein physikalisches Zielobjekt umfaßt. Weiteres Ziel ist entweder die Minimierung der Anzahl der Zielobjekte (möglichst vollständige Auslastung) oder gleichmäßige Auslastung aller vorgegebenen Zielobjekte. Zuordnungsregeln, Affinitäten und Längenrestriktionen einzelner Netze werden, wie bei der automatischen Belegung mit Min-Cut, über das Netzgewicht berücksichtigt (Abschnitt 4.3).

*Gate-Assignment*

Der Zuweisungsalgorithmus richtet sich nach folgenden Prinzipien aus:

- Belege alle physikalischen Elemente (im folgenden PE), die nur ein Schaltelement (SE) aufnehmen können (z.B. ein PE 7430 kann genau 1 SE des Typs 8fach-Nand aufnehmen).
- Kann ein PE mehr als ein SE aufnehmen (z.B. ein PE 7400 kann vier 2fach-Nands aufnehmen), so weise ihm das SE zu, das am meisten Verbindungen mit den bereits in diesem PE realisierten SE besitzt.
- Liegt kein passendes, teilweise gefülltes PE vor, so weise das SE einer Realisierung im nächsten passenden PE zu.

Die Zuweisung, die das Gate-Assignment vornimmt, kann sich nach Abschluß der Belegung als ungünstig erweisen. Dies sucht man mittels nachträglicher Optimierung durch Tauschen äquivalenter Gatter bei feststehender Plazierung der PE zu minimieren. Iterationen zwischen Belegung und Gate-Assignment bringen weitere Verbesserungen.

*Einsatz wissensbasierter Systeme*

Die Problemstellung der Partitionierung scheint geeignet für eine Unterstützung durch wissensbasierte Systeme, insbesondere hinsichtlich Bestimmung der

Bedarfswerte für die logischen Einheiten (Expertenwissen), Definition der Zuordnungsregeln und Auflösung von Konflikten bei sich widersprechenden Optimierungszielen. Erforderlich sind Systeme, die an jedem Problem und seiner Behandlung neue Erkenntnisse sammeln und damit ihr Wissen erweitern. Außerdem müssen sie es dem Anwender erlauben, auf einfache Art und Weise neue Regeln zu definieren, bzw. aus einem vorhandenen Regelwerk Untermengen auszuwählen.

## 4.3  Belegung

Die Belegung, d.h. die exakte Festlegung der Positionen der physikalischen Elemente auf ihrem Träger, wird heute meist durch Kombination der 3 Varianten, Handzeichnung mit alphanumerischer Eingabe, interaktiv grafische Eingabe und automatische Funktionen erreicht. Wegen der Komplexität des Problems geht die Tendenz immer stärker zur Rechnerunterstützung, also zur grafischen und automatischen Belegung. Plaziert werden dabei Baugruppen auf Rückwänden, Bausteine auf Baugruppen und Zellen auf Bausteinen. Im folgenden wird stellvertretend nur noch von einer Belegung von Bausteinen auf Baugruppen die Rede sein.

### 4.3.1  Optimierungsziele

Die Qualität einer Belegung kann anhand recht unterschiedlicher Kriterien bewertet werden. Die Erfüllung dieser Kriterien kann teilweise erst später im Entwurfsprozeß gemessen werden. Im folgenden werden nach absteigender Gewichtung die wichtigsten Optimierungskriterien aufgeführt, die einander teilweise widersprechen, aber auch teilweise zusammenwirken:

□ Die *Verdrahtbarkeit* der mit Bausteinen belegten Baugruppe sollte auf der vorgegebenen Anzahl gedruckter Verdrahtungslagen automatisch und/oder interaktiv mit vertretbarem Aufwand gewährleistet sein. Bei Standardtechnik-Baugruppen ist hier 100 %-Auflösung gefordert. In der Hochleistungstechnik können einige wenige Netze als diskrete Überlaufdrähte verlegt werden.

□ Die Belegung sollte *minimale Leitungslängen* und damit minimale Laufzeiten der Signale auf den Netzen ermöglichen. Dieses Ziel wird im allgemeinen direkt nach der Belegung durch Summation der orthogonalen Distanzen aller Netze gemessen (die orthogonale Distanz ist die kürzeste Verbindung zweier Punkte entlang zulässiger Richtungen). Eine genauere Bewertung kann erst nach der Verdrahtung mit anschließender Laufzeitberechnung durchgeführt werden. Durch die Erfüllung dieses Ziels wird meist auch die Zahl der Verdrahtungslagen minimiert.

□ Bei der Belegung wärmekritischer Baugruppen muß auf eine den Kühlmöglichkeiten angepaßte *Wärmeverteilung* geachtet werden.

□ Falls kein festes Leiterplattenformat (z.B. Europaformat) benutzt wird, ist die Minimierung des *Flächenbedarfs* ein weiteres Kriterium.

Eine gute Belegung muß außer den aufgezählten Optimierungszielen noch eine Reihe von Randbedingungen erfüllen.


## 4.3.2 Randbedingungen der Belegung

Unter Randbedingungen versteht man bei der Belegung Einschränkungen, die auf Grund von Einbautechnik, Schaltkreistechnik und aus Entwurfsgründen einzuhalten sind.

□ Zur einseitigen Belegung in der traditionellen Leiterplattentechnologie ist seit der Einführung von SMD-Bausteinen die zweiseitige Belegung hinzugekommen, deren durchgängige Behandlung in CAD-Systemen große Schwierigkeiten bereitet hat.

□ Die geometrischen Verhältnisse innerhalb des zu belegenden Bausteinspektrums sind je nach Anwendungsgebiet sehr unterschiedlich. In der Hochleistungstechnik hat man einige wenige Bausteingrößen, die geometrisch als Vielfache ineinander aufgehen und somit eine Belegung auf Punkten eines Gitters ermöglichen (Einbauschema). In der Standardtechnik dagegen sind heterogene Baugruppen mit vielen verschiedenen Gehäuseformen und -größen typisch. Diese erfordern aufwendigere Algorithmen bei der automatischen Belegung. Sie werden heute noch vorwiegend interaktiv belegt.

□ Die automatische Belegung muß berücksichtigen, daß Bauelemente wie z.B. Stecker, die meist als spezielle Bausteine beschrieben werden, an fest vorgegebenen Positionen zu plazieren sind. Ebenso kann auf der Baugruppe durch Standardpotentialschienen oder andere Konstruktionsspezifika nur eine eingeschränkte Menge von Positionen für Einbauplätze zur Verfügung stehen.

□ Selbstverständlich dürfen sich weder die Gehäuse der belegten Bausteine noch zusätzliche mechanische Elemente, wie Kühlkörper oder Sockel, überlappen; falls automatische Bestückung eingesetzt wird, müssen die Bausteine darüberhinaus noch Platz für den Greifer des Bestückautomaten lassen (Bestückschatten). Für die Montage der bestückten Baugruppe können zusätzlich Belegungssperrgebiete erforderlich sein.

□ Aus schaltkreistechnischen und Logikentwurfsgründen resultieren Vorgaben für die Minimal- und/oder Maximallänge eines Netzes. Es ist unmöglich, ein Netz kürzer als mit seiner theoretischen Mindestlänge, die nach der

Belegung festliegt, zu verdrahten. Wenn Bausteine mit Netzen, die mit einer vorgeschriebenen Mindestlänge realisiert werden müssen, nahe beieinander zu liegen kommen, so muß mit absichtlichen Umwegen verdrahtet werden, was unter Umständen andere Netze behindert. Auch die Vorgabe von Gleichlängen für eine ganze Gruppe von Netzen resultiert aus Laufzeitüberlegungen und kann am günstigsten realisiert werden, wenn die betroffenen Bausteine in gleicher oder ähnlicher Entfernung zueinander plaziert werden. Ebenso muß die Belegung Vorgaben bezüglich der Netztopologie berücksichtigen.

□ Die Belegung sollte Verdrahtungssperrgebiete berücksichtigen, da es wenig nutzt, wenn Netze zwar theoretisch kurz sind, aber nicht auf einem solchen Weg verdrahtet werden dürfen.

### 4.3.3  Interaktiv grafische Belegung

Mit der Verbreitung grafikfähiger Arbeitsplatzrechner hat auch der Einsatz grafischer Software beim physikalischen Entwurf von Leiterplatten zugenommen. Bei der Belegung bedeutet das im einzelnen:

1) Anzeigen der bereits im Logikentwurf (Stromlauf) gemachten Belegungsvorgaben.
2) Verändern dieser Vorgaben sowie interaktive Plazierung weiterer Bausteine.
3) Start einer automatischen Belegungsroutine und Visualisierung des Ergebnisses auf dem Grafikschirm.
4) Interaktive Nacharbeit der Belegung.

Die Entwurfsschritte 3 und 4 können iterativ durchlaufen werden. Zur grafischen Unterstützung der interaktiven Entwurfsschritte 2 und 4 stehen dem Anwender je nach Komfort des grafischen Belegungstools eine Reihe von Hilfsmitteln zur Verfügung:

□ *Selektion* des zu plazierenden Bausteins mit dem Cursor, Verschieben mit gleichzeitiger Anzeige des Bausteins und Absetzen an seinem neuen Bestimmungsort.

□ Das Anzeigen der Netzinformation als *Luftlinien* erleichtert dem Anwender die Optimierung des in 4.3.1 genannten Kriteriums minimaler Leitungslängen.

□ Da Luftlinien immer eine Verdrahtungsreihenfolge suggerieren, ist es bei Mehrpunktnetzen, die keinen Verdrahtungsvorschriften unterliegen, realitätsnäher, sich den *Kräftevektor* anzeigen zu lassen, der aus der Vektorsumme aller an einem Baustein unmittelbar anschließenden Luftlinien gebildet wird und aussagt, in welcher Richtung sich bei einem Verschieben des Bausteins die Leitungslängen verringern würden. Natürlich ändern sich beim Verschieben eines Bausteins auch die Kräftevektoren vieler anderer Bausteine. Diese werden beim Verschieben aktualisiert.

□ Die in Abschnitt 4.3.2 genannten Randbedingungen müssen durch *Online-Kontrollen* immer aktuell überprüft werden, um einen effizienten, regelgerechten Entwurf zu ermöglichen. Verstöße können sanktioniert werden; bestimmte Kontrollen müssen zeitweise abschaltbar sein.

□ Falls die sofortige Prüfung der Randbedingungen nicht performant genug möglich ist, kann der Anwender seine Belegung durch gezielt aufrufbare *Offline-Kontrollen* überprüfen.

□ Um das Kriterium der Verdrahtbarkeit optimieren zu können, benötigt der Anwender ein *Leitungsdichtediagramm*, das ihm hilft, Spitzen in der Verdrahtungsdichte zu erkennen und durch Umbelegung zu entschärfen.

□ Das Ein- und Ausblenden von Belegungsebenen sowie das Bewegen (inklusive Spiegeln) von Bausteinen von der Oberseite auf die Unterseite der Baugruppe und zurück ist notwendig, um den Anforderungen der *zweiseitigen Belegung* gerecht zu werden.

□ Um laufzeitkritische oder andere wichtige Netze bei der Belegung besonders berücksichtigen zu können, müssen die Luftlinien bestimmter Netze *individuell eingefärbt* werden, bzw. andere Netze ausgeblendet werden.

Bei der interaktiven Belegung mit heutigen Grafikprozessoren und Bildschirmen muß ein Kompromiß gefunden werden zwischen der Darstellung möglichst umfassender Information und möglichst vollständiger Kontrollen einerseits und der Performance des Entwurfssystems und damit seiner Akzeptanz durch den Anwender andererseits. Zur Illustration einer Belegung ist in Bild 4.2 das Luftlinienbild einer Standardtechnik-Baugruppe.

### 4.3.4 Automatische Belegung

Die Belegungsalgorithmen des LSI-Entwurfs haben wesentlich die Verfahren zur automatischen Baugruppenbelegung geprägt. Am weitesten verbreitet ist das Min-Cut-Verfahren [4.1]. Eine gedachte Schnittlinie teilt dabei die Leiterplattenfläche. Auf die zwei Hälften der Fläche werden die Elemente in einem vorgegebenen Flächenverhältnis so verteilt, daß die Anzahl der Netze, die diese Schnittlinie kreuzen müssen, möglichst gering ist. Dies wird durch geschickte Vertauschungen der Elemente auf heuristischem Weg erreicht (Bild 4.3).

In der gleichen Weise behandelt man jetzt jede Hälfte und teilt so lange, bis pro Element nur noch ein Einbauplatz übrig bleibt (Bild 4.4). Dieses Verfahren ist in seiner reinen Form nur für geometrisch identische Bausteine anwendbar; ein automatisches Drehen ist nur bei quadratischen Bausteinen möglich.

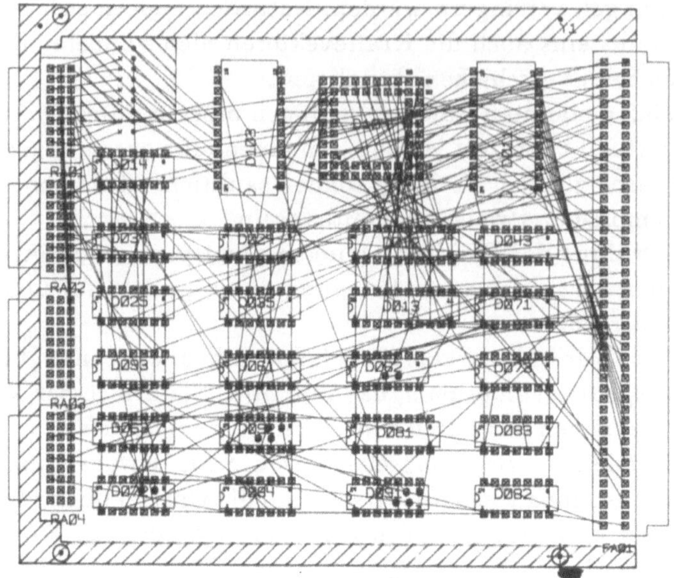

Bild 4.2: Standardtechnologie-Baugruppe mit Luftlinien

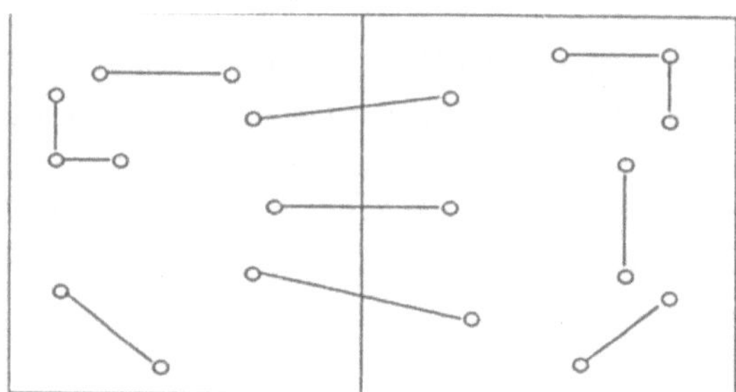

Bild 4.3: Belegungsfläche mit Elementen

Das MinCut-Verfahren minimiert die Leitungslänge. Es muß für Baugruppen an einigen Stellen modifiziert und erweitert werden:

- Durch unterschiedliche Netzgewichtung werden Längenrestriktionen behandelt.
- Nicht modulare, freie Bausteingrößen: Eine Erweiterung kann dadurch vorgenommen werden, daß pro Bausteingröße, wie beschrieben, eine exakte Belegung festgelegt wird, die für die weiteren Bausteingrößen als fest vorgegeben gilt.

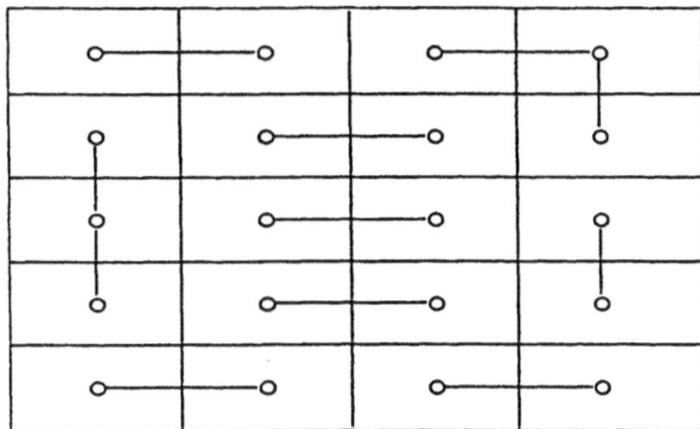

Bild 4.4: Vollständig festgelegte Elemente

□ Das automatische Drehen von Bausteinen bewirkt eine bessere Platzausnutzung und kürzere Leitungslängen.

□ Des weiteren muß bei beidseitig bestückten Baugruppen eine möglichst günstige Zuordnung der Bausteine auf Ober- bzw. Unterseite der Baugruppe gefunden werden.

### 4.3.5 Hierarchische Belegung mit gleichzeitiger Wegesuche

Im folgenden wird ein heuristisches Belegungsverfahren [4.2] vorgestellt, in dem die Wegesuche einen direkteren Einfluß als bei bisherigen Verfahren auf die Belegung ausübt. Das Ziel ist, eine für die Wegesuche im Sinne der Kriterien aus Abschnitt 4.3.1 optimalere Belegung zu erreichen. Das Verfahren ist hierarchisch, d.h., das große komplexe Problem wird rekursiv zerlegt in kleinere Unterprobleme, deren Lösung einfacher, effektiver und schneller bestimmt werden kann. Die Algorithmen, die in dieses Verfahren eingehen, sind Min-Cut [4.1] und Wegesuche in Hierarchien [4.6]. Die Art, wie sie zusammenwirken, ist neu. Die Erkenntnisse einer 1986 im Hause Siemens durchgeführten Probeimplementierung sind in Abschnitt 4.3.6 zusammengefaßt.

Die Verfahren zur Min-Cut-Belegung und zur Lose-Wege Suche - sie bestimmt den ungefähren Verlauf der Netze - werden simultan und sich wechselseitig beeinflussend behandelt, so lange bis die Belegung festliegt und die Losen Wege der Leitungen bestimmt sind. Zunächst wird hier das Verfahren zur Lose-Wege Suche beschrieben.

*Wegesuche in Hierarchien* (Lose-Wege Suche)

Die Leiterplatte wird rekursiv durch gedachte, horizontale und vertikale Schnittlinien einer immer feineren Rasterung unterzogen (Hierarchiestufen). Jede neue Hierarchiestufe stellt eine Teilung des Rasters der vorhergegangenen dar. Netze, die Elemente in verschiedenen Rasterflächen besitzen, werden im jeweili-

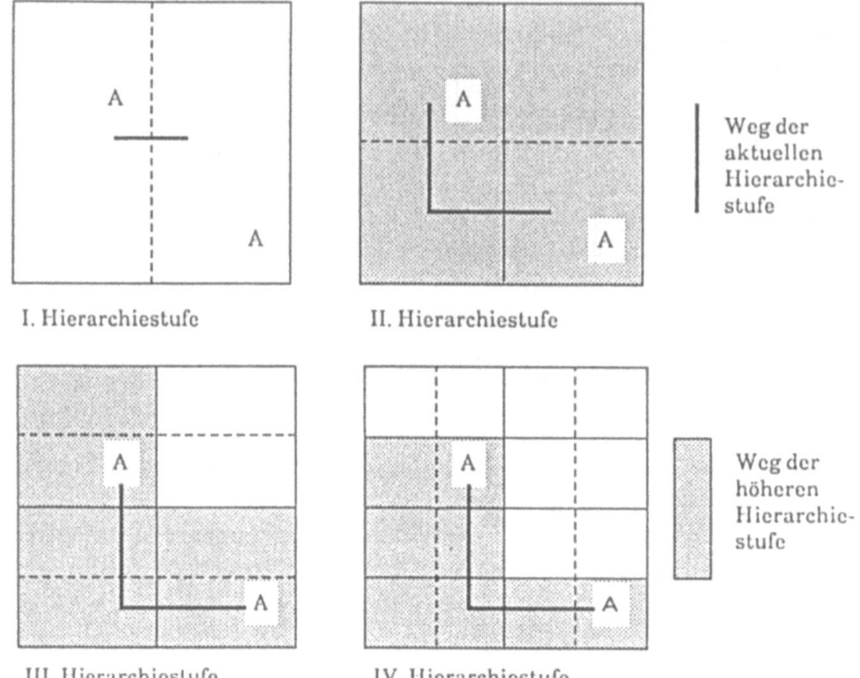



Bild 4.5: Wegesuche in Hierarchien

gen Raster einer Wegesuche unterzogen. Dies geschieht immer entlang der Wege, die in der vorhergegangenen Hierarchiestufe bestimmt wurden (Bild 4.5). Die Wegekapazitäten der Leiterplatte werden in die Rasterflächen der jeweiligen Hierarchiestufe hochgerechnet. Diese Kapazitäten dürfen bei der Wegesuche nicht überschritten werden.

Die Wegesuche in Hierarchien läßt sich prinzipiell mit Hilfe beliebiger Routing-Algorithmen durchführen. Hier sollen nur 2 Algorithmen erwähnt werden:

- □ Lee-Algorithmus [4.3] (Abschnitt 4.4)
  Die bekannten Eigenschaften, hohe Flexibilität und Sicherstellung einer Lösung, falls es überhaupt eine solche gibt, lassen den Lee-Algorithmus als für die Wegesuche in Hierarchien geeignet erscheinen. Die bekannten Komplexitätsprobleme treten wegen der geringen Zahl von Gitterzellen nicht auf. Steuerung durch Kostenfunktionen sowie Erweiterung auf nicht orthogonale Vorzugsrichtungen sind möglich.

- □ Hierarchischer Kanal-Router [4.6]
  Dieses Verfahren hat den Vorteil, daß es direkt auf die rekursiven Teilungen abgestimmt ist (Komplexität: $O(N*n*log(n))$, mit $N$ = Zahl der Netze,

n = Seitenlänge des Gitters) und immer die optimale Lösung bezüglich Leitungslänge (Steinerbaum) findet. Die Steuerung durch Kostenfunktionen gestaltet sich hier etwas schwieriger, eine Erweiterbarkeit auf nicht orthogonale Vorzugsrichtungen ist fraglich.

Die ungefähre Wegesuche kann in diesem Verfahren so zergliedert werden, daß jede Zeile (bei vertikaler Teilung jede Spalte) unabhängig von den anderen behandelbar ist. Zur Verdeutlichung betrachte man das im Bild 4.6 gezeigte Routing-Problem.

Das Wegesuchgebiet, wie es sich in der vorangegangenen Hierarchiestufe ergeben hat, ist dick umrandet. Die schwarzen Punkte kennzeichnen die Lage der Bauelemente des zugrundeliegenden Netzes.

Das Routing-Problem läßt sich in zwei unabhängige Probleme zerlegen. In die Zellenhälften, von denen Übertritte des Netzes in die jeweilige Nachbarzeile erfolgen, müssen hierbei fiktive Anschlüsse gelegt werden. Diese Anschlüsse sind im Bild 4.7 durch weiße Kreise gekennzeichnet.

Offensichtlich entspricht jedes optimale Routing des Gesamtnetzes zwei optimalen Lösungen der Teilnetze und umgekehrt, wenn die Wegesuche auf das Gebiet der nächsthöheren Hierarchiestufe eingeschränkt ist.

Jedes einzelne Routingproblem kann mit Hilfe eines Kanalrouters im 2*n-Gitter [4.6] optimal gelöst werden (Bild 4.8). Danach bleibt noch das Zusammensetzen der gefundenen Lösungen (Bild 4.9).

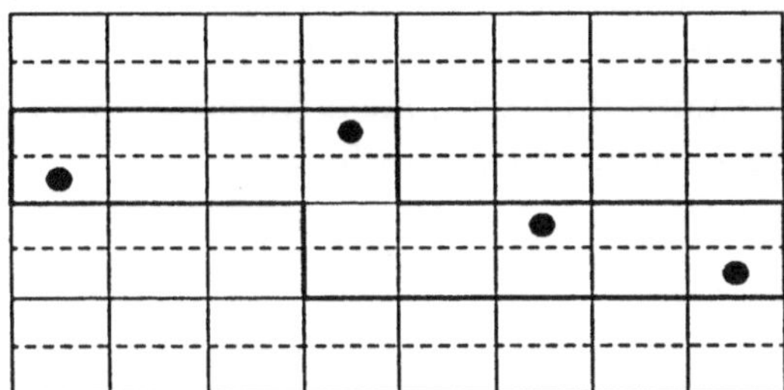

Bild 4.6: Routing-Problem bei der Losen Wegesuche

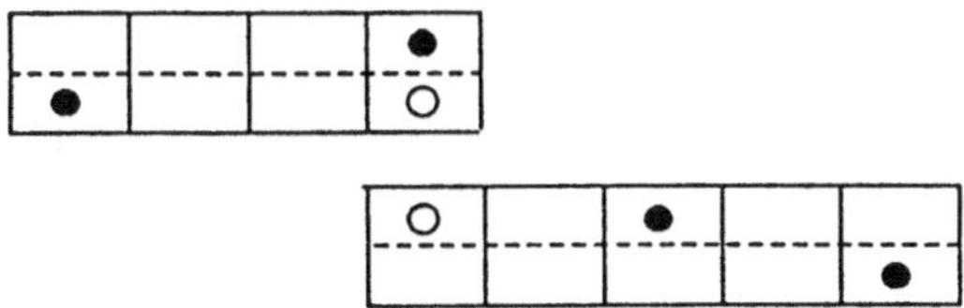

Bild 4.7: Zerlegung des Routingproblems

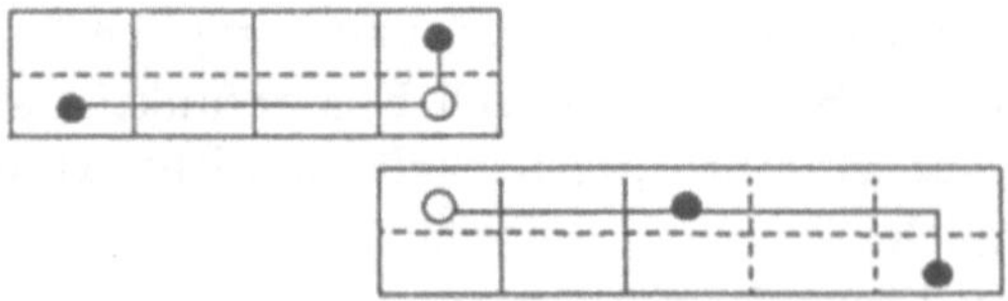

Bild 4.8: Lösung der Teile des Routingproblems

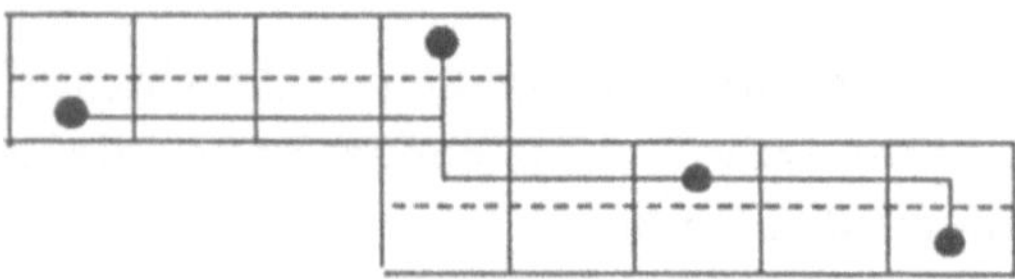

Bild 4.9: Zusammensetzen der Lösungen

*Kombination der beiden Verfahren*

Die beiden hierarchischen Verfahren werden im nun vorgestellten Verfahren
so miteinander verkettet, daß Belegung und Lose-Wege Suche im ständigen Wechselspiel stehen. Auf jeder neuen Hierarchiestufe teilt das Min-Cut-Verfahren die
Elemente weiter entlang der neuen Schnittlinien auf, und die Netze, die Elemente
in verschiedenen Rasterflächen liegen haben, werden einer Wegesuche unterzogen. Die Weise, wie die Wegesuche auf die Belegung Einfluß nimmt, verdeutlicht
Bild 4.10.

Der Einfluß der Losen Wege auf die Belegung wird durch sogenannte Dummy-
Elemente gesteuert (im vorliegenden Beispiel als weiße Kreise eingezeichnet). Die
Dummy-Elemente besitzen keine Fläche und dürfen bei der Bearbeitung der (ge-
teilten) Zelle durch den Min-Cut-Algorithmus ihre Seite nicht wechseln. Sie ziehen die Netzelemente (Bild 4.10) in die jeweils günstigere Hälfte.

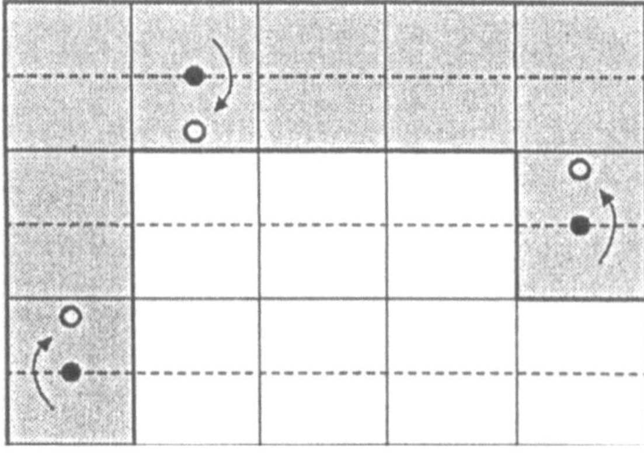

Bild 4.10: Einfluß der Losen Wege

*Behandlung von Restriktionen*

Aus den Regeln der Schaltkreistechnik und den Vorgaben des Anwenders ergeben sich an das Layout einzelner Signale individuelle Anforderungen und Restriktionen. Wie diese während der Belegung und Lose-Wege Suche berücksichtigt werden können, deuten folgende Beispiele an:

*Übersprechrestriktion*

Das direkte parallele Verlaufen einzelner weniger Signalleitungen kann wegen der Gefahr des Übersprechens untersagt sein. Sind zwei Signale übersprechgefährdet, so zwinge, um ein späteres, enges, paralleles Verlaufen zu verhindern, die Leitungen zu einem gegebenen Zeitpunkt in verschiedene Rasterflächen, z.B. durch starke Erhöhung der Kosten der von Netz A benutzten Übergänge, während das Netz B verlegt wird (Bild 4.11).

*Gleichlängen*

Die Forderung nach der gleichen Laufzeit für mehrere Signale kann durch eine gleiche Länge der Leitungsführung dieser Signale erfüllt werden. Ist eine Gleichlänge für mehrere Signale vorgeschrieben, verteile die Elemente so, daß jedes Netz dieser Gruppe die gleiche Anzahl an Rasterlinien überschreiten muß (Bild 4.12).

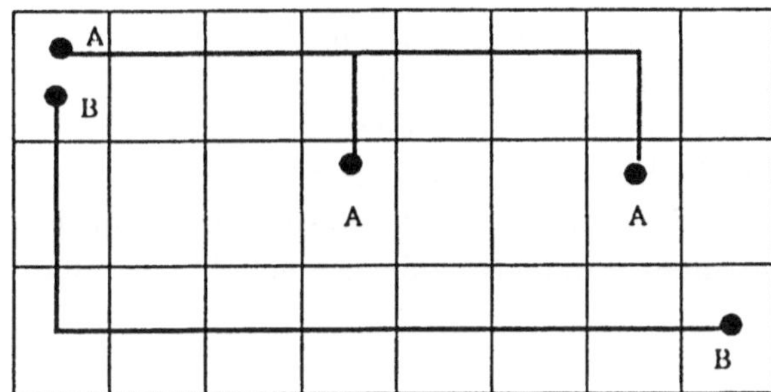

Bild 4.11: Übersprechrestriktion

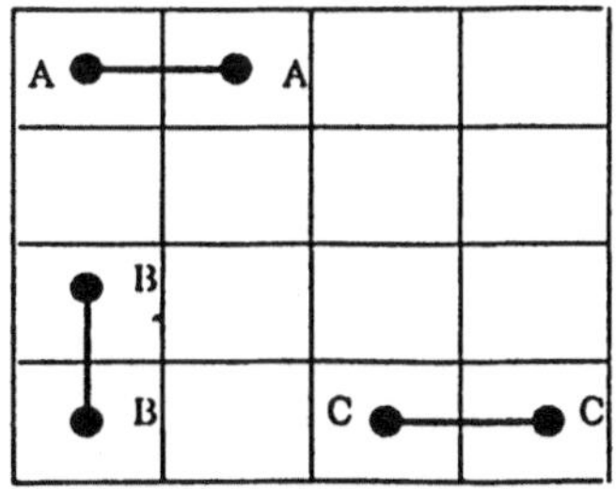

Bild 4.12: Gleichlängen

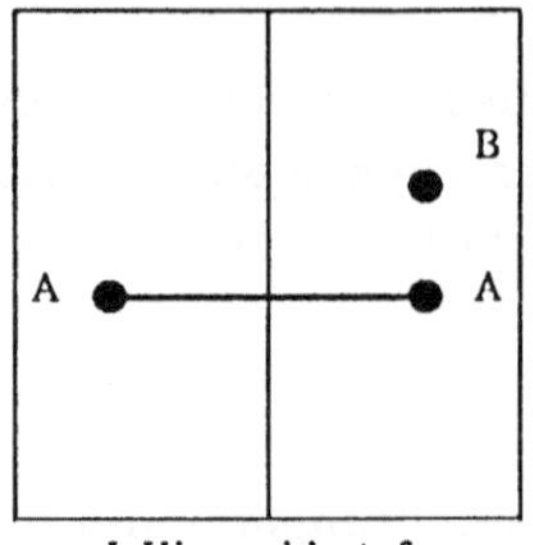

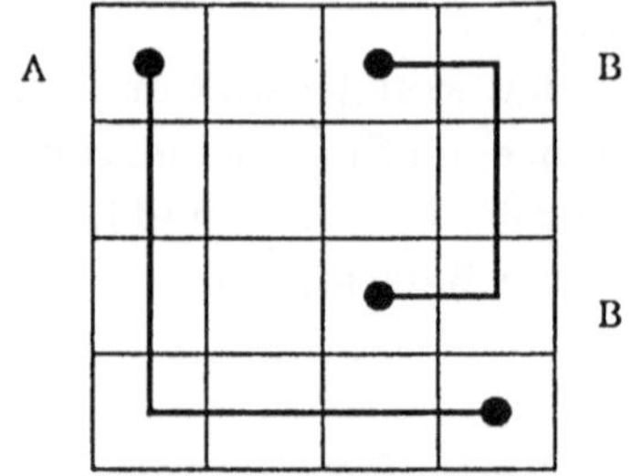

I. Hierarchiestufe          IV. Hierarchiestufe

Bild 4.13: Mindestlängen

## *Mindestlängen*

Die Laufzeit eines Signals kann nach unten begrenzt sein. Diese Restriktion kann in eine Mindestanforderung an die Leitungslänge überführt werden. Hat ein Netz eine Mindestlänge einzuhalten, so ordne die Bauelemente, die das Netz verbindet, frühzeitig verschiedenen Rasterflächen so zu (negatives Netzgewicht), daß eine Verbindung "viele" Rasterlinien kreuzen muß (Bild 4.13, Netz A). Falls dies nicht möglich ist, generiere Umwege (Bild 4.13, Netz B).

## *Maximallängen*

Eine der häufigsten Anforderungen an Signale sind kurze Laufzeiten, die einen streng vorgegebenen Höchstwert nicht überschreiten dürfen. Eine vorgeschriebene maximale Laufzeit für ein Signal wird als Maximallänge interpretiert, die die Leitungsführung des Netzes nicht überschreiten darf. Ist dem Netz eine solche Maximallänge vorgeschrieben, so ordne die Bauelemente, die das Netz verbindet, Rasterflächen zu, die nahe beieinander liegen (Bild 4.14). Dieser Forderung kann durch ein gezielt hohes Netzgewicht entsprechend Nachdruck verliehen werden.

## *Topologievorschriften*

Je nach Art der Schaltkreistechnik können verschiedene Forderungen (Abschnitt 4.5) an die Topologie eines Netzes gestellt sein. Dies erreicht man durch

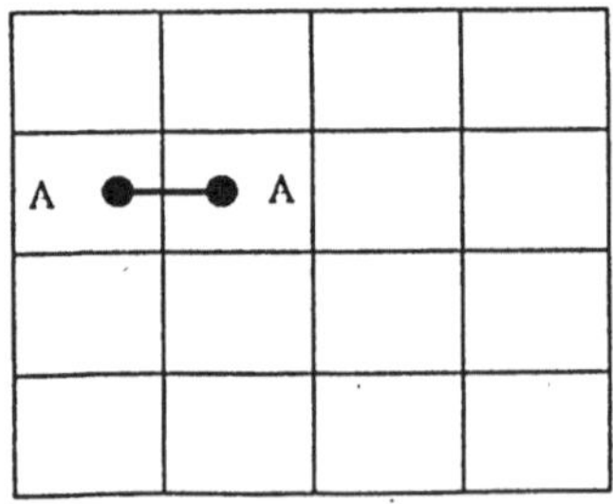

Bild 4.14: Maximallängen

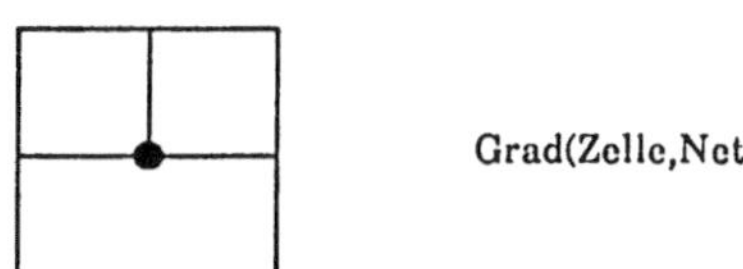


Bild 4.15: Topologievorschriften

Beschränkung des Grades (Bild 4.15) einer Zelle ( = Anzahl der Kanten dieser Zelle, über die der Lose Weg führt).

Falls Leitungsführung nur parallel zu den Zellkanten erlaubt ist, gilt für jede Zelle Z: $0 \le \text{Grad}(Z,\text{Netz}) \le 4$. Ein serielles Netz N wird also dadurch erzwungen, daß in allen Zellen des Losen Wegs gefordert wird: $\text{Grad}(Z,N) \le 2$.

Einen minimal aufspannenden Baum erhält man, indem von jeder Zelle gefordert wird: Z enthält keinen Pin des Netzes $=>$ $\text{Grad}(Z,N) = 2$.

*Einige Eigenschaften der hierarchischen Belegung und Lose-Wege Suche*

- Die ungefähren Wege beeinflussen die Belegung so, daß die Leitungslängen minimiert werden.
- Das Min-Cut-Verfahren sucht Leitungsdichten niedrig zu halten: Gute Voraussetzungen für die spätere exakte Wegesuche werden geschaffen.
- Die ungefähren Wege geben die tatsächliche Leitungsdichte an den Schnittlinien an: Eine frühzeitige Prognose über die Entflechtbarkeit wird ermöglicht.
- Netze werden als Ganzes (keine Vorab-Zerlegung in Zweipunktverbindungen) betrachtet: Das Verfahren erzeugt die Topologie selbst; hierbei akzeptiert es Topologievorgaben.
- Anforderungen der Schaltkreistechnik können sowohl netz- als auch teilnetzweise berücksichtigt werden. Das Verfahren konstruiert entsprechend den globalen und individuellen Designregeln die Belegung und Losen Wege.
- Die hierarchische Vorgehensweise gibt dem Konzept "topologische" Beweglichkeit. Die Lage der Elemente und die Losen Wege der Leitungen bestimmen sich während des Prozesses der Rasterverfeinerung in Abhängigkeit von der Gesamtsituation: Die Gefahr frühzeitiger Blockierungen ist reduziert.
- Das Verfahren ist hierarchisch und damit von niedrigerer Komplexität als nicht hierarchische Verfahren.
- Das Verfahren ist erweiterbar auf freie Bausteingrößen [4.7], zweiseitige Belegung und diagonale Vorzugsrichtungen [4.5].

*Übergang zur exakten Verdrahtung*
Werden bei der Lose-Wege Suche in der letzten Hierarchiestufe für alle Verbindungen Lose Wege gefunden, kann man erwarten, daß auch die exakten Wege ent-

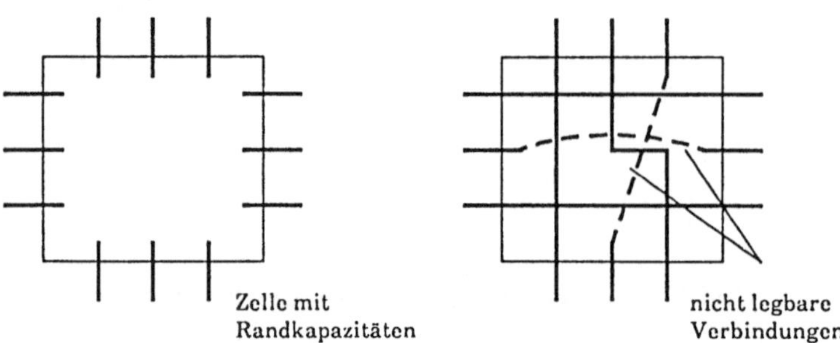


Bild 4.16: Zelle mit Randkapazitäten

sprechend den technologischen Anforderungen, bei Einschränkung auf die Losen
Wege, gefunden werden können. Durch die Einschränkung des Wegesuchgebiets
ist auch eine Reduzierung der Wegesuchzeit möglich.

Dieses Vorgehen setzt ein Verfahren zur exakten Wegesuche voraus, das mit
eingeschränkten Wegesuchgebieten arbeiten kann. Dabei ist weniger die Routing-
strategie gefordert als die Verwaltung des Verdrahtungsraums, in dem temporär
Gebiete für die Verdrahtung gesperrt werden müssen.

Um diese theoretische Möglichkeit, zu einer vollständigen Verdrahtung zu
kommen, wirksam werden zu lassen, muß noch folgendes Kapazitätsproblem betrachtet und gelöst werden:

Die Losen Wege stellen eine Abstraktion der Leiterplatte dar; für jede Zelle ist
nur ihre Größe und die Kapazitäten der Leitungsführung über die Zellränder bekannt. Dabei ist es entscheidend, wie genau die Kapazitäten berechnet werden
können und wieweit eine Einhaltung der Randkapazitäten eine Verdrahtung im
Zellinneren tatsächlich zuläßt (Bild 4.16), da für notwendige Richtungswechsel in
der Zelle zusätzliche Leitungskapazität benötigt wird. Eine Möglichkeit, dieses
Problem zu beherrschen, besteht darin, diesen inneren Kapazitätsbedarf in den
Randkapazitäten über Korrekturfaktoren mit zu berücksichtigen.

## 4.3.6 Ergebnisse

Für dieses neuartige Belegungsverfahren und das im folgenden Abschnitt vorge-
stellte Wegesuchverfahren wurde eine Probeimplementierung durchgeführt und
an einigen Leiterplatten getestet.

Das erste Beispiel ist eine kleine, zweilagige TTL-Baugruppe. Es sind 41 Bausteine zu plazieren und 124 Netze mit insgesamt 403 Pins zu verdrahten. Es liegt
eine Handbelegung vor, mit der das Ergebnis verglichen werden kann. Grundlage
des Vergleichs ist die orthogonale Verbindungslänge in Rastereinheiten auf der
Basis eines minimal spannenden Baums pro Netz, sowie das Verdrahtungsergeb-

Tabelle 4.1: Ergebnisse einer Standardtechnologiebaugruppe

|  | Handbelegung | optimierte Baustein- und Steckerbelegung: MinCut mit Lose Wege | optimierte Baustein- und Steckerbelegung: MinCut ohne Lose Wege |
|---|---|---|---|
| orthogonale Verbindungslänge | 12 078 | 10 985 | 11 978 |
| Umweglänge | 810 | 760 | 746 |
| Durchkontaktierungen | 352 | 336 | 323 |
| Rückweisungen | 3 | 0 | 4 |
| CPU-Zeit Router, normiert | 1 | 1.1 | 1.25 |
| CPU-Zeit Belegung, normiert | siehe Text | 1.5 | 1 |

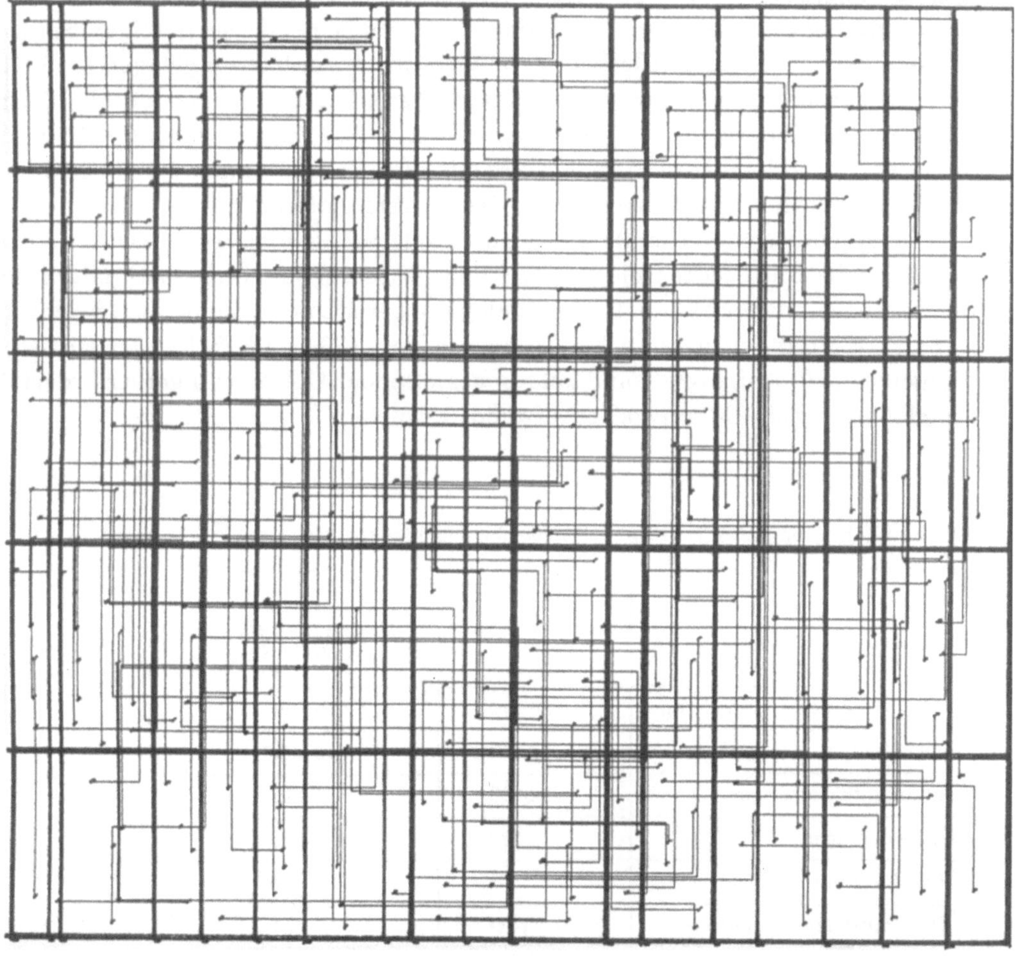

Bild 4.17: Lose Wege einer Standardtechnologiebaugruppe

nis des Routers. Das Ergebnis ist in der Tabelle 4.1 dokumentiert. Die dabei erzeugten Losen Wege sind in Bild 4.17 schematisch dargestellt.

Die Ergebnisse aus Tabelle 4.1 zeigen, daß sich durch eine Optimierung der Bausteinbelegung bei gleichzeitiger Änderung der Steckeranordnung im Vergleich zu einer guten Handbelegung signifikante Verbesserungen erzielen lassen. Der Vergleich der Spalten 2 und 3 zeigt, wie die Losen Wege das Belegungsergebnis verbessern (Bild 4.10). Die orthogonale Verbindungslänge ist um ca. 9 % kürzer als bei einer reinen MinCut-Belegung. Durch kürzere Umwege (das ist die Differenz zwischen realer Leitungslänge und orthogonaler Mindestlänge) wird eine weitere Verkürzung der realen Leitungslängen erzielt. Weitere Messungen haben ebenfalls die Überlegenheit des um die Losen Wege erweiterten MinCut-Verfahrens gegenüber einem reinen MinCut-Verfahren gezeigt. Einer CPU-Zeiteinheit entsprechen in diesem Fall 15 CPU-Sekunden auf einer BS2000-Anlage 7.570. Für die Handbelegung können, je nach Erfahrung des Handbelegers, 2 - 5 Manntage angesetzt werden.

Das zweite Beispiel ist eine ECL-Logikbaugruppe der gegenwärtigen Spitzentechnologie bei einem Entflechtungsversuch mit 4 Verdrahtungslagen (gefertigt wird diese Baugruppe mit 6 Verdrahtungslagen). Die Baugruppe ist mit 10 LSI-Bausteinen à 320 Pins und 13 MSI-Bausteinen à 52 Pins weitgehend vollständig bestückt. Zu verdrahten sind 1530 Netze mit 2200 Verbindungen. Das Ergebnis ist analog zum vorherigen Beispiel in Tabelle 4.2 festgehalten.

Die Ergebnisse der Tabelle 4.2 zeigen wiederum, wie stark eine Optimierung der Baustein- und Steckerbelegung das Belegungsergebnis verbessert. Hier fallen die Rechenzeiten der automatischen Belegung bereits nicht mehr ins Gewicht. Einer CPU-Zeiteinheit entsprechen in diesem Fall 1700 CPU-Sekunden auf einer Siemens 7.570. Abhängig vom Umfang begleitender Optimierungen erfordert die Handbelegung eine Mannwoche Aufwand und mehr.

Tabelle 4.2: Ergebnisse einer Hochleistungstechnologiebaugruppe

|  | Handbelegung | optimierte Baustein- und Steckerbelegung |
|---|---|---|
| orthogonale Verbindungslänge | 466 279 | 415 429 |
| Umweglänge | 13 146 | 13 292 |
| Durchkontaktierungen | 4 609 | 4 478 |
| Rückweisungen | 188 | 114 |
| CPU-Zeit Router, normiert | 1 | 0,7 |
| CPU-Zeit Belegung, normiert | siehe Text | 0,4 |

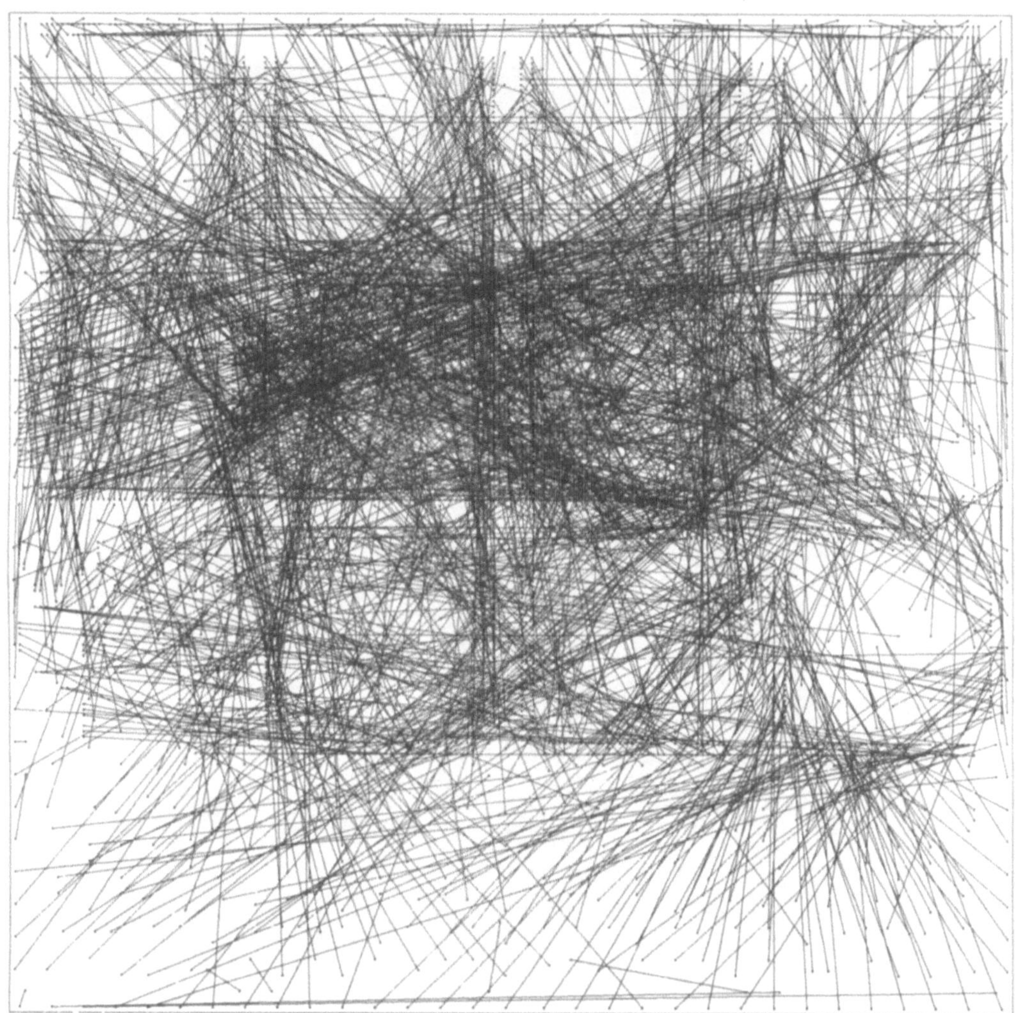

Bild 4.18:  Luftlinienbild der Handbelegung einer ECL-Logikbaugruppe
            der Hochleistungstechnologie

Zum Vergleich der Belegungsergebnisse der Handbelegung (Bild 4.18) mit der automatischen Baustein- und Steckerbelegung (Bild 4.19) sind die Luftlinien der Verbindungen geplottet. Man kann sehen, daß durch die automatische Belegung sowohl die Gebiete extrem hoher Verdrahtungsdichte als auch die Verdrahtungsdichte insgesamt reduziert werden konnte.

## 4.3.7  Zusätzliche Optimierungen

Zu den Aufgaben einer Belegung zählt im allgemeinen auch die feste Zuordnung der physikalischen Anschlüsse zu den (logischen) Anschlüssen der Netze, soweit

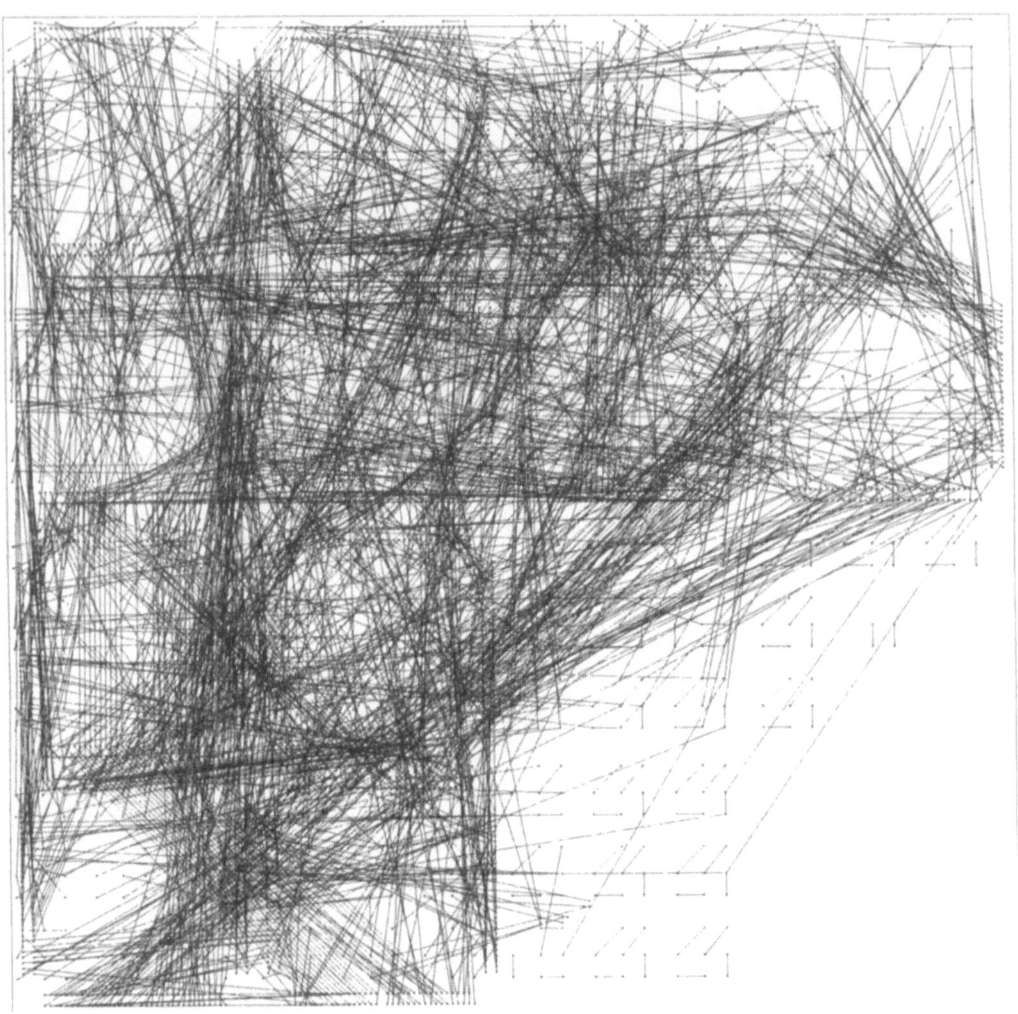

Bild 4.19:  Luftlinienbild der optimierten Baustein- und Steckerbelegung
            einer ECL-Logikbaugruppe in Hochleistungstechnologie

dies nicht bereits vor der Belegung geschehen ist. Gemeint ist hier z.B. die Zuord-
nung eines Netzes zu einem der beiden äquivalenten Eingänge eines zweifach
UND-Gatters. Eine Optimierung dieses Vorgangs findet im Rahmen eines *Pin-
Tausches* (Pin-Swap) automatisch oder interaktiv nach den in Abschnitt 4.3.1
genannten Kriterien statt. Dabei greifen wegen der geringen Zahl der möglichen
Vertauschungen permutierende Algorithmen.

Falls eine größere Anzahl als vertauschbar gilt (bei Baugruppensteckern oder
PLA-Bausteinen), muß dagegen algorithmisch mit gängigen Belegungsverfahren,
angewandt auf die Pins und eingeschränkt auf den Pinbereich, gearbeitet werden.

## 4.4  Verdrahtung

Ist der Entwurfsprozeß einer Schaltung so weit fortgeschritten, daß den Zellen, Bausteinen oder Baugruppen ein Platz auf dem zugehörigen Träger (Chip, Leiterplatte, Rückwand) zugewiesen wurde, gilt es, die zu einem Signal gehörenden Anschlüsse durch gedruckte Leiterbahnen oder Drähte kurzschlußfrei zu verbinden. Diese Aufgabe bezeichnet man als Verdrahtung (Wegesuche, Routing).

CAD für Wegesuche hat unterschiedliche Ursprünge: Zum einen die rein grafische Unterstützung mit 2D-Zeichenprogrammen, die dem Entwickler helfen, bei immer feiner werdenden Strukturen einen exakten, fehlerfreien Entwurf auszuführen und automatisch Fertigungsvorlagen zu erstellen, zum anderen vollautomatische Entwurfsverfahren, die nur eine alphanumerische Eingabe kannten, aber schon früh sehr komplexe Probleme behandelten, allerdings oft mit eingeschränkter Einsatzfähigkeit und geringem Benutzerkomfort. Diese beiden Entwicklungslinien treffen sich im Konzept eines CAD-Systems, das auf einem leistungsfähigen Arbeitsplatzrechner sowohl eine grafische Benutzungsoberfläche als auch automatische Verfahren bietet. Es ermöglicht dem Anwender, entweder vollautomatisch verdrahten zu lassen und den Entwurf nach seinen Vorstellungen nachzuarbeiten oder über Vorgaben den Entwurf zu steuern oder zu beliebigen Zeitpunkten einzugreifen, selbst Teile der Schaltung zu verdrahten und dann wieder die Automatik zum Zuge kommen zu lassen. Im folgenden werden einige automatische Verfahren für Leiterplatten vorgestellt. Weiter wird beschrieben, wie zusätzliche Anforderungen durch geometrische und elektrische Designregeln behandelt werden können. Kurz angesprochen werden auch die Möglichkeiten einer interaktiven Verdrahtung und welche Unterstützung automatische Verfahren dabei leisten können. Außerdem wird dargelegt, welche Anforderungen an Verdrahtungsverfahren sich ergeben, wenn bei bereits entflochtenen und gefertigten Leiterplatten Änderungen im Schaltungsentwurf vorgenommen werden.

### 4.4.1  Automatische Verfahren

Zur Lösung des Verdrahtungsproblems existieren eine Reihe von Verfahren, sehr allgemeine und solche, die die spezifischen Gegebenheiten eines Problems ausnützen. So gibt es für das IC-Layout - die Verdrahtung erfolgt in zwei bis drei Lagen Polysilizium und Metall, in Kanälen zwischen den Zellen - je nach den geometrischen Begrenzungen Kanal- [4.8], Fluß- [4.9], Burggraben- [4.10] Router und für die Schnittpunkte von Kanälen Switchbox-Router [4.11]. Die Wegesuche auf Leiterplatten ist das Hauptanwendungsgebiet der klassischen Verfahren [4.3,4.12], sowie der Single-Row Router [4.13] und der Topologische Router [4.14]. Auch für die bei Baugruppen gelegentlich vorkommende Diskretverdrahtung (Überlauf-

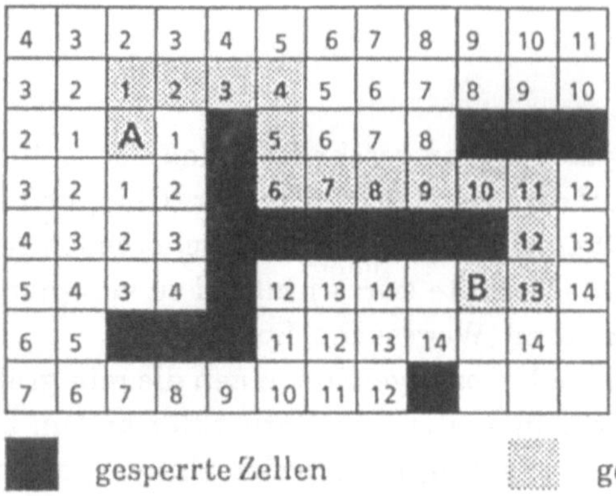

Ausgehend von einer Zelle A werden die benachbarten Zellen mit 1 markiert. Die Nachbarn dieser Zellen werden mit 2 markiert. Dieses Vorgehen wird fortgesetzt, bis das Ziel, Zelle B, erreicht ist. Jetzt wird ausgehend von B ein Weg festgelegt, indem man zu Zellen mit niedrigerer Markierung zurückgeht.

■ gesperrte Zellen          ▒ gefundener Weg

Bild 4.20: Lee-Algorithmus

oder Reparaturverdrahtung oder für Prototypen von Baugruppen) existieren automatische Verfahren.

Von den automatischen Verfahren werden hier zwei klassische Verfahren vorgestellt werden, die noch immer in einem Großteil der verfügbaren Entwurfssoftware für Leiterplatten - in mehr oder weniger abgewandelter Form - zum Einsatz kommen. Durch viele Abwandlungen wurde versucht, die jeweiligen Nachteile des einen Verfahrens zu beseitigen und die Vorzüge des jeweils anderen Verfahrens zu erzielen. Deshalb wird nach der Einführung der reinen Formen dieser beiden Verfahren ein neues Verfahren vorgestellt, das als Integration dieser beiden Grundideen angesehen werden kann.

Das älteste bekannte Verfahren, das für Wegesuche im Einsatz ist, geht auf Lee [4.3] zurück und wurde in der abstrakten Form eines Irrgartenproblems präsentiert. Die Vorgehensweise ist in Bild 4.20 dargestellt.

Die Vorteile dieses Verfahrens, die seine weite Verbreitung erklären, bestehen in seiner einfachen Konzeption, die eine leichte Implementierung ermöglicht und in seiner Anpassungsfähigkeit an viele Problemstellungen. So kann durch verschiedene Kostenbewertung der Zellen die Auswahl bei mehreren möglichen Wegen gesteuert werden, z.B. kann ein Weg so nahe wie möglich an vorhandene Hindernisse angeschmiegt werden oder möglichst wenige Richtungswechsel haben. Wenn man nicht nur einen Punkt, sondern alle Punkte eines Leitungsstücks als Startzelle wählt, können auch Mehrpunktnetze behandelt werden, ohne sie vorher in Punkt-zu-Punkt-Verbindungen zu zerlegen. Durch eine Erweiterung der Nachbarschaftsdefinition - auch Zellen, die nur einen Punkt gemeinsam haben, gelten als benachbart - kann man auch Wege mit diagonaler Leitungsführung erzeugen. Der wesentliche Vorteil ist aber, daß eine existierende Lösung auch gefunden wird. Diese Gründlichkeit der Suche (Grundprinzip: breadth first search) ergibt auch den wesentlichen Nachteil, nämlich das starke Anwachsen des Rechenzeit-

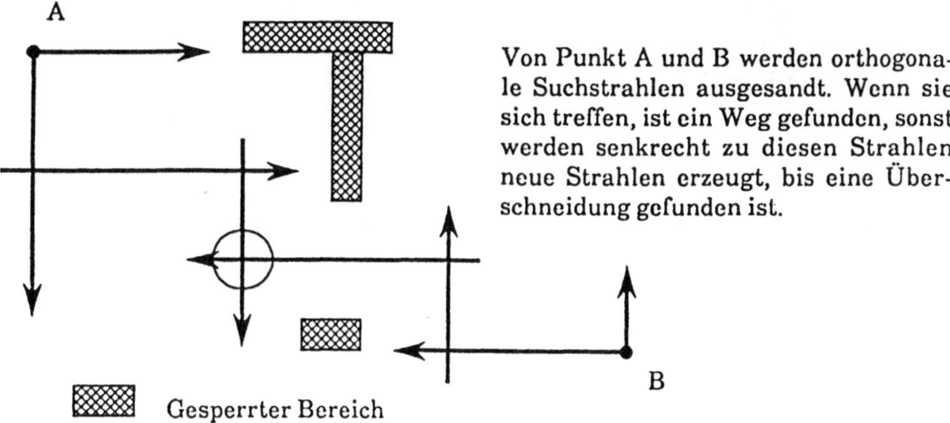



Bild 4.21: Line-Algorithmus

und Speicherplatzbedarfs in Abhängigkeit von der Verbindungslänge. Außerdem setzt die Anwendung dieses Verfahrens ein Raster (ein technologisch vorgegebenes oder künstlich definiertes Arbeitsraster) voraus.

Das andere klassische Verfahren ist zehn Jahre jünger und als Line Router oder Line-probe Router bekannt [4.12]. Die Vorgehensweise entnimmt man Bild 4.21. Der wesentliche Vorteil dieses Verfahrens besteht darin, daß es unhängig von einem Raster zwei Punkte mit möglichst wenigen Leitungsstücken geometrisch optimal miteinander verbindet und dadurch die Geschwindigkeit prinzipiell unabhängig von der Verbindungslänge wird. Als Nachteil erweist sich, daß diese schnelle, auf vollständige Verbindung abzielende Methode (Grundprinzip: depth first search) ohne entsprechende Erweiterung [4.15] nicht immer eine Verbindung findet. Dieser Nachteil und die komplizierteren Datenstrukturen haben seine Verbreitung eingeschränkt und erst die Anforderungen einer rasterfreien Verdrahtung ohne Verwendung eines Arbeitsrasters führen zu einer Weiterführung dieser Grundidee.

Es ist möglich, die Ideen dieser beiden Verfahren so zu kombinieren, daß die Vorzüge beider Verfahren,

- das Vorwärtsschreiten von einem Startpunkt zum Ziel unter Beachtung aller Möglichkeiten (Lee) und
- die Konstruktion eines Weges aus möglichst wenigen, möglichst langen, Stücken (Line) erhalten bleibt.

Dabei entspricht die grundsätzliche Vorgehensweise des neuen Verfahrens einem Line Router, wobei unter bestimmten Bedingungen bereits erzeugte Kanten so aufgespalten werden, daß das Auffinden einer Lösung sichergestellt ist. Die Vorgehensweise läßt sich algorithmisch folgendermaßen beschreiben:

(1) K (= Kandidatenmenge): = {Startpunkt}
    *Solange* Suche-nicht-beendet *wiederhole*
        *wenn* K = {}
            *dann*
                beende Suche negativ
        *sonst*
(2)                 wähle den Punkt P aus K mit den geringsten Kosten
                    (* Kosten beinhalten den Weg vom Start zu P und eine
                    möglichst genaue Abschätzung des Restweges; sie können
                    eine Gewichtung für Durchkontaktierungen, Umwege,
                    Dichten enthalten *)
                    *wenn* Ziel von P direkt erreichbar
                        *dann*
(3)                         beende Suche positiv
                    *sonst*
(4)                         erweitere K
                            (* für alle von P aus möglichen Richtungen R:
                            bestimme mögliche Länge PPM auf R, bis Hindernis
                            PM;
                            bestimme optimale Länge PPo auf R (= Länge bis zu
                            Schnittpunkt Po mit einer vom Ziel ausgehenden
                            Richtung)
                            K := K ∪ {Px : PPx = min (PPo,PPM)} - { P }
                            Px ≠ Po   = > Erweiterung nicht optimal *)
(5)                         *wenn* Erweiterung nicht optimal
                                *dann*
                                    Aufspalten der Kante von P zu dem Vorgänger
                                    von P und erweitern von K um Aufspaltpunkt.

Im einfachsten Fall erreicht man in zwei Schritten das Ziel, wie bei einem Line
Router, aber auch in Situationen, die sehr viele Richtungswechsel verlangen, ver-
sagt das Verfahren nicht, da durch wiederholte Aufspaltung schließlich alle Punkte einmal zu K gehörten, wie bei einem Lee Verfahren.

Die untersuchten Punkte werden dabei als Knoten in einem Suchbaum verwaltet, den man so organisieren kann, daß immer an der kostengünstigsten Stelle wei-
tergesucht wird. Ein Beispiel für die Arbeitsweise ist in Bild 4.22 gezeigt.

Wird dieses Verfahren mit einem geeigneten Modell einer Leiterplatte kombiniert, so können damit alle Anforderungen an ein Wegesuchverfahren erfüllt werden, wie z.B. unterschiedliche Rastermodelle, rasterfreie Verdrahtung, verschiedene Verdrahtungsrichtungen. Einige Beispiele, die mit einer Probeimplementierung dieses Verfahrens erzielt wurden, zeigen Bilder 4.23 und 4.24.

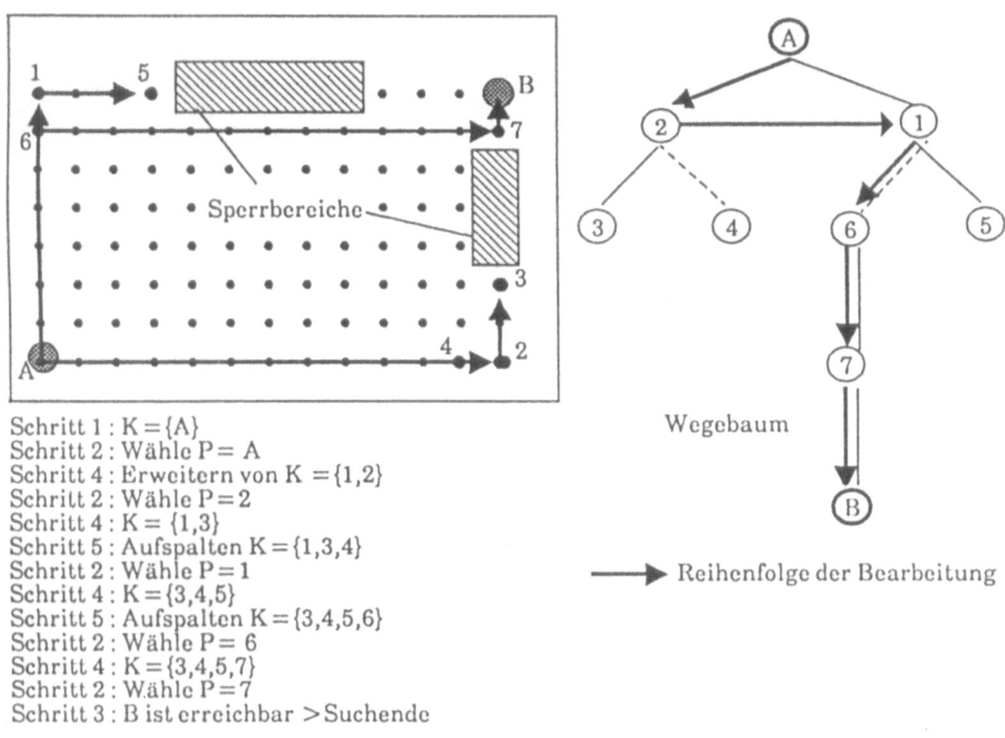


Schritt 1 : K = {A}
Schritt 2 : Wähle P = A
Schritt 4 : Erweitern von K = {1,2}
Schritt 2 : Wähle P = 2
Schritt 4 : K = {1,3}
Schritt 5 : Aufspalten K = {1,3,4}
Schritt 2 : Wähle P = 1
Schritt 4 : K = {3,4,5}
Schritt 5 : Aufspalten K = {3,4,5,6}
Schritt 2 : Wähle P = 6
Schritt 4 : K = {3,4,5,7}
Schritt 2 : Wähle P = 7
Schritt 3 : B ist erreichbar > Suchende

Bild 4.22: Beispiel für den Algorithmus

## 4.4.2 Anforderungen an Wegesuchverfahren

Das Verdrahtungsproblem besteht nicht nur darin, einen Weg für eine Verbindung zu finden, sondern dieser Weg muß auch einer Reihe von technologischen und schaltkreistechnischen Randbedingungen genügen (Abschnitt 4.1). Stand der Technik bei den meisten Layoutsystemen ist es, geometrische Designregeln einzuhalten, sehr selten werden auch elektrische Randbedingungen konstruktiv beachtet. Im folgenden werden die Auswirkungen dieser Randbedingungen auf Verdrahtungsverfahren betrachtet.

*Geometrische Designregeln*

Natürlich dürfen sich Leitungen nicht überkreuzen, aber auch bestimmte Mindestabstände zwischen Leitungen, Durchkontaktierungen, Pins usw. müssen in jeder möglichen Kombination beachtet werden (Bild 4.25). Nicht nur die Größe von Durchkontaktierungen kann variieren, bei Multilayern wird auch unterschieden, ob eine Durchkontaktierung durch alle Lagen hindurchreicht oder nur zwischen

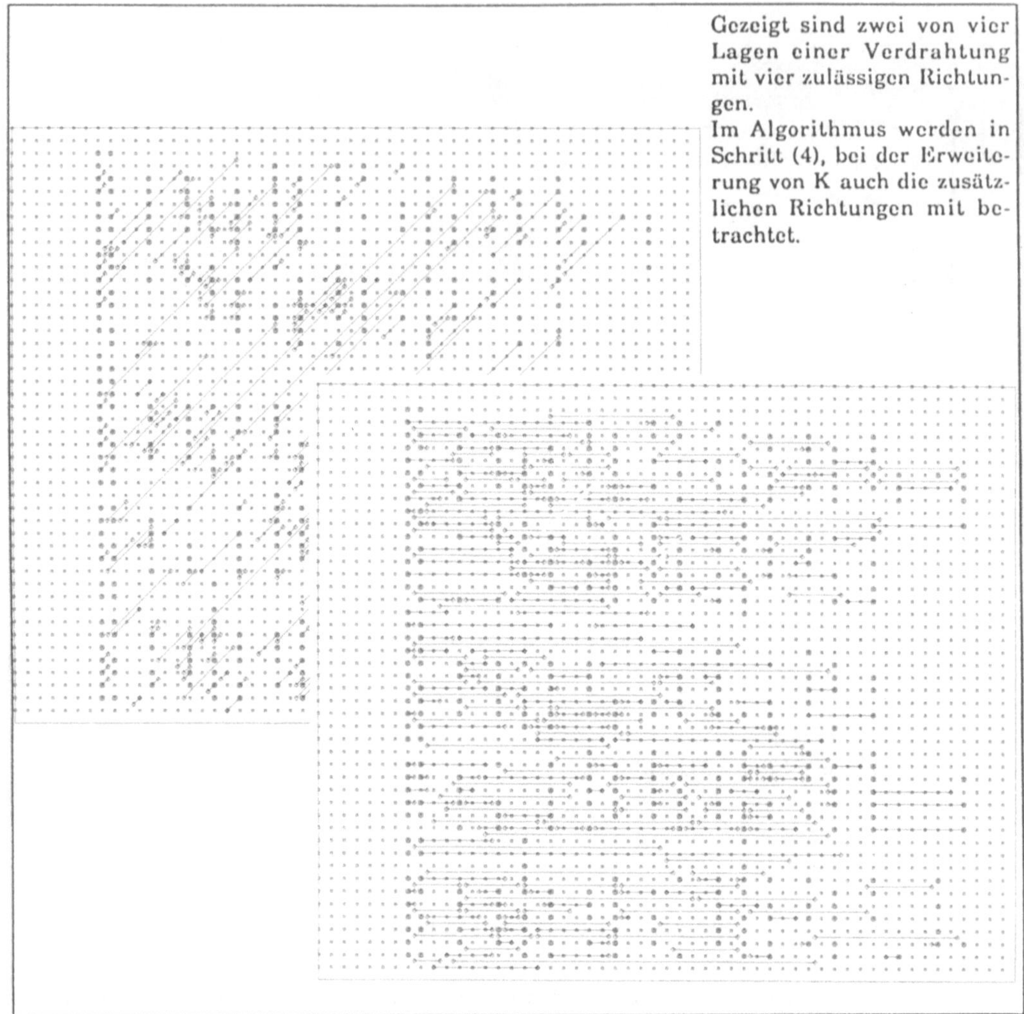



Bild 4.23: Verdrahtungsrichtungen

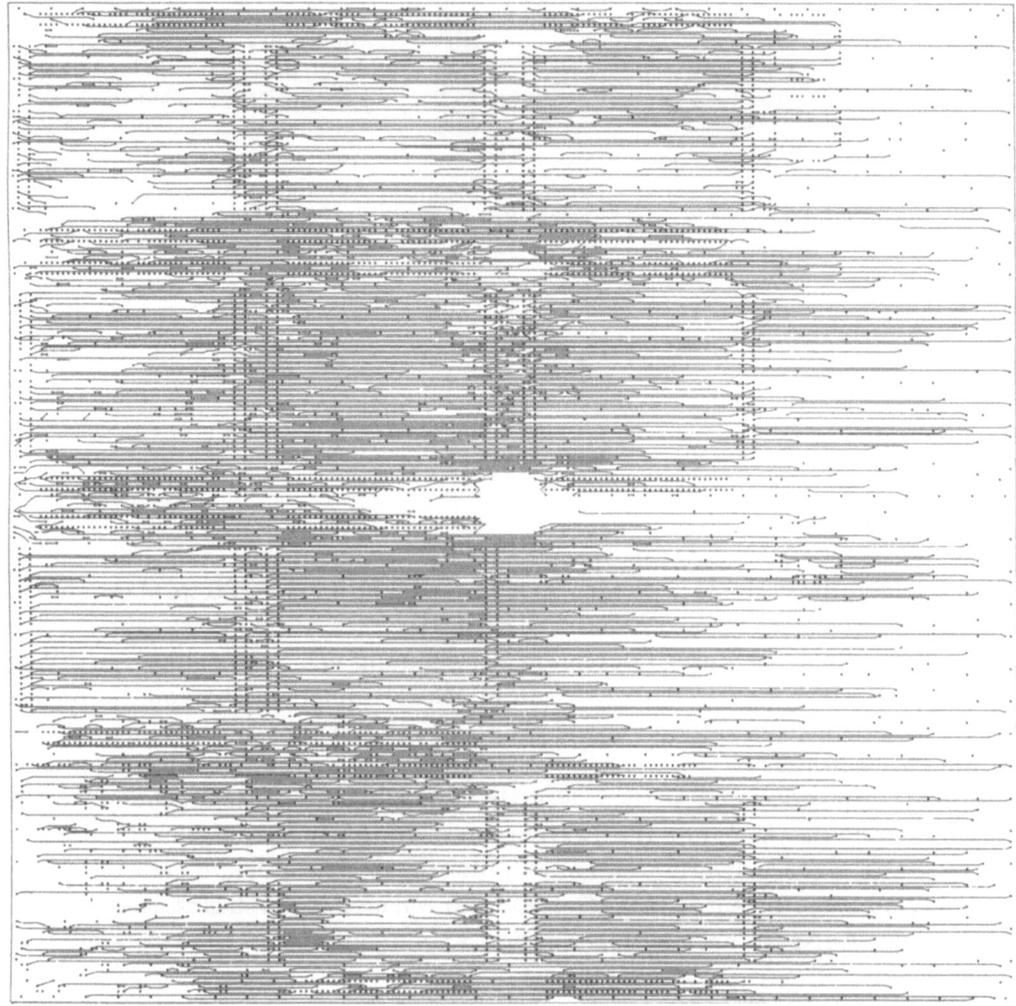

Bild 4.24: Lage einer Baugruppe der ECL-Hochleistungstechnologie

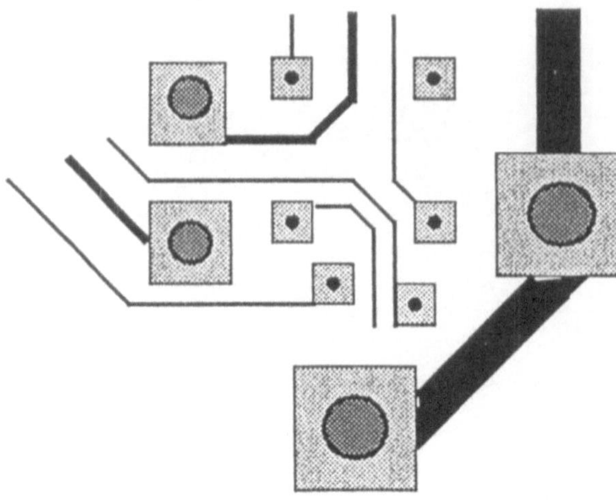

Die Verdrahtung wird nur
durch unterschiedliche Leiter-
bahnbreiten, Größen von
Durchkontaktierungen und
Abstandsregeln bestimmt.
Abweichungen von einer
vorgegebenen Richtung und
Abschrägungen sind erlaubt.

Bild 4.25: Rasterfreie Verdrahtung

den Lagen, die verbunden werden, existiert, oder ob an einer Stelle überhaupt eine
Durchkontaktierung möglich ist.

Neue Probleme wurden durch die Verwendung von SMDs eingeführt. Wegen
unterschiedlich großer Pads (Anschlußflecken) und Pad-Abstände kann nicht
mehr mit einem einfachen Verdrahtungsraster gearbeitet werden. Es muß entweder ein rasterfreies Verfahren eingesetzt werden oder mit einem extrem feinen Mi-
nimalraster gearbeitet werden, was ein sehr effizientes, rastergebundenes Rou-
tingverfahren - evtl. mit Hardwareunterstützung - notwendig macht. Das oben
skizzierte Wegesuchverfahren kann dafür eingesetzt werden, da ein Line Router
ein typisches, effizientes, rasterfreies Verfahren ist und durch eine geschickte Auswahl der Aufspaltungspunkte, orientiert an vorgefundenen Hindernissen, immer
noch eine optimale Lösung garantiert.

*Elektrische Designregeln*

Die zweite Klasse von Restriktionen leitet sich aus elektrischen Anforderungen
ab (Abschnitt 4.5) und muß auch von automatischen Verfahren konstruktiv berücksichtigt werden (Abschnitt 4.3).

Zum Beispiel ist es notwendig, Signale mit exakt vorgegebenen Längen zu verdrahten, bzw. Maximal- oder Minimallängen für Signale oder Teile von Signalen
einzuhalten. Ein weiteres Problem besteht darin, daß durch zu lange Parallelver-
läufe von Leitungen ein Signal durch Signale auf anderen Leitungen gestört werden kann (Übersprechen). Bei der Konstruktion muß also ständig auf den Verlauf
vorhandener Leitungen Rücksicht genommen werden, die ein Übersprechen verursachen können.

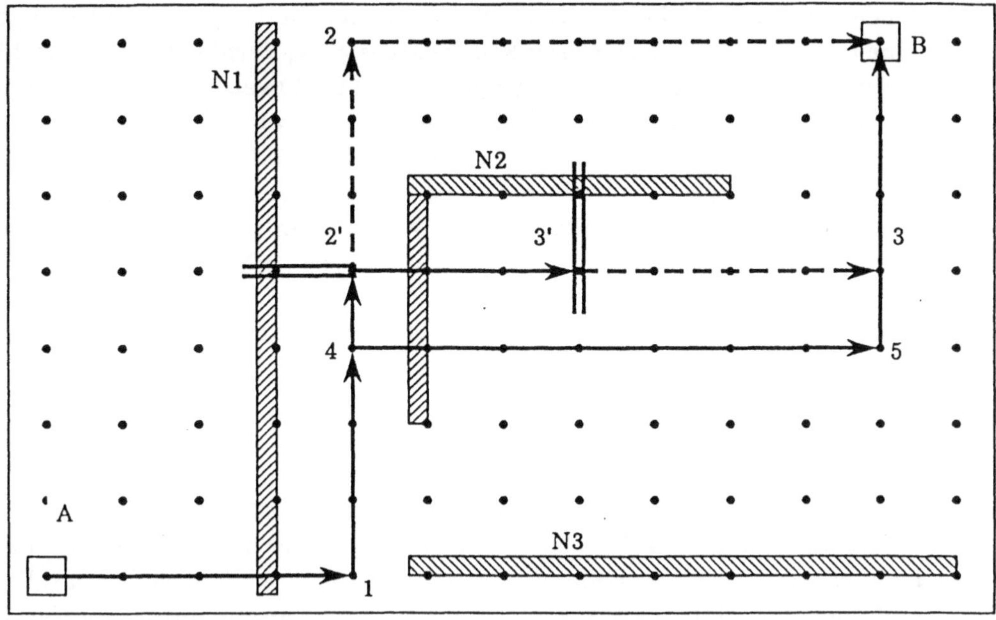


| | |
|---|---|
| ▨▨▨ Vorhandene Signale | Von Knoten 1 aus könnte Knoten 2 erreicht werden. Durch den Parallelverlauf mit N1 wird aber nur 2' erreicht. Ebenso 3' statt 3. Da über 3' nicht die optimale Länge erzielt wird, wird nach Schritt (4) des Algorithmus die Kante zu 2' aufgespalten und Knoten 4 erzeugt. Von hier wird über Knoten 5 der optimale Weg gefunden. |
| – → geometrisch möglicher Weg | |
| ═══ Übersprechgrenze | |
| Erlaubter Parallelverlauf auf benachbarten Rasterlinien sei 4 Rastereinheiten | |

Bild 4.26: Übersprechbehandlung

Entsprechend den geltenden topologischen Regeln darf der Router Leitungen an beliebigen Stellen verzweigen. Wenn bei mehrlagigen Leiterplatten einzelne Lagen verschiedene Leitungswiderstände haben, kann es aus Laufzeitgründen notwendig sein, für Leitungen bestimmte Lagen auszuwählen. Diese Lagenzuordnung muß vom Router beachtet, im Idealfall selbst vorgenommen werden.

Wie diese Regeln von dem in Abschnitt 4.4.1 vorgestellten Verfahren behandelt werden können, ist am Beispiel des Übersprechproblems in Bild 4.26 dargestellt.


### 4.4.3  Interaktiv grafische Verdrahtung

In vielen Fällen sind automatische Verfahren nicht in der Lage, alle Verbindungen zu verdrahten oder so zu verdrahten, daß sie allen Anforderungen des Schaltungsentwicklers genügen. In diesen Fällen werden manuell Verbindungen gelegt oder vorhandene Leitungsverläufe korrigiert. Beim interaktiven Legen wird eine noch nicht gelegte, als loser Faden dargestellte, Verbindung ausgewählt. Durch Festlegen einzelner Punkte mit dem Cursor und Zuweisung einer Lage wird eine Kette von legbaren Leitungsstücken erzeugt. Dabei wird der lose Faden automatisch aktualisiert, so daß er die Enden der verlegten Teilstücke verbindet. Dieser Vorgang wird fortgesetzt, bis die ganze Verbindung gelegt ist. Bei Leitungskorrekturen wird ein Stück der Leitungsführung ausgewählt, in eine nicht gelegte Teilverbindung umgewandelt und nach oben beschriebener Methode neu gelegt.

Über diese komfortable, grafische Unterstützung bei der manuellen Verdrahtung hinaus wird die Leistungsfähigkeit eines Systems gesteigert, wenn vorhandene automatische Funktionen im interaktiven Layout nutzbar gemacht werden können.

So sollten einzelne Leitungen oder Gruppen von Leitungen verschoben werden können, ohne jeweils den detaillierten Leitungsverlauf angeben zu müssen. Zur Verlegung einer Verbindung sollte es ausreichen, Zwischenpunkte anzugeben; eine Vervollständigung der Teilverbindung sollte automatisch erfolgen. Diese Funktion ist auch wichtig bei der Behandlung kritischer, dichter Bereiche. Dort sollten Verbindungen von Hand gelegt werden können, ohne damit die gesamte Verbindung manuell verdrahten zu müssen.

Elektrische und geometrische Designregeln sind beim interaktiven Entwurf nicht immer bewußt oder erkennbar. Ihre Einhaltung muß überprüft und Verstöße dagegen müssen gemeldet werden. In Fällen, wo eine automatische Korrektur möglich ist, sollte diese durchgeführt oder zumindest angeboten werden. So können z.B. Verletzungen von Abstandsregeln bei ausreichendem Platz beseitigt werden oder umgekehrt Verbindungen auf Minimalabstand an andere Leitungen herangelegt werden.


### 4.4.4 Fertigungsgerechter Entwurf

Bei der Entwicklung automatischer Verfahren ist das Hauptziel eine 100 %-Verdrahtung. Die Qualität der Entflechtung einer Leiterplatte ist jedoch auch unter dem Gesichtspunkt der Fertigungskosten und Fehleranfälligkeit zu betrachten (Abschnitt 4.5.3). Ein gutes Layoutsystem muß hier Leistungen anbieten, die diese Anforderungen berücksichtigen.

Dazu wird versucht, Durchkontaktierungen zu reduzieren, um Arbeitsgänge beim Bohren einzusparen und die elektrischen Eigenschaften der Verbindungen zu verbessern. Bei verbliebenen Durchkontaktierungen wird, wenn möglich, die Kupferfläche vergrößert, um Bohrungenauigkeiten auszugleichen. Ecken in Verbindungen werden abgeschrägt, und bei ausreichendem Platz werden Verbindungen durch längere Schrägführungen verkürzt. Der Abstand zwischen Leiterbahnen wird möglichst gleichmäßig gehalten, um Verbindungen so weit wie möglich zu trennen. Für spezielle Verbindungen können auch Leiterbahnbreiten vergrössert werden, eventuell nur abschnittsweise, um geometrische Designregeln einzuhalten. Überflüssige Anschlußfiguren, etwa bei SMD-Pins, werden entfernt, kurze Leitungsstücke werden verstärkt, um übersichtlichere Leiterplatten und bessere Lötbarkeit zu erreichen. Zum Abschluß kann eine Darstellung der Leitergeometrie am grafischen Bildschirm angezeigt werden.

### 4.4.5 Änderungskonstruktion

Werden bei einer fertiggestellten oder in Fertigung befindlichen Baugruppe Änderungen der Logik nötig, müssen wegen der hohen Herstellungskosten und langen Fertigungsdauer die Änderungen an der bereits gefertigten Baugruppe vorgenommen werden. Dazu werden vorhandene Verbindungen aufgetrennt und neue Verbindungen durch diskrete Drähte realisiert oder, falls die Fertigung noch nicht abgeschlossen ist, auf noch nicht gefertigten Lagen untergebracht. Dadurch ergeben sich zwei neue Anforderungen an das Verdrahtungsprogramm:

- ☐ Es muß für jede Verbindung Auftrennbarkeit gewährleisten. Das geschieht entweder durch standardmäßig vorgegebene Anschlußleitungen an einem Bausteinpin auf einer Außenlage oder durch ein erzwungenes Auftauchen jeder Verbindung auf einer Außenlage ("Schnorchel"), (Bild 4.27).
- ☐ Die Korrekturverdrahtung auf bereits entflochtenen Lagen erfordert eine Delta-Verdrahtung, vorhandene Leitungen dürfen nicht verändert werden. Verdrahtung auf den Außenlagen setzt in vielen Fällen einen Router für rasterfreie Verdrahtung voraus, manchmal auch einen Router, der speziell einlagige Verdrahtungsprobleme lösen kann.

Beim Übergang von der Erprobung zur Serie oder bei einer zweiten Charge einer mit Korrekturverdrahtung behafteten Leiterplatte möchte man zwar die dis-

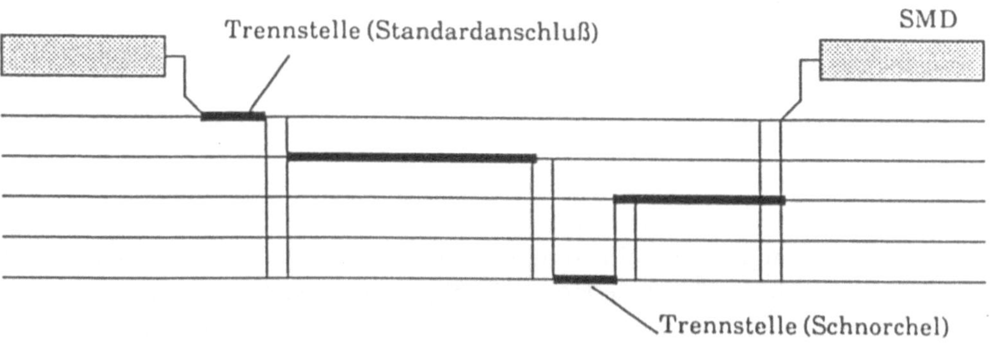


Bild 4.27: Vorbereitung von Änderungen

krete Verdrahtung in gedruckte Leitungen umwandeln, aber die Verdrahtung der anderen Verbindungen beibehalten. Das CAD-System muß auch eine solche Ergänzungsverdrahtung beherrschen.


## 4.5  Regelbehandlung

Im folgenden werden die beim physikalischen Entwurf zu beachtenden Regeln skizziert und Möglichkeiten ihrer möglichst technologieneutralen Formulierung aufgezeigt. Weiter wird eingegangen auf die Aufbereitung der Regeln für die Verarbeitung in konstruierenden und verifizierenden Verfahren.

Die Regeln, denen der Entwurf digitaler Schaltungen unterliegt, resultieren aus der Schaltkreistechnik (TTL, ECL, CMOS, usw.), der Konstruktion (Konstruktion der Leiterplatte, Gesamtkonstruktion, Aufbautechnik) und der Fertigungstechnik.

Regeln, die bereits vollständig beim Logikentwurf überprüft werden konnten (Abschnitt 3.3), werden nicht mehr betrachtet. Da die Schaltung beim physikalischen Entwurf aber um zusätzliche Informationen (Bausteine, Leitungsführung, weitere Bauelemente, usw.) angereichert wird, müssen die elektrischen Regeln erneut angewendet werden.


### 4.5.1  Schaltkreisregeln

Die Schaltkreisregeln werden unterteilt in:

- Belastungsregeln,
- Verdrahtungsregeln und
- Übersprechregeln,

wobei eine eindeutige Zuordnung nicht in allen Fällen möglich ist.

Die Elemente eines Netzes werden klassifiziert nach:

- Sender (aktiver Ausgang eines Bausteins bzw. Schaltelements),
- Empfänger (Baustein- bzw. Schaltelementeingang),
- bidirektionaler Anschluß (kann sowohl senden als auch empfangen),
- passive Elemente (Widerstand, Verzögerungsglied, Stecker, usw.),
- Verdrahtungselemente (Durchkontaktierungen, Anschlußflecken, Leiterbahnen, usw.).

*Belastungsregeln*

Empfänger sind charakterisiert durch den ohmschen Eingangswiderstand und die Eingangskapazität, Sender durch Innenwiderstand und maximalen Ausgangsstrom (Ausgangsbelastbarkeit).

Gemäß der Ohmschen und Kirchhoffschen Gesetze ergibt sich, daß an einen Sender nur eine begrenzte ohmsche Last angeschlossen werden kann, da sonst der in den Empfängern fließende Strom zu klein wird, um ein Schalten zu bewirken. Aus dieser physikalischen Gegebenheit folgen Regeln über statische Belastung, in die alle Elemente eines Netzes mit ohmschem Widerstand einfließen.

Die kapazitiven Lasten in einem Netz (Eingänge der Empfänger, Kapazität von Leitungen und Durchkontaktierungen) wirken sich verzögernd (durch Aufladung der Kapazitäten) auf die Ausbreitung von Signalimpulsen aus, sodaß es im Sinne kurzer Laufzeiten, Regeln geben kann, die die Summe der kapazitiven Lasten (dynamische Belastung) in einem Netz beschränken.

Bei ECL-Sendern besteht der Ausgangstransistor aus einem Emitterfolger, d.h., das Netz ist an den Emitter angeschlossen. Der Arbeitspunkt wird eingestellt entweder durch einen internen Widerstand (abgeschlossener Sender) oder durch einen Widerstand im Netz (z.B. Abschlußwiderstand). Bei Verwendung von nicht abgeschlossenen Sendern muß das Netz daher mit einem Abschlußwiderstand oder einem Anpassungsnetzwerk versehen werden.

MOS-Bausteine dagegen besitzen einen sehr hohen Eingangswiderstand, hervorgerufen durch interne, in Sperrichtung betriebene Dioden. Aufgrund der hohen Eingangswiderstände entstehen hohe Reflexionen, welche sich durch Mehrfachreflexionen überlagern und zu überhöhtem Spannungspegel im Netz führen können. Regeln für MOS-Bausteine schreiben daher serielle Widerstände und Kapp-Dioden zur Dämpfung der Reflexionen vor.


*Verdrahtungsregeln*

Mit den Verdrahtungsregeln wird die Signalausbreitung auf den Leitungen beeinflußt. Geregelt werden Leitungsabschluß, Topologie und Längenrestriktionen.

Taktnetze führen grundsätzlich auslösende Signale und sind an Taktein- oder Taktausgänge sowie an WE-Eingänge (write enable) von Speicherbausteinen angeschlossen. Der Netzaufbau ist so zu gestalten, daß keine Mehrfachreflexionen auftreten, die ein mehrfaches Schalten der Elemente verursachen könnten. Daraus resultieren Vorschriften über Leitungslängen und Abschlußwiderstände, welche sich in Abhängigkeit der verwendeten Elementtypen ergeben.

Busnetze sind gekennzeichnet durch die Verwendung von Tristate- und bidirektionalen Sendern und beliebigen Empfängertypen. Der topologische Netzaufbau ist nicht durch Regeln eingeschränkt. Zur Vermeidung von undefinierten Signalpegeln bei nicht aktiven Sendern ist das Netz über Widerstände mit Potential zu verbinden.

Allgemeine Logiknetze unterliegen nicht den Einschränkungen für Takt- und Busnetze. Der geometrische Netzaufbau ist beliebig. Bei der Verwendung von MOS-Empfängern und PAL-Schaltkreisen gibt es aufgrund der hohen Eingangswiderstände erhöhte Reflexionen. Zur Verringerung dieser Reflexionen darf das Netz daher eine bestimmte Maximallänge nicht überschreiten.

Bei ECL wird zur Laufzeitminimierung vorwiegend seriell verdrahtet, in Sonderfällen (symmetrische Netze, leiterplattenwechselnde Signale) gibt es davon abweichende Regeln. Zur Vermeidung von Überlagerungen reflektierter Wellen sind für die Anordnung der Empfänger Minimalabstände vorgeschrieben.

Unbenutzte Ausgänge verbleiben unbeschaltet. MOS-Eingänge besitzen sehr hohe Eingangswiderstände, sind jedoch äußerst empfindlich gegen überhöhte Spannungen. Unbenutzte Eingänge von MOS-Bausteinen müssen daher direkt oder über ohmsche Widerstände mit Potential verbunden werden, da offengelassene Eingänge eingestreute Signale aufnehmen (Antennenwirkung) und damit die Zerstörung des Schaltelements bewirken können.

*Übersprechregeln*

Schaltvorgänge auf Leitungen können zu Störungen auf benachbarten Leitungen führen, wenn durch die geometrische Lage der benachbarten Leitungen zueinander eine entsprechend hohe Koppelkapazität entsteht. Das Ausmaß der Kopplung ist dabei im wesentlichen abhängig:

- von der Koppelkapazität (Abstand der Leitungen untereinander, Abstand der Leitungen zur Potentialebene, Koppellänge),
- den Sendereigenschaften (Flankensteilheit) und
- von der Anzahl der gleichzeitig schaltenden Sender (z.B. auf Bussen).

Abstand zur Bezugsebene und Sendereigenschaften können bei der Layoutkonstruktion nicht verändert werden. Übersprechregeln bestimmen daher die maximale Koppellänge in Abhängigkeit vom Leiterbahnabstand, bei gegebenen technologischen Randbedingungen.

*Beispiel für Schaltkreisregeln:*

- Ein serielles Netz ist mit einem oder mehreren Sendern des Types 'A' zu betreiben.
- Der Abstand zwischen zwei Sendern darf maximal 30,48 mm betragen.


## 4.5.2  Konstruktionsbedingte Regeln

Konstruktionsbedingte Regeln resultieren aus der Definition der Leiterplatte und des Aufbausystems. Diese können wiederum beeinflußt sein durch Erfordernisse und Möglichkeiten der Schaltkreistechnik und Fertigungstechnik. Beispiele für Konstruktionsbedingungen sind:

- Abmessungen der Leiterplatte,
- zulässige und unzulässige Bereiche für Belegung und Verdrahtung generell bzw. für Teilmengen der Bausteine und Netze,
- Belegungsschemata,
- Aufbau des Lagenstapels,
- Verdrahtungsraster,
- Form und Tiefe der Durchkontaktierung,
- Abstände zwischen Leiterbahnen, Anschlußpads, etc.,
- Leiterbahnbreiten,
- Potentialzuführung,
- Stecker,
- Kühlmöglichkeit,
- Prüfmöglichkeit.


### 4.5.3  Fertigungsbedingte Regeln

Die Möglichkeiten der Fertigungstechnik und -automatisierung müssen ebenfalls im Entwurf beachtet werden. Dies geht - über Abmessung, Abstände usw. - weitgehend in die konstruktionsbedingten Regeln ein. Darüberhinaus ergeben sich weitere Regeln:

- Aus dem Einsatz von Bestückautomaten resultieren Regeln über
    - Zulässigkeit von Gehäusetypen,
    - Ausrichtung der Bauelemente,
    - Bauelementabstände (Bestückschatten).
- Aus der Fertigungstechnik für gedruckte Leitungen (Plotten, Belichten, Feinätzen) resultieren beispielsweise Regeln über
    - Leiterbahnbreiten,
    - Leiterbahnabstände.
- Die Drahtverlegeautomaten bedingen Vorschriften für Leitungsfiguren diskreter Drähte.
- Das Bohren bringt Regeln bezüglich
    - Padgröße,
    - Lagenstapeldicke (mögliche Bohrtiefe),
    - Durchkontaktierungstiefe (totale, partielle Durchkontaktierung).
- Durch die Klebetechnik bei SMD-Bausteinen ergeben sich Vorschriften bezüglich
    - Padgröße,
    - Anschlußfiguren.

### 4.5.4  Regelformulierung

Die Regeln sind dem CAD-System bekannt zu machen. Dafür eignen sich Regelsprachen. Eine Regelsprache muß es ermöglichen, die folgenden Elemente zu beschreiben:

- □ Regeloperanden, wie Bausteinkenngrößen und Netzeigenschaften. Beispiel:
    - Senderbelastbarkeit als eine Bausteinkenngröße,
    - Häufungsstrecke als eine Netzeigenschaft.
      In Verdrahtungsregeln benötigt man den Begriff der Häufungsstrecke. Nur bei seriellen Netzen läßt sich von Häufungsstrecke sprechen. Die Häufungsstrecke eines Netzes beginnt beim ersten Empfänger und hat eine vorgeschriebene Länge, innerhalb derer die Reihenfolge der Empfänger beliebig, deren Anzahl aber begrenzt ist (Bild 4.28).
      Will man die Häufungsstrecke eines Netzes ganz allgemein durch Grundoperationen und -operanden der Regelsprache beschreiben, so erfordert dies komplexe Regelprogrammteile. Deshalb ist es sinnvoll, die Häufungsstrecke als Grundoperand in der Regelsprache aufzunehmen.
- □ Operationen (Grundrechenarten, Mengenbildung, Mengenverknüpfung, Vergleich, Summation, Zugriff auf "benachbarte" Objekte, vordefinierte Funktionen).
    Ein Beispiel für den Zugriff auf "benachbarte" Objekte:
    Für bestimmte Netze kann der Einfluß von weiteren Netzen, die hinter einem Baustein eines Anschlusses liegen, von Interesse sein. Wie in Bild 4.29 gezeigt, können etwa die Netze B und C Rückwirkung haben auf das Netz A. Das heißt aber, man muß während der Bearbeitung von Netz A die Eigenschaften von Netz B und C berücksichtigen können. Vordefinierte Funktionen sind z.B. "Anzahl (Operandentyp)", "Länge" (eines Netzes).
- □ Kontrollstrukturen (Verzweigungen, Schleifen, usw.).
- □ Soll- bzw. Vergleichswerte.

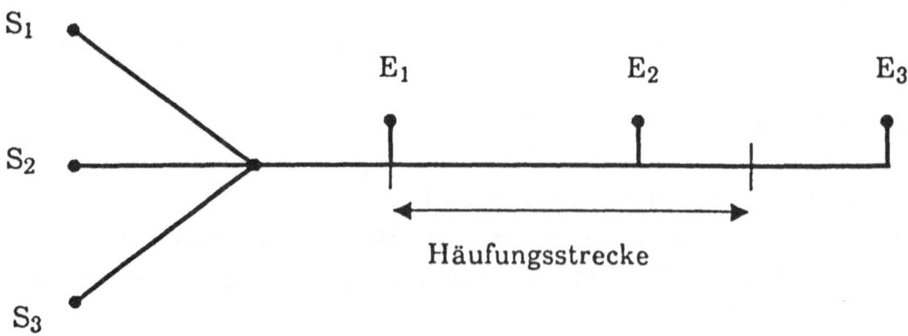



Bild 4.28: Definition der Häufungsstrecke

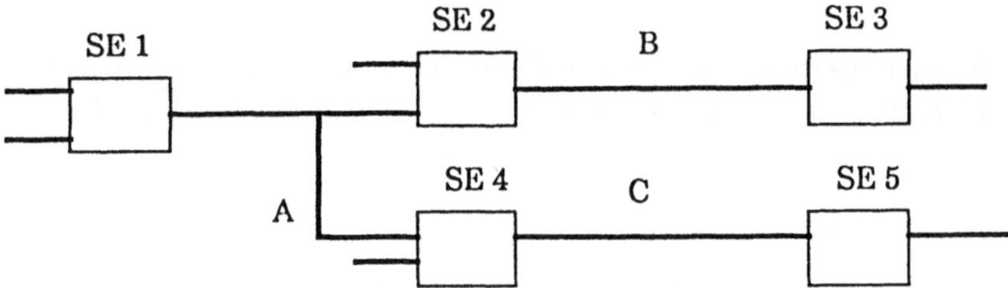


Bild 4.29: Rückwirkung von Netzen

Die genannten Elemente müssen in einer dem Regelersteller geläufigen Form
beschreibbar sein, das heißt:

- Regeloperanden werden anwenderbezogen benannt, um ihre DV-technische
  Definition und Verwaltung im CAD-System braucht sich der Anwender
  nicht zu kümmern.
- Operationen werden beschrieben wie bei Programmiersprachen üblich.
- Soll- und Vergleichswerte werden extra abgelegt und müssen leicht aus-
  tauschbar sein (Parametrisierung).

Es bietet sich an, als Grundlage einer Regelsprache eine Programmiersprache
(z.B. PASCAL, PROLOG) zu nehmen und diese um Regelbegriffe zu erweitern.

Die Regelsprache muß die Möglichkeit bieten, die "Konsequenzen" der Regeln
zu beschreiben, etwa Generierung eines Abschlußwiderstands oder Festlegung der
Netztopologie. Weiter muß das Verhalten des CAD-Systems bei einem Regelver-
stoß beschreibbar sein.

Ziel beim Entwurf einer Regelsprache muß es sein, diese technologieunabhängig auszulegen; alle relevanten Regeloperanden müssen vorgegeben werden und
bei der Parameterdarstellung muß auf Erweiterungsfähigkeit geachtet werden.
Probleme ergeben sich dann, wenn später neue Operanden oder Operationen eingeführt werden müssen. Die Sprache muß daher die Definierbarkeit von Operanden und Operationen vorsehen, das CAD-System muß sie möglichst ohne Änderungen verarbeiten können.

### 4.5.5  Regelsprachen - Aufbereitung

Die Regeln liegen formuliert in einer anwendergerechten Sprache (Regelsource)
vor. Zur Weiterverarbeitung im CAD-System ist diese Form nicht günstig im Sinne einer schnellen Verarbeitung. Für die Verarbeitung im CAD-System bieten
sich zwei unterschiedliche Konzepte an:

*Das Interpreter-Konzept*

Hierbei wird die Regelsource von einem Compiler in ein Zwischenformat übersetzt. Diese Zwischensprache ist eine Befehlsliste mit den zugehörigen Parametern.

Ein Interpreter bildet die Schnittstelle zwischen der Befehlsliste (also den Regeln) und dem System. Er liest die Befehle der Reihe nach und verzweigt in das entsprechende Unterprogramm. Der Vorteil liegt in kurzen Turn-around-Zeiten bei Regeländerungen und anschließenden erneuten Kontrollen.

*Das Compiler-Konzept*

Bei diesem Konzept wird die Regelsource von einem Compiler in ablauffähigen Code übersetzt. Das entstandene Übersetzungsprodukt wird dynamisch in das CAD-System eingebunden. Die Regeln liegen damit im System als ablauffähiger Code vor. Der Vorteil dieser Lösung liegt auf der Hand: ablauffähiger Code ist schneller bei der Verarbeitung als ein Interpreter.

Zur Unterstützung der Regelcode-Entwicklung ist ein Entwicklungssystem mit folgenden Komponenten erforderlich:

- Editor,
- Compiler,
- Prozeduren zum Einbinden des ablauffähigen Codes bzw. des Zwischenformates,
- Unterstützung bei Erstellung bzw. Einbringung von Testschaltungen,
- Regelauswertungswerkzeug,
- Fehleranalyseunterstützung.

### 4.5.6 Abbildung der elektrischen Regeln auf Restriktionen

Operanden der Regeln sind geometrische und elektrische Kenndaten, Zeitgrößen, usw. Beim Layoutentwurf arbeitet der Anwender bzw. die konstruierende Funktion aber ausschließlich mit geometrischen Kenndaten (Länge, Abstände). Beide Begriffswelten sind für ihr Einsatzgebiet optimiert und sollten nicht verändert werden. Deshalb ist eine Abbildung des Systems der elektrischen Regeln in ein System geometrischer Regeln erforderlich, bevor diese weiterverarbeitet werden können. Wir definieren im folgenden ein System der geometrischen Regeln, auf das alle elektrischen Regeln abgebildet werden können. Diese geometrischen Regeln seien *Restriktionen* genannt, da sie die Möglichkeiten der Layoutkonstruktion einschränken. Anschließend beschreiben wir die Abbildung.

Im folgenden werden die Restriktionsklassen aufgeführt, nach denen zu unterscheiden ist.

*Affinitäten zwischen Schaltelementen bzw. Bausteinen*

Die Affinität ist eine Zahl, die die Zusammengehörigkeit von zwei Objekten (Schaltelemente, Bausteine) angibt. Beispiel: Sollen zwei Schaltelemente vom Typ A, die durch ein Netz verbunden sind, nicht auf einem Baustein realisiert werden, bekommen sie eine niedrige Affinitätszahl.

Das Vorgehen, die Steuerung der relativen Lage der Schaltelemente (Bausteine) über Affinitäten zu regeln, hat den Vorteil, daß bei der Konstruktion Möglichkeiten offen bleiben. Stellt sich heraus, daß zwei Schaltelemente nur mehr auf einem Baustein plaziert werden können, obwohl sie niedrige Affinität haben, so kann trotzdem die Konstruktion beendet werden, wenn auch mit einer Warnung.

*Topologievorgaben*

Für Netze und Teilnetze gelten die drei Grundformen:

- seriell verdrahtetes Netz (Bild 4.34 b,c,d),
- Netz als minimal spannender Baum (Abzweigungen erlaubt, aber nur an Anschlußpunkten),
- Netz als Steinerbaum (Bild 4.34 a).

Jedes Netz kann zerlegt werden in Teilnetze, und jedes Teilnetz bekommt eine eigene Netzstruktur. Damit ergibt sich eine hierarchische Beschreibung der Topologie eines Netzes:

Ist ein Teilnetz eine beliebige Untermenge der Anschlüsse eines Netzes, dann wird die Topologie des Netzes wie folgt beschrieben:

- Das Netz wird zerlegt in disjunkte Teilnetze.
- Jedem dieser Teilnetze wird eine "Anschlußstelle" zugeordnet.
- Dem Netz wird eine Netzstruktur zugeordnet.
- Jedem Teilnetz kann wieder eine Topologie aufgeprägt werden.

Anschlußstelle eines Teilnetzes kann sein:

- ein beliebiger Punkt der Verbindungen des Teilnetzes,
- ein beliebiger Anschluß des Teilnetzes,
- ein Randpunkt der Verdrahtungskette, falls das Teilnetz selbst eine "serielle" Topologiestruktur besitzt.

Diese Topologiebeschreibung soll anhand des folgenden Beispiels verdeutlicht werden:

Ein Netz N besteht aus zwei Sendern $S_1$ und $S_2$ und drei Empfängern $E_1, E_2, E_3$. Die Empfänger sollen seriell ohne vorgegebene Reihenfolge zueinander verdrahtet werden; die Sender können beliebig an einen Randpunkt der Empfängerkette angeschlossen werden. Die Topologie ist in Bild 4.30 dargestellt. Die hierarchische Topologiebeschreibung von N zeigt Bild 4.31.

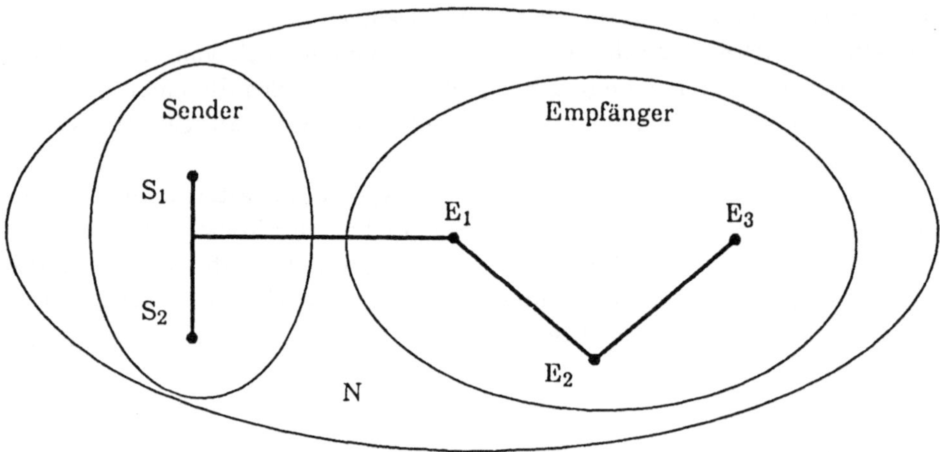

Bild 4.30: Topologie des Netzes N

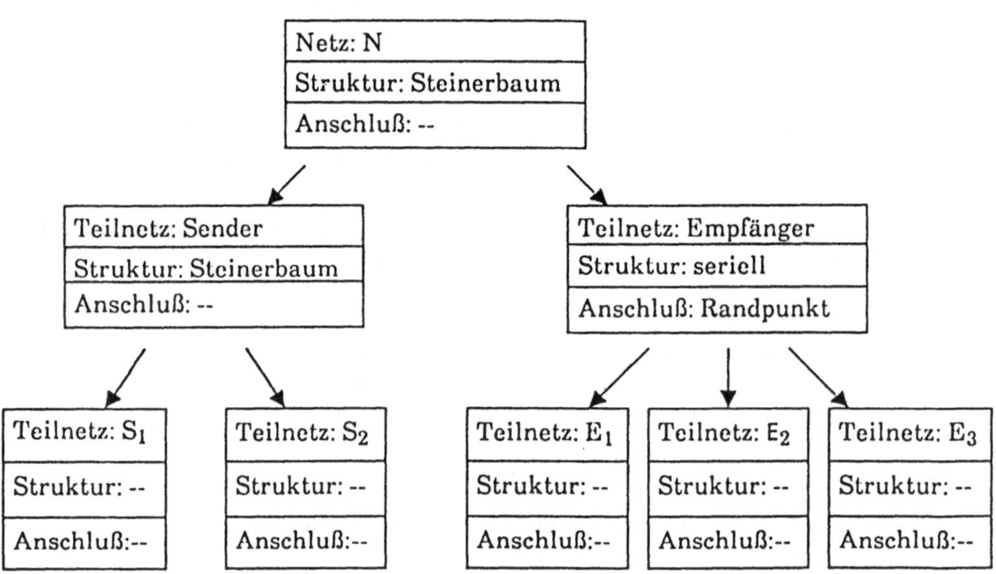

Bild 4.31: Hierarchische Darstellung der Topologie des Netzes N

Dieses Beispiel soll auch folgendes verdeutlichen:

Die Topologievorgabe muß zwar möglichst detailliert erfolgen, darf aber die konstruierenden CAD-Funktionen in ihrem Bemühen um Optimalität nicht zu sehr einschränken. Serielle Verdrahtung bedeutet fast immer eine Verlängerung der Leitungsführung und mindert damit die Chance auf vollständige Entflechtung. Deshalb soll die serielle Verdrahtung nur auf den Teil des Netzes beschränkt bleiben, der diese Einschränkung auch wirklich fordert.

*Maximal- und Minimallängenvorgaben*
Diese Restriktionsklasse ist auf ein Netz bzw. einen bestimmten Teil eines Netzes bezogen. Diesem Teil des Netzes wird vorgeschrieben, wie lang er realisiert werden muß.

*Gleichlängenvorgaben*
Mit dieser Art von Restriktion kann vorgegeben werden, daß eine bezeichnete Gruppe von Netzen bzw. Teilnetzen bis auf eine Toleranz gleich lang verdrahtet werden soll. Dabei können für einzelne Elemente der Gruppe auch Minimal- und Maximallängenvorgaben bestehen, die aber zueinander konsistent sein müssen.

*Koppellängenvorgaben*
Eine Koppellängenvorgabe bedeutet, daß zwei Netze nur eine vorgegebene Strecke unmittelbar parallel laufen dürfen. Koppellängenvorgaben sind das Ergebnis von Übersprechregeln.

*Verdrahtungsrestriktionen*
Es wird mit dieser Klasse von Restriktionen die Möglichkeit gegeben, die Verdrahtung eines Netzes zu beeinflussen, beispielsweise kann für ein Netz gefordert werden, die Leitungen in bestimmte Ebenen zu legen. Ebenso kann die Leiterbahnbreite für die Verdrahtung eines Netzes vorgeschrieben werden.
Bevor eine konstruierende Funktion arbeiten kann, ist es notwendig, die Logik- und Layoutdaten um die Restriktionen anzureichern. In einem Vorlauf werden die Produktdaten an den im System befindlichen Regeln, dem Ergebnis der Regelsprachen-Aufbereitung, gespiegelt und die daraus resultierenden Restriktionen bei den betreffenden Objekten abgelegt. Damit sind die Regeln reduziert auf die Restriktionen und liegen bei den entsprechenden Objekten. Dies gewährleistet einen performanten Zugriff der konstruierenden und verifizierenden Funktionen.
Ein Problem beim Einbringen der Restriktionen sei anhand des folgenden Beispiels erwähnt:
Betrachtet man folgende Regel: Die Länge $l_2$ der Leitung $L_2$ zwischen den Empfängern $E_1$ und $E_2$ (Bild 4.32) darf höchstens $k*l_1$ betragen, wobei $l_1$ die Länge der

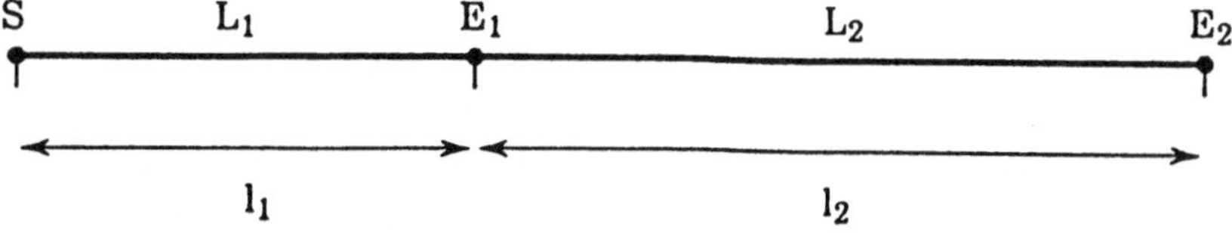


Bild 4.32: Leitungslängenrestriktion

Leitung zwischen dem Sender S und $E_1$ bezeichnet; k steht für einen konstanten Wert. Die Maximallängenvorgabe für das Leitungsstück $L_2$ ist also abhängig von der Länge der Leitung $L_1$. $L_1$ ist aber vor der Konstruktion des Netzes nicht bekannt. Als Restriktion bei $L_2$ kann, falls $L_2$ vor $L_1$ konstruiert wird, lediglich ein Hinweis eingetragen werden, daß diese Restriktion erst zu einem späteren Zeitpunkt konkretisiert werden kann. Für die Verdrahtung heißt dies, daß sie $L_1$ zuerst zu konstruieren hat, damit die Restriktion für $L_2$ abgeleitet werden kann.

## 4.6   Laufzeitberechnung

Die Forderung nach immer mehr Rechenleistung und kürzeren Taktzyklen erfordert entsprechende Maßnahmen beim Schaltungsentwurf. Da vermehrt Schaltelemente mit sehr kurzen Schaltzeiten verwendet werden, spielen die Signalverzögerungen auf den Leitungen zwischen den Bausteinanschlüssen (im folgenden Leitungslaufzeiten genannt) eine immer größer werdende Rolle.

Sie müssen berechnet und der Schaltungsverifikation zur Verfügung gestellt werden. Um dies in einer frühen Entwurfsphase zu ermöglichen, müssen die Berechnungsverfahren in der Lage sein, auch dann Laufzeiten zu ermitteln oder abzuschätzen, wenn das Layout noch unvollständig ist oder erst der Logikentwurf vorliegt.

Laufzeitverzögerungen sind im wesentlichen auf zwei Ursachen zurückzuführen:

Zum einen sind es Einflüsse, welche durch die Technologie der Schaltelemente (Bausteine) und der Leiterplatte entstehen. Zum anderen ergeben sich Einflüsse aus der Leitungsgeometrie selbst.

Ein Laufzeitberechnungsverfahren muß möglichst exakte Ergebnisse bei kurzen Bearbeitungszeiten ermitteln. Als Ergebnis liefern die Laufzeitberechnungen neben einem typischen Wert noch jeweils einen minimalen und einen maximalen Wert zur Abdeckung der Parameterstreuungen von Bauelementen und Leitungsführung. Alle Werte werden pro Sender-Empfänger-Paar der Simulation und der Laufzeitanalyse zur Verfügung gestellt.

### 4.6.1   Physikalische Grundlagen und Leitungsmodell

Bei der physikalischen Realisierung von Schaltungen mit sehr schnellen Signalübertragungsraten (Impulszeit $< 1$ µsec) müssen die Eigenschaften der leitenden Verbindungselemente zwischen den Bausteinkomponenten bei der Ausbreitung von elektromagnetischen Wellen berücksichtigt werden.

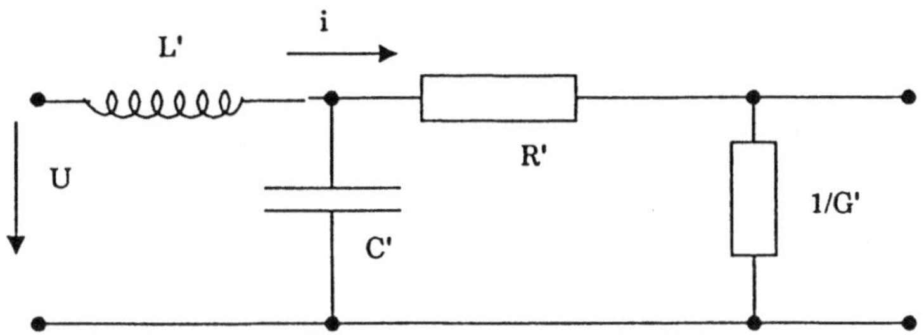

Bild 4.33: Leitungsmodell eines Leitungsstückes

Bei Leiterbahnträgern ohne homogenen Aufbau oder bei denen Leiterbahnen
an der Oberfläche verlaufen, wird durch verschiedene Ausbreitungsgeschwindig-
keiten in den Medien ein Auseinanderfließen des Pulses bewirkt (Dispersion). Ver-
luste in den Leitungen machen sich in einer Verminderung der Amplitude des zu
übertragenden Impulses bemerkbar (Dämpfung). Der Wellenwiderstand, der
hauptsächlich durch die kapazitiven und induktiven Beläge der Leitung gegeben
ist, beeinflußt die Signalausbreitungsgeschwindigkeit und somit die Arbeitsgeschwindigkeit des Systems entscheidend.

In der elementaren Leitungstheorie lassen sich die Leitungseigenschaften
durch die folgenden Parameter beschreiben:

$L'$ :     Induktivität der Leitung,
$C'$ :     Kapazität der Leitung,
$R'$ :     Längswiderstand,
$G'$ :     Querleitfähigkeit,

wobei alle Größen pro Längeneinheit zu verstehen sind.

Das dazugehörende Leitungsmodell kann durch ein einfaches Ersatzschaltbild
(Bild 4.33) dargestellt werden. Alle relevanten Leitungseigenschaften lassen sich
aus diesen vier Parametern ableiten. Diese wiederum können aus den geome-
trisch-physikalischen Kenngrößen der Leitungen ermittelt werden:

□   Form und Durchmesser eines Leitungsquerschnittes,
□   Leitfähigkeit des Metalls,
□   Dielektrizitätskonstante der umgebenden Isolierschichten.

Bei Flachbaugruppen ergeben sich wesentliche Vereinfachungen daraus, daß
$R'$ und $G'$ relativ klein sind, da die Verbindungsleitungen meist sehr kurz und aus
leitendem Material sind. Dämpfung und Dispersion können somit vernachlässigt
werden (verlustlose Leitung $R' = G' = 0$).

Um den Spannungsverlauf auf einer verlustlosen Leitung zu erhalten, muß die
Wellengleichung

$$\frac{\partial^2 U}{\partial x^2} = L'C' \cdot \frac{\partial^2 U}{\partial t^2}$$

gelöst werden, wobei die Ausbreitungsgeschwindigkeit entlang der Leitung gegeben ist durch:

$$v = \left( L'C' \right)^{-\frac{1}{2}}$$

Die allgemeine Lösung dieser Gleichung

$$U = f_1(x - vt) + f_2(x + vt)$$

läßt sich als eine Addition zweier Spannungsverteilungen beschreiben, die sich mit gleicher Ausbreitungsgeschwindigkeit in entgegengesetzte Richtungen bewegen.

Für den resultierenden Stromverlauf erhält man aus dem Ohmschen Gesetz:

$$I = \frac{1}{Z} \left( f_1(x - vt) + f_2(x + vt) \right)$$

wobei der Wellenwiderstand

$$Z = \left( \frac{L'}{C'} \right)^{\frac{1}{2}}$$

als charakteristisches Verhältnis von Induktivität - und Kapazität auftritt. Üblicherweise wird der Wellenwiderstand anstatt der Parameter $L'$ und $C'$ zur Beschreibung von Leitungsphänomenen genommen.

Die Funktionen $f_1$ und $f_2$ werden nur durch die Anfangsbedingungen für Spannung und Strom festgelegt. Es läßt sich zeigen, daß die anfänglichen Verteilungen in unveränderter Form, aber mit verschiedenen Amplituden nach rechts und links auseinanderfließen [4.19]. Man kann sich die resultierende Lösung vorstellen als eine Überlagerung aus hin- und rücklaufender Welle:

$$U = U_{hin}(x - vt) + U_{rück}(x + vt) \qquad I = I_{hin}(x - vt) + I_{rück}(x + vt) \qquad (\mathit{I}\,a)$$

wobei immer gegeben ist:

$$\frac{U_{hin}}{I_{hin}} = Z \qquad\qquad \frac{U_{rück}}{I_{rück}} = -Z \qquad (\mathit{I}\,b)$$

Bei einer Signalübertragung von einem sendenden Element zu einem oder mehreren empfangenden Elementen ist zu Beginn festgelegt, daß es nur eine hinlaufende Welle gibt, die sich unverändert ausbreitet, so lange die Leitungseigenschaften gleich bleiben. Die Spannung am Anfang ergibt sich zu:

$$U = \frac{Z}{Z + R_i} \, U_0 \qquad (\mathit{II})$$

wobei $R_i$ der Innenwiderstand des Senders ist.

Ändern sich jedoch diese Eigenschaften (wie z.B. bei einer Querschnittsveren-
gung oder -vergrößerung oder an Abzweigungen und an Anschlüssen), so wird die
hinlaufende Welle aufgespalten in eine weiterlaufende, gebrochene und in eine
rücklaufende, reflektierte Welle. Der Gesamtspannungs- und der Gesamtstrom-
verlauf nach einer Reflexion ergibt sich aus der Überlagerung aller Teilwellen. Bei
der Berechnung können neben den Gleichungen (*Ia,Ib*) und den Anfangsbedingungen noch zusätzlich Stetigkeitsbedingungen an der Reflexionsstelle benutzt werden. Für die reflektierte Teilwelle erhält man:

$$u_{ref} = r u_{hin}(x + vt)$$

und für den gebrochenen Anteil:

$$u_{geb} = b u_{hin}(x - vt).$$

Die beiden Proportionalitätsfaktoren r und b werden mit Reflexions- bzw. mit
Brechungsfaktor bezeichnet und erfüllen die Bedingung $b = 1 + r$.
Speziell bei einer Wellenwiderstandsänderung ergeben sich:

$$r = \frac{Z_2 - Z_1}{Z_1 + Z_2} \qquad\qquad b = \frac{2 * Z_2}{Z_1 + Z_2}$$

Wird eine Leitung am Ende mit einem ohmschen Widerstand versehen, so tritt
dieser Widerstand in der Formel an die Stelle des Wellenwiderstandes $Z_2$.
   Bei einer offenen Leitung ($Z_2 --> \infty$) erhält man $r = 1$ (Vollreflexion), das heißt,
die reflektierte Welle läuft mit positiver, voller Amplitude zurück und erhöht somit die Gesamtspannung. Um Reflexionen am Leitungsende zu vermeiden, muß
eine Anpassung ($r = 0$) vorgenommen werden. Dies erreicht man, indem der Abschlußwiderstand gleich dem Wellenwiderstand der Leitung gewählt wird.
   Neben Reflexionsstellen wie Leitungsverzweigungen, Durchkontaktierungen,
Umlenkpunkte, Steckerübergänge, Materialänderungen und Leiterbahnsprünge
beeinflussen auch die Anschlußeigenschaften der Schaltelemente, wie Eingangskapazitäten und Eingangswiderstände bei Empfängern und wie Ausgangsbelast-
barkeiten und Innenwiderstände bei Sendern das Laufzeitverhalten eines Signals.
   So erhöht z.B. der in einem Netz verteilte kapazitive Anteil der Empfängerim-
pedanzen $C_{last}$ den Kapazitätsbelag der Leitung $C'$, während der Induktivitätsbe-
lag konstant bleibt. Dies führt zu einer Verringerung des effektiven Wellenwiderstandes gemäß der Beziehung:

$$Z_{eff} = \left( \frac{L'}{C' + \dfrac{C_{last}}{d}} \right)^{\frac{1}{2}}$$

wobei $d$ die Länge des Netzes ist.

Neben den oben aufgeführten Einflußfaktoren sind auch Signalüberkopplungen bei parallel verlaufenden Leitungen ("Übersprechdämpfung", Abschnitt 4.5) und Rückwirkungen über Bausteine hinweg bei den Signallaufzeiten mit zu beachten.


### 4.6.2  Berechnungsverfahren

Für die Berechnung von Laufzeiten gibt es grundsätzlich zwei Klassen von Verfahren:

- Berechnungen der Laufzeit mit Formeln unter der Voraussetzung, daß bestimmte Schaltkreisregeln eingehalten sind und
- numerische Nachbildung des Einschwingvorganges (Netzanalyseverfahren).

Im ersten Fall werden Formeln (teilweise auch empirisch gewonnene) und deren Gültigkeitsbereiche in Form von Regeln ausgewertet. Diese Verfahren, die im nächsten Abschnitt ausführlicher behandelt sind, werden eingesetzt, da sie relativ einfach zu realisieren sind und auch performant ablaufen können.
Probleme sind:

- für jede Schaltkreistechnik und jeden Netztyp gibt es eigene Regelsätze,
- Laufzeitberechnung nur möglich, wenn die Regeln eingehalten werden können,
- Netze mit geringen Abweichungen von den Regeln müssen gesondert überprüft werden und
- die Genauigkeit der Laufzeitwerte ist teilweise gering.

Im zweiten Fall wird der Impulsverlauf (Zeitabhängigkeit des Spannungs- oder Stromverlaufes) eines gegebenen Netzes berechnet. Im Idealfall ist dieses Verfahren technologieunabhängig. Mit numerischen Verfahren, wie z.B. in SPICE [4.20], bei denen die beschreibende differentielle Wellengleichung gelöst wird, kann eine gute Genauigkeit bei allerdings hoher Rechenzeit erreicht werden. Im folgenden wird ein Verfahren vorgestellt, das die Einschwingvorgänge wirkungsvoll simuliert und weniger rechenintensiv ist.


*Berechnung bei Einhaltung von Schaltkreisregeln*

Die Berechnungsformeln bei diesen Verfahren haben nur Gültigkeit für Schaltungen, die den Schaltkreisregeln der gewählten Technologie entsprechen. Schaltkreisregelanalyse und Laufzeitberechnung erfolgen daher meist in einem Schritt.

Die Bearbeitung wird netzweise durchgeführt, wobei zunächst der Netztyp analysiert wird. Für jeden Netztyp kommen dabei die in das rechnergerechte Format umgesetzten Regeln (Regelsatz) zur Anwendung (Abschnitt 4.5).

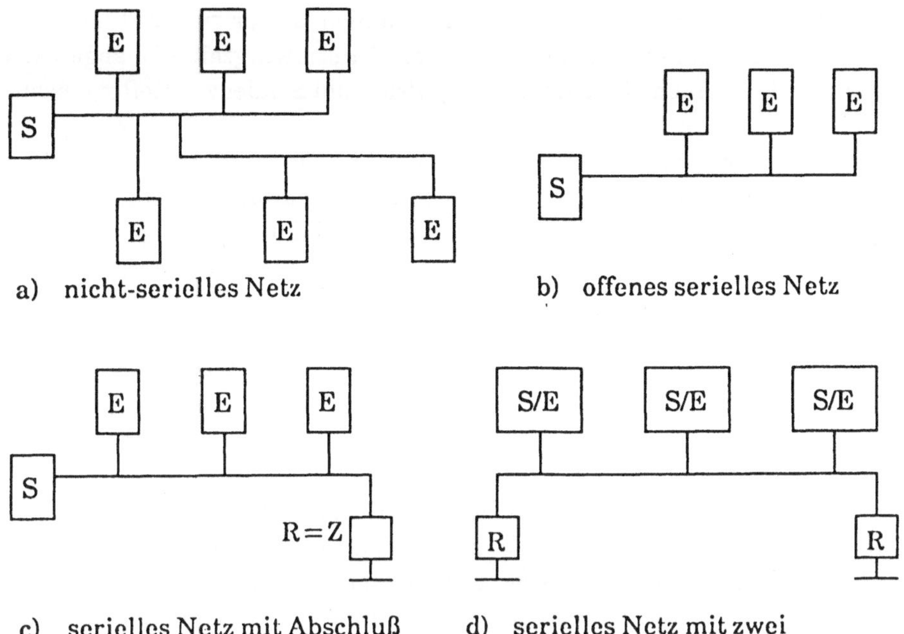

a)   nicht-serielles Netz              b)   offenes serielles Netz

c)   serielles Netz mit Abschluß      d)   serielles Netz mit zwei
                                            Abschlußwiderständen (Busnetz)

Bild 4.34: Topologische Netztypen

Eine globale Unterscheidung der Netztypen kann nach der Topologie des Netzes, das heißt, ob ein Netz seriell oder nicht-seriell ist, vorgenommen werden.

In nicht-seriellen Netzen (Bild 4.34a), wo eine beliebige Verdrahtung mit baumförmigen Verzweigungen vorliegen kann, ist eine genaue Laufzeitberechnung problematisch, da der Wellenwiderstand lokal sehr stark vermindert sein kann. In vielen Fällen muß die Laufzeit genommen werden, die sich aus der ungünstigsten topologischen Anordnung der Anschlüsse im Netz ergibt, um ein sicheres Schalten aller Schaltelemente zu garantieren.

Bei einem seriellen Netz besteht die Leitungsführung aus einer verzweigungsfreien Hauptleitung, wobei der Sender ein Randpunkt ist und die Empfänger höchstens durch sehr kurze Stiche an die Hauptleitung angeschlossen sein dürfen. Die Zeit, bis alle Empfänger das vom Sender ausgehende Signal erhalten haben, kann relativ problemlos bestimmt werden.

Serielle Netze lassen sich unterteilen in Netze ohne und in Netze mit einem oder zwei Abschlußwiderständen, wobei die Abschlüsse immer Randpunkte der Netztopologie sein müssen.

In einem seriellen Netz ohne Abschlußwiderstand (Bild 4.34b) liegt die volle Senderspannung erst nach einer Totalreflexion am offenen Leitungsende an (Sendertyp: angepaßter Sender, wobei der Innenwiderstand ungefähr gleich dem Wellenwiderstand ist, s. Formel II). Um auch Empfänger sicher zu schalten, die in unmittelbarer Nähe des Senders liegen, muß die Einschwingzeit 2*T abgewartet werden, wobei T die einfache Laufzeit des Impulses vom Sender zur Reflexionsstelle ist.

In einem seriellen Netz mit Abschlußwiderstand (Bild 4.34c), dessen Wert gleich dem Wellenwiderstand ist, verkürzt sich die Signallaufzeit dagegen auf T, wobei der Sender allerdings schon zu Beginn die volle Spannung liefern muß (Sendertyp: Leistungssender oder Bustreiber mit niederohmigem Ausgang), da keine Leitungsreflexionen auftreten.

In Busnetzen (Bild 4.34d), d.h., in Netzen mit bidirektionalen Elementen, die sowohl sendende als auch empfangende Eigenschaften haben, kann die Signallaufzeit ebenfalls auf T reduziert werden, wenn beide Enden des Netzes mit angepaßten Widerständen abgeschlossen sind. Dabei müssen die sendenden Elemente vom Typ Bustreiber mit entsprechend größerer Ausgangsbelastbarkeit sein.

Für die Gewinnung von Berechnungsformeln für diese Verfahren sind die Modellierung des Senders (Ersatzschaltung) und das Leitungsmodell wesentlich.

In der ECL-Technologie kann das Sendermodell einfach angegeben werden, da hier nur ein Ausgangstransistor mit einem annähernd konstanten Innenwiderstand berücksichtigt werden muß. Das Leitungsmodell wird durch eine Reihe von Maßnahmen (Abschlußwiderstände, definierter, homogener Wellenwiderstand über den gesamten Verlauf der Baugruppe, Verdrahtung in Innenlagen, nur bestimmte Netztopologien) bewußt einfach gehalten (Beispiel 1).

Bei den Standardtechnologien TTL und CMOS ist die Angabe von Berechnungsformeln dagegen schwieriger, da es kein befriedigendes Sendermodell gibt (Beispiel 2). Senderausgänge in diesen Technologien sind durch eine Gegentaktausgangsstufe realisiert. Da ein Ausgang an zwei unterschiedlich leitenden Transistoren hängt, ergeben sich für den high- und low-Zustand verschiedene nichtlineare Innenwiderstände. Die Kennlinien lassen sich zwar einfach ausmessen, können jedoch bei gleichen Bausteintypen von Chip zu Chip unterschiedliche Verläufe haben, da von den Herstellern nur wenige Arbeitspunkte garantiert werden. Die Netzstruktur bei diesen Technologien kann beliebig sein.


Beispiel 1: ECL-Baugruppe (Bild 4.35)

Die Gesamtlaufzeit eines Signals auf einer ECL-Baugruppe setzt sich aus mehreren Komponenten zusammen:

$$T_{\text{gesamt}} = T_{\text{Leitung}} + T_{\text{Verz}} + T_{\text{Send}} + T_{\text{Empf}}$$
$$T_{\text{Leitung}} = a*\text{Kantenlänge}$$
$$T_{\text{Empf}} = b*\Sigma\, L_{\text{Empf}}$$
$$T_{\text{Send}} = (c + d*\Sigma\, l_{\text{Sender}})*e$$

Dabei bedeuten:

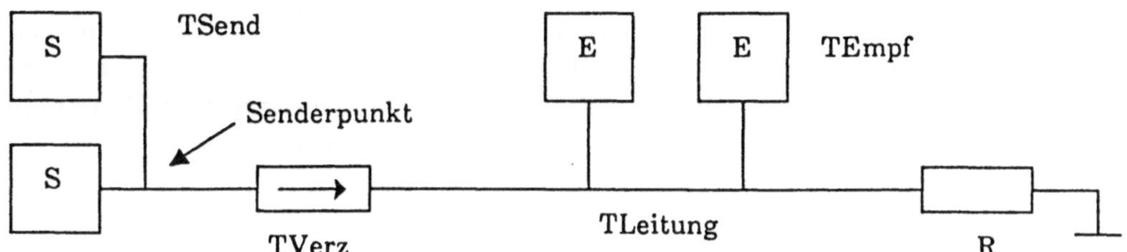


Bild 4.35: Beispiel einer ECL-Baugruppe

$T_{\text{Verz}}$:　　Verzögerung durch Verzögerungsglieder oder Längswiderstände
$T_{\text{Leitung}}$: Laufzeit auf der Leitung
$l_{\text{Sender}}$:　　Leitungslänge vom Sender zum Senderpunkt
$L_{\text{Empf}}$:　　Empfängerlast
$T_{\text{Empf}}$:　　Verzögerung durch Empfängerlasten
$T_{\text{Send}}$:　　Verzögerung durch Senderzusammenschaltung
$a..e$:　　Faktoren

Voraussetzung für die Gültigkeit der Berechnungsmethode ist eine serielle Netztopologie, wobei Sender und Abschlußwiderstände bzw. Steckeranschlüsse die Randpunkte des Netzes bilden müssen.

## Beispiel 2: TTL/CMOS-Baugruppe

Die Berechnung kann nicht mehr anhand von einfachen Laufzeitformeln durchgeführt werden, sondern es werden lediglich die Gesamtnetz-Länge und die kapazitive Gesamtlast im Netz errechnet. Diese bilden sodann das Suchkriterium für Laufzeitwerte in Tabellen. Die Tabellenauswahl erfolgt dabei in Abhängigkeit des betrachteten Netztyps und der im Netz vorkommenden Elementtypen. Die Laufzeitwerte erhält man durch Messungen, deren Ergebniskennlinien in Form von Tabellenwerten abgelegt werden.

### *Berechnung von Einschwingvorgängen [4.18]*

In diesem Abschnitt wird ein Verfahren vorgestellt, welches Einschwingvorgänge in einer baumförmigen Leiteranordnung mit nichtlinearen Widerständen und konstanten Kapazitäten numerisch und technologieunabhängig nachbildet. Bei einem Schaltvorgang läuft ein vom Sender weggehender Impuls auf den Leitungen zu den benachbarten Empfängern, Durchkontaktierungen und Steckern, wobei durch Reflexion und Brechung immer wieder neue Teilwellen entstehen, die sich zur Gesamtspannung bzw. zum Gesamtstrom überlagern (Abschnitt 4.6.1). Dabei wird von der Möglichkeit Gebrauch gemacht, Kapazitäten durch kurze Leitungsstücke zu modellieren, wobei für die Laufzeit des Leitungsstückes gilt:

$$T_{\text{Leitungsstück}} = Z_L * C . \quad (Z_L:\text{Wellenwiderstand der Leitung})$$

Um diese Vorgänge nachzubilden, genügt es, die Werte für Strom und Spannung genau dann zu berechnen, wenn eine Reflexionsstelle von einer Teilwelle erreicht wird. In der Zeit zwischen den Ereignissen an den Reflexionsstellen können sich die Spannungen und Ströme nicht ändern. Da die Entfernungen zwischen den Reflexionsstellen und damit auch die lokalen Laufzeiten dazwischen bekannt sind, können alle möglichen Ereignisse in einer Zeittabelle erfaßt und nacheinander abgearbeitet werden. Ereignisse, bei denen der Reflexionsfaktor an der Reflexionsstelle unterhalb eines bestimmten Wertes liegt, können je nach Genauigkeitsanforderung an die Ergebnisse vernachlässigt werden. Sowohl der Spannungs- als auch der Stromverlauf können für jede beliebige Reflexionsstelle errechnet werden. Es wird dabei angegeben, wie lange es dauert, bis ein gegebener Impulsverlauf in einen stabilen Zustand gelangt. Mit diesem Verfahren kann eine günstige Relation zwischen Rechenaufwand und Genauigkeit erzielt werden.

Basierend auf den Grundlagen in Abschnitt 4.6.1 wird im folgenden anhand eines Beispiels die Anwendung des Modells gezeigt. Gegeben sei eine einfache Leiteranordnung gemäß Bild 4.36.

Die durch die Durchkontaktierung und die Empfänger gegebenen Kapazitäten werden dabei unter Berücksichtigung der Ersatzschaltbilder durch kurze Leitungsstücke substituiert (Bild 4.37).

Es entsteht nun eine Leiteranordnung (Bild 4.38) mit 7 Leitungen und 8 Reflexionsstellen ($K_1...K_8$). Die Reflexionsstellen entstehen durch die durch Leitungen ersetzten Kapazitäten.

Das Berechnungsverfahren geht nun wie folgt vor:

Es wird pro Knoten eine Tabelle angelegt, die ereignisgesteuert, also beim jeweiligen Eintreffen eines Impulses, einen neuen Wert erhält, der durch Addition der Amplitude des Impulses mit dem zuletzt gespeicherten Wert entsteht.

Zum Einschaltzeitpunkt verläuft ein Impuls von Knoten $K_1$ auf der Leitung $L_1$ zum Knoten $K_2$. Er wird teilweise reflektiert, wobei ein Teil zum Knoten $K_1$ zurückläuft, während ein anderer Teil zu den Knoten $K_3$, $K_5$ und $K_6$ weiterläuft. Am

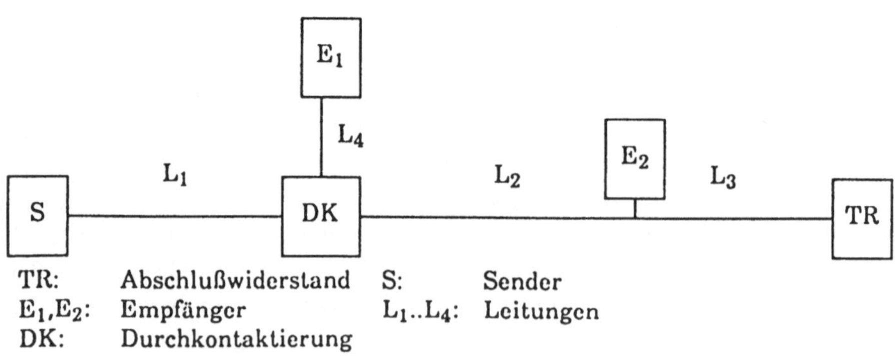


TR:        Abschlußwiderstand      S:        Sender
$E_1,E_2$: Empfänger               $L_1..L_4$: Leitungen
DK:        Durchkontaktierung

Bild 4.36: Leiteranordnung

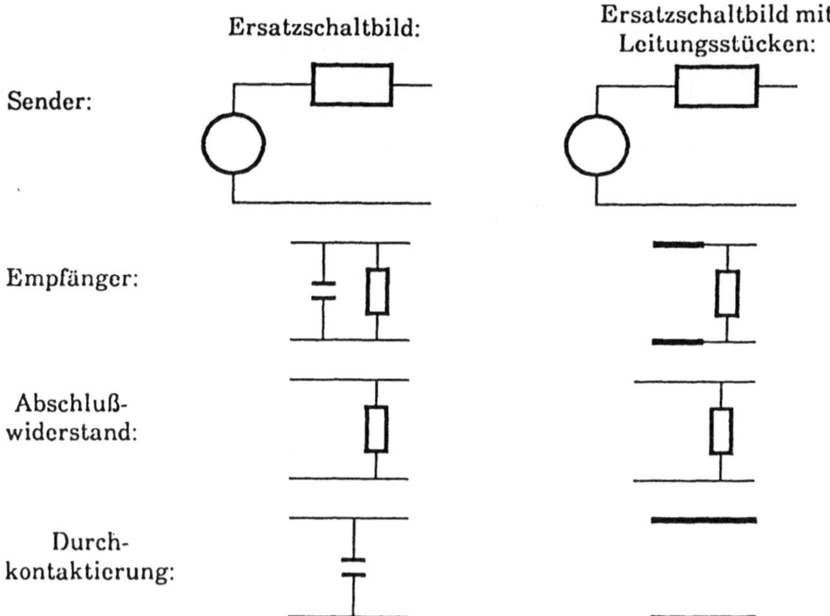



Bild 4.37: Ersatzschaltungen

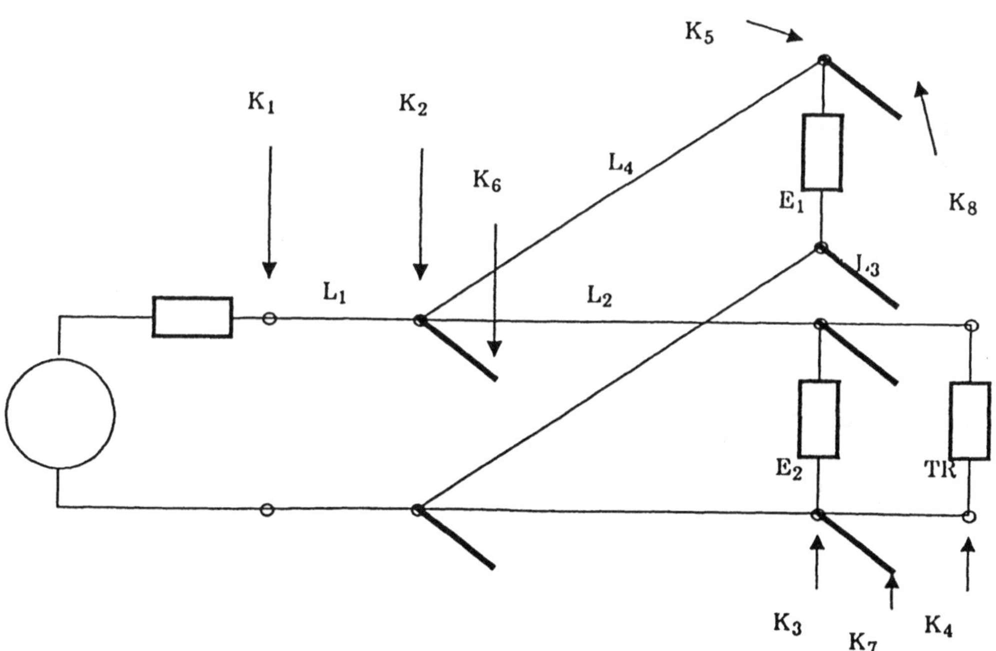



Bild 4.38: Leiteranordnung mit Ersatzschaltungen

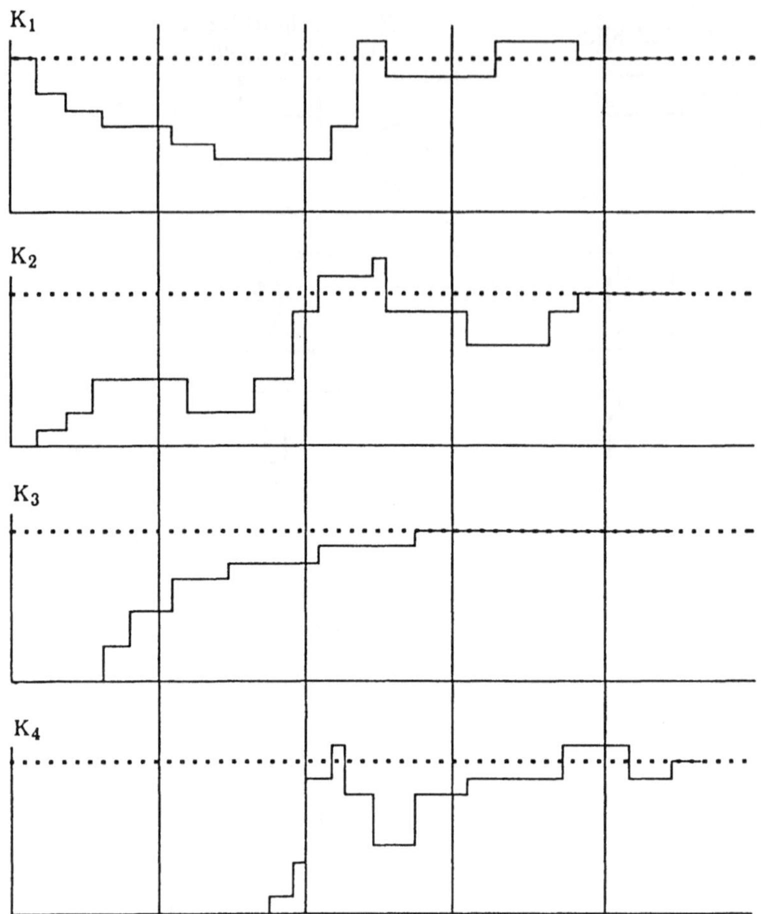

Bild 4.39: Ergebnisse

Knoten $K_3$ beispielsweise findet nun wieder eine Teilreflexion statt, wobei ein Teil der Welle zu Knoten $K_2$ zurückläuft, während der Rest zu den Knoten $K_4$ und $K_7$ weiterläuft.

Dieser Vorgang wird solange fortgesetzt, bis sich die Impulsamplituden an allen Knoten des Netzes nicht mehr wesentlich ändern. Bild 4.39 zeigt die Spannungsverläufe an den Knoten $K_1$, $K_2$, $K_3$ und $K_5$.

Die Laufzeit zu einem Element entspricht der Zeit, die vergeht, bis eine vorgebbare Amplitudenänderung an diesem Element nicht mehr eintritt.

## 4.7 Realisierbarkeitsprognose

### 4.7.1 Entwurfsziele des System- und Modulentwurfs

Der Standard-Entwurfsprozeß, wie er von handelsüblichen CAD-Systemen unterstützt wird, sieht eine sequentielle Erfüllung von einzelnen Zielen in bestimmten Phasen des Entwurfsprozesses vor. In der Phase des Logikentwurfs ist das Entwurfsziel, die Realisierung einer vorgegebenen logischen Funktion mittels eines Schaltwerkes aus Schaltelementen.

Im Schritt Partitionierung des Physikalischen Entwurfs wird das Ziel Herstellbarkeit eines Schaltwerksentwurfs dadurch erreicht, daß die Logikelemente mit physikalischen Elementen realisiert werden, deren Verfügbarkeit sichergestellt ist bzw. für die es in Technologie-Bibliotheken Konstruktionsunterlagen gibt, mit deren Hilfe sie auf bereits erprobte Weise gefertigt werden können. Die Clusterung der Schaltelemente in Bausteine, Baugruppen oder Funktionseinheiten ist in der Regel vom Ziel geleitet, Konformität zwischen logischer und physikalischer Struktur zu erreichen zum Zweck besserer Wartbarkeit und Mehrfachverwendbarkeit von Teilschaltungen. Im Schritt Belegung wird primär das Ziel möglichst hoher Packungsdichte und kurzer Leitungslängen angestrebt, was durch ein Zusammenrücken von Elementen mit vielen Kommunikationsbeziehungen gelingt (Minimierung der Kommunikationsflächen). Bei der Realisierung der Verbindungen schließlich wird, mittels einer Optimierung der Verbindungslängen, das Ziel Geschwindigkeit verfolgt. Mit Hilfe der Simulation erfolgt eine Verifikation dieses Ziels. Elektrisch korrektes Verhalten der Schaltung wird mit Regelkontrollen bzw. zusätzlichen Randbedingungen beim physikalischen Entwurf (Abschnitt 4.3 - 4.6) erreicht.

### 4.7.2 Konflikte zwischen den Entwurfszielen

Wie bei allen komplexen Systemen bestehen auch bei der Realisierung elektronischer Systeme Zielkonflikte. Die Qualität eines Entwurfs ist korreliert mit dem Gesamtoptimum der Ziele. Hohe Qualität eines Entwurfsprozesses und von Entwurfswerkzeugen besteht darin, dieses Optimum mit möglichst geringem Aufwand in möglichst kurzer Zeit zu erreichen. Im heutigen Standard-Entwurfsprozeß ist zumindest letzteres nicht erreicht. Die Ursache liegt in der unabhängigen Verfolgung von Teilzielen in einzelnen Phasen, eine Gesamtoptimierung erfolgt (wenn überhaupt) in mehr oder weniger langen Iterationsschleifen, was bedeutet, daß umfangreiche, vorausgegangene Arbeiten verworfen werden. Dies sei an einigen Beispielen dargelegt:

□ Die Art und Weise, wie eine logische Funktion konstruiert wird, ist entscheidend dafür, ob Herstellungsfehler in der Schaltung mehr oder weniger aufwendig und vollständig erkannt werden können. Eine unter dem Gesichtspunkt Funktionalität vorzügliche Logikkonstruktion muß unter dem Gesichtspunkt Prüfbarkeit vielleicht verworfen werden.

□ Der Entwickler hat bereits frühzeitig Vorstellungen über die Partitionierung seines Systems, in der Regel schon parallel zum funktionalen Entwurf. Ein Grund dafür ist, daß die Partitionierung die Geschwindigkeit der Schaltung sowie die Produktkosten mitbestimmt und in Abhängigkeit davon die Logikarchitektur und sogar die Schaltkreis- und Einbautechnik gewählt werden müssen. Die Konsequenz, die bestimmte Partitionierungsstrategien haben, erfährt der Entwickler bei Standard-Entwurfsverfahren erst am Ende des physikalischen Entwurfs, wenn also der funktionale Entwurf detailliert ausgeführt und die Layoutkonstruktion abgeschlossen ist. Dann erst sind Laufzeiten unter Einbeziehung realer Leitungslängen ermittelbar und ist z.B. die erforderliche Lagenanzahl von Leiterplatten bekannt. Im schlimmsten Fall kann sich das Redesign von VLSI's oder sogar ein Wechsel in der Technologie als notwendig herausstellen. Bei komplexen Systemen, wie z.B. bei Zentraleinheiten von Großrechnern, kann der Zeitraum zwischen einer Entscheidung für eine Partitionierung und dem Erkennbarwerden der Konsequenzen 1 bis 2 Jahre betragen. Hieraus leitet sich die Forderung ab, die Wechselwirkung zwischen funktionaler Architektur, physikalischer Realisierung und Technologie frühzeitig zu betrachten.

□ Die Plazierung von Bauelementen auf Trägern erfolgt heute häufig unabhängig von ihren Auswirkungen auf die Verlegbarkeit von Signalleitungen (Verdrahtung). Dabei kann eine ungünstige Belegung die Verdrahtbarkeit wesentlich beeinflussen.

### 4.7.3  Parallele Zielverfolgung durch Realisierbarkeitsprognosen

Eine Lösung dieser Problematik kann nur durch Abkehr vom Standard-Entwurfsprozeß erreicht werden, bei dem die Entwurfsziele unabhängig voneinander in getrennten Entwurfsphasen nacheinander verfolgt werden. Im folgenden wird beschrieben, wie durch konsequente Anwendung der Realisierbarkeitsprognosen zu jedem Entwurfszeitpunkt vorausschauend die Einhaltung der Ziele in den folgenden, noch nicht in Angriff genommenen Phasen abgeschätzt werden kann [4.21].

Der hierarchische Logikentwurf wird um "Prognose-Werkzeuge" für eine Studie der physikalischen Realisierbarkeit ergänzt, d.h., die kreative Aufgabe der Partitionierung und Bewertung eines Architekturentwurfes kann wirkungsvoll vom CAD-System unterstützt werden. Benötigt werden einfache grafische Entwurfshilfsmittel, sowie Berechnungs- und Analysefunktionen, die einerseits unvollständige (da noch nicht hinreichend detaillierte) Entwurfsdaten verarbeiten können, andererseits auf Basis von Technologie-Parametern (Verlustwärme, Gatter- und Leitungslaufzeiten, Treiberfähigkeit von Sendern, Kapazität von Empfängern, geometrischer Flächenbedarf von Zellen und Bausteinen, Bestückungsfläche und Lagenzahl von Leiterplatten etc.) einen "partiellen Durchstich" des Hardware-Designs bis auf die Ebene der physikalischen Elemente für "kritische Pfade" des Systems unterstützen. Damit wird überprüft, ob bei gegebener Hardware-Architektur und -Technologie die gesetzten Ziele erreichbar sind. Erforderliche Maßnahmen können sofort vorgenommen werden.

*Physikalischer Grobentwurf*

Die Realisierbarkeitsprognose ermöglicht im wesentlichen einen physikalischen Grobentwurf aufgrund von Blockschaltbildern und unter Einbeziehung von Schätzwerten des Anwenders für zum Zeitpunkt der Prognosenerstellung noch nicht bekannte oder festgelegte Entwurfs- oder Standarddaten, wie beispielsweise Flächenbedarf eines Logikblocks, Schaltzeit eines Logikblocks oder benötigte Anzahl an Leiterplatten. Dazu benötigt sie keine neuen CAD-Funktionen - die Komponenten des physikalischen Entwurfs können, angepaßt an die Entwurfsumgebung, eingesetzt werden. Der physikalische Grobentwurf umfaßt vorläufige Partitionierung (Abschnitt 4.2), vorläufige Belegung und Festlegung der Losen Wege (Abschnitt 4.3).

Die Ergebnisse werden weitgehend grafisch aufbereitet. Visualisiert werden Belegungspläne, sowie Lose-Wege-, Wärmedichte- und Leitungsdichtediagramme, außerdem der Füllgrad der physikalischen Einheiten bezüglich der verschiedenen Kapazitätswerte. Kapazitätsüberschreitungen werden gemeldet. Aus diesen Ergebnissen erhält der Anwender Hinweise auf wünschenswerte und notwendige Modifikationen der Logik oder der technischen Parameter und Erkenntnisse über die Realisierbarkeit seines Entwurfs (z.B. sind genügend Verdrahtungslagen auf den Leiterplatten vorgesehen, kann die entstehende Verlustwärme abgeführt werden). Mit dem verbesserten Vorschlag kann dann ein erneuter Probeentwurf durchgeführt werden.

Der Grobentwurf berücksichtigt alle zum Entwurfszeitpunkt bekannten Randbedingungen, einschließlich der Schaltkreisregeln und erfolgt daher entsprechend realitätsgetreu. Die Genauigkeit steigt mit fortschreitender Verfeinerung der Logik, durch präziser werdende Schätzangaben des Anwenders, bis hin zu exakten Werten. Die Probeentwürfe gehen schrittweise in den endgültigen physikalischen Entwurf über.

*Pfadlaufzeitberechnung*

Nach einem Grobentwurf können für bestimmte, vom Anwender interaktiv, z.B. anhand des Blockschaltbildes ausgewählte Signalpfade, die Laufzeiten ermittelt werden, wodurch dem Anwender Schlüsse auf Performance und Leistungsverhalten (Datendurchsatz, Befehlszyklus, usw.) ermöglicht werden. Selektieren der Pfade, Berechnungsmodalitäten und Ergebnisdarstellung werden von der Pfadlaufzeitberechnung übernommen (Abschnitt 3.7). Die Schaltzeiten der Logikblöcke müssen vom Anwender geschätzt werden.

*Partielle Verfeinerung*

Während eines Probeentwurfs darf sich die Logik in einem heterogenen Entwurfszustand von bereits mehr oder weniger verfeinerten Strukturen und noch nicht aufgebrochenen Blöcken befinden. In diesem Zustand können kritische Signalpfade ausgewählt und untersucht werden. Die Ergebnisgenauigkeit hängt stark vom erreichten Entwurfszustand und der damit verbundenen Schätzgenauigkeit ab. Um zuverlässige Aussagen zu erhalten, muß die Logik entlang des Pfades detailliert vorliegen. In einem "partiellen Durchstich" kann deshalb der Anwender die Logikblöcke entlang des gewünschten Pfades verfeinern und den Pfad in der verfeinerten Logik präzisieren, während die Restlogik in dem gröberen Entwurfszustand verbleibt. Nachdem alle relevanten Pfade gemäß den Vorstellungen des Anwenders verfeinert sind, können physikalischer Grobentwurf und Pfadlaufzeitberechnung gestartet werden. Die neu entstehende Logik bleibt erhalten und kann als Hilfe für die spätere Verfeinerung der zugehörigen Gesamtkomplexe dienen. Die partielle Verfeinerung wird interaktiv, unter Verwendung des grafischen Stromlaufeditors vorgenommen.

Das Zusammenwirken aller Komponenten der Realisierbarkeitsprognose gibt Bild 4.40 wieder.

*Statistische Methoden als Alternative*

Aussagen über die Realisierbarkeit eines Schaltungsentwurfs können alternativ auch über statistische Methoden ermittelt werden. Dazu müssen geeignete technologiespezifische Modelle entworfen werden, die mit den aktuellen Kenndaten des Entwurfsobjekts versorgt werden und dann entsprechende Vorhersagen liefern können. Gegenüber der Prognose mit physikalischem Grobentwurf, partieller Verfeinerung und Pfadlaufzeitberechnung ergeben sich dabei folgende Unterschiede:

- Einfachere, weniger aufwendige Erstellung der Ergebnisse bei verfügbaren Modellen.
- Die Modelle basieren auf Erfahrungswerten, die mit bestimmten Logikkomplexen für einen engen Ausschnitt des Technologie-Spektrums ermittelt werden. Abweichungen der Logik von dieser Norm führen zu unsicheren Vorhersagen. Einflüsse neuer technologischer Randbedingungen müssen zunächst geschätzt werden, was die Genauigkeit der Prognose reduziert. Bei Technologieänderungen in großem Stil sind allerdings statistische Methoden unbrauchbar.

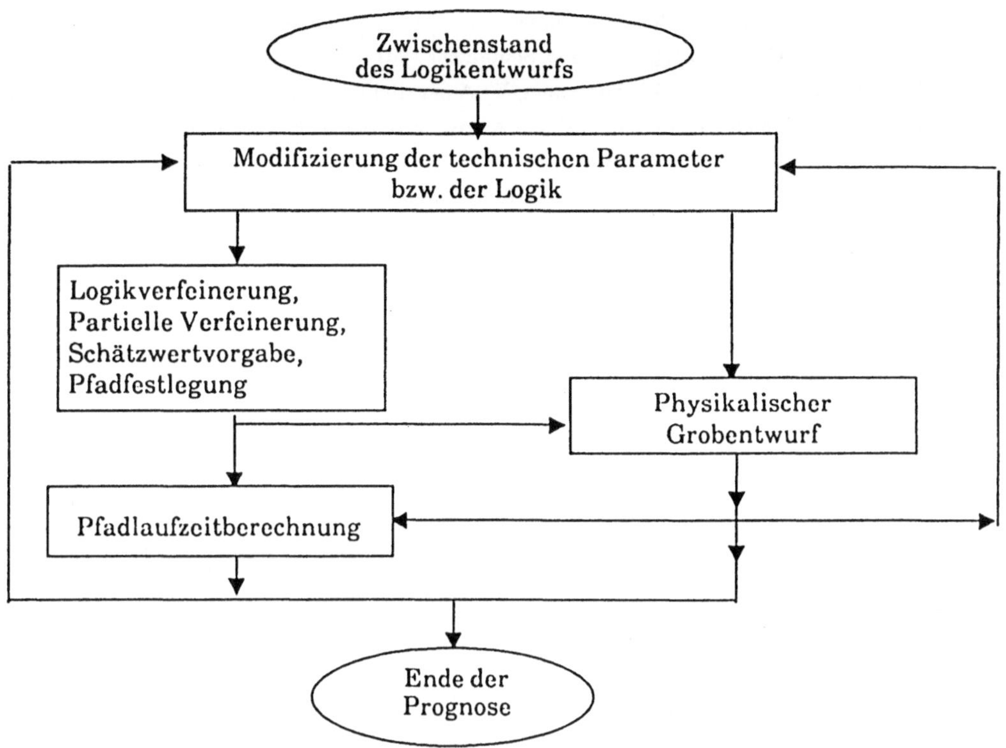


Bild 4.40: Prinzipieller Ablauf der Realisierbarkeitsprognose

□   Das statistische Modell vereinfacht die Entwurfssituation. Es berücksich-
    tigt nicht alle Randbedingungen. Die tatsächliche Realisierung kann daher
    von den Voraussagen erheblich abweichen.

Statistische Methoden können als Alternative zur Realisierbarkeitsprognose
dort wertvolle Hinweise liefern, wo der Aufwand für die Realisierbarkeitsprognose
nicht gerechtfertigt ist, oder wo keine hohe Vorhersagegenauigkeit gefordert wird.

## Literatur

[4.1]   Fiduccia, C.M.; Mattheyses, R.M.: A Linear-Time Heuristic for Improving Network Parti-
        tions. Proc. 19th Design Autom. Conf., pp. 175-182, 1982.

[4.2]   Dachauer, R.; Greipel, K.P.: Qualitätssicherung durch regelgerechten Entwurf von Leiter-
        platten. CAT-Tagung, Stuttgart, 1987.

[4.3]  Lee, C.Y.: An Algorithm for Path Connections and its Applications. IRE Trans. Elect. Computers, Vol. EC-10, No. 3, pp. 346-365, September 1961.

[4.4]  Watanabe, T.; Kitazawa, H.; Sugiyama, Y.: A parallel adaptable Routing Algorithm and its Implementation on an Two-Dimensional Array Processor. IEEE Trans. on Comp.-Aided Design, Vol. CAD-6, pp. 241-250, 1987.

[4.5]  Schäfer, R.: Diagonale Wegesuche in Hierarchien bei der Leiterplattenentflechtung. Diplomarbeit, Technische Universität München, 1986.

[4.6]  Burstein, M.; Pelavin, R.: Hierarchical Wire Routing. IEEE Trans. on Comp.-Aided Design, Vol. CAD-2, No. 4, pp. 223-233, 1983.

[4.7]  Wenger, K.: Hierarchische Plazierung und Lose Wegesuche mit freien Bausteingrößen. Diplomarbeit, Technische Universität München, 1987.

[4.8]  Yoshimura, T.; Kuh, E.S.: Efficient Algorithms for Channel Routing. IEEE Trans. on Comp.-Aided Design, Vol. CAD-1, pp. 25-35, 1982.

[4.9]  Hsu, C.-P.: General River Routing Algorithm. Proc. 20th Design Autom. Conf., pp. 578-583, 1983.

[4.10] Mc Gehee, R.K.: A Practical Moat Router. Proc. 24th Design Autom. Conf., pp. 216-221, 1987.

[4.11] Hamachi, G.T.; Ousterhout J.K: A Switchbox Router with Obstacle Avoidance. Proc. 21st Design Autom. Conf., pp. 216-221, 1984.

[4.12] Hightower, D.: A Solution to Line Routing Problems on the Continuous Plane. Proc. 6th Design Autom. Workshop, pp. 1-24, 1969.

[4.13] Raghavan, R.; Sahni, S.: Single Row Routing. IEEE Trans. on Computers, Vol. C-32, pp. 209-220, 1983.

[4.14] Doreau, M.T.; Koziol, P.: A Topological Algorithm Based Routing System. Proc. 18th Design Autom. Conf., pp. 746-755, 1981.

[4.15] Heyns, W.; Sansen, W.; Beke, H.: A Line-Expansion Algorithm for the General Routing Problem with a Guaranteed Solution. Proc. 17th Design Autom. Conf., pp. 243-249, 1988.

[4.16] Ryan, T.; Roger, E.: An ISMA Lee Router Accelerator. IEEE Design&Test of Computers, pp. 38-45, October 1987.

[4.17] Joobani, R.: WEAVER: A Knowledge-Based Routing Expert. IEEE Design&Test, pp. 812 ff., 1986.

[4.18] Fuchs, M.: Einschwingvorgänge an einer baumförmigen Leiteranordnung mit nicht-linearen Widerständen", Dissertation, Technische Universität Wien, 1986.

[4.19] Hilberg, W.: Impulse auf Leitungen. Reihe Grundlagen der Schaltungstechnik, Oldenbourg, 1981.

[4.20] Hoefer, N.; Nielinger, H.: SPICE Analyseprogramm für elektronische Schaltungen, 1985.

[4.21] Klaschka, F.; Schmitt, H.: Strategien für eine parallele Verfolgung von Entwurfszielen beim Entwurf elektronischer Systeme und ihre Realisierung im CAD-System PRIMUS. Proc. CAT 87, 1987.

# 5 Architektur von CAD-Systemen

## 5.1 Systemarchitektur

### 5.1.1 Einleitung

Die Systemarchitektur gibt die Zerlegung eines CAD-Systems in die wesentlichen Komponenten wieder und legt die Beziehungen zwischen den Komponenten fest. Ausgangspunkt für die Definition der Systemarchitektur sind sowohl die funktionalen als auch die nicht funktionalen Anforderungen [5.1] an das Software-Produkt.

Funktionale Anforderungen beschreiben die Funktionen des Systems, die direkt dem Anwender zur Verfügung stehen sollen. Zu der Klasse der nicht funktionalen Anforderungen gehören Anforderungen, die Einschränkungen oder auch Qualitätsmerkmale festlegen. Beispiele hierfür sind die Angabe bestimmter Turn-Around-Zeiten oder Qualitätsmerkmale wie Portabilität, Wartbarkeit oder Testbarkeit.

Im folgenden wird neben den Anforderungen an ein modernes CAD-System die Grobstruktur des Systems beschrieben. Eine wesentliche Rolle bei den Betrachtungen spielen die Benutzungsoberfläche, die Ablaufsteuerung, die Datenhaltung und das Bibliothekskonzept.

### 5.1.2 Anforderungen an ein CAD-System

Die Systemarchitektur ist maßgeblich durch die nachstehend skizzierten Anforderungen bestimmt.

*Kontrollierter Designprozeß*

Um die Qualität der Entwurfsobjekte zu gewährleisten, muß der Anwender durch den Entwurfsprozeß geführt werden. Eine fehlerhafte Benutzung des Systems bleibt dadurch ausgeschlossen. Ferner stellt das System sicher, daß bei Beginn eines jeden Entwurfsschrittes die benötigten Daten in einem konsistenten Zustand vorliegen, d.h. daß alle Vorbedingungen für den jeweiligen Entwurfsschritt gültig sein müssen.

*Kombination von Entwurfswerkzeugen*

Entwurfswerkzeuge lassen sich in Abhängigkeit von Entwurfsobjekt und Entwurfsziel flexibel zu Entwurfsverfahren kombinieren (Abschnitt 2.7).

*Benutzungsoberfläche*

Wesentlich für die Akzeptanz eines CAD-Systems und für die Qualität des Entwurfs ist eine homogene, an die Bedürfnisse des Anwenders angepaßte Benutzungsoberfläche. Der Dialog erfolgt ausschließlich problembezogen, d.h. der Benutzer kann sich auf die Lösung seines Problems konzentrieren, ohne DV-technische oder systemspezifische Belange berücksichtigen zu müssen.

Der Einsatz von Grafik beschränkt sich nicht nur auf die Eingabe des Stromlaufs. Der gesamte Dialog stützt sich weitgehend auf Grafikelemente ab, z.B. bei der Darstellung von Relationen zwischen Objekten, bei Ergebnisauswertungen oder bei der Ausgabe von Statistiken.

*Ablage, Bereitstellung und Verwaltung komplexer Datenobjekte*

Für alle CAD-Funktionen müssen Designdaten in einem Datenhaltungssystem abgespeichert und wieder bereitgestellt werden können. Zu den Designdaten gehören im wesentlichen Produktdaten, Standarddaten (Bibliotheken) und die Beziehungsaussagen, die Relationen zwischen Entwurfsobjekten beschreiben. Relationen können sein: Konsistenzaussagen oder beliebige Beziehungen zwischen Objekten, z.B. Objekt A *"besteht aus"* Objekt B und C. Die Relationen zwischen Objekten sind definierbar durch den Anwender des CAD-Systems oder durch die CAD-Funktionen selbst.

Neben den eigentlichen Designdaten werden auch Informationen abgespeichert, die Verfahrensabläufe darstellen und damit die Führung des Anwenders durch den Entwurfsprozeß ermöglichen.

Bei der Konzeption eines CAD-Datenhaltungssystem ist ferner zu berücksichtigen, daß Datenstrukturen Änderungen unterworfen sind. Diese Änderungen können von der Technologie eines Entwurfsobjektes herrühren oder von CAD-systemspezifischen Modifikationen. Diese Änderungen werden zentral mit Hilfe einer Beschreibungssprache für Datenstrukturen eingebracht.

*Verteilung von Funktionen und Daten*

Der Einsatz von leistungsfähigen Arbeitsplatzrechnern führt zur Verlagerung der Rechnerleistung von Großrechnern zu lokalen Rechnern. Die Rechnerkonfiguration reicht von einer unabhängig betriebenen Workstation bei einfachen Projekten bis hin zu einem heterogenen Verbund von Arbeitsplatzrechnern und Großrechnern bei komplexen Entwicklungen. Dies erfordert die Verteilung von Funktionen und Daten. Designdaten müssen also über Rechnergrenzen hinweg konsistent gehalten werden.

*Erweiterbarkeit des CAD-Systems*

Das CAD-System muß ein offenes System sein, d.h. Fremdfunktionen sind durch den Anwender einbettbar, neue Funktionen durch den Hersteller des CAD-Systems in das Gesamtsystem integrierbar.

Integrierte Funktionen sind Funktionen, die über die CAD-Bedienoberfläche aufgerufen werden können und die über systeminterne Schnittstellen mit anderen Komponenten des CAD-Systems kommunizieren.

Unter Fremdfunktionen werden Funktionen verstanden, die mit Hilfe einer Externschnittstelle des CAD-Systems an das Designsystem angebunden werden können. Eine Modifikation der Fremdfunktion ist dabei nicht erforderlich. Das CAD-System stellt über eine Externschnittstelle diejenigen Daten zur Verfügung, die für den Ablauf der Fremdfunktionen nötig sind, bzw. die von der Fremdfunktion generierten Daten können über die Externschnittstelle in der CAD-Datenhaltung abgelegt werden. Auf diese Weise ist der Anwender in der Lage, für spezielle Aufgaben Fremdfunktionen direkt in den Entwurfsprozeß mit einzubeziehen.

*Adaptabiblität*

Die technologischen Randbedingungen für Produkte ändern sich rasch. Modifikationen der Technologie, z.B. der Schaltkreistechnik und der Einbautechnik, führen im allgemeinen zur Anpassung einzelner CAD-Funktionen bzw. von Datenstrukturen der CAD-Datenhaltung.

Die Architektur eines CAD-Systems ist also so festzulegen, daß Technologieänderungen nur lokal begrenzte Anpassungen des Designsystems erfordern.

*Austausch von Daten zwischen CAE-Systemen*

Der Großteil der Daten entsteht beim Entwurf eines Produkts. Die CAD-Datenbasis stellt somit die zentrale Datenbasis für alle auf den Entwurf folgenden Planungs- und Fertigungsschritte dar. Aus der Entwurfsdatenbasis lassen sich beispielsweise Programme zur Steuerung von Fertigungsautomaten und Testautomaten ableiten. Auch Daten zur Materialdisposition können aus der CAD-Datenbasis gewonnen werden. In Abhängigkeit von den einzelnen CAE-Systemen sind unterschiedliche Schnittstellen für den Austausch von Daten zu berücksichtigen. Bei der Entwicklung eines CAD-Systems muß ein flexibles Schnittstellenkonzept entworfen werden, das den Transfer von Daten zwischen den verschiedenen CAE-Systemen ermöglicht (Kapitel 6).

Neben den genannten Anforderungen an ein CAD-System sind auch die Portabilität und die Wartbarkeit des CAD-Systems bei der Festlegung der Systemarchitektur zu beachten.

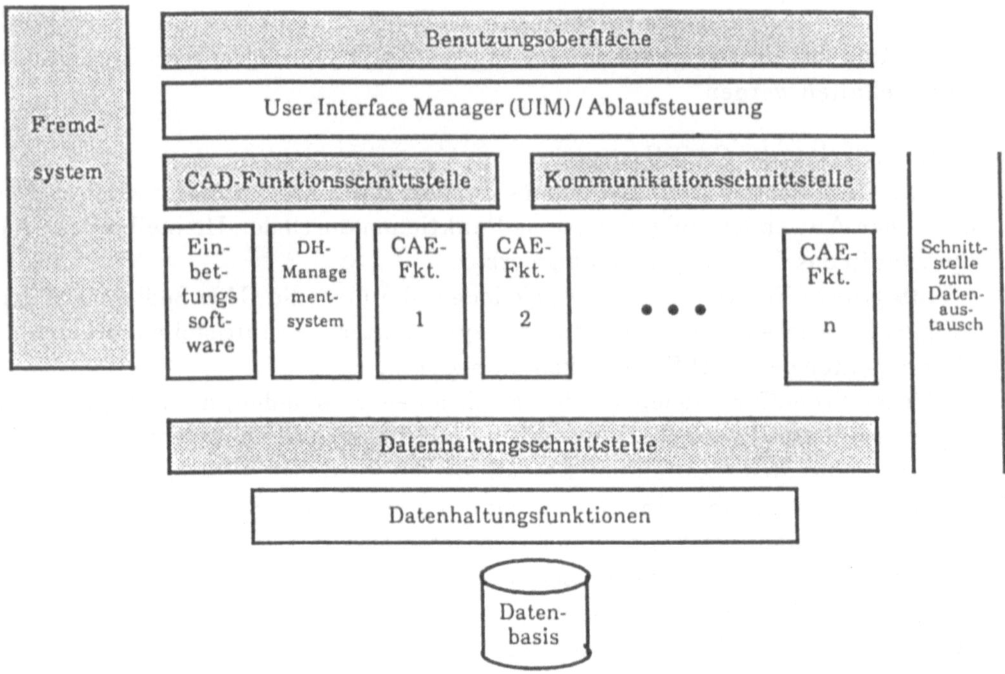


Bild 5.1: Hierarchischer Aufbau eines CAD-Systems (Systemarchitektur)

### 5.1.3 Systemkonzept

Bild 5.1 zeigt den hierarchischen Aufbau eines CAD-Systems. Im nachfolgenden
werden die wesentlichen Aspekte des Systemkonzeptes erläutert.

*Schnittstellen*

Alle Schnittstellen des Designsystems sind funktionale Schnittstellen im Sinne
eines abstrakten Datentyps.

Ein abstrakter Datentyp definiert eine Klasse von Objekten, die durch die Operationen, die mit diesen Objekten ausführbar sind, vollständig charakterisiert ist.
Eine Datenstruktur wird also ausschließlich durch die auf sie anwendbaren Operationen und nicht durch ihre Speicherrepräsentation definiert [5.2, 5.3].

Änderungen von Datenstrukturen haben somit keinen Einfluß auf die Schnittstelle. Auch Modifikationen von Algorithmen, die die Operationen, die auf Objekte
ausführbar sind, implementieren, führen nicht zu Änderungen in den Komponenten, die diese Operationen verwenden, solange die Semantik der Operationen beibehalten wird.

Mit der Verwendung von abstrakten Datentypen läßt sich das Geheimnisprin-
zip (Information Hiding) [5.4] realisieren. Dadurch werden alle Informationen, die
für die Anwendung der Schnittstelle irrelevant sind, vor dem Benutzer verborgen.

Auf diese Weise wird die Wartbarkeit und die Erweiterbarkeit eines Systems erheblich erhöht.

Ein Vorteil in der Anwendung von abstrakten Datentypen liegt auch darin, daß sich die Syntax und Semantik von abstrakten Datentypen mit Hilfe der Methode der algebraischen Spezifikation [5.5] vollständig formal beschreiben lassen. Die Verwendung dieser Methode bereitet allerdings dann Schwierigkeiten, wenn Ausnahme-Behandlungen spezifiziert werden müssen oder wenn die Historie einer Datenstruktur zu berücksichtigen ist [5.6, 5.7]. Letzteres tritt dann auf, wenn die Zulässigkeit der Anwendung einer Operation davon abhängt, welche bzw. wieviele Operationen auf dieses Datenelement bereits ausgeführt wurden.

### Bedienoberfläche

Der Zugang zu den integrierten Funktionen ist nur über die Bedienoberfläche des CAD-Systems möglich. Die Benutzungsoberfläche wird als eigenständige Komponente betrachtet. Dadurch wird die Funktionalität der Benutzungsoberfläche von der eigentlichen Applikation entkoppelt. Auf diese Weise kann der Aufwand für die Realisierung von Anwenderprogrammen reduziert werden, da für jede Funktion vorgegebene Dialogkomponenten genutzt werden können (Abschnitt 5.2.4). Eine weitere, wesentliche Konsequenz dieser Vorgehensweise ist, daß sich die Benutzungsoberfläche unabhängig von den Funktionen des CAD-Systems entwickeln und gestalten läßt. Dadurch wird erreicht, daß die Kommunikation zwischen dem Benutzer und dem CAD-System nach einem einheitlichen Schema erfolgt, d.h. für alle dem Benutzer zugänglichen Funktionen gelten die gleichen Regeln für den Dialog. Ferner kann die Bedienoberfläche an die Bedürfnisse des Anwenders relativ einfach angepaßt werden. Die Trennung der Bedienoberfläche von der Applikation erleichtert schließlich die Berücksichtigung von Standards wie z.B. PHIGS, GKS [5.28] oder X-Windows [5.29]. Voraussetzung für diese Trennung ist die Definition einer Kommunikationsschnittstelle (Abschnitt 5.2.4).

### Kommunikationsschnittstelle

Die Kommunikationsschnittstelle stellt den Komponenten des CAD-Systems Funktionen für den Dialog mit dem Anwender zur Verfügung. Diese Funktionen sind weitgehend unabhängig von der Form der Ein- und Ausgabe, d.h. ob z.B. die Eingabe über Menü oder über eine Maske erfolgt, hat keine Auswirkung auf die CAD-Funktion.

### CAD-Funktionsschnittstelle

Die Funktionsschnittstelle definiert alle Funktionen, die dem CAD-Anwender über die Bedienoberfläche zur Verfügung stehen. Dazu gehören Funktionen zur Verwaltung von Entwurfsobjekten, Auskunftsfunktionen, Funktionen zur Einbettung von Fremdfunktionen, Routinen zur Generierung von Schnittstellen zum

Austausch von Daten zwischen CAE-Systemen und schließlich die Funktionen für den Logikentwurf und den physikalischen Entwurf.

*Datenhaltungsschnittstelle*

Der Zugriff von Funktionen auf Objekte der Datenhaltung erfolgt über eine einheitliche funktionale Schnittstelle. Dem Benutzer dieser Schnittstelle bleibt die Ablagestruktur der Datenobjekte verborgen, d.h. Modifikationen der Ablagestrukturen haben keinen Einfluß auf die Funktionen, die die Datenhaltungsschnittstelle benutzen.

## 5.1.4 Funktionen des CAD-Systems

*User Interface Manager (UIM) und Ablaufsteuerung*

Der Dialog zwischen dem Anwender und dem CAD-System wird durch den User Interface Manager realisiert. Der User Interface Manager ist verantwortlich für die Entgegennahme der Eingabe des Anwenders, falls erforderlich für die Abbildung der Eingabe auf die Kommunikationsschnittstelle und für die Darstellung der Ausgabe der Anwenderfunktionen (Abschnitt 5.2.4).

Die wesentlichen Aufgaben der Ablaufsteuerung sind:

☐ sicherzustellen, daß die in einem Entwurfsprozeß vorgegebene Abfolge von Funktionen durch die Entwickler eingehalten wird (Benutzerführung),
☐ zu gewährleisten, daß die für einen Entwurfsschritt benötigten Daten in dem erforderlichen Format vorliegen,
☐ implizit im CAD-Verfahrensablauf angegebene Funktionen, die für den Anwender nicht sichtbar sind, aufzurufen (z.B. Datensicherung).

Die Leistungen der Ablaufsteuerung sind detailliert in Abschnitt 5.3 beschrieben.

*Anwenderfunktionen*

Anwenderfunktionen sind diejenigen Funktionen, die über die Funktionsschnittstelle von der Ablaufsteuerung aufgerufen werden können. Die Anwenderfunktionen kommunizieren nicht direkt miteinander. Der Dialog zwischen diesen Funktionen erfolgt ausschließlich über die Datenhaltung. Dadurch lassen sich die Anwenderfunktionen innerhalb von Verfahrensabläufen flexibel kombinieren. Eine Anpassung der Anwenderfunktionen ist hierzu nicht erforderlich. Auch die Integration neuer Funktionen wird erleichtert. Würde die Kommunikation direkt zwischen den Anwenderfunktionen erfolgen, so wäre bei der Integration neuer Komponenten ein Redesign von Schnittstellen zwischen CAD-Funktionen erforderlich.

Um den Anpassungsaufwand bei der Einführung neuer Technologien begrenzt zu halten, werden die Algorithmen der Anwenderfunktionen technologieunabhängig ausgelegt. Technologieabhängigkeiten werden über Parameter, Regelsprachen-Compiler oder durch ausschließlich technologieabhängige Moduln eingebracht.

Mit Hilfe der Einbettungssoftware lassen sich für Funktionen, die nicht in das CAD-System integriert sind (Fremdfunktionen), Objekte aus der Datenbasis zur Verfügung stellen bzw. Objekte in der Datenbasis ablegen (Abschnitt 5.4.3).

Das Datenhaltungsmanagementsystem erlaubt dem Anwender über eine grafische Benutzungsoberfläche mit dem Datenhaltungssystem zu kommunizieren. Insbesondere werden durch das Managementsystem dem Anwender

- Auskunftsfunktionen (z.B. Ausgabe eines Inhaltsverzeichnisses der Datenbasis),
- Verwaltungsfunktionen (z.B. Eintrag von Relationen zwischen Objekten),
- Funktionen für die Administration (z.B. Installieren einer Datenbasis, Auslagern von Objekten)

angeboten.

*Datenhaltungsfunktionen*

Mit Hilfe der Datenhaltungsfunktionen werden Entwurfsobjekte nach einem hierarchischen Datenmodell in der Datenbasis abgelegt, verwaltet und wieder zur Verfügung gestellt. Die Datenhaltungsfunktionen ermöglichen sowohl eine fileorientierte als auch eine sichten-orientierte Verarbeitung. Bei einer sichtenbasierten Verarbeitung werden Datenstrukturen übergeben, die an die Verarbeitungsweise der Anwenderfunktion optimal angepaßt sind.

Die Datenhaltungsfunktionen ermöglichen ferner die Definition von beliebigen Relationen zwischen Datenobjekten (z.B. Objekt A "verwendet" Objekt C) und die Bildung von Benutzerkonfigurationen. Eine Benutzerkonfiguration legt fest, welche Objekte als Einheit bei der Verarbeitung betrachtet werden.

Die Datenhaltungsfunktionen sind in Abschnitt 5.4 ausführlich beschrieben.


# 5.2  Benutzungsoberfläche


## 5.2.1 Einleitung

Der Leistungsumfang eines Systems präsentiert sich über die Benutzungsoberfläche. Gestaltungsaspekte der Benutzungsschnittstelle bilden daher einen wichtigen Faktor bei der Bewertung eines Systems [5.8]. Allgemein gilt, daß die Qualität

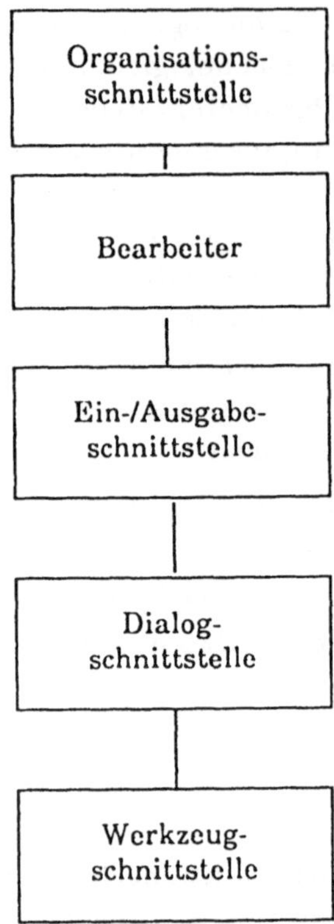

Bild 5.2: IFIP-Modell

eines Systems wesentlich mitbestimmt wird durch die Qualität der Benutzungsoberfläche. Dieser hohe Stellenwert der Benutzungsoberfläche legt es nahe, sich intensiv mit der Gestaltung und Entwicklung von Bedienoberflächen auseinanderzusetzen. Ein wichtiger Schritt in Richtung differenzierter Betrachtungsweise von Benutzungsschnittstellen wurde mit dem IFIP-Modell [5.9] oder auch mit dem Seeheim-Modell [5.35] gemacht. Diese Modelle erlauben eine genauere Betrachtung der Gestaltungsaspekte und der Struktur von Benutzungsschnittstellen. Im nachfolgenden wird das IFIP-Modell näher erläutert (Bild 5.2).

Der Komplex Benutzungsoberfläche ist im IFIP-Modell durch die Schnittstelle für Ein- und Ausgabe, die Dialogschnittstelle, die Werkzeugschnittstelle sowie die Organisationsschnittstelle charakterisiert. Mit der Definition dieses Modells ist die Zielsetzung verbunden, möglichst anwendungsunabhängige Benutzungsschnitttellen zu realisieren. Die dafür notwendigen Entwicklungsschritte können anhand dieses Modells aufgezeigt werden. Darüber hinaus dient es dazu, verschiedene Schnittstellen innerhalb des Komplexes Benutzungsoberfläche BewertungsKategorien zuzuordnen.

Die Schnittstelle für Ein- und Ausgaben beschreibt die Eingabe- und Ausgaberegeln. Auf seiten der Eingabe wird definiert, auf welche Weise die Benutzeraufträge beschrieben werden, z.B. durch Kommando, Menü oder Funktionstasten. Außerdem wird festgelegt, über welche Hilfsmittel (z.B. Maus, Griffel etc.) die Schreibmarke auf dem Bildschirm bewegt werden kann. Auf seiten der Ausgabe wird definiert, auf welche Weise die Information dem Benutzer vermittelt wird.

Die Dialogschnittstelle definiert die Regeln für die interaktive Arbeitsweise des Benutzers mit dem System. Die Regeln umfassen das gesamte Spektrum vom freien bis zum geführten Dialog. Die angebotenen Steuermechanismen werden ebenso behandelt wie die Einsatzmöglichkeiten der Hilfe-Funktion bzw. wie die Verhaltensweisen des Systems in Fehlersituationen.

Das Zusammenspiel der im System angebotenen Funktionen, der Leistungsumfang der einzelnen Funktionen sowie die Zugriffsmöglichkeiten des Benutzers auf Daten und Funktionen werden in der Werkzeugschnittstelle festgelegt.

Die Regeln der Organisationsschnittstelle befassen sich zum einen mit dem gegebenen Kontext des Software-Systems, z.B. wie gut ist das Werkzeug mit der übrigen Systemumgebung abgestimmt, zum anderen mit den Arbeitsaufgaben und -inhalten sowie der Arbeitsorganisation [5.10].

Aufgrund umfangreicher Untersuchungen haben sich wesentliche Anforderungen an die Schnittstelle für Ein- und Ausgabe, die Dialogschnittstelle und die Werkzeugschnittstelle herauskristallisiert.

Daraus wurden die in Bild 5.3 aufgezeigten Bewertungskategorien abgeleitet. Da diese drei Schnittstellen gewisse Abhängigkeiten voneinander aufweisen,

Bild 5.3: Bewertungskategorien

kann auch die Bewertung bzw. die Realisierung der genannten Schnittstellen
nicht vollständig unabhängig voneinander erfolgen. Die Darstellung in Bild 5.3
veranschaulicht auch diese Abhängigkeiten. Beispielsweise kann der Dialog nicht
auf Eingaben über Menü und Maus beruhen, wenn die Schnittstelle für Ein- und
Ausgabe diese Vorgehensweise nicht unterstützt.

Die nachfolgenden Ausführungen basieren auf diesen allgemeinen Überlegungen zur Gestaltung von Benutzungsschnittstellen. Hinzu kommt, daß im CAD-Bereich der Grafikaspekt für die Gestaltung der Benutzungsoberfläche eine wichtige
Rolle spielt [5.11]. Den Schwerpunkt der Betrachtungen wird daher in den folgenden Abschnitten die Beschreibung einer grafischen Benutzungsoberfläche einnehmen.


### 5.2.2 Aspekte der Benutzungsfreundlichkeit

Das komplexe und umfangreiche Leistungsspektrum eines CAD-Systems bedingt
eine Vielzahl unterschiedlicher Softwarebausteine. Die DV-technische Realisierung des Gesamtsystems, d.h. die Anzahl dieser Bausteine sowie deren Zusammenspiel muß dem Benutzer nicht transparent sein. Die Benutzungsoberfläche
übernimmt dabei die Aufgabe, den Leistungsumfang des Systems über eine möglichst homogene Schnittstelle anzubieten. Die dabei vorzunehmende Abstraktion
der zugrundeliegenden Programme unterstützt wesentlich eine problemorientierte Vorgehensweise. Der Benutzer muß kaum DV-technische Kenntnisse besitzen.
Er kann sich in vollem Umfang seinem Problem widmen. Homogene Bedienoberflächen ermöglichen darüber hinaus eine effektive Anwendung aller innerhalb des
Systems angebotenen Funktionen. Homogenität ist sowohl bezüglich der gestalte-
rischen Aspekte, wie Menü-Form, Anordnung der Menüs usw., als auch bezüglich
der inhaltlichen Aspekte (Begriffswahl, mnemotechnische Abkürzung, Hilfefunk-
tion usw.) anzustreben.

Grafische Benutzungsoberflächen sind heute im allgemeinen *objektorientiert*
angelegt (Macintosh, Xerox Star etc.). Jedem Objekt ist die Menge von Funktionen
zugeordnet, die auf diesem Objekt ausführbar sind. Der Benutzer selektiert zuerst
ein Objekt und gibt dann dem System bekannt, welche der Funktionen auf das
selektierte Objekt angewendet werden soll. Beispielsweise wird die Funktion Simulation aufgerufen, nachdem die gewünschte Schaltung selektiert wurde. Dies
entspricht der natürlichen Vorgehensweise. Dadurch sind auch die Voraussetzungen für kontextabhängige Ausprägungen von Menüs gegeben (Abschnitt 5.2.3).

In bestimmten Phasen, zum Beispiel beim Editieren von grafischen Stromlauf-
beschreibungen, kann auch eine *funktionsorientierte Vorgehensweise* sinnvoll sein.
In der Regel werden zum Beispiel mehrere Signale in einem Arbeitsschritt in den
Stromlauf eingebracht, so daß es aus der Sicht des Benutzers sehr vorteilhaft ist,
wenn er mit einer Selektion das Kommando WIRE einstellen kann und erst nach

Abschluß dieser Arbeiten explizit das Kommando "beenden" braucht. Dem Anwender muß dabei zu jedem Zeitpunkt angezeigt werden, daß ein bestimmter, von ihm eingestellter Zustand vorliegt.

Die heute zum Einsatz kommenden Workstations bieten hervorragende Möglichkeiten zur Gestaltung von grafischen Benutzungsoberflächen. Ganz selbstverständlich ist inzwischen der Einsatz von Menüs und mehreren Fenstern. Benutzereingaben werden durch Menüs sehr komfortabel unterstützt, denn Menüs sind ein Angebot zur Auswahl [5.12]. Neben der Auskunft über erlaubte Benutzeraktionen, d.h. die Auswahl der Alternativen ist kontextabhängig eingeschränkt, wird dem Benutzer i.a. eine Hilfestellung angeboten. Die benutzerspezifische Steuerung des Ablaufs erfolgt also sinnvollerweise über Menüs.

Je nach Funktion eines Menüs ist der Erscheinungszeitpunkt festgelegt. Pop-Up-Menüs zum Beispiel erscheinen auf Tastendruck und belegen daher den Platz nur, solange sie gebraucht werden. Der Vorteil von Pop-Up-Menüs besteht in der Unterstützung von Benutzern, die nur gelegentlich mit dem System arbeiten. Ein Nachteil - vor allem aus der Sicht erfahrener Benutzer - ist das etwas zeitaufwendige Traversieren von Kommando-Bäumen. Ideal in diesem Zusammenhang ist eine Kombination von Menüs und Kommandosprache. Weitere Menüs können als Antwort auf eine Aktion, z.B. eine Hilfeanforderung erscheinen, oder als Reaktion auf einen Fehler (aktive Hilfe). Die verschiedenen Menütechniken werden ausführlich in Abschnitt 5.2.3 behandelt.

Da sich die Qualifikation oder andere personale Merkmale des Anwenders verändern, müssen die Objektfaktoren in Abhängigkeit der Subjektfaktoren gestaltbar sein, d.h. Menüs müssen unter der Kontrolle des Systems veränderbar sein.

Die Gestaltung von Arbeitsfenstern ist ein weiterer wichtiger Aspekt der Benutzungsoberfläche. Im Bild 5.4 ist exemplarisch ein CAD-Arbeitsfenster dargestellt.

Die angezeigten Elemente wie Closebox, Infobox, Iconbox usw. sind über alle Funktionen eines CAD-Systems hinweg einheitlich beschrieben und angeordnet. Die Lage und die Größe der Arbeitsfenster sowie ihre Anzahl können in den Grenzen des realen Bildschirms beliebig sein. Vollständige oder teilweise Überlappungen von Arbeitsfenstern, analog einem realen Schreibtisch, sind dabei möglich.

Die Technik, mehrere Fenster gleichzeitig auf einem Bildschirm zu verwalten, bietet unter anderem die Möglichkeit, unterschiedliche Repräsentationen eines Objektes gleichzeitig darstellen zu können. So läßt sich z.B. ein Stromlaufplan parallel zu Simulationsergebnissen abbilden. Auf diese Weise können dann benutzungsfreundlich Modifikationen des Stromlaufs anhand der Simulationsresultate durchgeführt werden.

Grafikfähige Workstations bieten Mittel, um Aktionen und Zustände visualisieren zu können. Die Systemdynamik kann sich z.B. am Cursor widerspiegeln. Um dem Benutzer anzuzeigen, daß eine rechenintensive Phase durchlaufen wird, kann der Cursor die Form einer Sanduhr annehmen. Oder falls der Cursor in ei-

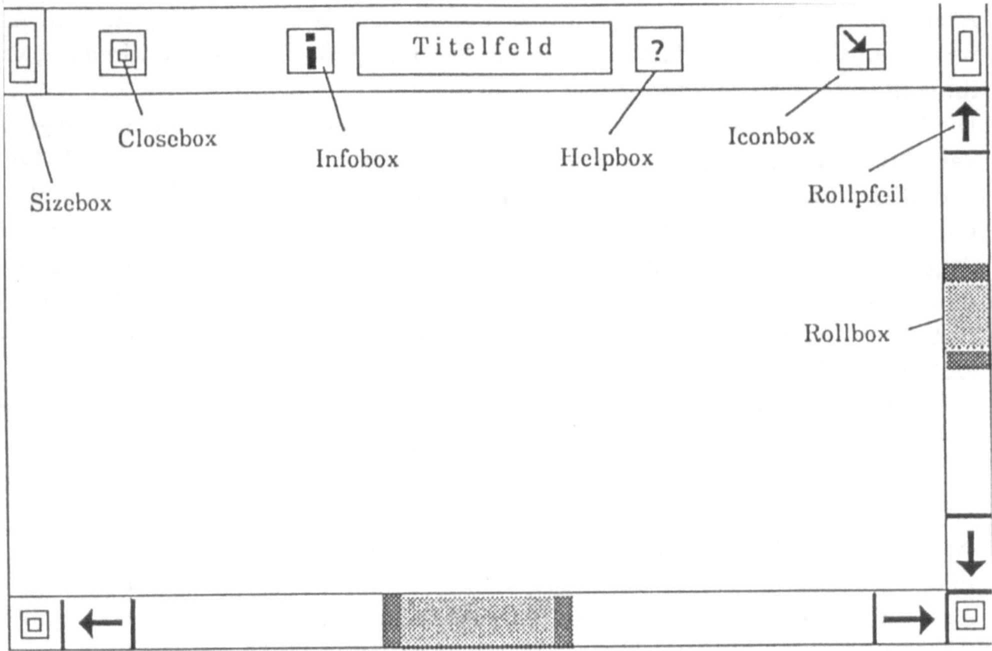


Bild 5.4: Arbeitsfenster

nem nicht freigegebenen Bereich geführt wird, kann über eine spezielle Cursor-Form der Hinweis darauf an den Anwender erfolgen.

Trotz Benutzerführung muß es das System dem Anwender ermöglichen, bereits ausgeführte Aktionen durch ein UNDO-Kommando wieder rückgängig zu machen. Die Wiederherstellung eines alten Zustandes erfolgt also durch das Dialogsystem und nicht durch aufwendige Rekonstruktionsmaßnahmen des Benutzers.

### 5.2.3 Menütechniken

Die Vorteile für den Anwender beim Einsatz von Menüs wurden bereits behandelt. Dieser Abschnitt beschäftigt sich mit den unterschiedlichen Techniken zur Handhabung und Darstellung von Menüs. Die Technik sollte dem jeweiligen Einsatzfall angepaßt sein. Prinzipiell unterscheidet man zwischen:

- statischen Menüs,
- Pop-Up-Menüs,
- Drop-Down-Menüs.

Im folgenden soll anhand einiger Teilfunktionen eines CAD-Systems exemplarisch aufgezeigt werden, in welchen Situationen die einzelnen Menütechniken sinnvoll zum Einsatz kommen können.

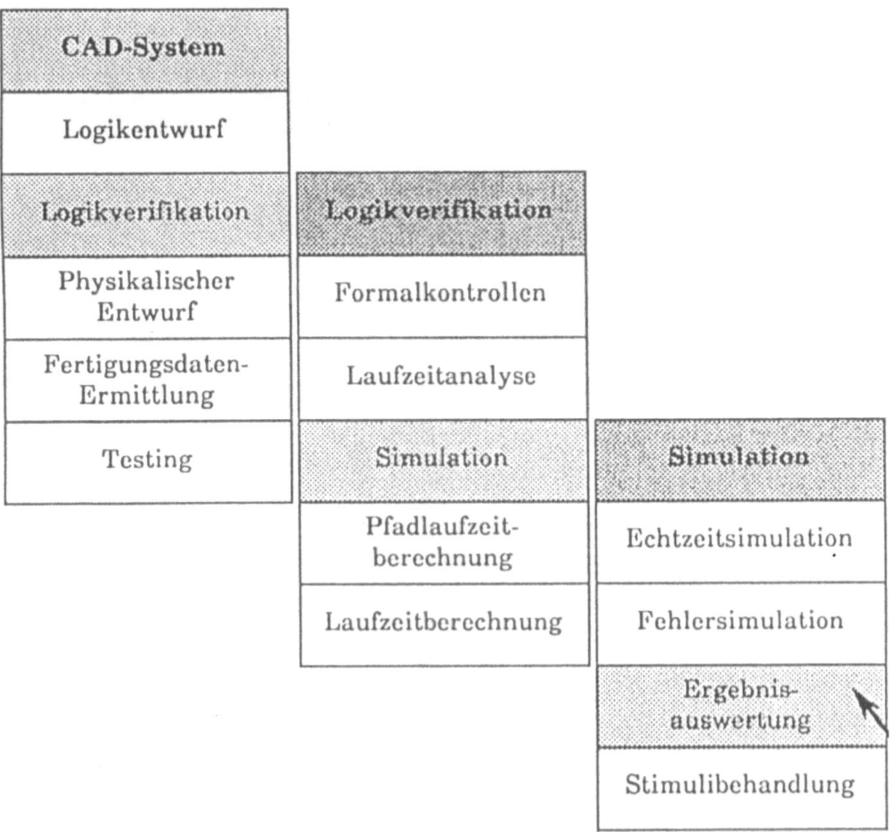



Bild 5.5: Beispiel eines dreistufigen Pop-Up-Menüs

Betrachtet man den Systemzustand direkt nach dem Aufruf des CAD-Systems, so bietet es sich an, den Funktionsumfang des Systems über *Pop-Up-Menüs* dem Benutzer zugänglich zu machen (Bild 5.5). Der Benutzer erhält, auf den Klick einer definierten Maustaste hin, alle Kommandos auf der obersten Hierarchiestufe an der aktuellen Position des Cursors angezeigt. Dadurch kann der Anwender mit Hilfe der Maus den gewünschten Abschnitt des CAD-Verfahrensablaufs selektieren. In unserem Beispiel wurde das Feld Logikverifikation selektiert. Der Benutzer kann so auf einfache Art und Weise den Kommandobaum bis zur gewünschten Funktion durchschreiten. Durch die Selektion des entsprechenden Feldes und einem weiteren Tastenklick kann diese angestoßen werden. In dem Beispiel (Bild 5.5) wurde die Ergebnisauswertung der CAD-Funktion Simulation aufgerufen.

Pop-Up-Menüs bieten zum einen den Vorteil, daß der funktionale Leistungsumfang logisch strukturiert in Form von hierarchischen Menüs angeboten werden kann und dadurch dem Benutzer, quasi als Erinnerungshilfe, zur Laufzeit der verfügbare Funktionsumfang aufgezeigt wird. Die Größe der Menüfelder ist beim

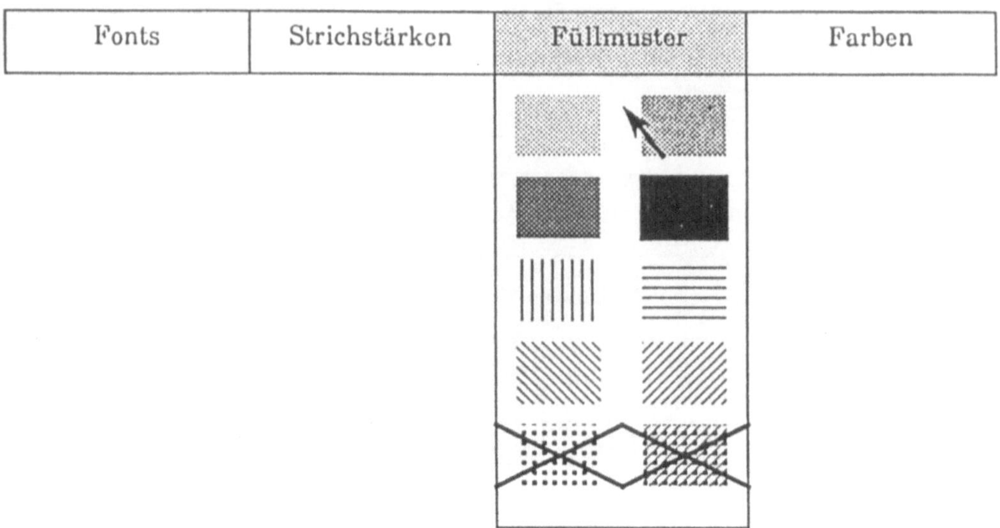


Bild 5.6: Beispiel eines Drop-Down-Menüs

Pop-Up-Menü wie auch bei Drop-Down-Menüs standardisiert, d.h. sie ist unabhängig von der Größe des Fensters, in das die Menüfelder eingeblendet werden.

*Drop-Down-Menüs* werden in Form eines Initialmenüs als horizontale Menüleiste permanent am Bildschirm angezeigt. Die einzelnen Felder dieses Initialmenüs enthalten abstrakte Begriffe für die selektierbaren Elemente. Durch Selektion eines Feldes des Initialmenüs rollt die dazugehörige Menüleiste nach unten, so daß die konkreten Elemente zur Selektion freigegeben sind (Bild 5.6). Menüfelder von Drop-Down-Menüs können als nicht selektierbar gekennzeichnet werden. In unserem Beispiel wird die Information, daß die im untersten Menüfeld angezeigten Füllmuster nicht verfügbar sind, durch eine spezielle Markierung dem Benutzer vermittelt. Nicht selektierbare Menüfelder werden auch nicht invertiert, wenn der Cursor in diesen Bereich geführt wird.

Kommandos bzw. Funktionen, die sehr häufig verwendet werden und die der Benutzer über einen sehr einfachen und schnellen Zugriff erreichen will, werden über *statische Menüs* angeboten. Unter statischen Menüs versteht man eine feste Menüleiste mit einer festgelegten Anzahl selektierbarer Felder. Das statische Menü ist immer am Bildschirm sichtbar, es kann durch weitere Arbeitsfenster bzw. andere Menüs nicht verdeckt werden. Die Anzahl der darstellbaren Menüfelder ist jedoch begrenzt. Deshalb enthält das statische Menü die am häufigsten vom Benutzer verwendeten Kommandos. Der Anwender kann jedoch den Inhalt der Menüfelder entweder interaktiv oder über ein "profile" seinen individuellen Wünschen anpassen. Die statischen Menüfelder haben eine fest vorgegebene minimale Größe, d.h. beim Verkleinern des Arbeitsfensters werden proportional dazu auch

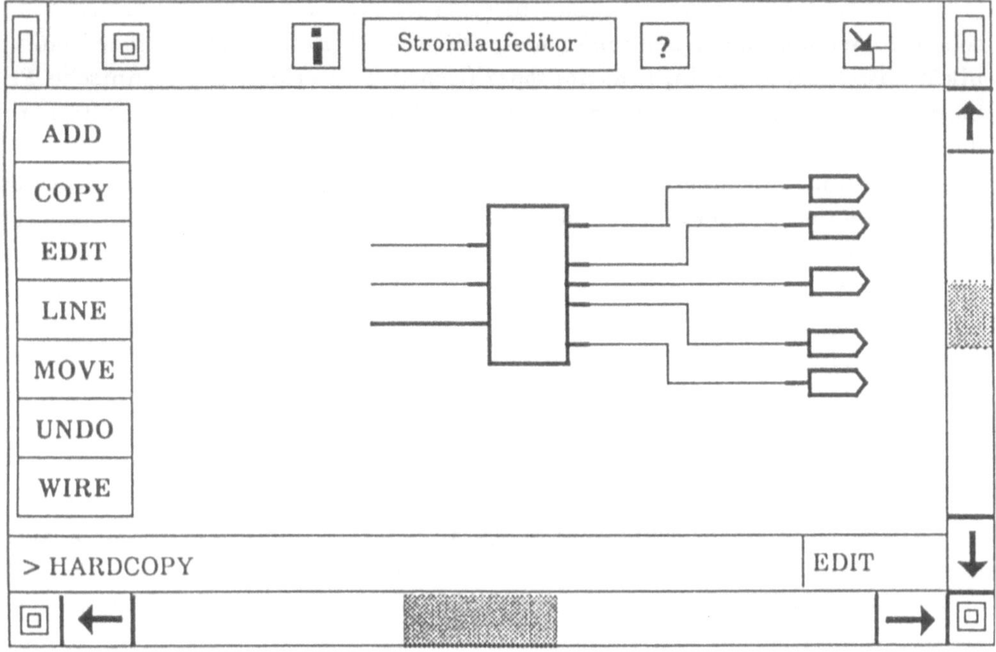



Bild 5.7: Beispiel eines Arbeitsfensters mit einem statischen Menü

die Menüfelder bis zum Erreichen der Minimalgröße verkleinert. Beim Überschreiten dieser Grenze wird abhängig von der Fenstergröße die Anzahl der Felder reduziert. Dadurch wird erreicht, daß bis zu einer Grenze, bei der noch eine einwandfreie Selektion gewährleistet ist, die maximale Anzahl der Menüfelder zur Verfügung steht. Sinnvoll eingesetzt werden können z.B. statische Menüs innerhalb eines Stromlaufeditors (Bild 5.7).

Statische Menüs, Pop-Up-Menüs und Drop-Down-Menüs besitzen unterschiedliche Qualitäten, die gezielt eingesetzt, dem Benutzer für die Arbeit mit einem CAD-System eine wertvolle Unterstützung bieten.

### 5.2.4 Erstellung von Benutzungsoberflächen

Der Anteil des Sourcecodes, der für die Realisierung der Bedienoberfläche eines kommerziellen Systems benötigt wird, beträgt etwa 40 bis 60 % des Gesamtvolumens des Systems [5.34]. Dabei sind in der Regel gleichartige Mechanismen implementiert. Aus diesem Grund liegt der Gedanke nahe, Basisfunktionen zur Gestaltung von Bedienoberflächen in einer Objektbank bereitzustellen, die für spezielle Anwendungen genutzt werden können.

Voraussetzung für diese Vorgehensweise ist die Trennung der dialogspezifischen Komponenten von den funktionsspezifischen Teilen mit Hilfe einer Kommunikationsschnittstelle. Im funktionsspezifischen Teil erfolgt die technische Problemlösung, im dialogspezifischen Teil ausschließlich die Kommunikation mit dem Anwender (Bild 5.1).

Die Einführung einer wohldefinierten Kommunikationsschnittstelle ermöglicht neben der Wiederverwendbarkeit der Dialogsoftware auch deren separate Realisierung, parallel zur Erstellung der funktionsspezifischen Software. Ferner erleichtert die explizite Definition einer solchen Schnittstelle auch Erweiterungen in der Dialoggestaltung sowie deren Anpassung an spezielle Bedürfnisse der Systemanwender.

Ein weiteres wesentliches Argument für die Einführung einer Kommunikationsschnittstelle ist die Portabilität der zu erstellenden Software. Das Portieren wird erheblich vereinfacht, wenn die hardwareabhängigen Softwareteile zusammengefaßt und vom übrigen Code getrennt sind. Dies gilt insbesondere für die Ein- und Ausgabeimplementierung und die gesamte Grafikimplementierung, also für die Implementierung der gesamten Bedienoberfläche.

Schließlich erleichtert die Einführung einer Kommunikationsschnittstelle die Berücksichtigung von Standards, insbesondere die leichte Anpassung an neue oder modifizierte Standards für Grafiksoftware und Fenstersysteme. Speziell sind hier zu erwähnen PHIGS, GKS [5.28], sowie im Bereich der Fenstersysteme X-Windows [5.29].

Die Erstellung von Bedienoberflächen wird bei Einführung einer Kommunikationsschnittstelle in zwei Schritten vollzogen:

- genaue problembezogene Definition dieser Schnittstelle,
- Design und Implementierung der resultierenden zwei Softwareanteile (Dialogteil und Applikation), eventuell zeitlich parallel.

Im ersten Schritt ist zu berücksichtigen, welche Software-Techniken zur Realisierung der Kommunikationsschnittstelle überhaupt in der aktuellen Entwicklungsumgebung benutzt werden können. Dazu einige Beispiele:

- Die Kommunikationsschnittstelle kann eine funktionale Schnittstelle sein. Es ist zwischen *interner* und *externer* Kontrolle zu unterscheiden. Bei externer Kontrolle wird die gesamte Systemsteuerung im Dialogteil abgewickelt. Der funktionsspezifische Teil bietet Funktionen an, die im Dialogteil zur Abarbeitung von Benutzeraufträgen aufgerufen werden, z.B. zur Berechnung der Signallaufzeit auf einer bestimmten, mit Hilfe einer Maus ausgewählten, Leitung. Bei interner Kontrolle wird dagegen die gesamte Systemsteuerung im funktionsspezifischen Teil abgewickelt. Der Dialogteil bietet Funktionen an, die z.B. zur Darstellung von Aktionen benutzt werden, die im funktionsspezifischen Teil angestoßen wurden. Schließlich gibt es auch Mischformen,

bei denen die Systemsteuerung sowohl im Dialogteil als auch im funktionsspezifischen Teil erfolgen kann.

- Die Kommunikationsschnittstelle kann mit Hilfe von Tabellen realisiert
  werden. Diese Tabellen enthalten im wesentlichen eine Spalte, in der jedes
  mögliche Ein- und Ausgabeereignis aufgelistet ist, z.B. ein Mausklick in
  einer bestimmten Position, sowie in einer zweiten Spalte Aktionen, die durch
  das jeweilige Ereignis ausgelöst wurden bzw. die das jeweilige Ereignis aus-
  lösen. Die Geschwindigkeit großer tabellengesteuerter Systeme läßt allerdings erfahrungsgemäß zu wünschen übrig. Auch hier kann, wie im vorigen
  und im folgenden Verfahren, externe und interne Kontrolle vorliegen.

- Wenn das gesamte System objektorientiert implementiert wird, dann markiert die Kommunikationsschnittstelle die Grenze zwischen den Dialogobjek-
  ten, deren Aufgabe in der Entgegennahme von Eingabeereignissen bzw. in
  der grafischen oder textuellen Darstellung von Ergebnissen besteht, und den
  funktionsspezifischen "Rechen"-Objekten, deren Aufgabe im Berechnen von
  Werten für bestimmte Datenstrukturen besteht. Ein solcher objektorientierter Ansatz erfüllt in besonderem Maße die Forderung nach Offenheit des Systems. Beispielsweise läßt sich in ein solches System verhältnismäßig leicht,
  d.h. ohne besonders aufwendige Modifikationen existierender Teile, die Behandlung von dreidimensionalen Darstellungen integrieren.

Von den genannten Ansätzen ist der letzte als besonders geeignet hervorzuheben, da die genannte Offenheit später eventuell erforderliche Systemerweiterun-
gen am meisten unterstützt. In [5.30] und [5.33] sind Beispiele für objektorientierte Systeme zur Realisierung von Kommunikationsschnittstellen beschrieben.

Sobald die Kommunikationsschnittstelle definiert ist, also in den genannten
Beispielen die Funktionen und ihre Parameter festgelegt sind, bzw. die Einträge
in die Tabellen, bzw. die Bezeichnungen der Objekt-Klassen und die Namen und
Attribute von konkreten Objekten, in allen Fällen zusammen mit der dazugehöri-
gen Semantik, kann im zweiten Schritt die Implementierung des Dialogteils und
des funktionalen Teils erfolgen. Beide Teile können zeitlich parallel implementiert
werden. Bei der Implementierung des Dialogteils (User Interface Management)
müssen beispielsweise folgende Fragen berücksichtigt werden, unabhängig davon,
welcher softwaretechnische Ansatz verfolgt wird:

- Wie wird auf Benutzereingaben reagiert, insbesondere auch auf falsche? Wie
  wird z.B. auf einen Mausklick an einer falschen Position reagiert, etwa wenn
  sich an der aktuellen Position des Cursors kein selektierbares Objekt befindet?

- Wie werden möglichst effizient die vom System angebotenen Grafikfähigkei-
  ten genutzt zur Visualisierung von Datenstrukturen des zu implementieren-
  den Systems, wie z.B. eines in einer speziellen internen Datenstruktur gespeicherten Stromlaufplans?

□ Wie wird der Benutzer, abhängig vom aktuellen Systemzustand, durch das
  System geführt? Wie wird ihm Hilfestellung geleistet?

□ Welche Eingabemöglichkeiten kann der Benutzer gleichzeitig nutzen? Hat er
  z.B. die Wahl, Kommandos sowohl über Menü als auch über Tastatur oder
  Funktionstasten einzugeben?

Als Resultat all dieser und weiterer notwendiger Überlegungen liegt eine Implementierung des Dialogteils gemäß einem der möglichen Softwareansätze vor.
Da sich die Implementierung der Bedienoberfläche unabhängig vom applikations-
spezifischen Teil durchführen läßt, kann der spätere Anwender des Systems die
Benutzungsoberfläche bereits bewerten und Modifikationen initiieren, bevor das
komplette System vorhanden ist. Die schnelle Prototyperstellung wird durch eine
solche Vorgehensweise unterstützt.

Die Art und Weise der Implementierung des Dialogteils selbst hängt ab von
den Werkzeugen, die dem Entwickler zur Verfügung stehen. Die Realisierung
kann in einer der herkömmlichen Sprachen oder - wie in [5.32] - in einer explizit
neu definierten Sprache erfolgen. Zukünftige Systeme werden stattdessen Werkzeuge zum Erstellen von Bedienoberflächen anbieten; insbesondere grafisch-inter-
aktive Erstellungsmethoden werden unterstützt. Der Entwickler des Dialogteils
wird z.B. aus einem Angebot von Interaktionstechniken wählen können, sich in
einer bestimmten Systemsituation für die Größe eines Fensters und dessen Hinter-
grundfarbe entscheiden, ein statisches Menü als Eingabemöglichkeit für den Anwender wählen, die Anzahl der Felder und ihre Einträge sowie die zugeordneten
Funktionen festlegen, und dadurch die gesamte aktuelle Bedienoberfläche definieren können, ohne überhaupt programmieren zu müssen: alle Bestandteile der
Oberfläche liegen bereits vordefiniert als Muster in einem Baukasten (Objektbank) vor. Lediglich bestimmte Eigenschaften und Werte von Attributen sind noch
festzulegen. Solche zukünftigen Systeme sind offene Systeme. Sie sollen z.B. auch
dann nicht modifiziert werden müssen, wenn neue Interaktionstechniken zu berücksichtigen sind. Ferner müssen es solche Werkzeuge dem Dialogersteller und
dem Anwender ermöglichen, die Bedienoberfläche direkt zum Zeitpunkt der Erstellung zu evaluieren. Damit können Eigenschaften von Benutzungsoberflächen
weitgehend anwendungsunabhängig untersucht werden. Bild 5.8 zeigt die wesentlichen Komponenten einer Entwicklungsumgebung für Bedienoberflächen.

Liegt die Implementierung des Dialog- und des funktionsspezifischen Teils vor,
dann hängt das weitere Vorgehen wieder von den vorhandenen Werkzeugen ab, also von der Entwicklungsumgebung, in der implementiert wird. Zwei wesentlich
unterschiedliche Varianten existieren:

□ Zu dem funktionsspezifischen Teil wird ein Interpreter zugebunden, dessen
  Aufgabe es ist, den im Source-Code vorliegenden und nicht übersetzten Dialogteil zu verarbeiten, d.h., Dialoganforderungen verarbeitet der Interpreter
  durch Zugriff auf eine Datei, in der sich der Source-Code des Dialogteils be-

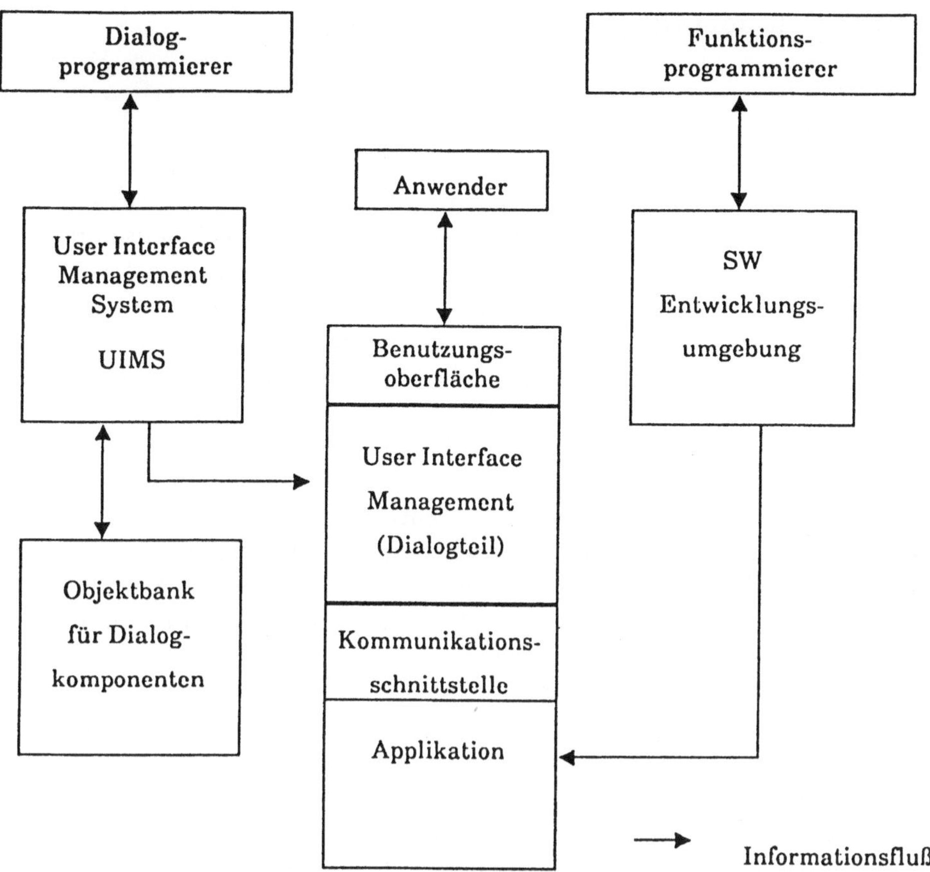


Bild 5.8: Systementwicklung und Mensch-Maschine-Schnittstellen

findet. Diese Vorgehensweise unterstützt wiederum die schnelle Prototyperstellung, ist aber wegen relativ schlechter Effizienz nicht für einen produktiven Einsatz geeignet.

□ Der Dialogteil wird übersetzt und mit dem funktionsspezifischen Teil zusam-
mengebunden. Das Resultat ist weniger leicht zu modifizieren - eine Neu-
übersetzung ist bei Modifikationen erforderlich, während bei der ersten Vari-
ante nur der Source-Code modifiziert werden muß - aber das Verfahren eignet sich für den produktiven Einsatz.

Ein vollständiger Werkzeugsatz zur Erstellung von Bedienoberflächen muß
beide Varianten unterstützen.

Ausführliche Darstellungen zu allen in diesem Abschnitt angesprochenen Problemen können in [5.31] gefunden werden.

## 5.3 Ablaufsteuerung

### 5.3.1 Einleitung

Ein CAD-System bietet dem Benutzer zur Unterstützung seiner Entwicklungsarbeiten eine Vielzahl von Funktionen. Das logische und zeitliche Zusammenspiel
dieser Funktionen ist innerhalb des Systems abgestimmt. Es wird anhand des Ge-
samtverfahrensablaufes (Kapitel 2) festgelegt. Der Benutzer kann erwarten, daß
er sich in dem durch das CAD-System repräsentierten Rahmen sicher bewegen
kann, ohne die DV-technischen Gegebenheiten seiner Entwicklungsumgebung
kennen zu müssen. Dies zu gewährleisten, gehört zu den Aufgaben der CAD-Funktionen und zu einem wesentlichen Teil zur Aufgabe der systemweit agierenden Ablaufsteuerung.

Wunsch des Benutzers ist es, ergebnisorientiert vorzugehen. So will er z.B. das
Verhalten seines System- bzw. Modulentwurfs anhand der Ergebnisse eines Simu-
lationslaufes validieren. Sein eigentliches Ziel ist es also, das Ergebnis einer
Funktion auswerten zu können, und nicht eine bestimmte Funktion auszuführen.
Die Aktionen, die bis zum Erreichen dieses Ziels durchgeführt werden müssen - in
diesem Fall die Umsetzung der schaltungsbeschreibenden Daten (Netzlisten) in
Simulationsmodelle sowie der sich daran anschließende Simulationslauf - sind
zwar verfahrenstechnisch notwendig, aber für den Benutzer nicht von primärer
Bedeutung. Diese ergebnisorientierte Vorgehensweise kann durch eine geeignete
Ablaufsteuerung in hohem Maße unterstützt werden.

Insgesamt bestehen für die Ablaufsteuerung folgende Aufgaben:

□ den Benutzer zu führen,
□ die innerhalb des spezifizierten Verfahrensablaufes zulässigen Aktionen zugänglich zu machen,
□ sicherzustellen, daß die Daten in den einzelnen Entwurfsphasen in dem jeweils benötigten Umfang und Format vorliegen,
□ eine fehlerhafte Benutzung des Systems zu verhindern.

Der Schwerpunkt liegt in der Sicherstellung der Vorbedingungen für die Anwendung von CAD-Funktionen (Abschnitt 5.3.3) und in der Benutzerführung.

Für ein der jeweiligen Einsatzumgebung individuell anpaßbares CAD-System
spielen darüber hinaus die Konfigurierbarkeit des CAD-Systems sowie die Inte-
grierbarkeit neuer Funktionen eine wichtige Rolle. Daraus resultieren hohe Anforderungen an die Flexibilität einer Ablaufsteuerung.

Im Abschnitt 5.3.4 wird ein auf Datenflußbeschreibungen basierendes Konzept
zur Realisierung von Ablaufsteuerungen vorgestellt. Dieser Lösungsansatz wird
den an ein CAD-System gestellten Anforderungen in vollem Umfang gerecht. Er
beruht auf der Idee, konfigurationsspezifisch beschriebene Ablaufstrukturen (Da-

tenflußgraphen) entweder zur Laufzeit zu interpretieren bzw. in eine ablauffähige
Komponente umzusetzen.


### 5.3.2 Einordnung der Ablaufsteuerung

Betrachtet man die Menge der schaltungsbeschreibenden Daten und die Menge
der Funktionen, so wird sehr schnell bewußt, daß eine ordnende Komponente innerhalb eines CAD-Systems notwendig ist. Diese Funktion hat die Ablaufsteuerung zu übernehmen.
Die Steuerung erfolgt sowohl unter Berücksichtigung der logischen Beziehungen
innerhalb des Datenbestandes als auch unter Beachtung der Beziehungen zwischen Funktionen. Die Basis bilden also sowohl die Beziehungsaussagen zwischen
Funktionen als auch zwischen den unterschiedlichen Ausprägungen (Repräsentationen bzw. Versionen) der Entwurfsdaten.

Die zwischen den Funktionen existierenden Beziehungen sind pro Konfigura-
tion stabil und können somit statisch beschrieben werden (s. Bild 5.9).

Anders verhält es sich mit den Entwurfsdaten. Dieser Datenbestand ist ständigen Änderungen bzw. Erweiterungen unterworfen und variiert deshalb zur Laufzeit bezüglich Umfang und Inhalt. Die Bearbeitung und das Erzeugen der unterschiedlichen Ausprägungen der Entwurfsdaten liegt in der Verantwortung der zuständigen Funktionen. Die sich dabei einstellenden unterschiedlichen Zustände
werden von den Funktionen anhand von Zustandsdaten den Entwurfsdaten zugeordnet. Der Ablaufsteuerung, als übergeordneter Instanz, obliegt es nun, unter
Einbeziehung sämtlicher verfügbarer Informationen einen korrekten Ablauf über
alle CAD-Funktionen sicherzustellen. So sind z.B. Konsistenzaussagen von der
Ablaufsteuerung zu überprüfen. Aufgrund der daraus resultierenden Ergebnisse
können unter Umständen weitere notwendige Folgeaktionen initiiert werden.

Der Funktionsumfang der Ablaufsteuerung ist damit für den Benutzer nicht direkt sichtbar - wie etwa der Funktionsumfang der CAD-Funktion Stromlauferfas-
sung - vielmehr zeigt er sich in der Benutzungsfreundlichkeit des Systems.


### 5.3.3 Kontrolle logischer und zeitlicher Abhängigkeiten

Die Voraussetzungen für einen korrekten Ablauf der für eine Anwendung erforderlichen CAD-Funktionen sind nur dann vorhanden, falls vor dem Anstoß jeder
einzelnen Funktion die spezifischen Vorbedingungen erfüllt sind. Diese Vorbedingungen werden abgeleitet aus den statischen Schnittstellenbeschreibungen der
Funktionen sowie den erst zur Laufzeit angelegten Zustandsdaten.

Zur besseren Veranschaulichung dieses Sachverhaltes werden die in der Bild
5.9 skizzierten Vorbedingungen des Simulators näher betrachtet.

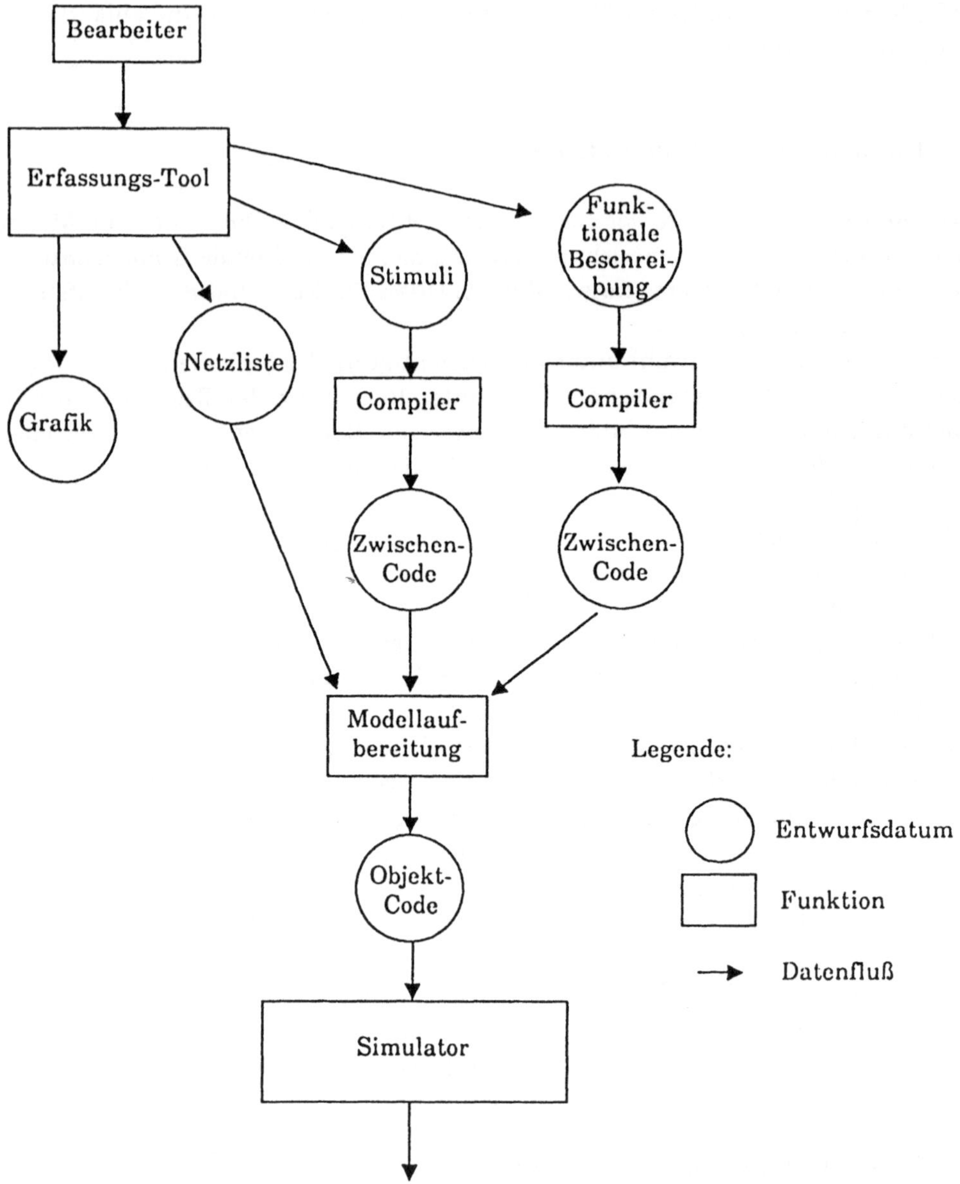


Bild 5.9: Ausschnitt einer abstrakten Datenflußbeschreibung

Vor dem Start des Simulators müssen in unserem Beispiel die zu simulierenden
Entwurfsdaten zusammen mit den Stimuli spezifisch aufbereitet vorliegen. Aufgabe der Ablaufsteuerung ist es nun, sicherzustellen, daß zum einen die Entwurfsdaten in dem benötigten Format (Objekt-Code) vorliegen, zum anderen aber auch zu

gewährleisten, daß ein im benötigten Objekt-Code vorliegender Entwurf tatsächlich den aktuellen bzw. den vom Benutzer gewünschten Stand repräsentiert.

Liegt der Objekt-Code nicht vor, ist die Modellaufbereitung anzustoßen, d.h. die Vorbedingungen für die Modellaufbereitung sind zu überprüfen. Sind die relevanten Vorbedingungen wiederum nicht erfüllt, so müssen die notwendigen Netzlisten erzeugt werden bzw. die zuständigen Compiler angestoßen werden.

Existiert der entsprechende Objekt-Code bereits, muß die Ablaufsteuerung verifizieren, ob keine der darin beschriebenen Komponenten seit der Erstellung des vorliegenden Objekt-Codes verändert worden ist. Dazu ist es erforderlich, den Zustand der Sourcen und der verwendeten Bibliotheken gegen den Zustand des Objekt-Codes zu prüfen. Sind die Sourcen bzw. die Bibliotheken jüngeren Datums, so sind von der Ablaufsteuerung alle notwendigen Schritte innerhalb des gegebenen Verfahrensablaufs einzuleiten, um den aktuellsten Stand der Entwurfsdaten für die Simulation zur Verfügung zu stellen. Dies kann bedeuten, daß der Benutzer aufgefordert wird, die erforderlichen Aktionen auszuführen, bzw. daß die Ablaufsteuerung selbstständig alle notwendigen Aktionen implizit anstößt und überwacht.

### 5.3.4 Datenflußgesteuerte Ablaufsteuerung

Für die Entwicklung einer systemweiten Ablaufsteuerung können unterschiedliche Ansätze gewählt werden. So ist es vielfach üblich, ein Steuerprogramm mit fest vorgegebenem Verfahrensablauf zu realisieren. Bei derartigen Lösungen entstehen im allgemeinen sehr große Anpassungsaufwände beim Einbringen neuer Funktionen bzw. beim Ersetzen von bereits existierenden Funktionen.

Darüber hinaus ist die Kombination von CAD-Werkzeugen zu unterschiedlichen Verfahrensabläufen bei einem derartigen Ansatz nicht trivial. Ist die Ablaufsteuerung so konzipiert, daß anhand von Parametern sämtliche sinnvollen Kombinationen eingestellt werden können, so nimmt die Komplexität einer so gestalteten Ablaufsteuerung mit dem Grad der Flexibilität zu. Im Falle einer nicht parametrisierten Lösung ist für jeden Verfahrensablauf eine speziell zugeschnittene Ablaufsteuerung zu erstellen, was bei einer großen Anzahl von unterschiedlichen Kombinationen zu einer kaum wartbaren Menge von Steuermodulen führen wird.

Alternativ zu dem bisher beschriebenen Lösungsansatz für eine Ablaufsteuerung sind allgemeinere Konzepte, bei denen die Beschreibung der Datenflüsse zwischen den Funktionen untereinander und zwischen den Funktionen und dem Benutzer zugrunde gelegt wird. Die Datenflußbeschreibung erfolgt dabei mit Hilfe einer Sprache [5.13]. Aus der so zur Verfügung gestellten Datenflußbeschreibung kann zum einen eine Ablaufsteuerung in Form eines ablauffähigen Codes erzeugt werden, zum anderen ist es möglich, im Anschluß an eine syntaktische Überprüfung einen Zwischencode für eine interpretativ arbeitende Ablaufsteuerung zu generieren. Je nach Strategie werden dazu ein spezifischer Compiler bzw. ein Parser sowie ein Interpreter benötigt.

In beiden Fällen wird anhand spezieller Sprachelemente eine anforderungsgetriebene, eine datengetriebene bzw. eine Kombination aus den beiden Vorgehensweisen unterstützt.

Anforderungsgetrieben bedeutet, daß erst, nachdem bekannt ist, welches Ergebnis erzielt werden soll, sämtliche zum Erreichen dieses Zieles notwendigen Aktionen angestoßen werden. Im Gegensatz dazu stößt eine datengetriebene Ablaufsteuerung in Abhängigkeit der Datenzustände alle erforderlichen Aktionen an, d.h. sobald ein Datum geändert wird, werden alle mit diesem Datum logisch zusammenhängenden Daten aktualisiert. Wird beispielsweise eine Bibliothek modifiziert, werden bei einer datengetriebenen Vorgehensweise alle diesbezüglich relevanten Schaltungen behandelt.

## 5.4  Datenhaltung

### 5.4.1 Problemstellung und Ziele

Die Datenhaltung eines CAD-Systems muß nachstehendenden Anforderungen genügen:

- Ablage und Bereitstellung großer, strukturell unterschiedlicher Datenmengen,
- Unterstützung der Datenkommunikation während des CAD-Verfahrensablaufes und
- Unterstützung von verteilten CAD-Systemen.

Hinsichtlich der Daten- und Informationsmenge, die erforderlich ist, um ein Rechnersystem von der Idee bis zur Fertigung als Modell darzustellen, kann zweierlei festgestellt werden:

- Mit jedem Technologieschub, der erfahrungsgemäß alle 2 bis 5 Jahre erfolgt, vervierfacht sich in der Regel die Datenmenge. Bei Rechnerentwicklungen handelt es sich dabei heute um Datenmengen von einigen GBytes.
- 90 - 95 % der Gesamtdatenmenge entstehen in den Phasen Logikentwurf und physikalischer Entwurf.

CAD-Systeme sind seit Beginn der Fertigungsautomatisierung Mitte der 50er Jahre durch Ausweitung auf alle Schritte des Entwurfsprozesses gewachsen. Heute sind am Entwurfsprozeß viele CAD-Software-Tools beteiligt, da das zu entwickelnde Produkt sich erst durch das Zusammenspiel aller am Entwurfsprozeß betei-

ligten Werkzeuge ergibt. Diese Entwurfswerkzeuge sind von ihrem Ursprung her
Einzelsysteme. Der Entwurfsprozeß bedient sich also nacheinander verschiedener
Inselsysteme, wobei zwischen den einzelnen Entwurfsschritten jeweils Datenum-
setzungen vorzunehmen sind.

Aus diesem Zustand leitet sich die Forderung nach einem CAD-System mit aufeinander abgestimmten CAD-Funktionen und mit einer einheitlichen Datenkommunikation ab. Für eine große Anzahl unterschiedlicher CAD-Funktionen müssen
große Datenmengen abgelegt und wieder zur Verfügung gestellt werden. Als
Schnittstelle zwischen den Funktionen dient eine zentrale Datenhaltung.

Dieser Ansatz kommt den Zielen Datenintegrität und Datensicherheit vom
Konzept her entgegen. Das dabei zu lösende Problem ist die Versorgung von unterschiedlichen CAD-Funktionen mit unterschiedlichen Sichten auf gleiche Entwurfsdaten und der Zugriff vieler CAD-Funktionen auf Daten unterschiedlicher
Struktur. Zur Lösung dieses Problems ist ein Schnittstellenkonzept erforderlich,
das die Unabhängigkeit der einzelnen CAD-Funktionen von der physikalischen
Datenablage in der Datenhaltung gewährleistet und die Entwurfsdaten funktionsgerecht (in geeigneten Sichten) den CAD-Funktionen zur Verfügung stellt.

Die Verbreitung von Arbeitsplatzrechnern im Bereich CAE führt zur Verlagerung von Rechnerleistungen zum einzelnen Hardwareentwickler. Bei großen Projekten, wie z.B. der Entwicklung von Main-Frame-Prozessoren, ist der Einsatz von
mehreren Workstations im Verbund erforderlich, um die Entwicklungsaufgaben
sinnvoll aufteilen zu können. Daraus folgt, daß Entwurfsobjekte in einem verteilten System über Rechnergrenzen hinweg konsistent gehalten und bereitgestellt
werden müssen.

## 5.4.2.  Stand und Trends

Die CAD-Werkzeuge, die zur Entwicklung einer Schaltung eingesetzt werden,
sind komplexe Programmsysteme, die, bedingt durch den Technologiefortschritt,
ständig weiterentwickelt und adaptiert werden müssen. Programme mit einge-
schränktem und abgeschlossenem Aufgabengebiet werden z.T. eigenständig entwickelt und als sogenannte Inselsysteme vermarktet. Beispiele hierfür sind Layoutsysteme und Simulatoren. Dabei besteht ein Inselsystem nicht nur aus eigen-
ständiger Software, sondern häufig auch aus speziell zugeschnittener Hardware.
Jedes dieser Systeme besitzt im allgemeinen seine eigene Datenhaltung, die optimal auf die Verarbeitungsstrukturen der Programme ausgelegt ist. Werden mehrere solcher Systeme in einem Entwicklungsprozeß eingesetzt, müssen die Daten
von einem System zum anderen umgesetzt oder neu erfaßt werden.

Das Fehlen von CAD-Systemen, die den gesamten Entwurfsprozeß abdecken,
macht es erforderlich, daß unterschiedliche Systeme miteinander kommunizieren
müssen, ungeachtet der zu erwartenden Datenmengen. Die Sicherung der Datenkonsistenz über Systemgrenzen hinweg bleibt dem Anwender überlassen. Im all-

gemeinen wird hier keine softwaretechnische Unterstützung geboten. Häufig sammelt der Anwender die funktionsspezifischen Dateien an zentraler Stelle und verwaltet die Konsistenzaussagen mit organisatorischen Mitteln.

Seit dem Aufkommen von Datenbank-Management-Systemen (DBMS) Mitte der 70er Jahre besteht die Möglichkeit, anwenderspezifische Fragestellungen an einen Datenbestand zu richten und damit schnell und sicher Auskunft über seine Daten zu erhalten. Diese Leistungen der DBMS basieren auf der Unterstützung von Datenrelationen, über die auch die Konsistenz der Daten sichergestellt werden kann.

Auch im Bereich der CAD-Elektronik werden seither Datenbank-Management-Systeme eingesetzt, um die anfallenden Datenmengen zu bewältigen. Es existieren Ansätze und Verfahren von CAD-Systemen mit integrierter Datenhaltung [5.38]. Die grundlegende Idee ist, daß alle am Entwurfsprozeß beteiligten Funktionen ihre Daten aus einem gemeinsamen Datenbestand beziehen und sie auch dort wieder ablegen. Die CAD-Datenhaltung garantiert dann die Integrität des Datenbestandes, indem CAD-spezifische Beziehungen im Datenbankschema ihren Niederschlag finden und durch das DBMS kontrolliert werden können.

Die funktionsspezifischen Datenstrukturen werden aufgelöst und in einer der Datenhaltung angemessenen Form abgelegt. Somit sind zwar von jeder Funktion die Daten beim Ablauf wieder funktionsspezifisch aufzubereiten, aber die Konsistenz über Entwurfsschritte hinweg kann gewährleistet werden. Gleichzeitig wird durch redundanzarme Datenablage der Verbrauch von externem Speichermedium minimiert. Als entscheidender Vorteil stellt sich heraus, daß mehrfache Datenerfassungen und eine Vielzahl von Datenumsetzungen wie im Fall der miteinander kommunizierenden Inselsysteme nicht mehr erforderlich sind.

Um Datenbank-Management-Systeme, die für kommerzielle Anwendungen konzipiert worden sind, in eine CAD-Landschaft einzubetten, werden normierte Schnittstellen zwischen den CAD-Funktionen und dem DBMS eingeführt, über die auf Entwurfsdaten zugegriffen werden kann. Über diese Schnittstelle können CAD-Funktionen ohne Kenntnis einer speziellen Daten-Manipulations-Sprache (DML) mit der Datenhaltung kommunizieren. Diese Vorgehensweise erlaubt es, Datenstrukturen innerhalb des in der Datenhaltung verwendeten DBMS zu verändern oder sogar das gesamte Datenbank-Management-System auszutauschen, ohne Anpassungen an CAD-Funktionen vornehmen zu müssen. Andererseits können Änderungen des Algorithmus in den CAD-Funktionen lokal durchgeführt werden, ohne daß andere Funktionen oder die Datenhaltung selbst verändert werden müssen.

Die Hauptziele, redundanzarme Datenspeicherung und Datenintegrität, werden erreicht durch die Definition eines einzigen konzeptuellen Datenschemas für Darstellung und Abbildung aller elektronischen Schaltungen wie z.B. LSI- und VLSI-Bausteine, Baugruppen und Rückwandverdrahtungen. In [5.14] wurde z.B. das Datenschema mit Hilfe des CODASYL-DBMS UDS realisiert.

Unabhängig vom Typ des zugrunde liegenden Datenbank-Management-Systems (hierarchisch, relational, Netzwerk) bringt die Verwendung solcher Systeme im wesentlichen folgende Vorteile:

- Zur Datenablage und Wiedergewinnung kann man auf robuste und ausgetestete Systeme zurückgreifen. Die physikalische Ablage wird vollständig vom DBMS durchgeführt. Eine unter Umständen aufwendige Entwicklung eines Datenablage- und Zugriffsystems muß nicht durchgeführt werden.
- Datenbank-Management-Systeme verfügen über ausgefeilte Sicherungs- und Wiederanlaufmechanismen bei Systemzusammenbrüchen.
- Die Datenintegrität wird unterstützt durch ein konzeptionelles DB-Schema, wobei sich das Entity-Relationship-Modell [5.15] direkt auf das Schema abbilden läßt.

Bei der Unterstützung aktueller Entwicklungen elektronischer Schaltungen von z.B. Main-Frame-Prozessoren in einer Größenordnung von mehreren hunderttausend Schaltfunktionen (Gatter-Äquivalenten) zeigt sich allerdings, daß die Modellierung in einem einzigen Datenschema zu einem nicht mehr zu vernachlässigendem Daten-Overhead führt. Darüber hinaus gestaltet sich das Einbringen neuer technologiespezifischer Daten in das Datenschema zunehmend schwieriger. Das bedeutet, daß sich die mit dem kommerziellen DBMS gemachten positiven Erfahrungen nicht in die Zukunft fortschreiben lassen.

Generell muß die Frage nach der Eignung kommerzieller DBMS für CAD-Anwendungen neu gestellt werden, wenn Anwendungen mit Datenbankzugriff CPU-Stunden benötigen. Bei zunehmender Komplexität der zu entwickelnden elektronischen Systeme und dem damit verbundenen Anwachsen der Datenmengen treten die erwähnten Vorteile von Datenbank-Management-Systemen zunehmend in den Hintergrund. Es zeigen sich aus der Sicht der CAD-Anwendung konzeptionelle Schwächen, die bei kommerziellen Anwendungen keine Rolle spielen bzw. gerade dort die Stärken eines DBMS ausmachen:

- Komplexe Entwurfsobjekte müssen auf einfachen Satzstrukturen abgebildet bzw. aus einer Vielzahl von Sätzen wiedergewonnen werden.
- Die satzorientierte Vorgehensweise ("one record at a time") führt zu einem beträchtlichen Umfang an systeminternen Verwaltungsdaten, die bei einem Zugriff auf die Nutzdaten mitbearbeitet werden müssen.
- Die Synchronisationsmethoden für die Koordination konkurrierender Zugriffe auf eine Datenbank sind auf kurze Transaktionen ausgerichtet. CAD-Anwendungen, denen lange Transaktionen angemessen sind, müssen sich in ein zu enges Transaktionskonzept zwängen und die Synchronisation nimmt unverhältnismäßig viel Rechenzeit in Anspruch.
- Komplexe Suchfragen über Query-Languages fallen bei CAD-Anwendungen nicht an. Entsprechende Leistungen kommerzieller DBMS sind für CAD-An-

wendungen nicht sinnvoll nutzbar und stellen einen unnötigen Overhead
dar.

☐ CAD-Objekte können von einem klassischen Datenbank-Management-System nicht physikalisch voneinander getrennt abgelegt werden, da sie alle mit denselben Satzarten und Relationen beschrieben werden. Die Selektion von Objekten aus der Datenbank muß daher als Selektion von Sätzen unter vielen gleichartigen erfolgen.

☐ Darüber hinaus bieten kommerzielle DBMS grundsätzlich keine Unterstützung zur Versionsbildung für Entwurfsobjekte und keine Unterstützung für Zugriffe auf hierarchische Objekte, wie bei CAD-Anwendung gefordert.

☐ Kommerzielle DBMS bieten heute auch keine Unterstützung zur Lösung des Datenhaltungsproblems in einem verteilten CAD-System.

Aufgrund dieser Nachteile, die allen klassischen Datenbank-Management-Systemen gemeinsam sind und die sich bei fortschreitender Zunahme der Komplexität von Entwurfsobjekten weiter verstärken, sind neue Ansätze zur Lösung des Datenhaltungsproblems bei CAD-Anwendung notwendig. Insbesondere darf die weitere Zunahme des Datenvolumens nicht zu längeren Turn-Around-Zeiten führen. Aktuelle Trends zur Lösung der CAD-Datenhaltungsproblematik gehen zum einen in Richtung Design-File-Systeme, zum anderen in Richtung Non-Standard-DBMS.

*Design-File-Konzepte*

Ausgehend von einer heterogenen Landschaft von CAD-Teilsystemen und CAD-Funktionen läßt sich ein CAD-System durch Festlegung einer Verfahrenskette mit definierten "Übergabepunkten" für den Datenaustausch zwischen den Einzelfunktionen aufbauen. Die Aufgabe einer Datenhaltung beschränkt sich dann auf die Ablage und Verwaltung von funktionsspezifischen Zwischenergebnisdateien. Grundphilosophie ist, die Ergebnisdatei einer Funktion umzusetzen in das Eingabeformat der im Ablauf folgenden Funktion. Die notwendigen Umsetzfunktionen können durch Generatortechniken weitgehend automatisiert werden. Design-File-Konzepte lassen sich mit verhältnismäßig geringem Aufwand realisieren. Ein Nachteil besteht darin, daß der Gesamtdatenbestand durch Redundanzen stark vergrößert wird. Charakteristisch ist, daß die Methode bei vorgegebenem Ablauf von Entwurfsschritten gut funktioniert, bei Änderungen am Entwurfsobjekt jedoch immer die gesamte Verfahrenskette durchlaufen werden muß, um den Datenbestand konsistent zu halten.

Design-File-Konzepte haben insbesondere bei der Zusammenführung von Inselsystemen oder bei der Realisierung offener Systeme auch in Zukunft ihre Bedeutung.

*Non-Standard-Datenbanksysteme*

In CAD-Systemen für Elektronik werden Objekte von CAD-Funktionen vollständig bearbeitet. Objekte sind z.B. Zellen eines Chips, VLSI-Chips, Baugruppen oder ganze Hardware-Systeme. Um diese Anforderung zu erfüllen, werden in Non-Standard-Datenbank-Systemen objektorientierte Datenmodelle zugrunde gelegt. Diese Datenmodelle unterstützen die Durchführung "langer" Verarbeitungsschritte (Transaktionen) und die Sicherstellung objektinterner Datenintegrität. Objektorientierte Datenmodelle schaffen die Voraussetzung, die Daten eines Objektes zugriffsgünstig abzulegen. Die Datenintegrität beruht auf vom Anwender (Hardwareentwickler) definierten Aussagen über Konsistenzbeziehungen zwischen Objekten, die vom Datenbanksystem verwaltet werden.

Non-Standard-Datenbank-Systeme werden heute am Markt noch nicht angeboten. Entsprechende Forschungsprojekte gibt es sowohl an Universitäten [5.16 - 5.18] als auch in der Industrie [5.19, 5.36, 5.37].


*Verteilte Datenhaltung*

Die Verbreitung von Arbeitsplatzrechnern im Bereich CAD führt zur Verlagerung von CPU-Leistung zum einzelnen Hardware-Entwickler. Solche Arbeitsplatzrechner können bei kleinen Entwicklungsprojekten, wie z.B. einer Baugruppe oder für ein Terminal im Stand-Alone-Betrieb eingesetzt werden. Bei großen Projekten, wie z.B. der Entwicklung von Hochleistungsprozessoren, ist der Einsatz von mehreren Workstations im Verbund erforderlich, um die Entwicklungsaufgaben sinnvoll aufteilen zu können. Daraus folgt, daß Objekte auch über Rechnergrenzen hinweg konsistent gehalten werden müssen, was nur durch eine verteilte CAD-Datenhaltung erreichbar ist. Dabei sind im allgemeinen auch unterschiedliche Hardware- und Betriebssystemumgebungen zu unterstützen.

Ansätze zur Lösung des Problems beschränken sich heute bei führenden Anbietern von Engineering Workstations auf eine Dateiverwaltung über LAN-gekoppelte Arbeitsplatzsysteme. Allen diesen Lösungen fehlt die Verwaltung von Objekten und Objektversionen durch das System. Der Anwender ist hier gezwungen, durch organisatorische Maßnahmen die Datenintegrität sicherzustellen.


### 5.4.3 Ein Konzept für ein objektorientiertes Datenhaltungssystem

Die Anforderungen an ein Konzept für ein objektorientiertes Datenhaltungssystem lassen sich wie folgt beschreiben:

- Objekte werden nicht auf Satzstrukturen, sondern auf ein objektorientiertes Datenmodell abgebildet. Das Objekt ist dabei der Entwurfsgegenstand (z.B. eine Flachbaugruppe), repräsentiert durch den zugehörigen Datenbestand mit den darauf zulässigen Operationen.

□ Die Anforderungen an ein Datenhaltungssystem für CAD-Elektronik umfassen nicht nur den Aspekt der reinen Datenablage. Es sind vielmehr auch Aussagen über Daten sowie Beziehungen zwischen Daten anzulegen und zu verwalten. Der Begriff der Konsistenz ist in diesem Zusammenhang gegenüber der Definition für allgemeine Datenbanksysteme neu zu fassen.

□ Die Operationen auf den von der Datenhaltung verwalteten Objekten bilden die Schnittstelle zwischen den CAD-Funktionen und dem Datenhaltungssystem. Die Zugriffe auf Daten erfolgen ausschließlich über diese Schnittstelle.

□ Ein CAD-System muß sich seinen Anwendern als offenes System präsentieren: Auch Funktionen, die nicht Komponenten des Systems sind, müssen in einen Arbeitsablauf einbezogen werden können. Für ein Datenhaltungssystem stellt sich daher die Aufgabe, diese Funktionen bezüglich einer Datenbereitstellung und Datenübernahme in das CAD-System einzubetten. Die Einbettung ist einmal zu beschreiben und dann bei jedem Ablauf der Fremdfunktion in gleicher Form zu realisieren.

□ Die Datenhaltung muß so organisiert sein, daß jede CAD-Funktion jeweils nur denjenigen Datengesamtbestand sieht, der in dem gerade bearbeiteten Projekt Gültigkeit besitzt.

□ Ein Datenhaltungssystem muß dezentrales Arbeiten ermöglichen, gleichzeitig aber Datenmengen von allgemeinem Interesse über Projektgrenzen hinaus verfügbar machen. Ein geeignetes Verteilkonzept stellt dies sicher, wobei auch dem Aspekt einer heterogenen Betriebssystemumgebung Rechnung zu tragen ist.

□ Um Entwurfsfortschritte zu dokumentieren, ist ein Versionsgeschehen auf den Datenbeständen zu unterstützen. Zusammen mit der Problematik einer Datenverteilung auf mehrere Rechner ist über das reine Verwalten von Versionen hinaus auch eine Versionskontrolle vorzusehen.

□ Aus Gründen der Flexibilität dient ein Data Dictionary als zentrale Beschreibungsstelle für die Datendarstellungsformate, die das Datenhaltungssystem von der physikalischen Datenablage bis hin zur Datenbereitstellung an der Schnittstelle zum Anwenderprogramm verwendet.

Das vorliegende Kapitel bietet einen Überblick über ein mögliches Konzept für ein objektorientiertes Datenhaltungssystem für den Bereich CAD-Elektronik.

*Objektorientiertes Datenmodell*

Für die modellhafte Darstellung von Daten im Bereich CAD-Elektronik hat sich in der Literatur der Begriff des komplexen Objekts durchgesetzt [5.17, 5.20, 5.21 - 5.23]. Als Objekt bezeichnet man eine Einheit des Entwurfs, z.B. eine ALU, eine Flachbaugruppe oder einen LSI-Baustein.

Entsprechend der Anforderung, Objekte in verschiedenen Stationen des Entwurfsfortschritts unterschiedlich darstellen zu können, wurde der Begriff der Repräsentation eingeführt. Eine Repräsentation ist eine Darstellung des Objekts in einer ganz bestimmten Form. Ein Objekt kann eine oder mehrere Repräsentationen annehmen. Beispielsweise kann ein Objekt Flachbaugruppe repräsentiert sein durch einen Stromlaufplan oder durch ein Layout.

Während des Entwurfsprozesses ist es erforderlich, Entwurfsalternativen darzustellen. Innerhalb einer Repräsentation können zum Beispiel zeitlich parallel Entwicklungen entstehen, wobei erst später entschieden wird, welche als Basis für die nächste Entwurfsphase dienen soll. Darüber hinaus ist der Entwurfsfortschritt durch die Möglichkeit zu dokumentieren, Versionen festzuschreiben und ausgehend davon weiter zu entwickeln.

In der Literatur finden sich verschiedene Ansätze, die diese Anforderungen durch ein entsprechendes Datenmodell abdecken. Eine Möglichkeit besteht darin, zu einer Repräsentation eines Objekts einen Versionsbaum zu führen. Die Knoten dieses Baums stellen die existierenden Versionen dar. Eine Kante besagt, daß die hierarchisch tiefer liegende Version aus der höheren unmittelbar hervorgegangen ist. Damit lassen sich sowohl Entwurfsalternativen als auch Versionen ausdrükken: Eine Verzweigung im Baum drückt eine Alternativenbildung aus, ein Pfad dokumentiert das Versionsgeschehen einer Alternative [5.22].

Das im folgenden verwendete Datenmodell orientiert sich an [5.21, 5.24, 5.17]. Es ist streng hierarchisch aufgebaut und damit übersichtlicher als das oben beschriebene Modell. Zu einer Repräsentation können eine oder mehrere Alternativen existieren, innerhalb jeder Alternative wird das Versionsgeschehen dokumentiert. Darüber hinaus kann aus jeder Version wieder eine neue Alternative definiert werden (Bild 5.10). Versionen dienen also dazu, den Entwurfsfortschritt zu dokumentieren. Dies wird dadurch erreicht, daß Versionen als nicht mehr veränderbare Datenmengen definiert werden. Ein Zugriff auf Versionen kann also nur lesend erfolgen.

Außer Versionen kennt das Konzept noch Arbeitsstände. Ein Arbeitsstand ist einer Version gleichgestellt, darf aber noch verändert werden. Logisch gesehen kann man die Begriffe Version und Arbeitsstand betrachten als Zustände von Datenmengen. Der Übergang vom Zustand Arbeitsstand zum Zustand Version wird von außen angestoßen über ein Kommando der Datenhaltungsschnittstelle. Den Zustandsübergang bezeichnet man als "Freigabe" zur Version.

Der umgekehrte Zustandsübergang ist im Konzept nicht vorgesehen, da Versionen nicht mehr veränderbar sind. Will man auf Basis der zuletzt freigegebenen Version weiterarbeiten, so ist eine Kopie dieser Datenmenge anzulegen; die Kopie erhält den Status Arbeitsstand.

Das Konzept sieht vor, daß eine Version nur genau einmal zu einem Arbeitsstand kopiert werden kann mit der Absicht, eine neue Version zu erzeugen. Alle späteren Versuche dieser Art werden abgelehnt.

Das Objektmodell allein sagt noch nichts aus über die gewählte Ablageform der Daten. Das Datenmodell stellt lediglich eine geeignete logische Strukturierung

des Begriffs Objekt dar, bezogen auf die speziellen Anforderungen des Entwurfsprozesses. Auf dem Objektmodell basieren die Konzepte für das Datenmanagement.

*Datenmanagement*

Das CAD-Datenhaltungssystem verwaltet neben den Objekten (Produktdaten
und Bibliotheken) auch Beziehungen zwischen diesen Objekten, wie z.B.:

□ Objekthierarchien, Objektverwendungen

Objekte können sich im Falle eines hierarchischen Entwurfsprozesses aus
Unterobjekten zusammensetzen. Bild 5.10 stellt das Datenmodell und den
hierarchischen Aufbau eines Objekts aus anderen Objekten beispielhaft dar.

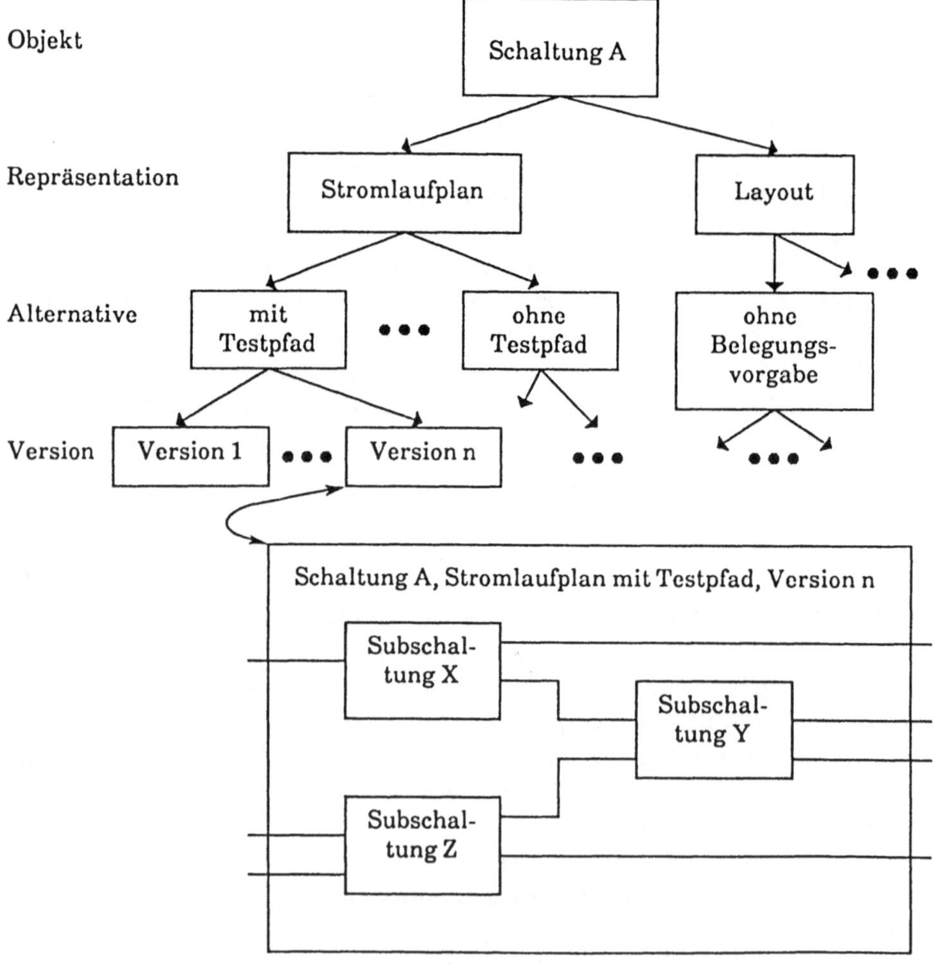


Bild 5.10: Datenmodell am Beispiel einer elektronischen Schaltung

Um bei Mehrfachverwendungen redundante Abspeicherungen zu vermeiden (Beispiel: Die Subschaltung X wird zusätzlich in einer Schaltung B eingesetzt), werden die hierarchischen Objektbeziehungen getrennt von der eigentlichen Objektinformation abgelegt. So können die Subschaltungen X, Y und Z von der Datenhaltung als eigenständige Objekte verwaltet werden.
Die dazu analoge Betrachtung der Verwendung eines Objektes in anderen Objekten wird ebenfalls von der Datenhaltung unterstützt.

☐ Konsistenzaussagen

Ein Verfahrensablauf eines CAD-Systems wird bestimmt durch eine definierte Folge der Anwendung unterschiedlicher CAD-Funktionen auf Objekte. Die Objekte der Datenbasis bilden somit innerhalb eines Ablaufs Schnittstellen zwischen den CAD-Funktionen des Systems, da eine CAD-Funktion A ihre Objekte auf der Basis von Objekten erstellt, die von anderen CAD-Funktionen erzeugt worden sind. Diese ablaufbedingte Konsistenz zwischen Objekten läßt sich in Form von Konsistenzaussagen zwischen Einzelobjekten entweder von der CAD-Funktion oder direkt vom Anwender festlegen. Konsistenzaussagen werden analog zu den Objekthierarchien und der Verwendungsinformation getrennt von Objekten der Datenbasis verwaltet.

☐ Konfigurationen

Der Benutzer bzw. die CAD-Funktion kann eine Menge von Objekten, die als logische Einheit während eines Entwurfsprozesses betrachtet werden soll, als Benutzerkonfiguration definieren. Konfigurationsdefinitionen werden ebenfalls getrennt von der eigentlichen Objektinformation verwaltet.


*Datenablage*
Bei der Datenablage wird unterschieden zwischen der Ablage von Objekten (Produktdaten und Bibliotheken) und der Ablage der zwischen diesen Objekten definierbaren Beziehungen.

☐ Ablage von Objekten

Die Objekte der Datenbasis werden gemäß dem objektorientierten Datenmodell strukturiert.
Während die Objektbezeichnung, die Repräsentation und die Alternative die Objektmodellierung beschreiben, wird der eigentliche Datenbestand erst auf der Stufe der Version verwaltet.
Das Ablageformat der einzelnen Objekte braucht aufgrund der funktionalen Datenhaltungsschnittstelle (Bild 5.14), die die Entkopplung der CAD-Funktionen von datenhaltungsinternen Strukturen ermöglicht, nicht dem Zugriffsformat der einzelnen CAD-Funktionen zu entsprechen. Das Daten-

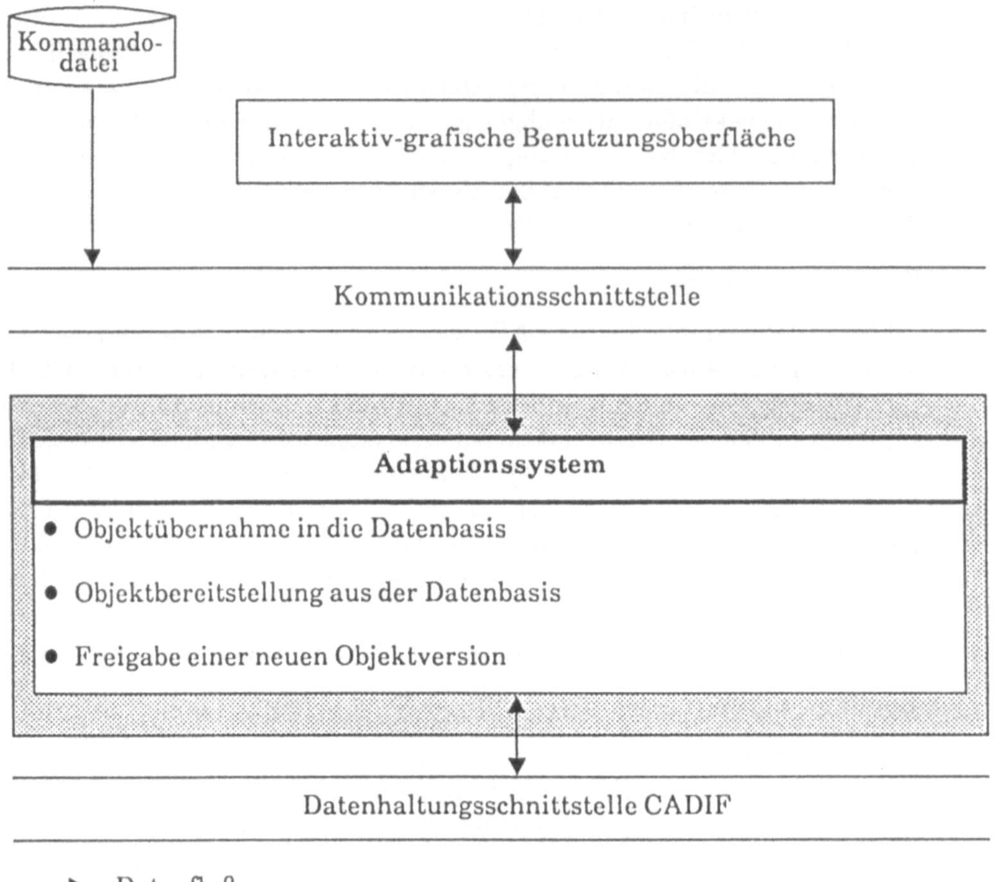


Bild 5.11: Das Adaptionssystem der CAD-Datenhaltung

haltungskonzept sieht für die Ablage von Objekten zwei unterschiedliche
Strategien vor, die voneinander unabhängig einsetzbar sind:

□ Objekte werden in der Datenbasis als Files verwaltet und in diesem Format
  an der Datenhaltungsschnittstelle angeboten.
□ Objekte, die von verschiedenen CAD-Funktionen in funktionsspezifischen
  Formaten verlangt werden, können aus Gründen der Redundanzverringe-
  rung und der Konsistenzbewahrung in einem Format abgelegt sein, das als
  Datenbank-Schema zu definieren ist.

Das Ablageformat von Objektversionen muß der Behandlung komplexer
Objekte Rechnung tragen. Somit scheidet für die Realisierung der Ablage der
Objekte ein Einsatz konventioneller Datenbanksysteme aus: konventionelle
Datenbanksysteme bieten anstatt der notwendigen objektorientierten

Schnittstelle nur eine satzorientierte Schnittstelle dem Benutzer an und zeigen zudem keine Vorgehensweisen auf, lange unstrukturierte Datenfelder wie auch hierarchische Objektstrukturen effizient zu unterstützen.

□ *Ablage von Beziehungen zwischen Objekten*

Die Beziehungen, die zwischen Objekten ausgedrückt werden können, lassen sich als Tupel von untereinander semantisch disjunkten Relationen darstellen. Aus diesem Grund bietet es sich an, für die Ablage dieser Daten ein konventionelles relationales Datenbanksystem zu nutzen.

*Funktionale Datenhaltungsschnittstelle*

In einem in sich geschlossenen CAD-System nimmt die Datenhaltung eine zentrale Stellung ein. Die integrierten CAD-Funktionen bedienen sich sämtlich der Leistungen der Datenhaltung. Die Kommunikation der CAD-Funktionen erfolgt ausschließlich über die Datenhaltung. Um dem Rechnung zu tragen, ist es erforderlich, eine einheitliche abstrakte Schnittstelle zwischen CAD-Funktionen und Datenhaltung festzulegen. Damit sind nachstehende Vorteile verbunden:

□ Die Zugriffe auf Objekte werden für alle integrierten CAD-Funktionen vereinheitlicht.

□ Die Realisierungsaspekte bezüglich der Ablage der Daten bleiben den CAD-Funktionen verborgen (Prinzip des "information hiding"). Damit haben Änderungen innerhalb des Datenhaltungssystems keine Auswirkung auf die Implementierung der CAD-Funktionen.

Andererseits hat im Unterschied zu bekannten Schnittstellen herkömmlicher Datenhaltungssysteme wie SQL (Structured Query Language, ursprünglich SEQUEL) [5.25] die hier verwendete Schnittstelle spezielle Eigenheiten des Einsatzgebiets CAD-Elektronik zu berücksichtigen, wie z.B.:

□ Behandlung von komplexen Objekten,
□ Historienverwaltung,
□ Verwaltung von Beziehungsaussagen zwischen Objekten,
□ Unterstützung langer Transaktionen.

Der Leistungsumfang der Datenhaltungsschnittstelle hängt also ab von der Einsatzumgebung. Gemäß dem zugrundeliegenden objektorientierten Datenmodell lassen sich ihre Kommandos in vier Klassen unterteilen:

□ Kommandos zur Behandlung von komplexen Objekten, wie Kreieren, Löschen, Anfordern zum Lesen, Anfordern zum Schreiben, Freigeben von Versionen,
□ Kommandos zum Lesen und Manipulieren von Daten, wie Selektieren, Anfügen, Ändern,

□ Kommandos zur Steuerung des Ablaufs, wie Anmelden, Abmelden, Parameter einstellen und

□ Kommandos zum Einrichten und Verwalten von Datenbasen (Utilities).

Hervorzuheben ist, daß bei der Konzeption der Schnittstelle sowohl der Zugriff im Sinne eines Design-File-Konzepts als auch im Sinne eines Non-Standard-Datenbanksystems berücksichtigt wurde (Abschnitt 5.4.2). Die Schnittstelle erlaubt Zugriffe auf Datenobjekte in beiden Fällen mit denselben Mitteln. Unterschieden wird lediglich durch die Sicht, in welcher zugegriffen wird.

Die Schnittstelle ist eine funktionale Schnittstelle im Sinne von abstrakten Datentypen [5.26], die in einer höheren Programmiersprache realisiert wurde.

Das Ergebnis eines Kommandos wird ausschließlich bestimmt durch die Werte der Eingabeparameter. Dadurch wird erzwungen, daß alle Parameter, die den Ablauf beeinflussen, an der Schnittstelle sichtbar sind. Jedes Kommando besitzt genau einen Ergebnistyp. Das Ergebnis eines Kommandoaufrufs ist daher wieder in einen anderen Kommadoaufruf einsetzbar.

Die Schnittstelle ist so definiert, daß die für einen Kommandoaufruf notwendigen Parameterwerte durch Aufrufe anderer Kommandos erst bereitgestellt werden müssen. Diese Methode erspart zur Ablaufzeit die aufwendige Überwachung der Korrektheit einer eingegebenen Kommandoreihenfolge.

Beispiel:

```
...
var := VIEW ( ... )
elem := GET ( ... , var, ...)
...
```

Der Wert der Variablen *var* wird erst durch den Aufruf des Schnittstellenkommandos VIEW bereitgestellt. Der Typ der Variablen *var* ist der verwendenden Funktion nur dem Namen nach, nicht der Definition nach bekannt.

Entsprechend dem Konzept des abstrakten Datentyps wurde die Schnittstelle vollständig durch Axiome beschrieben. Die axiomatische Definition der Kommandos bietet folgende Vorteile:

□ Formale Beschreibungen lassen sich leichter in Code umsetzen als informelle Beschreibungen,

□ die Axiome stellen zudem Testfälle dar und gestalten die Schnittstelle insgesamt übersichtlicher, so daß Test und Wartung vereinfacht werden.


*Einbettung von Fremdfunktionen*

Das Konzept einer Datenhaltung muß so angelegt sein, daß im nachhinein beliebige Funktionen, die nicht zum CAD-System gehören und daher als Fremdfunktionen bezeichnet werden, an ein bestehendes CAD-System adaptierbar sind, indem sie sich genau wie die in das CAD-System integrierte Funktion derselben zentralen Datenhaltung bedienen.

Die in einem CAD-System integrierten CAD-Funktionen kommunizieren mit der Datenhaltung über die einheitliche funktionale Datenhaltungsschnittstelle. Diese Schnittstelle ist allerdings an der Oberfläche des CAD-Systems nicht sichtbar und aus diesem Grund Fremdfunktionen nicht zugänglich.

Der Aspekt eines offenen Systems verlangt, daß Fremdfunktionen auf die CAD-Datenhaltung zugreifen, obwohl sie keinen direkten Anschluß an die systeminterne Datenhaltungsschnittstelle besitzen. Um die Durchgängigkeit und die Konsistenz eines Entwurfsprozesses innerhalb eines Verfahrens zu wahren, muß eine Fremdfunktion einerseits mit Objekten, die von integrierten CAD-Funktionen in die Datenhaltung eingebracht worden sind, arbeiten können und andererseits selbst erzeugte Objekte, die für den Entwurfsprozeß relevant sind, in die Datenhaltung eintragen.

Zur Einbettung von Fremdfunktionen sieht das Konzept der CAD-Datenhaltung Adaptionsfunktionen vor, die auch die Eigenschaft des offenen Systems garantieren.

Die Adaptionsfunktionen gewährleisten den Objekttransfer aus der Datenbasis der Fremdfunktion in die Datenbasis des zentralen CAD-Datenhaltungssystems wie auch die notwendige umgekehrte Richtung des Objekttransfers. Zudem wird ermöglicht, daß Entwurfsobjekte, die von der Fremdfunktion während des Entwurfsprozesses erzeugt worden sind, als Objektversionen durch die Fremdfunktion festgeschrieben werden können.

Die Adaptionsfunktionen besitzen einen direkten Anschluß an die Datenhaltungsschnittstelle in Form von vordefinierten Kommandoreihenfolgen, die über funktionsspezifische Parameterwerte in gewissen Grenzen individualisierbar sind.

Die Einbettung einer Fremdfunktion erfolgt auf einem der beiden folgenden Wege (Bild 5.11):

- Der Benutzer der Fremdfunktion sorgt für den Anstoß der notwendigen Adaptionsfunktionen über eine interaktiv-grafische Benutzungsoberfläche,
- die Fremdfunktion wird in einen Ablaufrahmen eingebettet, der gesteuert über Kommandodateien die jeweiligen Adaptionsfunktionen aktiviert.

*Das Multi-Base-Konzept für die Datenbasis-Organisation*

Die Organisationsform des Datenbestandes, der von der Datenhaltung verwaltet wird, muß folgenden Anforderungen gerecht sein:

- Produktdaten, die in unterschiedlichen Entwurfsprozessen innerhalb eines Projektes erzeugt worden sind, müssen zentral zusammengehörig verwaltet werden,
- es müssen die Produktdaten beliebig vieler Projekte verwaltet werden können,

□ es muß gewährleistet sein, daß CAD-Funktionen ausschließlich lesend auf
  Bibliotheken zugreifen und nur die Funktionen eines Bibliothekstools Bibliotheken verändern dürfen (Abschnitt 5.5),

□ Bibliotheken müssen unterschiedlichen Projekten zugeordnet werden können.

Diese Anforderungen werden durch das Multi-Base-Konzept der Datenhaltung
abgedeckt:

□ Projektdatenbasis

  Die Produktdaten eines Projektes sowie deren Beziehungsaussagen untereinander werden zentral in einer Projektdatenbasis, die eindeutig einem Projekt zugeordnet ist, zusammengefaßt. Es lassen sich gleichzeitig mehrere
  Projekte unabhängig voneinander durchführen, da die Datenhaltung beliebig viele Projektdatenbasen verwalten kann. Die Definition des Projektes ist
  applikationsspezifisch.

□ Bibliotheksdatenbasis

  Bibliotheken werden in einer Bibliotheksdatenbasis abgelegt. Die Bibliotheksdatenbasis kann mehreren Projekten zugeordnet werden und enthält
  mindestens die Bibliotheken, die in jedem dieser Projekte benötigt werden.
  Bezüge zwischen Produktdaten und Bibliotheksdaten werden in der jeweiligen Projektdatenbasis abgelegt und verwaltet. Einer Projektdatenbasis ist
  genau eine Bibliotheksdatenbasis zugeordnet. Dennoch können von der Datenhaltung beliebig viele Bibliotheksdatenbasen gleichzeitig verwaltet werden.

  Eine Bibliotheksdatenbasis enthält aus diesem Grund zumeist mehr Bibliotheken, als in einem einzelnen Projekt eingesetzt werden dürfen. Die
  Ausblendung der in einem Projekt nicht zugelassenen Bibliotheken der Bibliotheksdatenbasis während eines Entwurfsprozesses wird durch eine projektspezifische Sicht auf die Bibliotheksdatenbasis garantiert.

  Die Funktionen eines Bibliothekstools arbeiten ausschließlich auf einer Bibliotheksdatenbasis. Vorhandene Projektdatenbasen bleiben dem Bibliothekstool verborgen.

□ Datenbasis

  Im Gegensatz zum Bibliothekstool wird den CAD-Funktionen die Trennung in Projekt- und Bibliotheksdatenbasis nicht sichtbar gemacht. Sie ope-
  rieren in funktionsspezifischen Produktdaten- bzw. Bibliothekssichten mit
  den Objekten einer Datenbasis, die eine logische Zusammenfassung einer
  Projekt- und einer zugeordneten Bibliotheksdatenbasis darstellt. Bild 5.12
  verdeutlicht diesen Zusammenhang. Die Datenhaltung kontrolliert, daß ausschließlich lesende CAD-Funktionszugriffe auf Bibliotheken erfolgen.

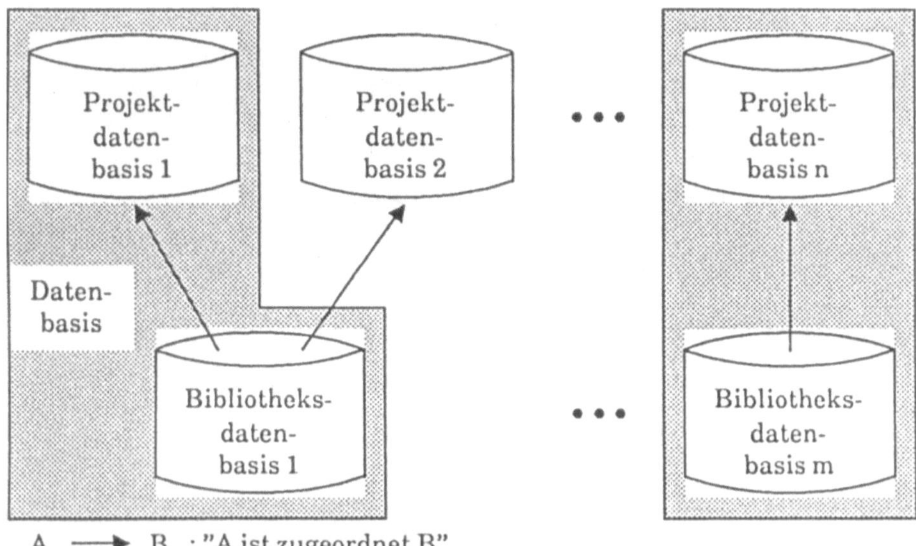


Bild 5.12: Multi-Base-Konzept der Datenhaltung

*Verteilkonzept*

Bei der Entwicklung elektronischer Schaltungen arbeiten in der Regel mehrere Entwickler parallel und unabhängig voneinander an grafikfähigen Workstations. In unterschiedlichen Zeitabständen stellen sie ihre Zwischenergebnisse dem Gesamtprojekt zur Verfügung.

Um diesen typischen Arbeitsstil zu unterstützen, ist ein Verteilkonzept zu realisieren, welches einerseits lokal unabhängiges Arbeiten erlaubt, andererseits eine globale Verfügbarkeit bestimmter Datenmengen sicherstellt.

Die zuletzt genannte Anforderung führt dazu, daß das Verteilkonzept keine disjunkte Verteilung der Daten über das Netz vorsieht. Eine globale Verfügbarkeit im gesamten Netz könnte dann nur sehr schwer gewährleistet werden. Das Konzept sieht vielmehr ein logisches Sternmodell vor (Bild 5.13), welches folgende Eigenschaften besitzt:

- Das Netz besteht im logischen Sinn aus einem Server und mehreren Clients. Eine logische Verbindung besteht nur zwischen Server und Clients, nicht dagegen zwischen Clients untereinander. Logische Verbindung heißt, daß eine Kommunikation über diese Verbindung vom System unterstützt wird. Das Modell schließt eine physikalische Kopplung von Clients untereinander nicht aus, eine Kommunikation über solche Wege geschieht aber in Eigenverantwortung der Clients und ohne Unterstützung durch das System.

  Server und Clients müssen nicht aus derselben Betriebssystemumgebung stammen. So ist zum Beispiel der Einsatz eines Mainframe-Rechners als Server und von Unix-Workstations als Clients durchaus denkbar.

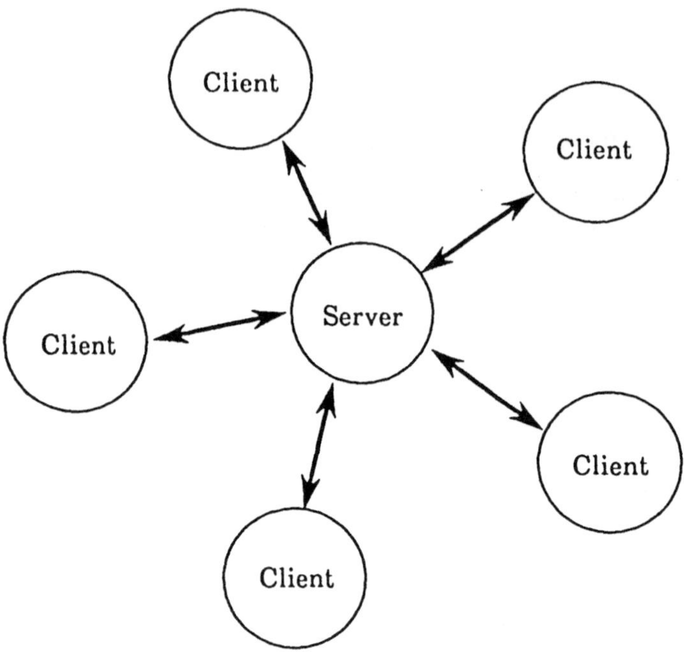


Bild 5.13: Verteilkonzept, logisches Sternmodell

Ein Client ist auch nicht ausschließlich als genau ein Arbeitsplatzrechner zu sehen. Bietet das zugrunde liegende LAN den Leistungsumfang von höheren Protokollen (z.B. wie der Token-Ring), so lassen sich mehrere angeschlossene Rechner logisch zu einem Rechner zusammenfassen. Diese über das LAN verbundenen Workstations spielen dann im Sternmodell die Rolle eines Clients.

□ Jeder Client besitzt eine eigene Datenhaltung. Damit ermöglicht man, daß er temporär lokal-selbständig betrieben werden kann. Die lokal-selbständige Arbeit endet dort, wo benötigte Daten nicht lokal vorhanden sind und über das Netz von einem andern Rechner herangeschafft werden müssen.

Demzufolge bietet das Datenhaltungssystem einerseits Leistungen zur lokalen Datenverarbeitung, die an jedem Client zur Verfügung stehen. Andererseits gibt es Leistungen, welche eine Datenverteilung und -bereitstellung erst möglich machen. Diese Leistungen bleiben zum großen Teil dem Server vorbehalten (Abschnitt Versionenkontrolle).

Da die typische Arbeitsweise beim Entwurf elektronischer Schaltungen so aussieht, daß lange lokal an einer Datenmenge gearbeitet wird, ohne daß Einflüsse von außen notwendig sind, paßt sich dieses Verteilkonzept effizient seiner Einsatzumgebung an.

□ Der Server ist zentrale Beschreibungsstelle und Ablageort derjenigen Datenmengen, die allgemein verfügbar sein sollen. Bei der Freigabe einer Datenmenge zur allgemeinen Verfügbarkeit durch einen Client muß also stets der Server informiert werden. Um eine größere Verfügbarkeit zu gewährleisten, verlangen wir auch ein Kopieren der Daten zum Server. Damit liegen alle freigegebenen Daten originär am Server vor.

Clients, welche im Netz vorhandene allgemein verfügbare Daten ausleihen wollen, können das nur über den Server tun. Der Server prüft die Zulässigkeit der Anfrage und stößt den Datentransfer an. Ausleihen bedeutet, daß die Daten zum anfordernden Client kopiert werden. Sie liegen also auch weiterhin am Server vor.

Um diese Aufgabe wahrnehmen zu können, besitzt der Server die Einrichtung des "Schwarzen Bretts". Darauf sind vermerkt sämtliche allgemein verfügbaren Datenmengen sowie die Clients, welche diese Datenmenge ausgeliehen haben. Eine der Hauptaufgaben des Servers ist die Pflege des "Schwarzen Bretts".

□ Clients können beliebig ab- und zugeschaltet werden. Der Betrieb des Netzes wird dadurch nicht beeinträchtigt. Dagegen ist ein Arbeiten mit dem Netz nur möglich, wenn der Server verfügbar ist.

Lokal kann auf einem Client dagegen auch bei abgeschaltetem Server gearbeitet werden.

*Versionenkontrolle im verteilten System*

Für den Mehrbenutzerbetrieb in einem verteilten System sind parallele Zugriffe zu verwalten und Synchronisationsmechanismen vorzusehen. Lesender Zugriff ist beliebig vielen Benutzern gleichzeitig gestattet. Schreibender Zugriff (betrifft nur Arbeitsstände) erfolgt exklusiv. Das bedeutet, daß zu einer Zeit nur genau ein Benutzer schreibend auf eine Objektversion (im Zustand Arbeitsstand) zugreifen kann. Da unter Berücksichtigung des zugrundeliegenden Datenmodells in der Anwendung CAD-Elektronik parallele schreibende Zugriffe auf dieselbe Datenmenge nur sehr selten vorkommen, ist diese restrikive Methode zur Synchronisation ausreichend.

Ein zusätzlicher Aspekt der Synchronisation entsteht durch die Festlegung, daß Versionen nicht veränderbare Datenmengen darstellen. Versionen können zwar nicht selbst verändert werden, wohl aber als Basis eines Arbeitsstandes dienen, der zu einer neuen Version werden soll. Es könnte passieren, daß mehrere Benutzer auf verschiedenen Clients ausgehend von der letzten Version Entwicklungsarbeit leisten mit der Absicht, eine neue Version zu erzeugen.

Zur Vermeidung von Inkonsistenzen muß die Freigabe einer Version immer zentral erfolgen. Diese Behandlung stellt eine Serverleistung dar. Datenhaltungsintern meldet ein Client einen Arbeitsstand zur Freigabe an, der Server prüft die

Berechtigung und trägt gegebenenfalls die Existenz der neuen Version im
"Schwarzen Brett" ein. Will ein Client aus einer Version einen Arbeitsstand erzeugen, so fordert er die Berechtigung dazu beim Server an. Wird diese erteilt, so trägt
der Server im "Schwarzen Brett" ein, wer sie besitzt. Die Berechtigung kann nun
nicht mehr vergeben werden, es sei denn, sie wird vom Client wieder zurückgege-
ben. Eine derart gesperrte Version kann beliebig oft zum Lesen angefordert werden.

Trotz dieses Sperrkonzeptes können ausgehend von einer Version parallele Arbeitsstände gebildet werden, wenn sie jeweils unter einer neuen Alternative angelegt werden. Die Datenkonsistenz wird bei derartigen parallelen Bearbeitungen
dadurch gesichert, daß jeder gebildete Arbeitsstand in einen eindeutig bestimmten Zustand - Version qualifiziert durch Alternative und Version - übergehen
kann.


*Data Dictionary*

Wenn Objekte nicht als funktionsspezifische Design Files in der Datenbasis abgelegt sind, entsprechen die Formate der physikalischen Ablage nicht notwendi-
gerweise dem Format, in dem sie den CAD-Funktionen an der Datenhaltungsschnittstelle angeboten werden müssen. Diese Formate sind gelegentlich Änderungen unterworfen, die sich in Anforderungen neuer Technologien oder beispielsweise durch die Einführung neuer datenhaltungsinterner Algorithmen begründen
können.

Damit sich Änderungen dieser Art weder auf die Datenhaltungssoftware noch
auf CAD-Funktionen auswirken, werden Formate von der Datenhaltung als systeminterne Parameter angesehen, die zentral in der Komponente Data Dictionary zusammengefaßt sind:

□ Um der CAD-Funktion strukturelle Umsetzungen nach einer Datenbereitstellung zu ersparen, werden die benötigten Objekte über die Datenhaltungsschnittstelle in funktionsspezifischen Sichten (Views) aufbereitet in einer für
   die CAD-Funktion erforderlichen Arbeitsspeicherstruktur geliefert. Das Format dieser funktionspezifischen Sichten wird im Data Dictionary verwaltet.

□ Die Beschreibung der von der Datenhaltung verwendeten Formate der physikalischen Ablage liegt ebenfalls im Data Dictionary vor. Diese Formatbe-
   schreibungen bilden die Basis für den Aufbau einer funktionsspezifischen Zu-
   griffsstruktur, da hierfür das Datenhaltungszugriffssystem eine interne For-
   matumsetzung durchführen muß.

Das Konzept der Parametrisierung der Formate ermöglicht, daß eine physikalische Formatänderung erst bei einem tatsächlichen Zugriff auf das betroffene Objekt objektspezifisch realisiert werden muß. Dies erspart datenbasisweite zeitin-
tensive Gesamtreorganisationen.

### 5.4.4 Software-Struktur

Zur Bildung einer geeigneten Softwarestruktur sind drei Gesichtspunkte aus-
schlaggebend:

- Eine Vielzahl von CAD-Funktionen greift in unterschiedlichen, funktionsspezifischen Sichten auf Objekte der Datenhaltung zu.
- Insbesondere für die Einbeziehung nicht adaptierbarer Fremdfunktionen
  müssen Objekte als Black Boxes in Form nicht interpretierter Design-Files
  an der Datenhaltungsschnittstelle zugreifbar sein.
- Die Datenintegrität der verwalteten Objekte ist in allen Fällen sicherzustellen.

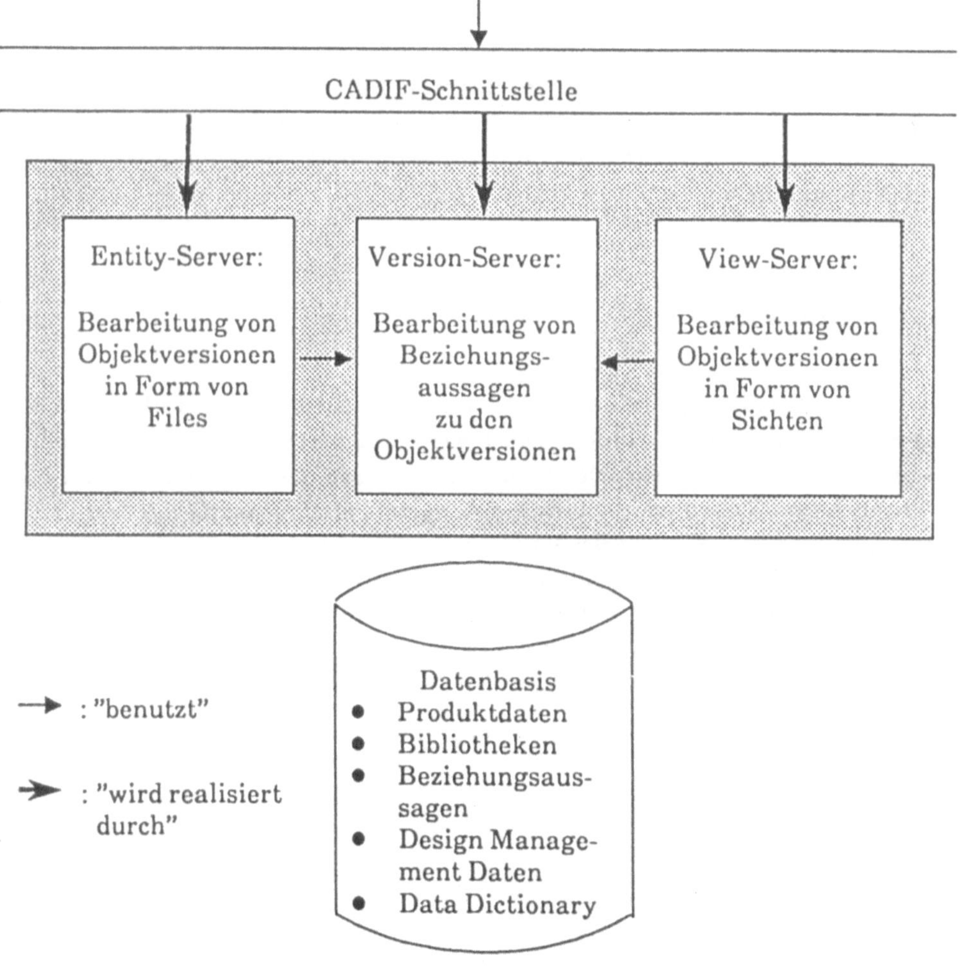


Bild 5.14: Aufbau des Datenhaltungskern

Aufgrund dieser Kernanforderungen wurde eine funktionale Datenhaltungs-
schnittstelle im Sinne von abstrakten Datentypen konzipiert, die für einheitliche
Datenhaltungszugriffe sorgt. Die Schnittstelle selbst wird durch die Komponenten
View Server, Entity Server und Version Server realisiert (Bild 5.14).

Im View Server werden die Operationen durchgeführt, die zur Aufbereitung
und Bearbeitung funktionspezifischer Sichten auf Objekten erforderlich sind. Der
Entity Server kennt als Verarbeitungseinheit an der Datenhaltungsschnittstelle
nur Objekte als Dateien oder Verzeichnisse. Der Inhalt dieser Dateien wird nicht
interpretiert. Der Version Server übernimmt sowohl für den View Server als auch
für den Entity Server die Verwaltung von Objekt-Repräsentationen, -Alternativen
und -Versionen und von Beziehungsaussagen zwischen Objekten.

Die Datenbasis umfaßt neben den reinen Anwenderdaten, wie Produktdaten
und Bibliotheken, auch die Beziehungsaussagen zwischen Objekten und Datenbeschreibungen (Data Dictionary). Ebenfalls in der Datenbasis ablegbar sind Design
Management Daten zur Steuerung von CAD-Entwurfsprozessen.

Durch die Eigenschaften der funktionalen Datenhaltungsschnittstelle bleibt
die Organisation der Datenbasis vor den zugreifenden CAD-Funktionen verborgen. Insbesondere werden an der Schnittstelle Produkt- und Bibliotheksdaten einheitlich behandelt.


## 5.5  Bibliotheken

In den vorausgegangenen Kapiteln sind die einzelnen CAD-Funktionen eines
CAD-Systems betrachtet worden. Die CAD-Funktionen bauen aufeinander auf
und unterstützen den Entwickler beim Entwurf und der Verifikation von Flachbaugruppen und Systemen. Sie bieten datengetriebene Algorithmen und Prüfrou-
tinen an, beinhalten aber weder die funktions- und technologiespezifischen Cha-
rakteristika der beim Entwurf verwendeten elektronischen Bauteile - im weiteren
Bauelemente genannt - noch Informationen zur Einbautechnik. Diese Daten stellen die Standarddaten für die Steuerung der CAD-Funktionen dar. Unterschiedliche CAD-Funktionen benötigen unterschiedliche Standarddaten und Datenformate.

Die Standarddaten werden in Bibliotheken abgelegt und daher auch Bibliotheksdaten genannt. Die Gesamtheit dieser Bibliotheksdaten für die unterschiedlichen CAD-Funktionen wird CAD-Bibliothek genannt.


### 5.5.1 Bibliotheksdaten

Die Bibliotheksdaten lassen sich in zwei Klassen einteilen: die Bibliotheksdaten
der Einbautechnik und die Bibliotheksdaten der Bauelemente. Die Bibliotheksda-

ten der Einbautechnik beinhalten die Beschreibung der Technologie der Flachbaugruppe. Auf diese Bibliotheksdaten nimmt der physikalische Entwurf Bezug. Im Logikentwurf finden diese Bibliotheksdaten dagegen keine Verwendung. Die Bibliotheksdaten der Einbautechnik sind keinen häufigen Änderungen bzw. Ergänzungen unterworfen.

Die Bibliotheksdaten der Bauelemente, im weiteren bauelementspezifische Bibliotheksdaten genannt, werden im Gegensatz dazu wesentlich häufiger ergänzt und modifiziert. Die bauelementspezifischen Bibliotheksdaten stellen den wesentlichen Bestandteil der CAD-Bibliothek dar. Bei vielen Herstellern von CAD-Systemen wird dieser Teil der CAD-Bibliothek auch als Bauelemente- bzw. Bauteilebibliothek bezeichnet. Sie beinhaltet die logischen und physikalischen Daten der Bauelemente, die den unterschiedlichen Betrachtungen der Bauelemente entsprechen und daher auch die logische Sicht bzw. die physikalische Sicht genannt werden.

*Logische Sicht*

In der logischen Sicht werden die Bauelemente so beschrieben, wie sie für den Logikentwurf und dessen Überprüfung benötigt werden. Ein Bauelement erfüllt eine oder mehrere logische Funktionen. Eine logische Funktion wird in Form von Schaltelementen beschrieben, die somit die Funktionsträger darstellen. Sie stellen die Grundelemente für den Logikentwurf dar. Die Daten der Schaltelemente gliedern sich in die unterschiedlichen CAD-funktionsspezifischen Daten, die als weitere unterschiedliche Sichten angesehen werden können:

*Grafische Daten*

Die grafischen Daten der logischen Sicht enthalten die grafischen Darstellungen, die Konturen der Schaltelemente, auch Schaltzeichen genannt. Die Schaltzeichen stellen die grafischen Repräsentationen der entsprechenden logischen Funktionen der Schaltelemente dar und werden als Funktionselemente im Stromlaufplan verwendet, der mit Hilfe eines grafischen Editors erstellt wird.

*Zuordnungsdaten*

Die im Stromlaufplan verwendeten Schaltelemente müssen den Bauelementen zugeordnet werden. Mittels der Zuordnungsdaten wird definiert, welche Schaltelemente ein Bauelement beinhaltet, und wie die Schaltelemente zu einem entsprechenden Bauelement zusammengesetzt werden. Es wird die interne Verschaltung des Bauelements festgelegt, die Verschaltung der Anschlüsse (Eingänge, Ausgänge) der Schaltelemente mit den Anschlüssen (Terminals) des Bauelements. Die Zuordnungsdaten werden benötigt für das Gate-Assignment (Abschnitt 4.2).

*Funktionelle Daten*

Die funktionellen Daten definieren das funktionelle (logische) Verhalten und das Laufzeitverhalten der Schaltelemente und nehmen auch Bezug auf deren technologische Eigenschaften. Das funktionelle Verhalten wird nachgebildet in Form eines Modells, das mit Hilfe einer entsprechenden Beschreibungssprache beschrieben wird. Die Modelle der Schaltelemente bilden die Grundlage für die Entwurfsverifikation des Stromlaufplans mit Hilfe der Simulation. Die technologischen Eigenschaften definieren die Art der Schaltelemente - z.B. aktiv, passiv - und die der Anschlüsse (Pins) - z.B. Treiberfähigkeit, Ausgangspegel. Sie werden benötigt für die Logikentwurfsanalyse, d.h. das Überprüfen des Stromlaufplans auf Einhaltung der elektrischen Designregeln, die Laufzeitanalyse und die Schaltkreisregelbehandlung beim physikalischen Entwurf.

*Physikalische Sicht*

Ein Bauelement ist in einem Gehäuse enthalten. Die physikalische Sicht befaßt sich mit den Gehäusen der Bauelemente. Die Daten der Gehäuse gliedern sich ebenfalls in unterschiedliche CAD-funktionsspezifische Daten, die auch als unterschiedliche Sichten angesehen werden können:

*Grafische Daten*

Die grafischen Daten in physikalischer Sicht enthalten die grafische Darstellung, die Konturen der Gehäuse. Die Konturen stellen exakte grafische Repräsentationen der Gehäuse dar, die Abmessungen werden exakt wiedergegeben, maßstabsgetreu zu verwendeten Bildschirmrastern. Die Bauelemente werden den entsprechenden Konturen der Gehäuse zugeordnet. Die grafischen Daten werden für die Belegung benötigt (Abschnitt 4.3).

*Gehäuse-Daten*

In den Gehäuse-Daten werden die Maße der Gehäusetypen alphanumerisch beschrieben. Die exakten Abmessungen eines Gehäuses wie Gesamthöhe oder Fläche sind ebenso aufgeführt wie die Einbaulage oder die Möglichkeiten zur Leitungsführung und Durchkontaktierung unter dem Bauelementgehäuse.

*Pin-Daten*

Die Pin-Daten geben die Position der Pins (Terminals) am Gehäuse an. Sie enthalten aber auch Angaben hinsichtlich der zugeordneten Lötaugen, der Anschlußfiguren, Bohrungen sowie Aussagen darüber, in welchen Richtungen die Leiterbahnen angeschlossen werden dürfen.

Bild 5.15 zeigt die Untergliederung der bauelementspezifischen Bibliotheksdaten.

Die Bibliotheksdaten stellen einen wesentlichen Bestandteil eines CAD-Systems dar. Damit werden aber an die Bibliotheksdaten besondere Anforderungen gestellt. So müssen die Bibliotheksdaten in sich konsistent sein. Die Konsistenz

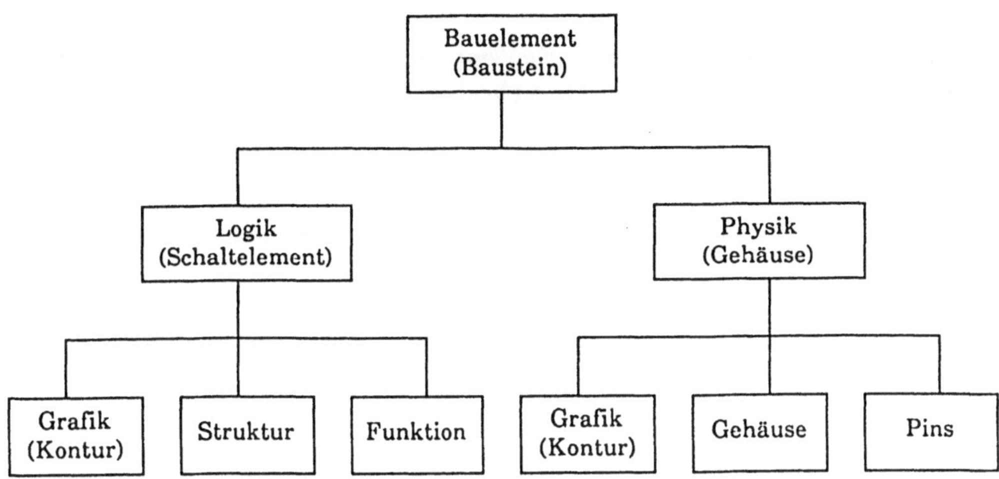



Bild 5.15: Bibliotheksdaten von Bauelementen (elektronische Bauteile)

der Bibliotheksdaten spielt insbesondere beim Übergang von einer CAD-Funktion auf die nächstfolgende eine bedeutende Rolle. Für den Logikentwurf finden z.B. die grafischen Darstellungen, die Konturen der Schaltelemente, Verwendung. Für das Layout wiederum müssen diese Schaltelemente den entsprechenden Bauelementen zugeordnet werden, wozu die (alphanumerischen) Zuordnungsdaten der Schaltelemente zu den Bauelementen, die strukturellen Daten, benötigt werden. Dies bedeutet, daß grafische Darstellung und Zuordungsdaten zueinander konsistent zu halten sind. So müssen z.B. die Namen der Schaltelemente und die Namen der Pins zueinander konsistent sein, d.h. sie stimmen für gleiche Schaltelemente in den grafischen und in den strukurellen Daten überein.

Die Bibliotheksdaten sind aber auch vollständig zu beschreiben. So müssen die bauelementspezifischen Bibliotheksdaten sowohl die logische Sicht als auch die physikalische Sicht mit ihren funktionsspezifischen Daten beinhalten, soweit die entsprechenden CAD-Funktionen verwendet werden.

## 5.5.2 Verwaltung der Bibliotheksdaten

Die Bibliotheksdaten können auf unterschiedliche Weise verwaltet werden, wodurch einerseits die Konsistenz der Bibliotheksdaten, andererseits aber auch die Performance der CAD-Funktionen im Hinblick auf den Datenzugriff wesentlich beeinflußt wird. Beide Aspekte werden für unterschiedliche Ablageorganisationen kurz betrachtet.

*Filesystem*

Ähnlich wie beim Design-File Konzept der Produktdaten werden die Bibliotheksdaten in einer Menge von Files abgelegt. Die Bibliotheksdaten werden entsprechend den Anforderungen der einzelnen CAD-Funktionen - d.h. CAD-funktionsspezifisch - betrachtet und dementsprechend in ein, bzw. auch in mehrere Files abgelegt. Dabei läßt es sich nicht vermeiden, daß bestimmte Daten der Schaltelemente bzw. Bauelemente redundant in unterschiedlichen Files - für unterschiedliche CAD-Funktionen - abgelegt werden. Diese müssen aber übereinstimmen und zueinander konsistent sein, damit die Durchgängigkeit der CAD-Funktionen gewährleistet ist. Die Konsistenz der Bibliotheksdaten wird durch ein Filesystem nicht zufriedenstellend gewährleistet, da Modifikationen in einem File auch die Änderungen der entsprechenden Daten in den übrigen Files nach sich ziehen.

Das Filesystem bietet jedoch den Vorteil, daß die einzelnen CAD-Funktionen auf die funktionsspezifischen Bibliotheksdaten sehr performant zugreifen können, da diese in einem oder mehreren entsprechenden Files bereits funktionsgerecht zur Verfügung stehen und unmittelbar eingelesen werden können.

*Kommerzielles Datenbanksystem (DBMS)*

Für die Verwaltung der Bibliotheksdaten steht ein relationales Datenbanksystem zur Verfügung. Die Bibliotheksdaten werden unabhängig von den speziellen Anforderungen der CAD-Funktionen als eine Einheit betrachtet. Alle funktionsspezifischen Bibliotheksdaten sind in einer Datenbank abgelegt, aber diese werden gemäß der Struktur der Bibliotheksdaten für die logische und die physikalische Sicht - unabhängig von den Sichten der einzelnen CAD-Funktionen - abgespeichert, und es werden entsprechende Relationen aufgebaut. Dadurch wird erreicht, daß die Bibliotheksdaten weitgehend redundanzfrei abgespeichert werden können. Die Konsistenz der Bibliotheksdaten ist dadurch gegenüber dem Filesystem wesentlich besser gewährleistet.

Für die Bibliotheksdaten erscheint aber ein relationales DBMS nicht als ausreichend. Insbesondere für die grafischen und die funktionellen Bibliotheksdaten treffen die in Abschnitt 5.4.2 aufgeführten Nachteile zu.

Gegenüber dem Filesystem hat das relationale Datenbanksystem den Nachteil, daß der Zugriff auf die Bibliotheksdaten durch die einzelnen CAD-Funktionen einen erheblichen Verlust an Performanz mit sich bringt. Bevor die CAD-Funktionen mit "ihren" CAD-funktionsspezifischen Bibliotheksdaten "arbeiten" können, müssen diese von den relationalen Datenbanksystemen CAD-funktionsgerecht selektiert und bereitgestellt werden.

*Bibliotheksmasterbasis*

Die Bibliotheks-Masterbasis soll die Vorteile des Filesystems - performanter Zugriff auf die Bibliotheksdaten durch die CAD-Funktionen - und die des Daten-

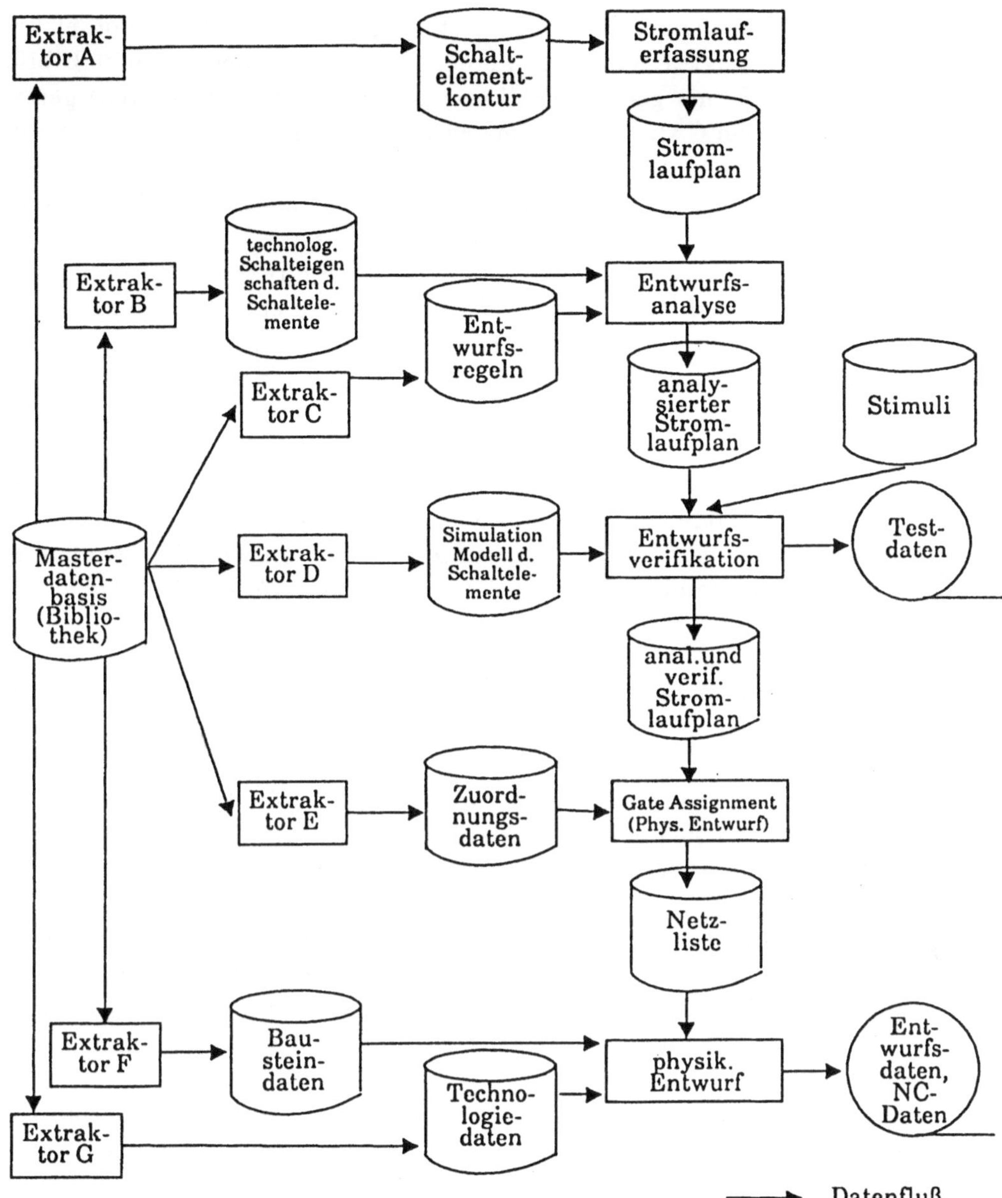


Bild 5.16: Bibliotheksdaten eines CAD-Entwurfs

banksystems - weitgehend konsistente und redundanzarme Ablage der Bibliotheksdaten - miteinander verknüpfen [5.27]. Die Bibliotheksdaten werden in einer Bibliotheksmasterbasis abgespeichert, ohne CAD-funktionsspezifische Anforderungen zu berücksichtigen.

Die CAD-Funktionen haben auf die Bibliotheksdaten der Masterbibliothek keinen unmittelbaren Zugriff. Vielmehr werden die funktionsspezifischen Bibliotheksdaten mit Hilfe von geeigneten Umsetzprogrammen (Extraktoren) gemäß den Anforderungen der CAD-Funktionen abgeleitet und entweder in Files oder direkt zur Verfügung gestellt werden. Auf diese abgeleiteten funktionsspezifischen Bibliotheksdaten greifen die entsprechenden CAD-Funktionen zu. Bild 5.16 zeigt diesen Mechanismus.

Werden die funktionsspezifischen Bibliotheksdaten direkt zur Verfügung gestellt, so erfolgt dies auf Kosten der Performanz, da die entsprechenden Bibliotheksdaten bei jedem Zugriff jeweils abgeleitet werden müssen. Werden die funktionsspezifischen Bibliotheksdaten in Files abgelegt, so kann auf diese performant zugegriffen werden, jedoch sind die Daten redundant abgelegt. Da die funktionsspezifischen Bibliotheksdaten von der Bibliotheksmasterbasis abgeleitet sind, ist aber die Konsistenz der Bibliotheksdaten gewährleistet.

Eine relationale Datenbank ist für die Verwaltung einer Bibliotheksmasterbasis nicht ausreichend, da die bereits genannten Nachteile ebenfalls zutreffen. Es wird hierfür ein Non-Standard-Datenbanksystem benötigt (Abschnitt 5.4).

### 5.5.3 Bibliotheksdaten in einem objektorientierten Non-Standard-Datenhaltungssystem

Sowohl für die Verwaltung von Produktdaten als auch für die Verwaltung von Bibliotheksdaten eignen sich objektorientierte Non-Standard-Datenhaltungssysteme. Bibliotheken stellen jedoch zusätzliche Anforderungen an ein Datenhaltungssystem.

Das CAD-Datenhaltungssystem verwaltet die Bibliotheksdaten analog zu den Produktdaten zentral in der Datenhaltung. Die Bibliotheksdaten finden gleichzeitig in mehreren Projekten Verwendung. Das Konzept der Datenhaltung muß garantieren, daß diese Bibliotheksdaten den CAD-Funktionen ausschließlich lesend zugänglich sind.

Unter den Gesichtspunkten der Konsistenzsicherung und des Speicherplatzbedarfs der Bibliotheksdaten ist das Konzept des Datenhaltungssystems derart angelegt, daß Bibliotheken nicht physikalisch redundant verwaltet werden müssen. Diese Anforderung wird durch das Multi-Base-Konzept der Datenhaltung abgedeckt (Abschnitt 5.4.3).

Die Bibliotheksdaten werden gemäß den Erfordernissen eines modernen Datenhaltungssystems (Abschnitt 5.4.3) auf ein objektorientiertes Datenmodell abgebildet. Die Struktur der Bibliotheksdaten eines Bauelements (Bild 5.15) bietet sich als ein objektorientiertes Datenmodell an (Bild 5.17). Die Bauelemente werden auf Objekte abgebildet. Da es sich um Bibliotheksdaten handelt, werden sie auch als Bibliotheksobjekte bezeichnet.

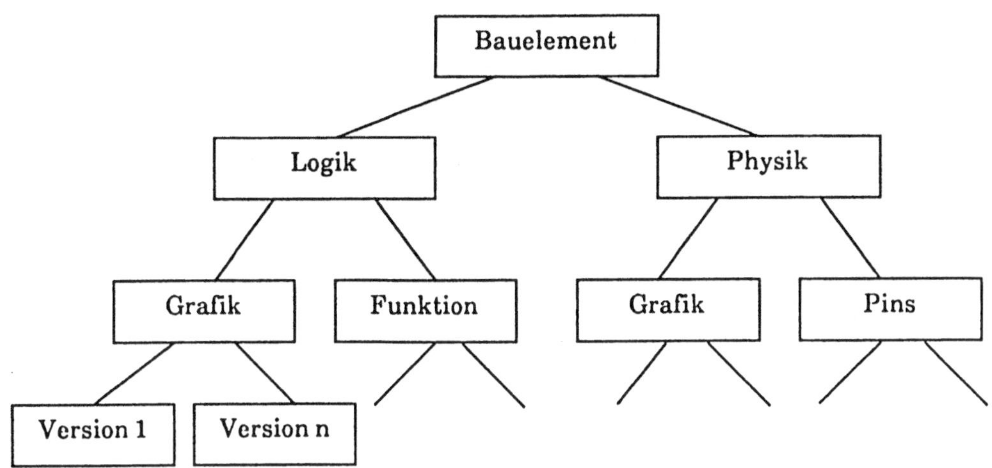


Bild 5.17: Datenmodell der Bibliotheksdaten eines Bauelements

### 5.5.4 Bibliothekstool zur Erfassung und Modifikation von Bibliotheksdaten

Die Bibliotheksdaten nehmen innerhalb des CAD-Systems eine besondere Stellung ein. Sie sind ein Bestandteil des CAD-Systems, der Änderungen unterworfen ist. Neue Bauelemente kommen hinzu, existierende Bauelemente veralten, bzw. werden modifiziert. Die Bibliotheksdaten müssen dementsprechend ergänzt, gelöscht bzw. modifiziert werden. Daneben stellt aber auch das CAD-System kein abgeschlossenes System dar, es wird vielmehr weiterentwickelt. Bestehende CAD-Funktionen werden erweitert und neue CAD-Funktionen werden in das CAD-System eingebunden. Erweiterte CAD-Funktionen wie auch neue CAD-Funktionen benötigen häufig zusätzliche, bisher noch nicht vorhandene, Bibliotheksdaten. Die Bibliotheksdaten müssen nachträglich erfaßt und in die bestehende Bibliothek eingebracht werden. Die bisherigen vorhandenen CAD-funktionsspezifischen Bibliotheksdaten dürfen davon aber nicht betroffen sein.

Durch Modifikationen können Inkonsistenzen innerhalb von Bibliotheksdaten wie auch zwischen Bibliotheksdaten und Produktdaten auftreten. Für die Erfassung und Modifikation der Bibliotheksdaten wird ein Bibliothekstool benötigt, das die Konsistenz der Bibliotheksdaten untereinander gewährleistet und die Beziehungen zu den Produktdaten berücksichtigt. Das Bibliothekstool stellt eine CAD-Funktion dar, wie in Bild 5.18 dargestellt. Da Bibliotheksdaten einen sensiblen Teil des CAD-Systems darstellen - die CAD-Funktionen sind bei inkonsistenten Bibliotheksdaten nicht ablauffähig bzw. liefern bei falschen Bibliotheksdaten keine korrekten Ergebnisse - ist die Ergänzung bzw. Modifikation von Bibliotheksdaten nur einer verantwortlichen Person, dem Bibliotheksverwalter, vorbehalten.

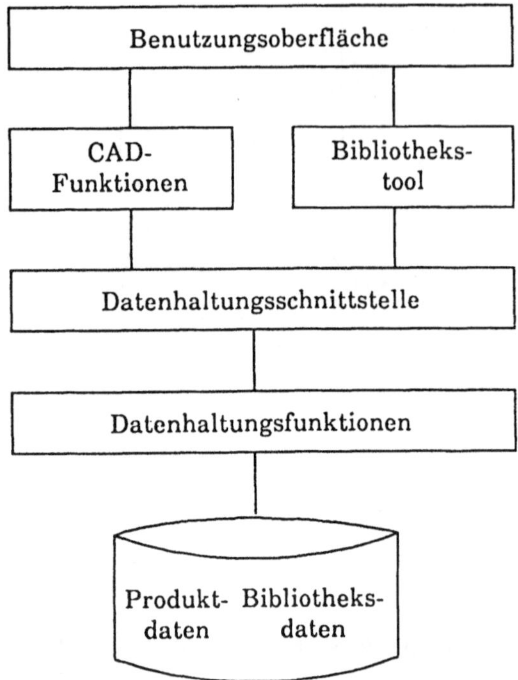



Bild 5.18: Bibliothekstools als Teil eines CAD-Systems

Von der Datenhaltung ist sicherzustellen, daß die Bibliotheksdaten ausschließlich mit Hilfe des Bibliothekstools und damit von einer berechtigten Person verändert werden können.

Das Bibliothekstool muß es ermöglichen, alle von den CAD-Funktionen benötigten Bibliotheksdaten zu erfassen, zu modifizieren und ggf. zu löschen. Dabei kann das Bibliothekstool zum Teil CAD-Funktionen nutzen. So wird für die Erfassung und Modifikation der Konturen der grafische Editor benötigt und in das Bibliothekstool integriert. Ebenso werden die Modelle der Schaltelemente, die das funktionelle Verhalten nachbilden, mit Hilfe des entsprechenden Simulationssystems beschrieben und verifiziert. Andere Daten wiederum, wie Zuordnungsdaten oder technologische Eigenschaften, können mit Hilfe von Formularen komfortabel erfaßt und modifiziert werden. Eine Mehrfacheingabe wird weitgehend vermieden, indem bereits eingegebene Daten beim Erfassen in den Formularen bzw. bei der Beschreibung der Modelle zur Verfügung gestellt werden. Die Bibliotheksdaten werden bei der Erfassung auf ihre Konsistenz überprüft. Inkonsistente Bibliotheksdaten werden gemeldet und für eine entsprechende Korrektur erneut angezeigt.

Eine Modifikation von Bibliotheksdaten bewirkt, daß für das entsprechende Bibliotheksobjekt eine neue Version erzeugt wird. Dabei werden die Beziehungen

der Produktdaten zu dem entsprechenden Bibliotheksobjekt ausgewertet, d.h. es
wird anhand der Beziehungsaussagen abgefragt, ob das Bibliotheksobjekt in einem Entwurf verwendet bzw. nicht verwendet wird. Bei Modifikation eines Bibliotheksobjekts, das verwendet wird, wird ein entsprechender Hinweis dem Biblio-
theksersteller ausgegeben. Der CAD-Entwickler muß dann entscheiden, ob er die
neue modifizierte Version des Bibliotheksobjekts in seinen Produktdaten verwenden will oder weiterhin die ursprüngliche Version.

Ein objektorientiertes Datenhaltungskonzept, das auch die Bibliotheksdaten
mit berücksichtigt, und ein Bibliothekstool, das die Konsistenz der Bibliotheksdaten bei der Erfassung und Modifikation gewährleistet, sind unerläßlich in einem
modernen CAD-System.

# Literatur


[5.1] Sommerville, I.: Software Engineering. Addison-Wessely, 2nd Ed., 1982.

[5.2] Denert, E.: Software-Modularisierung. Informatik Spektrum, Vol. 2, S. 204-218, 1979.

[5.3] Guttag, J.V.: Abstract data types and the development of data structures. CACM, Vol. 20,
No. 6, pp. 369-404, 1977.

[5.4] Parnas, D.L.: On the criteria to be used in decomposing systems into modules. CACM, Vol.
15, No. 12, pp. 1053-1058, 1972.

[5.5] Klaeren, H. A.: Algebraische Spezifikation. Springer, 1983.

[5.6] Balzert, H.: Die Entwicklung von Software-Systemen. Bibliographisches Institut, Reihe In-
formatik/34, 1982.

[5.7] Kimm, Koch u. a.: Einführung in Software Engineering. de Gruyter, 1979.

[5.8] Schmitt, A.: Dialogsysteme. Reihe Informatik/40, B-I-Wissenschaftsverlag, 1983.

[5.9] Dzida,W.: Das IFIP-Modell für Benutzerschnittstellen. Sonderheft Office Management, S. 6-
8, 1983.

[5.10] Holl, F.-L.; Klutmann, B.; Peschke, H.: Arbeitsumfeld und Mensch-Maschine-Kommunikation. Sonderheft Office Management, S. 14-17, 1983.

[5.11] Angus, C.J.: Interactive graphics systems for CAE.

[5.12] Fabian, F.; Rathke, Ch.: Menüs: Einsatzmöglichkeiten eines Fenstersystems zur Unterstützung der Mensch-Maschine-Kommunikation. Sonderheft Office Management, S. 42-44,
1983.

[5.13] Szwillus, G.: Eine datenflußgesteuerte Betriebssystemschnittstelle basierend auf einem
universellen syntaxgesteuerten Editor. Dissertation, Universität Dortmund, 1984.

[5.14] Leßenich, H.R.; Munford, U.; Wenderoth, W.: Erfahrungen und Konzepte beim Einsatz eines
CODASYL-Datenbanksystems in der Datenhaltung einer CAD-Elektronik-Anwendung. Informatik-Fachberichte 94, Springer, 1985.

[5.15] Chen: The Entity-Relationship Model - Toward a Unified View of Data. ACM Trans. Database Syst. 1, No. 1, 1976.

[5.16] Härder; Reuter: Architektur von Datenbanksystemen für Non-Standard-Anwendungen. Informatik-Fachberichte 94, Springer, 1985.

[5.17] Mitschang: Charakteristiken des komplexen Objektbegriffs und Ansätze zu deren Realisierung. Informatik-Fachberichte 94, Springer, 1985.

[5.18] Dittrich; Kotz; Mülle: Database Support for VLSI Design: The DAMASCUS System. CAD-Schnittstellen und Datentransferfomate im Elektronikbereich. Springer, 1987.

[5.19] Zinke: Neue Datenbank-Perspektiven für CAD-Anwender. CAD / CAM, Juni 1987.

[5.20] Dayal; Manola; Buchmann; Chakravarthy; Goldhirsch; Heiler; Orenstein; Rosenthal: Simplifying Complex Objects: The PROBE Approach to Modelling and Queueing Them. Informatik-Fachberichte 136, Springer, 1987.

[5.21] Dittrich; Kotz; Mülle: A Multilevel Approach to Design Database Systems and its Basic Mechanisms. Proc. IEEE COMPINT, Montreal, 1985.

[5.22] Katz; Chang; Bhateja: Version Modelling Concepts for Computer Aided Design Databases. Report No. UCB/CSD 86/270, University of California, Berkeley, 1985.

[5.23] Katz; Chang: Managing Change in a Computer Aided Design Database. Report No. UCB/CSD 87/341, University of California, Berkeley, 1987.

[5.24] Härder; Keller; Mitschang; Siepmann; Zimmermann: Datenstrukturen und Datenmodelle für den VLSI-Entwurf. SFB 125, Report Nr. 26/85, Universität Kaiserslautern, Fachbereich Informatik, 1985.

[5.25] Chamberlin et. al.: SEQUEL 2: A Unified Approach to Data Definition, Manipulation and Control. IBM J. Res. Dev. 20, S. 520-575, 1976.

[5.26] Bauer; Wössner: Algorithmische Sprachen und Programmentwicklung. Springer, 1981.

[5.27] Grollmann, J.; Funke, J.; Leßenich H.R.: Generating Consistency and Completeness Assertions for Data in Modular PCB Design Systems. CAT, Proc., S.116-119, 1987.

[5.28] Bittner, H.; Cote Munoz, J.; Eser, F.; Frantz, D.: SIEMCAD - A User Interface Management System for Integrating Electronical and Mechanical CAD. 3rd Conf. on Man-Machine Systems, Analysis, Design and Evaluation, Oulu, Finland, 1988.

[5.29] Hopgood, F.R.A. et.al. (Eds.): Methodology of Window Management. Springer, 1986.

[5.30] Liebermann, H.: There's More to Menu Systems Than Meets the Screen. Proc. SIGGRAPH, ACM, 1985.

[5.31] Pfaff, G.E.: User Interface Management Systems. Proc. Workshop on User Interface Management Systems, Seeheim, FRG, November 1-3, 1983, Springer, 1985.

[5.32] Schulert, A.J.; Rogers, G.T.; Hamilton, J.A.: ADM - A Dialog Manager. Proc. CHI 1985, ACM, 1985.

[5.33] Sibert, J.L.; Hurley, W.D.; Bleser, T.W.: An Object-Oriented User Interface Management System. Proc. SIGGRAPH, ACM, 1986.

[5.34] Sutton, J.; Sprague, R.: A Study of Display Generation and Management in Interactive Business Applications. Technical Report RJ 2392 (31804), IBM San Jose Research Laboratory, November 1978.

[5.35] Green, M.: Report on Dialogue Specification Tools. User Interface Management Systems. Ed. Pfaff, G.E. Proc. Workshop on User Interface Management Systems, Seeheim, FRG, November 1-3, 1983, Springer, pp. 9-20, 1985.

[5.36] Loers; Sülzle: Bildung von Konsistenzklassen in einem Datenmodell für CAD-Elektronik. Informatik-Fachberichte 136, Springer, 1987.

[5.37] Herrmann; Schmid; Bachmann: Systemarchitektur einer CAD-Datenhaltung zur Unterstützung der Entwicklung elektronischer Systeme. Informatik-Fachberichte 136, Springer, 1987.

[5.38] Zintl: A CODASYL Data Base System. Proc. 18 th Design Autom. Conf., 1981.

# 6 Einbettung von CAD-Elektronik in die CIM-Umgebung

## 6.1 CAD-Elektronik - eine CIM-Komponente

### 6.1.1 CIM-Ziele

Das Ziel von CIM (Computer Integrated Manufacturing) ist zunächst, dem Fertigungsbereich mittels Computerunterstützung eine erhöhte Flexibilität und Qualität zu geben. Anlaß sind die Forderungen an die Fertigung nach

- Produktvielfalt,
- verkürztem Fertigungsdurchlauf,
- kleinen Losgrößen (individuelle Fertigung entsprechend dem Auftragseingang),
- Lageroptimierung,
- Auslastungserhöhung.

In der Vergangenheit wurden Teilziele durch die Automatisierung einzelner Produktionsschritte, z.B. mittels numerisch gesteuerter Maschinen, erreicht. Zukünftige Anstrengungen, das Gesamtziel zu erreichen, sind durch den Einsatz von Informationstechnologien im gesamten Fertigungsbereich einschließlich der Integration von angrenzenden Teilbereichen gekennzeichnet. Fertigungsprozesse werden dazu funktional aufeinander abgestimmt und datentechnisch miteinander verbunden. Schlagworte für solche Konzepte sind "Flexible Fertigungssysteme" und "Just-in-Time-Produktion". Ähnlich waren die Wege im Entwicklungsbereich. Rechnerunterstützte Werkzeuge werden seit langem für den physikalischen Entwurf und - etwas jünger - für den Logikentwurf eingesetzt. Die Ergebnisse jedes automatisierten Komplexes waren aber nicht unmittelbar auf den nächsten übertragbar, sondern mußten für den folgenden Automatisierungsschritt in eine andere Form transformiert und meist manuell ergänzt werden.

Der Rationalisierungseffekt und die Erhöhung der Wettbewerbsfähigkeit können voll erreicht werden, wenn solche isolierten Komplexe miteinander verbunden werden. Der Fertigungsbereich wird damit nicht mehr allein betrachtet, sondern integriert in die ihn umgebenden Verfahrensschritte. Sind alle Entwicklungs- und Fertigungsschritte rechnerunterstützt und in ein Gesamtsystem integriert, dann spricht man vom Computer Integrated Manufacturing (CIM).

Die Integration bewirkt zusätzlich zur Lösung der oben angeführten Forderungen:

- Verkürzung des Produktentwicklungszyklus von den Entwurfs- bis zu den Testphasen,
- Steigerung der Leistung im Ingenieurbereich,
- erhöhte Produktqualität und Termintreue,
- Verminderung der Bestände und
- Sicherheit des Gesamtprozesses durch Datenkonsistenz.

## 6.1.2 CIM-Definition und CIM-Bereiche

Eine gängige Definition der einzelnen CIM-Komponenten gibt es bis heute noch nicht [6.12]. Eine erste Begriffserklärung liegt mit den AWF-Ausführungen (Ausschuß für Wirtschaftliche Fertigung e.V., Eschborn) [6.1] vor. Danach gehören zu CIM (Bild 6.1)

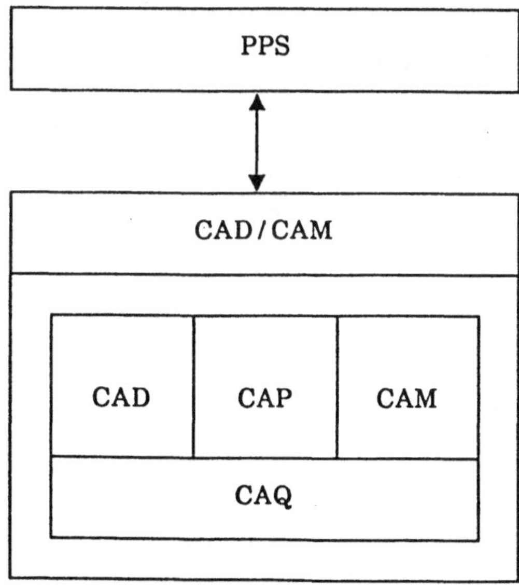


Bild 6.1: CIM-Bereiche

□ CAD (Entwicklung und Konstruktion),
□ CAP (Arbeitsplanung),
□ CAM (Teilefertigung und Montage),
□ CAQ (Qualitätssicherung),
□ PPS (Produktionsplanung und -steuerung).

Die Qualitätssicherung beschränkt sich nicht allein auf den Fertigungsbereich, sondern umfaßt auch die übrigen CIM-Komponenten.

## 6.1.3 Einbettung von CAD-Elektronik

Eine CIM-Landschaft aus der Sicht eines Elektronikwerkes ist im Bild 6.2 dargestellt.

Neben der

□ rechnerunterstützten Fertigungsplanung und Fertigung (CAP und CAM) sowie dem

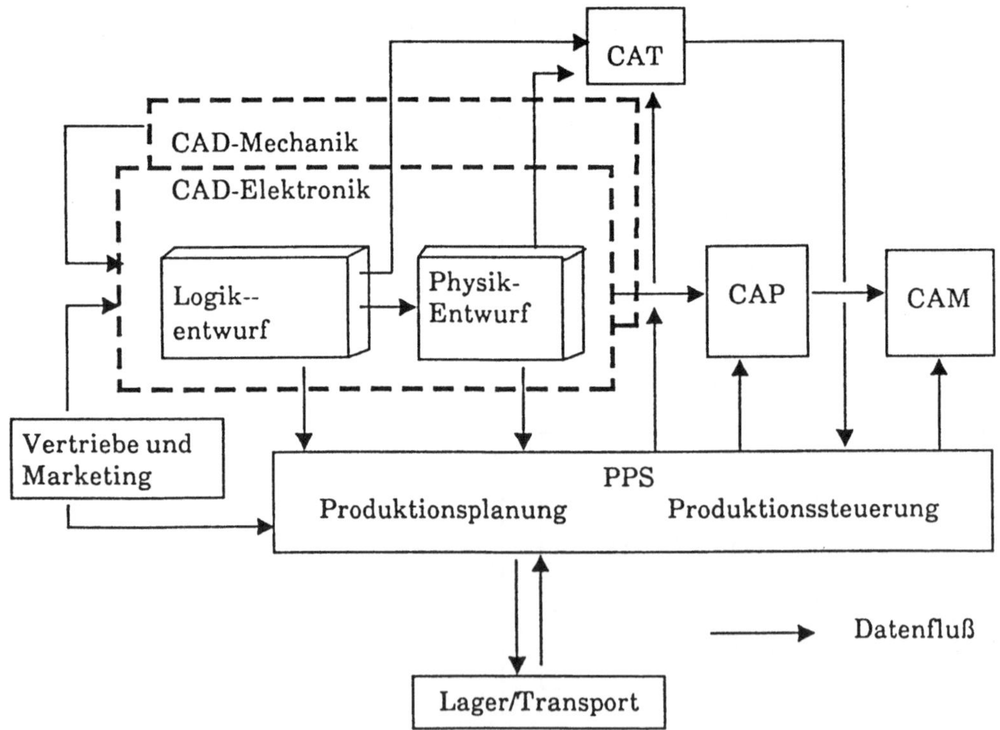


Bild 6.2: CAD in der CIM-Verfahrenslandschaft

- Prüffeld mit dem rechnerunterstützten Testen (CAT) umschließt sie
- den Einkauf und die Auftragsabwicklung mit den rechnerunterstützten Verfahren der Produktionsplanung und -steuerung (PPS),
- den Entwicklungsbereich mit den rechnerunterstützten Entwurfswerkzeugen für den Logikentwurf und den physikalischen Entwurf einschließlich Mechanik (Leiterplatte, mechanische Bauteile, Einbaurahmen/Gehäuse) und
- das rechnerunterstützte Marketing sowie den Vertrieb bzw. das Lager- und Transportwesen.

## 6.1.4 CIM-Kommunikation

Mit der Integration der CIM-Komponenten werden die Informationsflüsse und die Materialflüsse einer Optimierung zugeführt. Die Informationsflüsse beinhalten

- CIM-komponentenspezifische Auftrags- und Rückmeldungsdaten,
- Bestände- und Stücklistendaten,
- Anforderungs- (Requirements), Material-, Teile- und Produktbeschreibungsdaten (Geometrie, Technologie, Prüfmuster usw.),
- Fertigungsmittel-Zustandsdaten.

Die Integration wird je nach dem Stand des technisch Machbaren und des wirtschaftlich Sinnvollen von einer Verknüpfung einzelner Funktionseinheiten über Dateien bis zur vollen Integration der Funktionen reichen. In den Bildern 6.3 und 6.4 sind solche Stufen der Integration dargestellt. Bild 6.3 zeigt die einfachste Form, nämlich die Verkettung von zwei CIM-Komponenten zu einem CIM-Teilsystem. Das gezeigte Beispiel des Datentransfers zwischen den CAD-Funktionen und dem Fertigungsbereich über Magnetbänder ist heute noch der häufigste Anwendungsfall. Diese Kopplung ist der Ausgangspunkt für ein CIM-System. Die Dateninhalte der Kopplung sind Geometriedaten und Bauteilelisten. Das im Bild 6.4 gezeigte vernetzte CIM-System kann als eine von vielen möglichen Ausprägungen eines ausgebauten CIM-Systems angesehen werden. Diese Ausbaustufe ist noch nirgends voll erreicht; es wird aber überall intensiv darauf hingearbeitet. Ge-

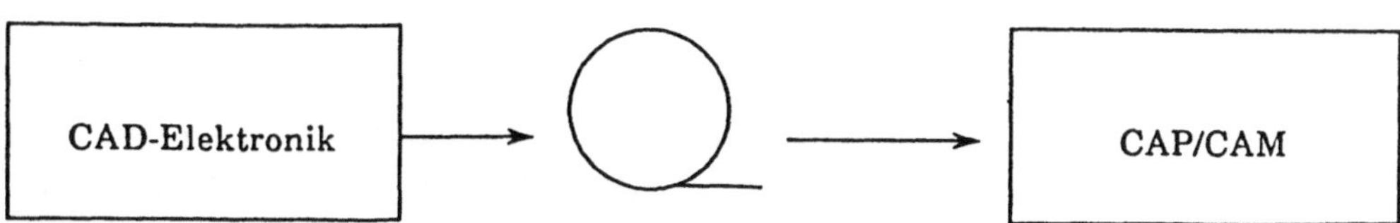


Bild 6.3: Integrationsstufen von CIM-Lösungen: Verkettetes CIM-Teilsystem

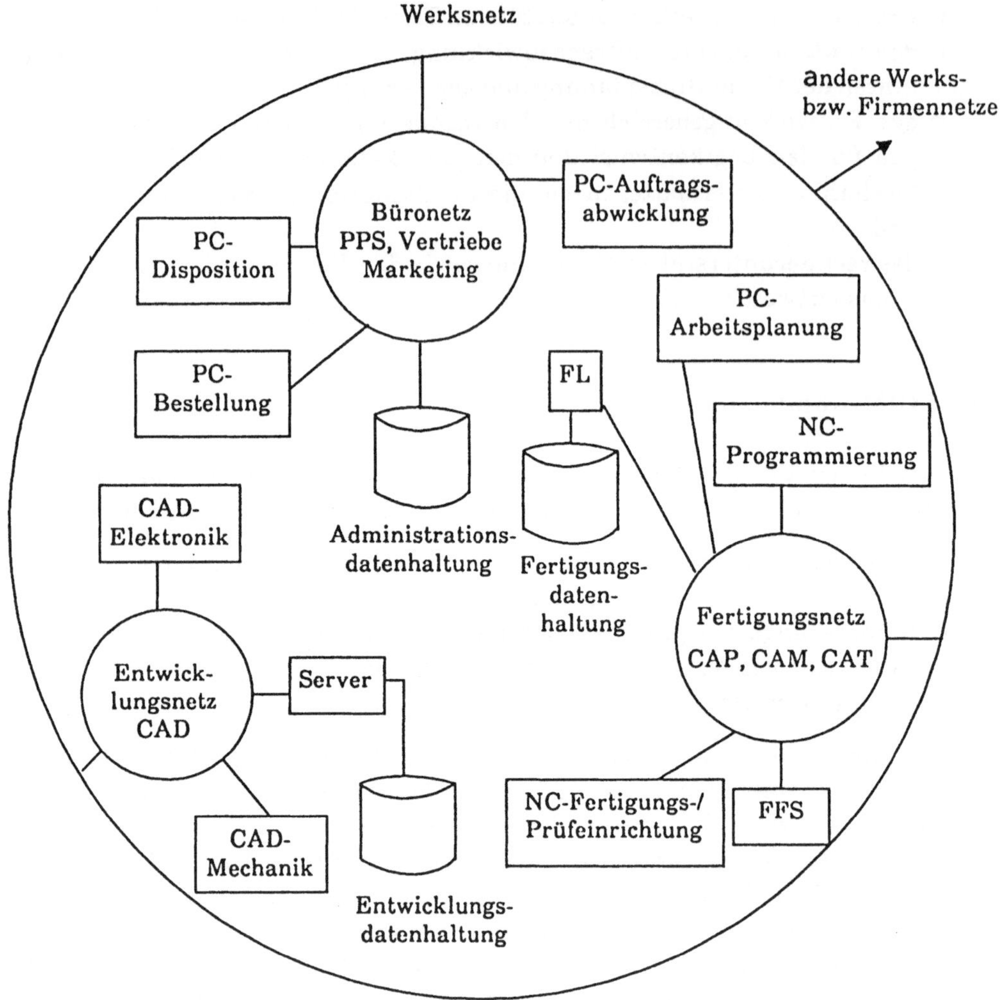


CAD = CAD-Arbeitsplatz, FFS = Flexibles Fertigungssystem,
FL = Fertigungsleitrechner, NC = Numerische Steuerung,
PC = Personal-Computer-Arbeitsplätze

Bild 6.4: Integrationsstufen von CIM-Lösungen: Vernetztes CIM-System

nerelle Lösungen gibt es nicht, weil die Werkshistorie mit den vorhandenen Teilsystemen in die Konzepte und Realisierungen mit einbezogen werden muß. Daraus
resultiert eine Vielfalt an individuellen Lösungen und an Einführungsstrategien,
die in den einschlägigen Fachzeitschriften (wie z.B. CIM-Management,
CAD/CAM-Report, ZWF, CIM-Praxis) ausführlich beschrieben werden. Dabei handelt es sich um verschiedene Lösungsstufen, die von der einfachen Verkettung

zweier Funktionsbereiche über die Integration von Entwicklungs- und Fertigungs-
bereichen bis hin zu CIM-Lösungen reichen, die einen gesamten Geschäftsbereich
eines Unternehmens umfassen.

Alle Datenflüsse sollten über Netzwerke geführt werden. Diese werden wiederum
um in einer hierarchischen Architektur aufgebaut, mittels der die Entwicklungs-
und Fertigungsnetze (also abteilungs- und bereichsspezifische Netze) zu Werks-
netzen, die die Bereiche untereinander verbinden, realisiert werden. Die Realisierung muß Aspekte der Effizienz, Verfügbarkeit und Erweiterungsmöglichkeit vorhandener Netze bis hin zu Fragen des Datenschutzes berücksichtigen.

Ein weiterer wichtiger Punkt ist, daß sich der Informationsaustausch zwischen
den einzelnen CIM-Bereichen auf unterschiedliche Datenformate und Selektions-
mechanismen abstützt. Die Unterschiede sind teils funktionsbedingt und teilweise
bedingt durch das Verknüpfen von CIM-Komponenten unterschiedlicher Hersteller. Zwei Lösungsansätze zeichnen sich dabei ab:

- die Standardisierung von Schnittstellen und
- die Standardisierung von Datenbeschreibungssprachen, die eine flexible Anpassung an systemspezifische Formate und Datenbezeichnungen auf einfache Weise ermöglichen und die Erweiterungen der Schnittstellen ohne Rückwirkungen auf andere Schnittstellenbenutzer zulassen.

Standardisierungen im Entwicklungsbereich werden beispielsweise durch
IGES (Independent Graphics Exchange Specification) [6.2, 6.3] für die Übertragung von Geometriedaten und von Fertigungsdaten oder durch EDIF (Electronic
Design Interchange Format) [6.4] zum Austausch von (allen) Entwurfsdaten beim
Entwurf integrierter Schaltkreise zwischen unterschiedlichen CAD-Arbeitsplät-
zen gefördert. EDIF ist im Gegensatz zu IGES eine Schnittstellenbeschreibungs-
sprache. Der Ansatz, mittels Datenbeschreibungssprachen die Kommunikation zu
ermöglichen, wird am Beispiel GIFF (General Interface File Format) im Abschnitt
6.2 vertieft behandelt.

Wesentlich für die Integration von CAD-Elektronik in die CIM-Verfahrenslandschaft sind die Schnittstellen

- CAD → CAT (CAT-Schnittstelle),
- CAD → CAP/CAM (CAP/CAM-Schnittstelle),
- CAD → PPS (PPS-Schnittstelle).

Auf den Zweck der einzelnen Schnittstellen, ihre Datenkategorien und deren
Erzeugung aus der Entwicklungsdatenhaltung wird in den Abschnitten 6.3 (CAT),
6.4 (CAP/CAM) und 6.5 (PPS) näher eingegangen.

### 6.1.5 CIM-Datenhaltung

Im CIM-System sind umfangreiche Datenmengen zu bearbeiten und zu speichern.
Eine Datenhaltung ist damit ein wichtiger Teil eines CIM-Systems. Sie kann auf
unterschiedliche Arten konzipiert sein:

- ☐ Alle Daten sind in einer zentralen Datenhaltung konzentriert (Zentrale Datenhaltung).
- ☐ Es gibt CIM-komponentenspezifische Datenhaltungen (Dezentrale Datenhaltung).

Die zentrale Datenhaltung kann in einer Datenbasis realisiert oder auf mehrere Datenbasen verteilt sein. In der Praxis haben sich aus Komplexitäts- und Effizienzgründen dezentrale Datenhaltungen bewährt, die einzelne zusammenhängende CIM-Funktionskomplexe bedienen, wie

- ☐ den administrativen Bereich,
- ☐ den Entwicklungsbereich und
- ☐ den Fertigungsbereich.

Die einzelnen Datenhaltungen sind miteinander über spezielle Schnittstellen
verbunden, über die der erforderliche Datenaustausch erfolgt (Bild 6.4).


## 6.2  CIM-Schnittstellenkonzepte und -Methoden

### 6.2.1 Schnittstellen-Problematik

An einem Produkt sind von der Idee bis hin zur serienfertigen Auslieferung die unterschiedlichsten Design-, Planungs- und Fertigungssysteme beteiligt.

Das Zusammenwirken der Systeme macht es erforderlich, daß Daten von einem
System zum nachfolgenden System, das das Produkt weiterbearbeitet, abgeleitet
und transferiert werden müssen. Da eine Entwicklung in der Realität in Iterationen verläuft, sind während des Lebenszyklus eines Produktes zwischen einzelnen
Systemen häufig Daten auszutauschen. Dabei ist es im allgemeinem üblich, daß
nicht alle Daten, die zur Produktbeschreibung vorliegen, auch bei der Weiterverarbeitung verwendet werden. Der Durchschnitt der Daten, die von allen an der
Produktentwicklung beteiligten Systemen benötigt wird, ist verschwindend klein
gegenüber der Gesamtdatenmenge, die in allen Systemen das Produkt beschreibt.

Obwohl das Problem der Datentransporte allgemein erkannt ist, existiert bis
heute kein Standard zur Datenbeschreibung, der beim Datentransport produktiv

einsetzbar ist. Jeder Systemhersteller definiert seine individuellen Dateneingangs- und Ausgangsformate. Er orientiert sich jeweils an dem Aufgabenbereich eines Systems und leider auch an den systeminternen Verarbeitungsalgorithmen. Mit EDIF 200 [6.4] existiert erstmals ein Vorschlag, auf dessen Basis ein internationaler Standard erreichbar zu sein scheint.

Um ein neues System in eine CIM-Verfahrenslandschaft zu integrieren, werden im allgemeinem Umsetzprogramme geschrieben, die das System mit den "Partnersystemen" verbinden. Bei einer totalen Vernetzung von N Systemen sind dazu N* (N-1) Umsetzprogramme erforderlich.

Die Erweiterung einer Verfahrenslandschaft um eine Komponente wird normalerweise durchgeführt, um Leistungen zu erhalten, die bisher im CIM-System nicht verfügbar waren. Das ist datentechnisch in der Regel mit geänderten bzw. zusätzlichen Datenbeschreibungen verbunden, die sich dann auf alle am Verfahren beteiligten Systeme auswirken. Bestehende Programme sind an die geänderten Datenformate anzupassen. Gleiche Überlegungen mit gleichen Konsequenzen ergeben sich, wenn ein bereits integriertes Verfahren modifiziert wird, um geänderten Leistungsanforderungen entsprechen zu können.

Aus der Analyse der heute existenten Verfahrenslandschaft und aus der Erkenntnis, daß die Softwareerstellungskosten für die Umsetzprogramme zunehmend der entscheidende Faktor bei der Einführung neuer Systeme werden, resultieren Anforderungen an ein Schnittstellenkonzept, das sich auszeichnet durch

- □ Flexibilität in Bezug auf die Anpaßbarkeit an neue Gegebenheiten,
- □ Flexibilität in Bezug auf die Adaption von neuen Systemen,
- □ Reduzierung der zu transportierenden Datenmengen,
- □ Reduzierung der Softwareerstellungskosten.

### 6.2.2 Schnittstellenkonzept

Die genannten Anforderungen werden von Schnittstellenkonzepten erfüllt, die auf den Prinzipien von formalen Sprachbeschreibungen aufsetzen. Sind alle an einer Verfahrenslandschaft beteiligten Systeme in der Lage, eine Datenbeschreibungssprache zu erzeugen und zu interpretieren, so kann die Anzahl der individuell programmierten Datenumsetzungen auf ein Programm pro System reduziert werden, das zum einen eine Schnittstellendatei in der Datenbeschreibungssprache erzeugt und zum anderen eine ebensolche Datei interpretiert und die Daten für das eigene System verfügbar macht. Die Definition und Einführung des Konzepts geht von folgenden Überlegungen aus (Bild 6.5):

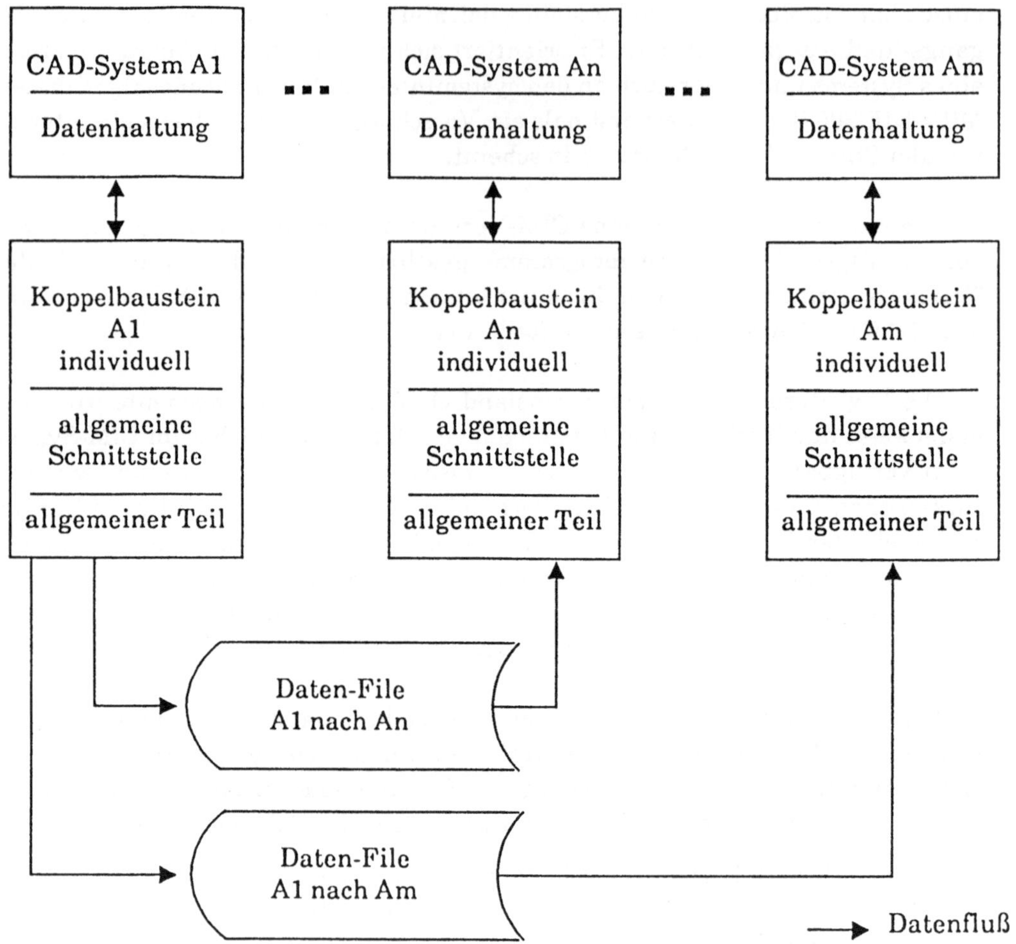


Bild 6.5: Prinzip der Kopplung von Systemen mittels GIFF

□ Bei den zu behandelnden Datenmengen in einer CIM-Umgebung reichen die zur Verfügung stehenden Kapazitäten der direkten Datenübertragungswege nicht aus, so daß ein File-Transfer weiterhin notwendig und sinnvoll ist.

□ Ein File, das der Datenübertragung dient, sollte möglichst einfach strukturiert sein, so daß es bei einmaligem sequentiellen Lesen verarbeitbar ist, d.h. Querverweise innerhalb des Files sind weitgehend zu vermeiden und höchstens auf bereits gelesene Daten zulässig (keine Vorwärtsverweise).

□ Der Inhalt eines Datenübertragungsfiles sollte ausschließlich aus den Daten bestehen, die vom Empfänger tatsächlich benötigt werden. Wegen der zu erwartenden langen Datenübertragungszeiten, bedingt durch die Komplexität der Produkte, ist jeder Daten-Overhead in einer Schnittstelle zu vermeiden.

- Da Daten von Rechnern mit verschiedenen Betriebssystemen verarbeitet werden, sollte das Datenübertragungsformat einen Zeichensatz verwenden, der von allen gängigen Systemen gleichermaßen interpretiert wird (Lesbarkeit des Files).

- Die Datenbeschreibungssprache muß so flexibel sein, daß die Modifikation von Datenbeschreibungen (Verkürzungen und Verlängerungen von Feldern) und das Einfügen von neuen Formaten (Feldern) mittels der Beschreibungssprache formuliert werden kann.

- Daten, die benötigt werden, um ein einzelnes Objekt zusammenhängend zu beschreiben, sollen sich in der Beschreibungssprache an einer Stelle konzentriert beschreiben lassen.

- Die Verarbeitung der Beschreibungssprache soll durch ein einheitliches Programm (Parser, Syntaxanalyse) für alle spezifischen Umsetzer möglich sein.

Konzepte, die dem Ansatz der Sprachbeschreibung folgen und den genannten Anforderungen genügen, sind EDIF [6.4] und GIFF [6.7]. Die grundlegende Konzeption wird ausführlich im Abschnitt 6.2.4 am Beispiel GIFF erläutert.


## 6.2.3 EDIF

EDIF [6.4] entstand aufgrund einer Initiative von sechs amerikanischen Halbleiter- und Workstationherstellern mit dem Ziel, Entwurfsdaten leicht vom IC-Entwickler zur IC-Fertigung transportieren zu können. Um Unabhängigkeit von Spezialanwendungen zu erreichen, wurde in EDIF sowohl die Syntax als auch auch die Semantik der Sprachelemente weitgehend festgelegt. In EDIF sind bisher folgende Sichten definiert:

| | |
|---|---|
| - NETLIST | zur Beschreibung von Netzlisten, |
| - SCHEMATIC | zur Beschreibung der Stromlaufgrafik mit/ohne Information der Netzliste, |
| - GRAPHIC | zur Beschreibung von grafischen Darstellungen, |
| - MASCLAYOUT | zur Beschreibung von IC-Masken-Layouts, |
| - SYMBOLIC | zur Beschreibung von symbolischen Layouts, |
| - PCBLAYOUT | zur Beschreibung von Leiterplattenlayouts, |
| - BEHAVIOUR | zur Beschreibung funktionalen Verhaltens, |
| - LOGICMODEL | zur Beschreibung logischen Modellen, |
| - DOCUMENT | zur Beschreibung von allgemeinen Texten, |
| - STRANGER | zur Beschreibung von anwenderdefinierten Sichten. |

Der Aufbau einer EDIF-Datei und der Aufbau der verwendbaren Sprachkonstrukte orientieren sich an der Programmiersprache LISP. Der hierarchische Aufbau einer EDIF-Datei ist in Bild 6.6 dargestellt.

EDIF

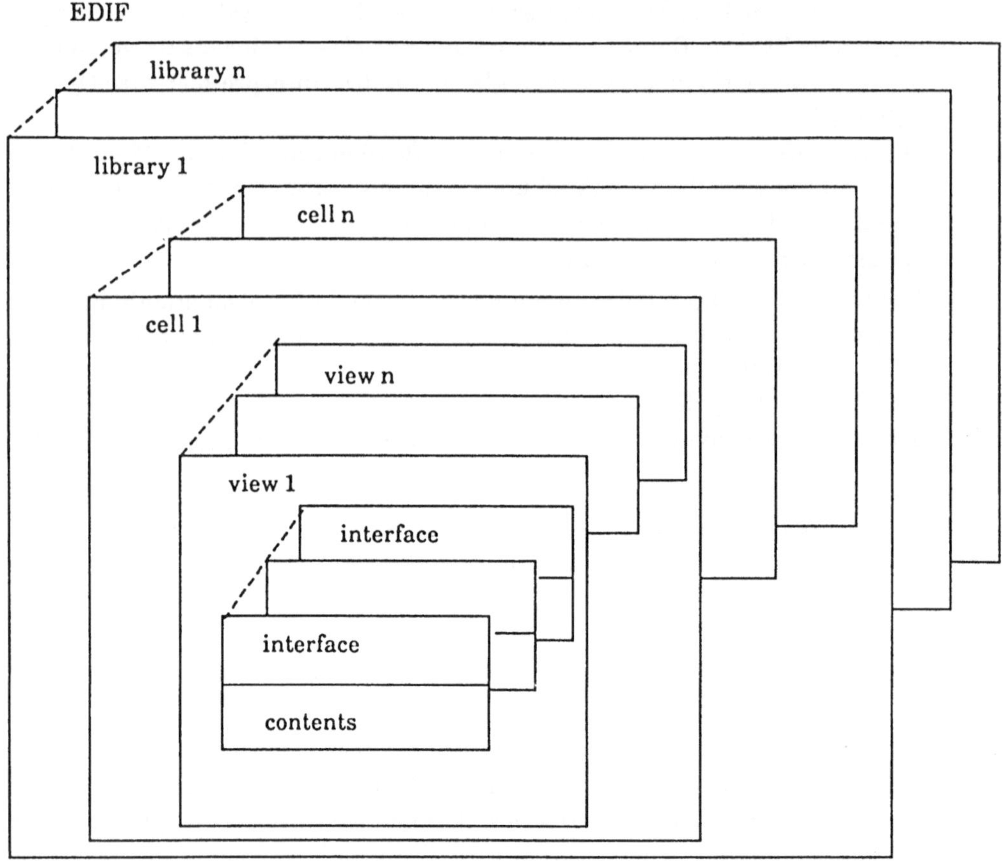


Bild 6.6: Hierarchische Struktur einer EDIF-Datei

Eine EDIF-Sicht (view) kann sowohl das Verhalten nach außen (interface) als auch die interne Darstellung (contents) einer Schaltung beschreiben. Die Sichten einer Schaltung werden zu einer Einheit (cell) zusammengefaßt. Die Menge der Einheiten, die gleichartige technologische Eigenschaften besitzen, werden als Bibliothek (library) bezeichnet. Die Menge der Bibliotheken ergibt eine EDIF-Datei. Somit kann EDIF leicht erweitert werden und zur Bearbeitung von EDIF-Dateien sind Methoden der Compiler-Technik anwendbar.

## 6.2.4 GIFF

Den bereits genannten Anforderungen entsprechend wurde GIFF (General Interface File Format) [6.7] als Datenbeschreibungssprache, speziell zum Zweck des Datentransports zwischen Systemen, konzipiert. Anders als bei EDIF wird mit GIFF lediglich die Syntax festgelegt. Die semantische Bedeutung der verwendeten Begriffe kann bilateral zwischen den Systemen verabredet werden, die Daten austauschen. Damit besteht kein Zwang, eine semantische Festlegung zwischen allen am Datenverbund beteiligten Systemen vereinbaren zu müssen. Um trotzdem eine weitgehende semantische Standardisierung zu erhalten, wird empfohlen, die semantischen Bedeutungen in einem Data Dictionary abzulegen und während der Verarbeitung einer Datei mit zu betrachten.

Bei GIFF geht man davon aus, daß alle Daten zur Beschreibung einer elektronischen Schaltung hierarchisch angeordnet werden können. So läßt sich zum Beispiel eine verdrahtete Rückwand hierarchisch erzeugen:

□ eine Rückwand enthält m Baugruppen,
□ eine Baugruppe enthält n Bausteine,
□ ein Baustein enthält k Schaltelemente,
□ ein Schaltelement enthält l Pins.

Diese Hierarchien werden in GIFF direkt abgebildet und durch die Hierarchieebene gekennzeichnet. Die Syntax ist ausführlich in [6.7] beschrieben.

Eine GIFF-Beschreibung besteht im wesentlichen aus drei Teilen:

□ Identifikation,
□ Deklaration,
□ Nutzdaten.

Der Identifikationsteil enthält ausschließlich Daten, die der Verwaltung und Organisation dienen. Hier werden Quelle und Ziel einer Datei, Ersteller und Erstellungsdatum und ein Inhaltsverzeichnis, welche Produkte in der Datei beschrieben sind, festgelegt.

Im Deklarationsteil wird festgelegt, in welchem Format die Daten eines Produktes in dieser Datei abgelegt sind, und wie die folgenden Nutzdaten zu interpretieren sind. Um den Zusammenhang von Daten darstellen zu können, die ein Objekt als Einheit in einer individuellen Betrachtungsweise darstellen, wird der Begriff "Sicht" eingeführt. Durch zielsystemspezifische Datenzusammenstellungen ist es möglich, nur genau die Daten, die von weiterverarbeitenden Systemen benötigt werden, in einer Datei in einem individuellen Format abzulegen, so daß sowohl die Datenübertragung als auch die Weiterverarbeitung optimiert werden können.

Der Nutzdatenteil enthält die eigentlichen produktbeschreibenden Daten, deren Anordnung und Interpretationsvorschrift im Deklarationsteil festgelegt wurde. Damit können die Nutzdaten kompakt, ohne jeden Daten-Overhead und reduziert auf die vom weiterverarbeitenden System tatsächlich benötigten Informationen abgelegt werden.

## 6.2.5 GIFF-Syntax (Auszug)

```
Dateiformat ::=    START ident rumpf [rumpf]* ENDSTART
ident::=   IDENT quelle datum [ziel] [ref]* ENDIDENT
rumpf ::=   dekl data [data]*
dekl ::=   DECLARE inhalt ENDDECLARE
data ::=   DATA ref viewbesch ENDDATA
quelle ::=   NAME : string;
     SOURCE : string [,string];
datum ::=   DATE : tag mon jahr;
ziel   ::=   USER : string;
     TARGET : [string [,string]];
ref ::=  UNIT : string;
     STATE : string;
     TYPE : string;
inhalt ::=   view list [view list]* [space]
viewbesch ::=   viewname : aktion; [viewbesch]*
view ::=   VIEW : viewname;
list   ::=   LIST : hierarch (item) [hierarch (item)]*;
space  ::=   SPACE :'
aktion ::=   paket [,paket]*
item ::=   itemname [(zahl)] [,item]
paket  ::=   [action] hierarch (itemlist)[,(itemlist)]*
itemlist   ::=   itemspek [,itemspek ]*
itemspek ::=   [itemname = ] itemwert
viewname ::=   string
makroname ::=    string
itemname ::=   string
action  ::=   H | A | L | P
hierarch   ::=   zahl
itemwert  ::=   string | * | dstring
dstring::=   stringchar sstring stringchar
variable   ::=   string
sstring ::=   [char]*
tag   ::=   01|..|31
mon ::=   01|..|12
jahr ::=   00|..|99
ziffer::=   0|..|9
string  ::=   [stringchar] +
zahl ::=   1|..|2048
char ::=   <ein Element des Zeichensatzes>
stringchar::=    <ein Element des Zeichensatzes, das kein delchar ist>
delchar::=    ;| , | . | (|) |=|:
```

Notation:

- In '[' und ']' eingeschlossene Werte sind optional.
- Mit '+' bzw. '*' wird eine beliebige Wiederholung (bei '*' inkl. Null) ange-zeigt.
- Von den durch '|' getrennten Werten ist genau einer auszuwählen.

## 6.2.6 Beispiel zu einer GIFF-Beschreibung

Im folgenden sollen an einer einfachen Schaltung der Begriff "Sicht" als auch die Darstellung der Schaltung in einer GIFF-Beschreibung erläutert werden. Die Schaltung zeigt Bild 6.7.

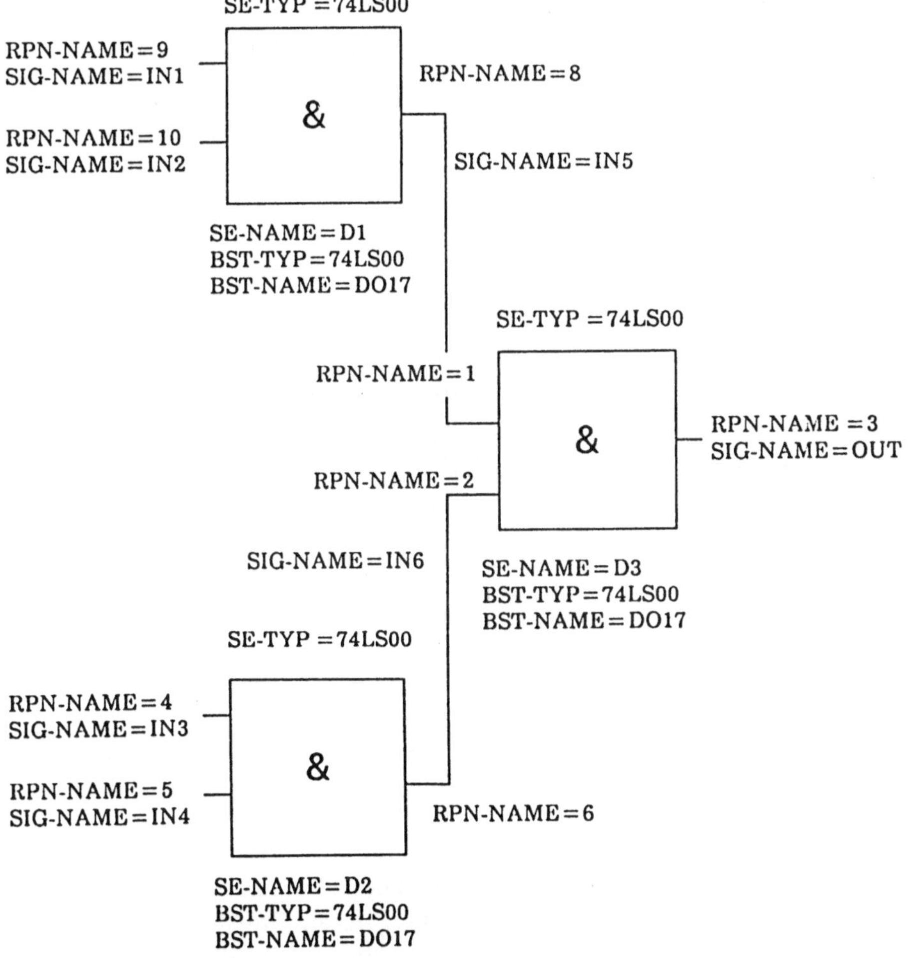


Bild 6.7: Beispielschaltung

Die Schaltung kann z.B. aus zwei verschiedenen Perspektiven betrachtet werden:

□ Blocksicht

Man betrachtet ein Schaltelement mit seinen zugehörigen Anschlüssen und definiert zu jedem Anschluß, mit welchem Signal er belegt ist. Durch Aufzählung der Blöcke erhält man die gesamte Schaltung.

□ Netzsicht

Man betrachtet die Verbindungen, die in der Schaltung dargestellt sind und gibt an, welche Schaltelemente miteinander verbunden sind. Durch Aufzählung aller Verbindungen erhält man die Gesamtschaltung.

In einer GIFF-Datei wird sinnvollerweise nur eine der alternativen Sichten verwendet. Somit erhält man in der Blocksicht folgende Dateiausprägung:

*GIFF-Datei in Blocksicht*

```
START
  IDENT
    SOURCE: HERA;                    {Quellsystem}
    NAME:    Leßenich                {Bearbeiter}
    DATE:    111187;
    USER:    Leßenich;
    TARGET: Fremdsystem;             {Zielsystem}
    UNIT:    Beispiel;               {Schaltung, die im File beschrieben wird}
    STATE: 01;                       {Status}
    TYPE:    FBG;                    {Schaltung soll als Baugruppe realisiert
                                     werden}
  ENDIDENT
  DECLARE
  VIEW:
    BLOCKSICHT;
  LIST:                             {in der Hierarchiestufe 1 sollen}
    1 (SE-TYP, SE-NAME,            {folgende Felder enthalten sein:}
      BST-TYP, BST-NAME)           {Schaltelementtyp, individueller}
    2 (RPN-NAME, PIN-NAME,         {Schaltelementname, Bausteintyp}
      SIG-NAME)                    {individueller Bausteinname}
                                   {in der Hierarchiestufe 2 sollen}
                                   {folgende Felder enthalten sein:}
                                   {Name des Pins am Baustein,}
                                   {Name des Pins am Schaltelement,}
                                   {Name der Verbindung}
```

```
ENDECLARE
DATA
UNIT: Beispiel:
STATE:  01
TYPE: FBG;
BLOCKSICHT:                        {Beschreibung von D1 inkl. Pins}
   1 (74LS00, D1, 74LS00, D017),
   2 (9, P1, IN1), (10, P2, IN2),
      (8, P3, IN5),
   1 (74LS00,D2, 74LS00, D017),   {Beschreibung von D2 inkl. Pins}
   2 (4, P1, IN3), (5, P2, IN4),
      (6, P3, IN6),
   1 (74 LS00, D3, 74LS00, D017),  {Beschreibung von D3 inkl. Pins}
   2 (1, P1, IN5), (2, P2, IN6),
      (3, P3, OUT),
   ENDDATA
ENDSTART.
```

## 6.3  CAT-Schnittstelle

### 6.3.1 Zweck der Schnittstelle

Bei der Prüfung von Baugruppen sollen Fertigungsfehler erkannt werden. Für die
unterschiedlichen Prüfsysteme sind in der Regel individuelle Prüfprogramme erforderlich. Die für die Prüfung erforderlichen Daten werden sinnvollerweise möglichst automatisch aus den Entwicklungsergebnissen abgeleitet, wobei die Leistungsmerkmale des jeweiligen Prüfsystems zu berücksichtigen sind. Die Daten
lassen sich z.B. in Form des General Interface File-Formats (GIFF, Abschnitt
6.2.4) oder in Form von EDIF (Abschnitt 6.2.3) übertragen. Wegen des neutralen
Formats einer in GIFF oder EDIF beschriebenen Schnittstelle kann mit diesen Daten praktisch jedes beliebige Prüfsystem versorgt werden. Automatenspezifische
Daten sowie ggf. CAT-spezifische Bibliotheksdaten (z.B. Wahrheitstabellen für In-
circuit-Test) müssen am Prüfsystem ergänzt werden. Bild 6.8 zeigt den prinzipiellen Ablauf der Erzeugung und Verarbeitung der CAT-Schnittstelle.

### 6.3.2 Spektrum der Prüfsysteme

Mit den Daten der CAT-Schnittstelle können unterschiedliche Prüfsysteme versorgt werden. Die Prüfsysteme lassen sich in folgende Kategorien einteilen:

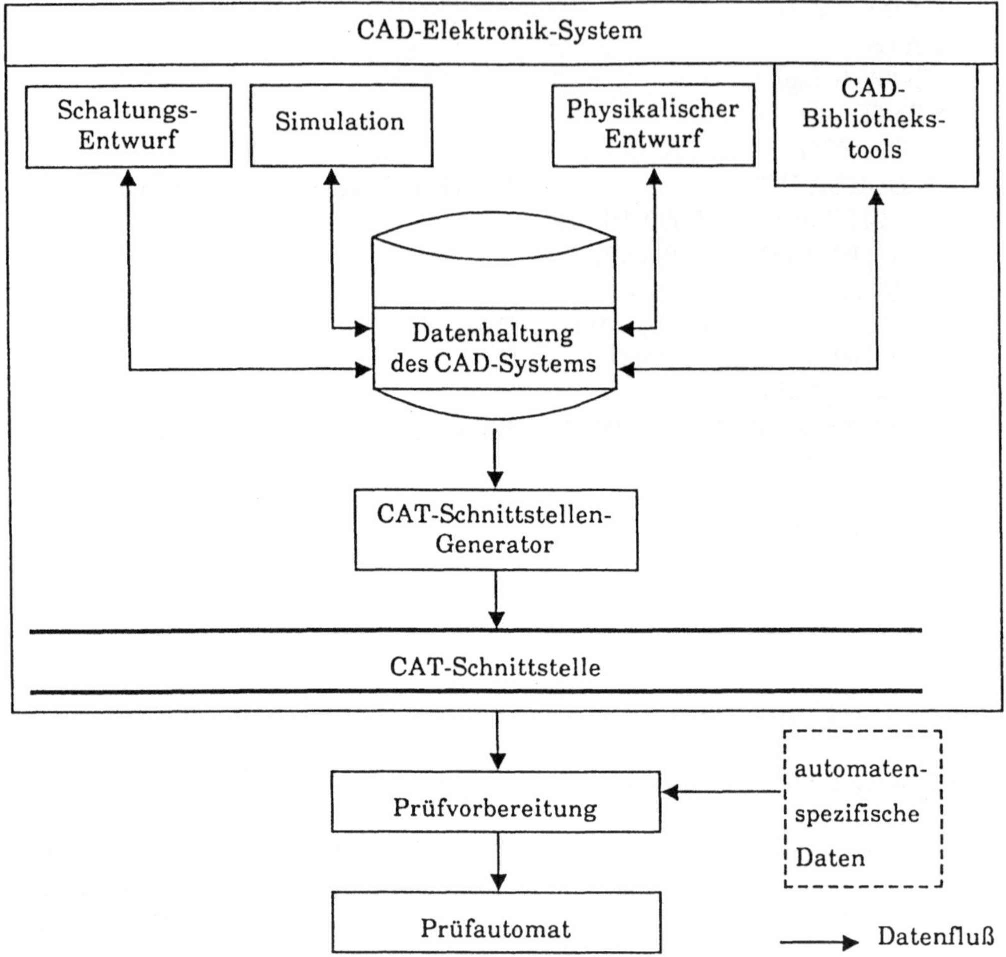


Bild 6.8: Generierung der CAT-Schnittstelle

## 1. Funktionsprüfautomaten

Diese Prüfautomaten sind im wesentlichen dadurch charakterisiert, daß Prüfmuster über entsprechende Adapter an die Eingangsstifte der zu prüfenden Baugruppe angelegt werden und die Reaktion der Baugruppe an ihren Ausgangsstiften gemessen wird. Durch Vergleich mit vorgegebenen Sollwerten wird die ordnungsgemäße Funktion der Baugruppe verifiziert.

Ein weiteres Leistungsmerkmal moderner Funktionsprüfautomaten ist die automatische Fehlersuche (AFS) nach der sogenannten Pfad- oder Katalogmethode. Auch kombinierte Verfahren aus der Pfad- und Katalogmethode kommen häufig zum Einsatz. Näheres hierzu siehe Abschnitt 7.1.

## 2. In-circuit-Tester

Beim In-circuit-Test wird jedes Schaltelement für sich und möglichst unabhängig von seiner Verschaltung geprüft. Die Ein- und Ausgangsmuster sind durch den Schaltelementtyp festgelegt; es werden also die Funktionen der Bauelemente überprüft.

## 3. Verdrahtungsprüfung

Die Verdrahtungsprüfung wird auf der unbestückten Baugruppe durchgeführt. Über Nadeladapter wird auf jeder Verbindung ein Signal eingespeist und überprüft, ob es an allen mit der Einspeisstelle verbundenen Punkten ankommt und alle anderen Punkte davon isoliert sind (Kurzschlußprüfung), siehe hierzu auch Abschnitt 6.4.

### 6.3.3 Datenarten

Die in der CAT-Schnittstelle übergebenen Daten lassen sich in die im folgenden beschriebenen Kategorien gliedern. Je nach eingesetztem Prüfverfahren werden unterschiedliche Datenkategorien benötigt:

## 1. Logikbeschreibung

Die Logik einer Baugruppe wird durch die Beschreibung aller auf ihr verwendeten Bausteine und die Angabe ihrer Verschaltung wiedergegeben. Die Bausteinbeschreibung ist hierarchisch nach Baustein, Schaltelement und Pin untergliedert. Die Verschaltung wird durch Angabe des Signalnamens zu jedem Bausteinpin beschrieben.

## 2. Layoutbeschreibung

Das Layout der Baugruppe wird durch die Angabe der Einbauplätze der Bausteine, Stecker und Prüfpunkte (z.B. als X-/Y-Koordinaten) beschrieben. Die Geometrie der Verbindungen ist in entsprechenden Listen der CAP-Schnittstelle enthalten, die z.B. für die Verdrahtungsprüfung mitverwendet werden.

## 3. Prüfdaten

Die Prüfdaten (Prüf-Bitmuster/-Stimuli) enthalten die Eingangs- und Ausgangs- (=Soll)-Werte für die Funktionsprüfung einer Baugruppe. Sie sind in voneinander unabhängige Testdatensätze, in Zyklengruppen (z.B. für Burst-Modus) und Einzelzyklen gegliedert. Durch die Definitionsmöglichkeiten für Vektoren, Takte, Triggersignale und Zeitrahmen ("Formate") ist eine flexible Beschreibung für das Anlegen und Abtasten der Prüfwerte gegeben. Damit lassen sich praktisch alle heute bekannten Funktions-Prüfautomaten versorgen.

## 4. Interne Signalzustände

Für die automatische Fehlersuche nach der Pfadmethode können auch die logischen Signalpegel (Sollwerte) aller internen Signale einer Baugruppe übergeben werden. Ferner stehen Daten über die Aktivität (sendend oder nicht) von Bustreibern oder bidirektionalen Elementen zur Verfügung.

## 5. Fehlerkatalog

Als Ergebnis der Fehlersimulation steht in der CAT-Schnittstelle der komplette (simulierte) Fehlerkatalog zur Fehlersuche nach der Katalogmethode zur Verfügung. Er enthält geordnet nach Zyklen die Auswirkungen (Fehlerbilder) und Ursachen der Fehler.

### 6.3.4 Aufbau einer CAT-Schnittstelle

Am Beispiel einer CAT-Schnittstelle im GIFF-Format wird der prinzipielle Aufbau dieser Schnittstelle erläutert. CAT-Daten, beschrieben in GIFF, können mit einem Koppelprogramm generiert werden. Es selektiert einerseits die für die Schnittstelle benötigten Daten aus der Datenhaltung des CAD-Systems und ermöglicht andererseits eine flexible Kombination der zu generierenden Daten, abhängig vom eingesetzten Prüfverfahren. Ferner lassen sich die einzelnen Sichten auch nach dem Entwicklungsstand des automatenspezifischen Prüfprogramms auswählen (z.B. im 1. Schritt nur für die Go/Nogo-Prüfung, im 2. Schritt für die automatische Fehlersuche).

Eine schematische Darstellung des Aufbaus der CAT-Schnittstelle (Deklarationsteil der GIFF-Schnittstelle) zeigt Bild 6.9. Es gibt auch die Zuordnung der verschiedenen Sichten zu den oben beschriebenen Datenkategorien wieder.

Für die verschiedenen Prüfverfahren werden folgende Sichten benötigt:

## 1. Funktionsprüfung

- □ Identifikationssicht: sie enthält eine eindeutige Baugruppenbezeichnung und allgemeine Konstruktionsdaten.
- □ Black-Box-Sicht: sie enthält eine Beschreibung des Baugruppenrands, d.h. die Beschreibung der von außen zugänglichen, primären Ein- und Ausgänge.
- □ Definitions- und Zyklensichten: in diesen Sichten ist das eigentliche Prüfprogramm enthalten.

## 2. Für die Funktionsprüfung mit automatischer Fehlersuche (abhängig vom Verfahren) werden zusätzlich benötigt:

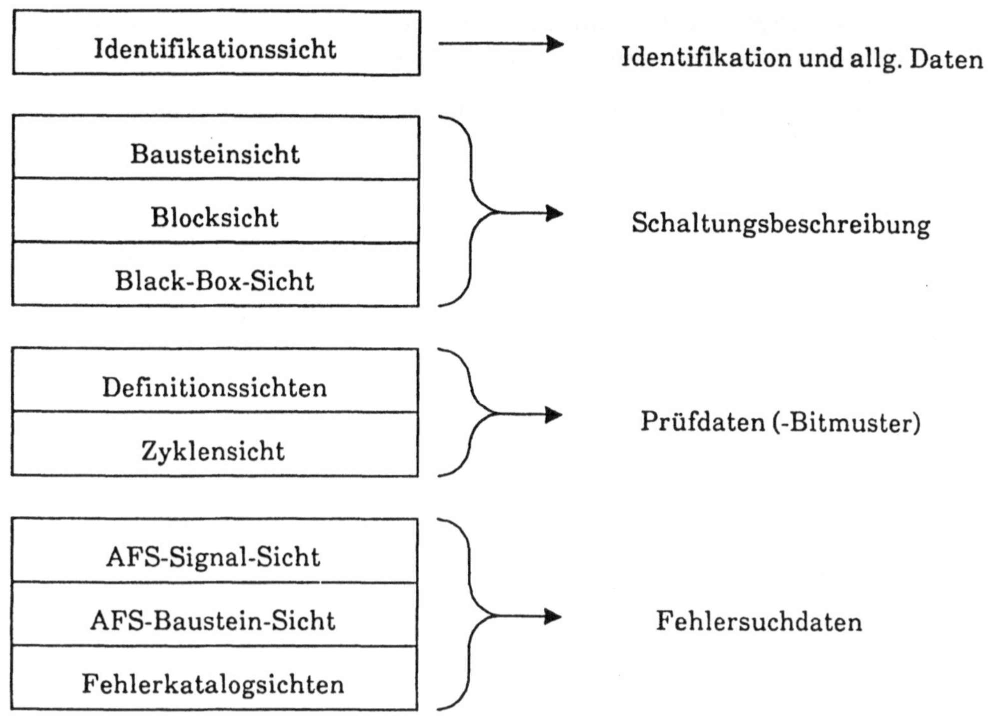


Bild 6.9: Struktur der CAT-Schnittstelle

□ Baustein- und Blocksicht (statt Black-Box-Sicht): sie enthalten die vollständige Logik- und Layoutbeschreibung (ohne Verbindungsgeometrie,
aber einschließlich Prüfpads).

□ AFS-Signal- und -Baustein-Sicht: sie enthalten die internen Signalzustände und die Aktivitäten von Bustreibern.

□ Fehlerkatalogsicht: sie enthält den Fehlerkatalog.

3. In-circuit-Prüfung

□ Identifikationssicht: sie enthält eine eindeutige Baugruppenbezeichnung
und allgemeine Konstruktionsdaten.

□ Baustein- und Blocksicht: sie enthalten die vollständige Logik- und Layoutbeschreibung (ohne Verbindungsgeometrie, aber einschließlich Prüfpads).

4. Verdrahtungsprüfung

□ Identifikationssicht: sie enthält eine eindeutige Baugruppenbezeichnung
und allgemeine Konstruktionsdaten.

□ Verbindungsgeometrie; hierzu wird eine entsprechende Untermenge der CAP-Schnittstelle (Abschnitt 6.4) angeboten.

Abhängig vom erreichten Stand der Prüfprogrammentwicklung kann die zu übertragende Datenmenge weiter reduziert und damit die Durchlaufzeit verringert werden. Sinnvolle Pakete sind zum Beispiel:

□ Identifikation, Schaltungsbeschreibung und Prüfbitmuster für die Erstversorgung des Prüfsystems.
□ Prüfbitmuster nur der geänderten Prüfdatensätze für ein verbessertes Prüfprogramm.
□ Fehlersuchdaten nach Abschluß der Verifizierung der Go/Nogo-Prüfung. Die Fehlersuchdaten sind ebenfalls entsprechend der Prüfdatensätze strukturiert und können in ebensolchen Portionen abgerufen werden.

## 6.4 Schnittstelle zur Fertigung (CAP/CAM)

### 6.4.1 Zweck der Schnittstelle

Bei der Herstellung von Leiterplatten, bei der Bestückung von Leiterplatten mit Bauteilen, bei der Komplettierung der Leiterplatten zu steckbaren Baugruppen und bei der Fertigung von Baugruppenträgern werden verschiedene NC (numerical control)- oder CNC (computer numerical control)-Maschinen einzeln oder innerhalb von DNC (direct numerical control)- bzw. FFS (Flexibles Fertigungssystem)-Systemen eingesetzt. Sie benötigen für ihren Betrieb umfangreiche Steuerprogramme, deren Daten weitgehend der Produktbeschreibung zu entnehmen sind und somit auch in dem CAD-System gespeichert vorliegen. Die rechnerunterstützte Erstellung dieser Steuerprogramme [6.8] wird dem Aufgabengebiet CAP (Computer Aided Planning) und dessen eventuell nötige Anpassungen an DNC- und FFS-Systeme dem Aufgabengebiet CAM (Computer Aided Manufacturing) zugeordnet. Damit die fertigungsrelevanten Daten des CAD-Systems an das CAP/CAM-System automatisch weitergeleitet werden können, wird eine gemeinsame Schnittstelle vereinbart.

### 6.4.2 Datenarten

Um welche Daten es sich dabei handelt und in welchem Umfang sie vorkommen, soll am Beispiel der Herstellung von Mehrlagenleiterplatten (Multilayer) näher betrachtet werden (Bild 6.10). Als Basismaterial wird überwiegend beidseitig kup-

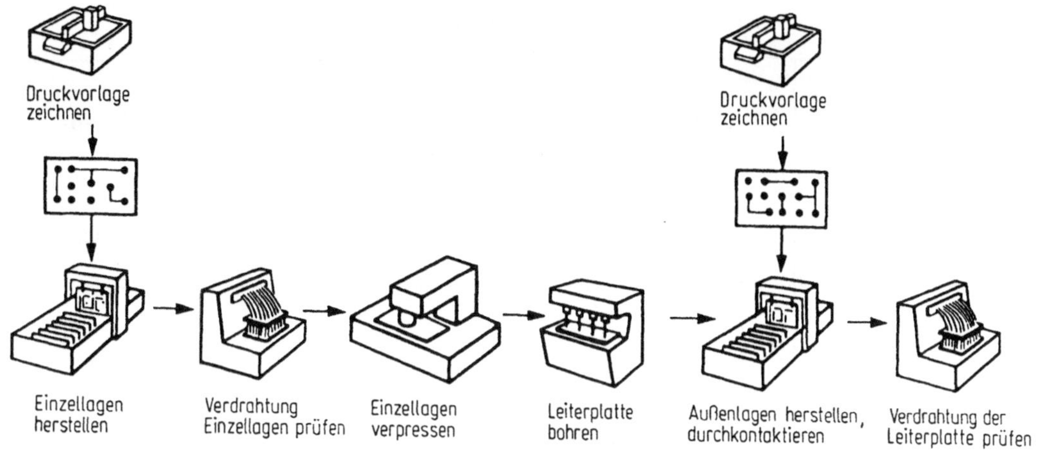



Bild 6.10: Fertigungsschritte bei der Herstellung von Mehrlagenleiterplatten

ferkaschiertes Epoxid-Halbzeug (Kern) benutzt. Dieses wird mit lichtempfindlicher Schutzschicht (Fotoresist) überzogen, auf die fotografisch das gewünschte Leiterbild abgebildet wird. Dazu ist eine genaue Zeichnung des Leiterbildes notwendig. Diese sogenannte Druckvorlage wird von einem NC-Fotoplotter erzeugt und weist folgende Hauptstrukturen auf:

- □ Punktförmige Gebilde (Lötaugen, Klexe), die nach dem Anfahren der gewünschten Position in Ruhestellung des Lichtkopfes geblitzt werden. Um ein solches Gebilde zu erzeugen, müssen die Koordinaten des Punktes und die gewünschte Blende (Maske) angegeben werden.
- □ Linienzüge (Leitungen), die während der Fahrt des Fotokopfes belichtet werden. Hierbei müssen die Koordinaten des Anfangs- und Endpunktes jedes Geradenstücks sowie die zu verwendende Blende angegeben werden.

Darüber hinaus kommen noch Texte und Paßmarken vor.

Tabelle 6.1 gibt die Anzahl der zum Zeichnen einer Druckvorlage benötigten Steuerbefehle sowie anderer charakteristischer Größen für einige Beispiele (Feinstätztechnik, unterschiedliche Leitungsführung) wieder. Da eine Mehrlagenleiterplatte bis zu 30 Lagen und davon 14 Signallagen enthalten kann, zeigen bereits diese Beispiele, welche Bedeutung der Nahtstelle zwischen CAD- und CAP-Systemen zukommt.

Nach dem Ätzen werden die Einzellagen auf einem NC-Verdrahtungsprüfautomaten auf Durchgang und Isolation geprüft, um evtl. entstandene Fehler zu lokalisieren und zu beheben bzw. den fehlerhaften Kern von weiterer Bearbeitung auszuschließen. Die Kontaktierung des Prüflings geschieht über einen Nadeladapter.

Tabelle 6.1: Zeichen von Druckvorlagen (Feinätztechnik): Datenmengen

| Lagenart<br>Abmessungen | Werte<br>(Anzahl)<br>Steuer-<br>befehle | Klexe | Geraden-<br>stücke | Linien-<br>züge |
|---|---|---|---|---|
| Signallage<br>130 x 150 mm | 7.000 | 2.000 | 1.500 | 300 |
| Signallage<br>270 x 150 mm | 3.400 | 420 | 1.100 | 210 |
| Potentiallage<br>270 x 150 mm | 11.000 | 5.400 | 70 | - |
| Lötstoplage<br>270 x 150 mm | 6.000 | 2.600 | 554 | - |
| Signallage<br>410 x 150 mm | 60.000 | 13.000 | 31.000 | 500 |

Tabelle 6.2:  Steuerbefehle beim Prüfen (Streifenadapter 13 Reihen
à 400 Nadeln 01 " Raster, Abmessungen
der Leiterplatte 0,1410 x 150 mm)

| Lagenart | Steuerbefehle |
|---|---|
| Signallage | 23.000 |
| Potentiallage | 8.500 |
| Fertige Leiterplatte<br>(2 Aufspannungen!) | 23.000 |

Um Steuerbefehle für die Prüfung erzeugen zu können, muß der Verbindungs-
verlauf, bezogen auf adaptierbare Punkte und die Zuordnung der Teilverbindun-
gen zu einzelnen Lagen bekannt sein. Tabelle 6.2 gibt die Anzahl der zum Prüfen
von Einzellagen bzw. der fertigen Leiterplatte benötigten Steuerbefehle für ein
Beispiel wieder.

Nachdem alle Kerne einer Mehrlagenleiterplatte hergestellt und für gut befun-
den sind, werden sie in vorgesehener Reihenfolge paßgenau aufeinander gestapelt,
wobei zwischen zwei Kernen jeweils eine Klebefolie (Prepreg) eingelegt wird. Anschließend werden die Kerne und Klebefolien miteinander verpreßt (laminiert).
Um die noch fehlenden Verbindungen zwischen den Leiterzügen in verschiedenen
Lagen an den vorgesehenen Stellen herzustellen, wird das Laminat an diesen Stellen gebohrt und die Innenwände der Bohrungen verkupfert. Sind an derselben Ko-

ordinate mehrere voneinander isolierte Durchkontaktierungen gewünscht (sog. partielle Durchkontaktierungen), so müssen diese Schritte (Bohren, Verkupfern) auch bei der Herstellung der Kerne durchgeführt werden. Zum Bohren werden spezielle NC-Leiterplattenbohrmaschinen mit mehreren Spindeln benutzt. Dabei sind pro Leiterplatte bzw. Kern je nach Größe 500 bis 4000 Bohrungen anzubringen.

Auch außerhalb der Leiterplattenfertigung, d.h. im Bereich der Montage werden NC-Maschinen eingesetzt, die ebenfalls über die CAP-Schnittstelle mit Daten versorgt werden müssen. Es handelt sich dabei um Maschinen folgender Gattungen:

□ Bestückungsautomaten,
□ Verdrahtungsautomaten (z.B. wire wrap),
□ Reparatur- und Änderungsplätze.

### 6.4.3 Aufbau einer CAP/CAM-Schnittstelle

Die im Abschnitt 6.4.1 beschriebenen Daten werden vom CAD-System an einer externen Schnittstelle zur Weiterverarbeitung angeboten. Der Festlegung dieser Schnittstelle liegen folgende Prinzipien zugrunde:

□ Der Aufbau der Schnittstelle muß den zeitlichen und organisatorischen Gegebenheiten der Fertigung entgegenkommen.
□ Die zu übertragende Datenmenge soll möglichst gering sein.

Nachdem für die Montage die fertige Leiterplatte (Lp) vorliegen muß, bietet sich die Aufteilung der Daten in

□ Leiterplatten (Lp)-Daten und
□ Montagedaten

an.

Betrachtet man die Lp-Daten näher, so läßt sich erkennen, daß gewisse Daten wie Format der Leiterplatte, Lagenaufbau, zugelassene Leiterbilder u.a. bei vielen Leiterplatten gleich sind. Auch im CAD-System sind die LP-Daten üblicherweise als Standarddaten (Bibliothek, s. Abschnitt 5.5) abgelegt. Es ist naheliegend, diese Aufteilung der Daten in produktindividuelle und Standard-Daten auch in der Schnittstelle beizubehalten und somit die Datenmenge zu reduzieren. Diese Aufteilung ist auch bei der Reduzierung der Datenmenge der individuellen Daten nützlich. Ist die Leiterführung, wie im Bild 6.11 dargestellt, vorgeschrieben, so braucht die NC-Maschine, um einen Leiter zu zeichnen, Koordinatenangaben von 6 Punkten. Sind die erlaubten Anschlußfiguren (z.B. P1, P2, P3 relativ zu A) in

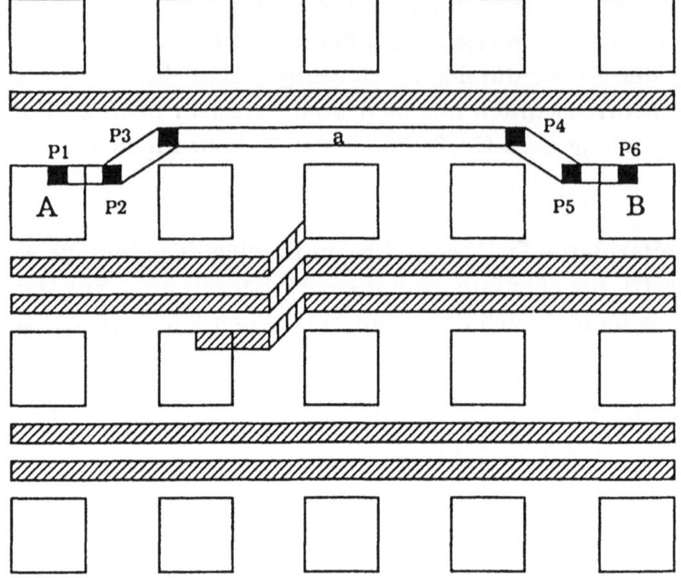



Bild 6.11: Leitungsführung und Beschreibungsmöglichkeiten

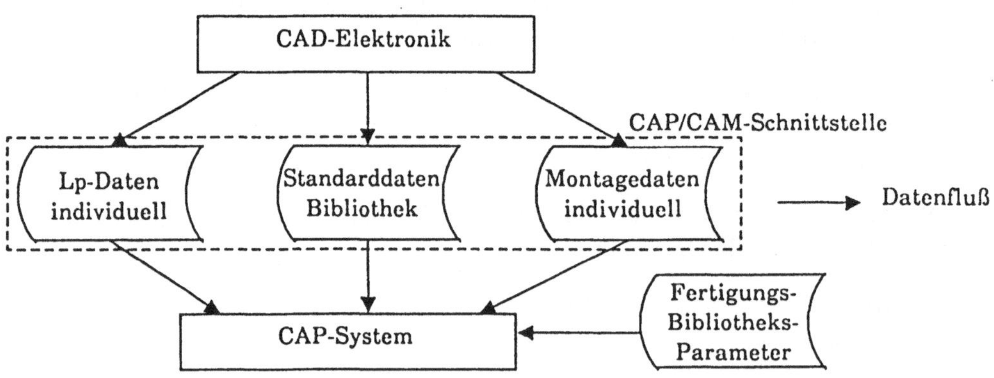



Bild 6.12: Struktur der CAD/CAP-Schnittstelle

Form von Standarddaten beschrieben, so genügt an der Schnittstelle die Koordinatenangabe von 2 Punkten (A, B) und der Name verwendeter Anschlußfiguren.

Aus dem bisher Gesagten ergibt sich die in Bild 6.12 dargestellte Struktur der Schnittstelle, wobei die Standarddaten, falls zweckmäßig, auch in mehrere Dateien aufgeteilt sein können.

Daten, die nur von der Fertigung benötigt werden, wie sog. Test-Coupons auf Leiterplatten, die außerhalb der aktiven Fläche angebracht werden und während der Fertigung als Meßmuster zur Toleranzausmittlung dienen, werden direkt aus

Tabelle 6.3: CAD/CAP-Schnittstellen: Sichten

| Lp-Daten individuell | Standard-Daten | | Montage-Daten individuell |
|---|---|---|---|
| Identifikation<br>- Baueinheit<br>- Konstruktion<br>- Ausgabestand<br>- Bearbeiter<br><br>Layout<br>- Signal-/Potentialname<br>- Von-/Nach-Punkt<br>- Leitungsführung<br>  Zwischen-/Trenn-Pkt. | Konstruktion<br>- Einbautechnik<br>- Lagenaufbau<br>- zul. Leitungen<br>- zul. Bohrungen<br>- zul. Lötaugen<br>- zul. Figuren<br>- zul. Anschlüsse<br>- Flächenbe-<br>  schreibung<br>- Texte | Baustein<br>- Identifikation<br>- Schaltelement<br>- Pin | Identifikation<br>- Baueinheit<br>- Konstruktion<br>- Ausgabestand<br>- Bearbeiter<br><br>Belegung<br>- Belegungslage<br>- Bausteinname<br>- Einbauplatz<br><br>Layout<br>- Überlaufverdrahtung |

der Fertigungsbibliothek in das CAP-System eingegeben und nicht über die Schnittstelle geschleust.

Innerhalb einzelner Dateien sind die zusammengehörigen Daten in einzelne Sichten aufgeteilt, wobei in einer Sicht, falls erforderlich, mehrere Hierarchiestufen vorhanden sein können. In Tabelle 6.3 sind die wichtigsten Sichten dargestellt.

# 6.5  PPS-Schnittstelle

Als eine Hilfe zur Bewältigung von auftragsbezogenen, organisatorischen und logistischen Aufgaben in einem Betrieb finden die Produktionsplanungs- und Produktionssteuerungssysteme (PPS-Systeme) eine breite Anwendung.

Dabei gibt es, entsprechend der Produkt- und Fertigungsvielfalt, eine große Anzahl von PPS-Systemen unterschiedlicher Ausprägung. So werden z.B. im ISIS-Softwarereport [6.9] ca. 180 verschiedene PPS-Programme aufgelistet. Welches System ausgewählt wird, hängt z.B. von der Betriebsgröße (Klein-, Mittel-, Groß-betrieb), dem Produktspektrum (wenige ähnliche bis viele unterschiedliche Erzeugnisse), der Fertigungsart (Massenanfertigung, Serien-, Kleinserienfertigung, Einzelfertigung), der Fertigungstiefe (einstufige, vielstufige Fertigung) und der Fertigungsstruktur (Lagerfertigung bzw. kundenauftragsneutrale Fertigung bis reine Kundenfertigung) ab, wobei hier nur die wichtigsten Einflußgrößen aufgezählt wurden. Weiter unterscheiden sich die oben erwähnten PPS-Systeme auch in ihrer Zielsetzung, d.h. welcher der vier nachstehenden Zielgrößen, die sich teilweise widersprechen, bei der Optimierung Vorrang gegeben wird:

- □ Senkung der Bestände,
- □ Erhöhung der Kapazitätsauslastung,
- □ Erhöhung der Termintreue,
- □ Transparenz der betrieblichen Abläufe.

Die meisten PPS-Systeme weisen folgende Hauptfunktionen auf:

- □ *Produktionsprogrammplanung*
  (mit Funktionen wie Prognoserechnung, Grobplanung, Vorlaufsteuerung, Kundenauftragsverwaltung);

- □ *Mengenplanung*
  (Bedarfsermittlung, Bestandsführung);

- □ *Termin- und Kapazitätsplanung*
  (Durchlaufterminierung, Kapazitätsbedarfsermittlung, Reihenfolgeplanung);

- □ *Fertigungsauftragsveranlassung*
  (Auftragsfreigabe, Belegerstellung, Arbeitsverteilung);

- □ *Fertigungsauftragsüberwachung*
  (Fortschrittserfassung, Kapazitätsüberwachung, Kundenauftragsüberwachung).

Für den Ablauf der oben erwähnten Hauptfunktionen sind umfangreiche Grunddaten notwendig, die von der PPS-Datenhaltung verwaltet werden. Es handelt sich dabei um

- □ Teilestammdaten,
- □ Stücklisten,
- □ Arbeitspläne,
- □ Arbeitsplatz- bzw. Kapazitätsgruppendaten.

Da die Arbeitspläne und die Arbeitsplatzdaten eindeutig in die Domäne eines CAP-Systems fallen, werden sie hier nicht weiter betrachtet. Die Übergabe der für die rechnerunterstützte Arbeitsplanerstellung relevanten Daten aus dem CAD-System erfolgt über die im Abschnitt 6.4 beschriebene Fertigungsschnittstelle.

Für jedes vorkommende Einzelteil, jede Gruppe (Zwischenerzeugnis) und jedes Erzeugnis muß im PPS-System ein Teilestammsatz mit Angaben wie

- □ Teilenummer,
- □ Teileklassifizierung,

□ Benennung,

□ Arbeitsplan-Nr.,

□ Mengeneinheit,

□ Lieferant,

□ technische Daten,

□ Preis- und Kostendaten

angelegt sein.

Darüber hinaus müssen für jede Gruppe und jedes Erzeugnis Stücklisten vorhanden sein, in denen angegeben ist, aus welchen Einzelteilen und Gruppen sie zusammengesetzt sind. Es gibt unterschiedliche Stücklistenformen [6.8]. So unterscheidet man z.B. in Bezug auf die Art der Gliederung eines Erzeugnisses in seine Komponenten zwischen

□ Mengenübersichtsstücklisten (totale Stücklisten),

□ Strukturstücklisten (Stufenstücklisten) und

□ Baukastenstücklisten (Gruppenstücklisten).

Die Mengenübersichtsstückliste stellt eine Aufzählung aller Einzelteile mit der Angabe der benötigten Stückzahl für ein Erzeugnis ohne weitere Strukturbeziehung dar.

Die Strukturstückliste bezieht sich auch auf ein Gesamterzeugnis, ist aber so strukturiert, daß der Aufbau des Erzeugnisses entsprechend den Fertigungsstufen ersichtlich ist.

Bei der Baukastenstückliste wird das Erzeugnis durch mehrere Teilstücklisten, die jeweils nur die direkt untergeordneten Komponenten enthalten, beschrieben.

Weitere Unterschiede ergeben sich aus dem Anwendungszweck der Stücklisten. Hierbei unterscheidet man zwischen

□ Konstruktionsstücklisten und

□ Fertigungs- bzw. Dispositionsstücklisten.

In den erstgenannten werden die konstruktiv zusammengehörigen Teile zu einer übergeordneten Gruppe ohne Rücksicht auf den Fertigungsfluß zusammengefaßt. Bei den Fertigungsstücklisten sind dagegen die Teile und Gruppen entsprechend dem Fertigungsfluß zusammenzustellen.

Für Produkte, die mit Hilfe eines CAD-Elektronik-Systems entwickelt werden, sind viele dieser Daten bereits im CAD-System vorhanden. So muß z.B., wie bereits ausgeführt, für jedes verwendete elektrische Bauteil im PPS-System ein Teilestammsatz abgelegt werden. Da das CAD-System auch eine Bauteilebibliothek (Abschnitt 5.5) mit fast den gleichen Angaben benötigt, können diese Daten über eine Schnittstelle an das PPS-System weitergereicht werden, müssen jedoch dort

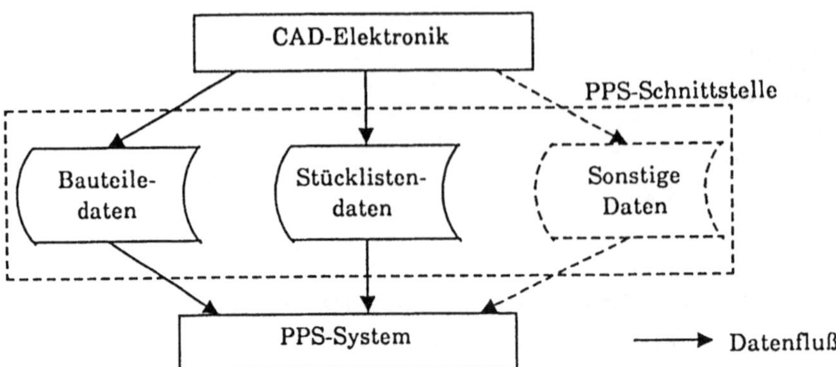


Bild 6.13: Struktur der CAD/PPS-Schnittstelle

noch vervollständigt werden. Ist der Anteil der Elektronik im Erzeugnisspektrum klein, so kann eine manuelle Ergänzung noch hingenommen werden. In einem Elektronikbetrieb dagegen, ist es naheliegend, für elektrische Bauteile eine Datenbank einzurichten, welche die von allen CIM-Komponenten benötigten Daten enthält, und aus der mit Hilfe von Programmen bzw. Prozeduren die spezifischen Bibliotheken für einzelne CIM-Komponenten generiert werden. Dadurch wird eine mehrfache Erfassung gleicher Daten und der entsprechende Koordinierungsaufwand vermieden.

Da in einem CAD-System außerdem festgelegt wird, welche elektrischen Bauteile zu einer Baugruppe bzw. welche Baugruppen zum Erzeugnis gehören, liegen hier auch die Informationen für die Stücklisten zumindest rudimentär vor.

Ob noch weitere Daten über die PPS-Schnittstelle ausgetauscht werden, hängt weitgehend von dem Aufbau des CIM-Systems ab [6.11]. So unterstützen sich die Teilsysteme bei Projektierung, Angebotserstellung und Vorkalkulation, der Datenaustausch ist jedoch von Fall zu Fall unterschiedlich.

Somit kann ein CAD-Elektronik-System an der PPS-Schnittstelle (Bild 6.13) nur die Bauteiledaten und Stücklisten, diese meistens in der Form von Konstruktionsstücklisten, anbieten. Um die Anpassung an verschiedene PPS-Systeme zu erleichtern, ist dabei das Ausgabeformat meistens parametriesierbar. So erlaubt z.B. die GIFF-Methode dem CAD-Nutzer auf einfache Weise die Schnittstelle entsprechend seinen Anforderungen neu zu strukturieren.

# Literatur

[6.1]   Integrierter EDV-Einsatz in der Produktion: CIM Computer Integrated Manufacturing (Begriffe, Definitionen, Funktionszuordnungen). AWF-Empfehlung, AWF, Eschborn, S. 1-12, 1985.

[6.2]   IGES Version 2.0, National Technical Information Service. 5285 Port Royal Road, Springfield, Virginia 20161, USA.

[6.3]   Liewald, Michael H.; Kennicott, Philip R.: Intersystem Data Transfer via IGES. IEEE, pp. 55-63, May 1982.

[6.4]   EDIF Steering Committee: EDIF Electronic Design, Interchange Format Version 200. Electronic Industries Association Engineering Department, Washington D.C., May 1987.

[6.5]   Scheer, A.-W.: CIM - Der computergesteuerte Industriebetrieb. Springer, 1987.

[6.6]   Ranky, P.G.: Computer Integrated Manufacturing. Prentice/Hall, 1986.

[6.7]   Joos, U.; Leßenich, H.R.; Funke, J.; Deinwallner, J.: Standardschnittstellen zur Kopplung von CAE-Systemen. Informatik in der Praxis (Hrsg.: H. Schwärtzel). Springer, S. 117-136, 1986.

[6.8]   Merkenschlager, H.-H.: Rechnergestützte Fertigung von Multilayern. VDI-Berichte Nr. 387, S. 93-97, 1980.

[6.9]   ISIS Software Report, Kommerzielle Programme, Bd. 2.1, Nomina, S. 1463-1531, 1987.

[6.10] Roschmann K.-H.: Fertigungssteuerung. Hanser, 1980.

[6.11] Poestges, A.: CIM zum Mitmachen. MEGA. Franzis, S. 73-82, Oktober 1987.

[6.12] Wedekind, H.: Die Problematik des Computer Integrated Manufacturing (CIM). Informatik Spektrum Bd. 11, Heft 1, Springer, S. 29-39, 1988.

# 7  Testen von Moduln und Systemen

## 7.1  Einleitung

Da mit wachsender Komplexität der Module und Systeme die Kosten für die Prüfvorbereitung überproportional ansteigen, wird die Prüftechnik immer mehr zu einem zentralen Aufgabengebiet beim Entwurf von elektronischen Geräten.

Neue leistungsfähige Prüfkonzepte und Prüfstrategien sind erforderlich, die bereits beim Systementwurf die spätere Prüfung mitberücksichtigen und somit zu einer Kostensenkung beitragen.

Moderne CAD-Systeme für den Entwurf von Moduln und Systemen müssen daher auch die Prüfaspekte in vollem Umfange berücksichtigen und die entsprechenden Funktionen bereitstellen.

Ein großer Teil der Entwurfszeit entfällt auf die Erstellung der Prüfunterlagen. Durch Standardisierung des Prüfkonzeptes und der Schnittstellen zu den Prüfautomaten kann diese Phase größtenteils automatisiert und damit trotz steigender Komplexität der Prüfobjekte verkürzt werden.

Dieses Kapitel gibt einen Überblick über die zur Zeit gebräuchlichen Testkonzepte und Prüfprogrammerstellungsmethoden und zeigt die Trends in der Entwicklung neuer Prüfstrategien auf.

## 7.2  Prüftechnik

### 7.2.1 Prüfumgebung

Unter Prüftechnik werden die Methoden und Verfahren verstanden, die die Funktionsfähigkeit einer gefertigten elektronischen Schaltung verifizieren und sicherstellen. Die Prüftechnik spielt eine wichtige Rolle bei

□ dem Entwurf,

□ der Prüfvorbereitung,

□ der Fertigung,

□ dem Betrieb,

□ und der Wartung

von Moduln und Systemen.

Früher wurden die Prüfunterlagen erst nach Abschluß des Logikentwurfs erstellt. Mit steigender Komplexität der elektronischen Schaltungen ist es aber notwendig, bereits während des Entwurfs die spätere Prüfung zu berücksichtigen. Mit dem Stichwort "design for testability" werden diese Bestrebungen zusammengefaßt. Stellt sich heraus, daß eine Schaltung, die in größeren Stückzahlen gefertigt werden soll, nicht testbar ist, führt dies zu hohen Redesign-Kosten und einer verzögerten Produktfreigabe. Durch prüftechnische Regeln und Methoden, die bereits in der Entwurfsphase anzuwenden sind, kann dieses Risiko vermindert werden.

Die Herstellung eines elektronischen Systems setzt sich aus mehreren Fertigungsschritten zusammen. Nach jedem Fertigungsschritt wird eine Prüfphase eingelegt, um kostengünstig die geforderte Qualität des Endprodukts zu erreichen. Folgende Prüfphasen begleiten die Herstellung z.B. einer Flachbaugruppe:

□ Funktionsprüfung der Bauelemente (Chips, Widerstände, Schalter usw.),

□ Verdrahtungstest der Leiterplatten (Kurzschluß- und Unterbrechungstest der Leiterbahnen und Durchkontaktierungen, Kapitel 1),

□ optische Kontrolle der Lötpunkte,

□ Funktionsprüfung der bestückten Flachbaugruppe.

Die Qualität der einzelnen Fertigungsschritte kann dabei durch den dpm-Wert (defects per million) ausgedrückt werden. Für den gesamten Fertigungsablauf summieren sich die Fehlerraten der einzelnen Fertigungschritte. Nimmt z.B. die Gesamtfehlerrate $dpm_{Ges}$ für eine bestückte Leiterplatte mit 120 Bauelementen (BE) und 4500 Lötstellen (LÖ) folgende Werte an:

$$
\begin{aligned}
\text{Bauelementfehler} &: \quad dpm_{BE} \quad \leq \quad 100, \\
\text{Bestückfehlerrate} &: \quad dpm_{BF} \quad \leq \quad 100, \\
\text{Lötfehler} &: \quad dpm_{LÖ} \quad \leq \quad 20,
\end{aligned}
$$

$$
dpm\,Ges = \frac{(dpm\,BE + dpm\,B\ddot{U})\,mal\,Anzahl\,BE + dpm\,L\ddot{O}\,mal\,Anzahl\,L\ddot{O}}{10.000}\,[\%]
$$

$$
= \frac{(100 + 100)\,mal\,120 + 20\,mal\,4500}{10.000} \approx 12\,\%,
$$

dann sind 88 % der gefertigten Flachbaugruppen fehlerfrei. Eine höhere Qualität läßt sich erreichen durch die Verbesserung der Fertigungsprozesse oder durch die

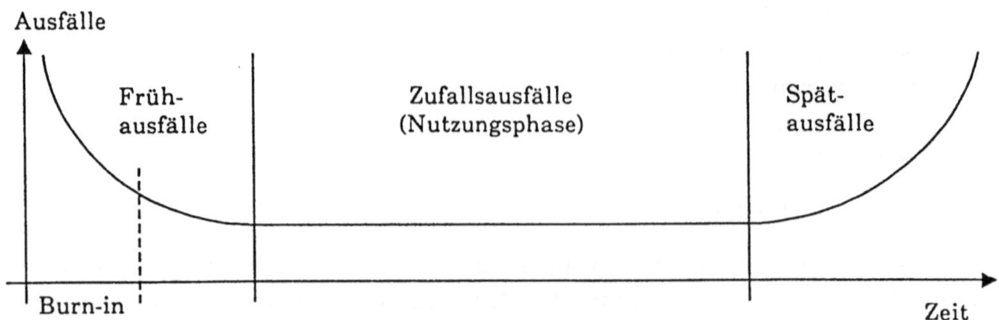



Bild 7.1: Ausfallrate

Einführung von Prüfphasen, in denen vorhandene Fehler früher aufgedeckt und durch Nachbesserung behoben werden können.

Die Kosten für eine Verbesserung der Fertigungsprozesse müssen den Prüf- und Nachbesserungskosten gegenübergestellt werden, um die optimale Lösung zu finden.

In sehr komplexen elektronischen Schaltungen können in einer Prüfphase nicht immer alle vorhandenen Fehler aufgedeckt werden. Diese Fehler verursachen in späteren Fertigungsschritten hohe Folgekosten. Als Richtwert gilt, daß ein in einem Fertigungsschritt nicht aufgedeckter Fehler im nächsten Fertigungsschritt 10mal aufwendiger zu finden und zu beheben ist.

Die Ausfallrate eines elektronischen Systems wird mit der Anzahl der Ausfälle pro Zeiteinheit angegeben. Der zeitliche Verlauf der Ausfallrate weist häufig drei Phasen auf (Bild 7.1).

In der ersten Phase treten häufig Fehler auf. Die Ursache sind Komponenten, die schon nach kurzer Betriebszeit ausfallen. Diese mangelhaften Komponenten können durch ein Alterungsverfahren (Burn-in) aufgedeckt werden. Damit kann in der Regel die erste Phase verkürzt werden.

Die Nutzungsphase weist die niedrigste Ausfallrate und damit die höchste Zuverlässigkeit des Systems auf. Nach der Nutzungsphase führen Alterung und Verschleiß zu höheren Ausfallraten. Die Ausfall- und Reparaturkosten können hier zur Unrentabilität des Systems führen.

Die Verfügbarkeit eines elektronischen Systems ist abhängig von der Ausfallrate und der Reparaturzeit. Bei komplexen Systemen nimmt die Lokalisierung der Fehlerursache den größten Teil der Reparaturzeit in Anspruch. Daher wird hier die Fehlerlokalisierung auf eine leicht austauschbare Einheit (z.B. eine Flachbaugruppe) beschränkt.

Die Verfügbarkeit eines Systems mit einer Ausfallrate von einem Ausfall pro hundert Betriebsstunden und einer durchschnittlichen Reparaturzeit von zehn Stunden berechnet sich zu:

$$Verfügbarkeit\,[\%] = \frac{Betriebsstunden}{(Betriebsstunden + Reparaturzeit)}\,mal\,100$$

$$= \frac{100}{(100+10)}\,mal\,100 = 90\,\%$$

Kann die Reparaturzeit auf eine Stunde beschränkt werden, erhöht sich die Verfügbarkeit auf 99 %. Mit unveränderter Reparaturzeit wird die gleiche Verfügbarkeit erst mit einer Ausfallrate von einem Ausfall pro tausend Betriebsstunden erreicht.

Für komplexe Systeme muß eine Prüfmethodik entwickelt werden, mit der die Funktionsfähigkeit des gesamten Systems überprüft werden kann. Die Verifikation läßt sich in festgelegten Wartungsintervallen, bei der Spannungseinschaltung und/oder in Ruhephasen durchführen. Diese Strategie ermöglicht ein frühzeitiges Erkennen von Fehlern und damit eine Verringerung der Ausfallzeiten. Dem Benutzer wird hierbei laufend die Funktionsfähigkeit seines Systems bestätigt. Diese Information führt zu einer höheren Akzeptanz des Systems und kann damit einen Marktvorteil gegenüber der Konkurrenz bedeuten.

Für die Gesamtkosten eines elektronischen Systems spielen die Prüfkosten eine wesentliche Rolle. Prüfkosten entstehen aber sowohl bei der Fertigung als auch bei der Wartung des Systems. Durch eine geeignete Architektur des Systems können diese Kosten verringert werden. Die Ursachen für einen Ausfall können unterschiedlich sein, doch die Maßnahmen, Fehler zu lokalisieren und zu beheben, sind bei der Fertigung und der Wartung meistens gleich.

CAD (Computer Aided Design) und CAT (Computer Aided Test) sind Komponenten eines CIM-Systems. Die Prüfstrategie muß schon in der Entwurfsphase festgelegt werden. Daher existiert keine feste Grenze zwischen CAD und CAT. Die Prüftechnik ist in mehreren Bereichen der CIM-Landschaft angesiedelt. Die Erstellung der Steuerprogramme (Prüfprogramme) für die automatischen Prüfgeräte und die mechanischen Anordnungen, um die Prüfobjekte (Prüflinge) zu kontaktieren, sind Aufgaben, die in den CAT-Bereich fallen. Automatische und rechnerunterstützte Methoden und Verfahren verringern diese Prüfvorbereitungskosten [7.1, 7.2, 7.4].

## 7.2.2 Prüfmethodik

Eine digitale Schaltung wird folgenden Prüfungen an einem Prüfautomaten unterzogen:

- □ DC-Parameter-Test,
- □ Funktionstest,
- □ AC-Parameter-Test.

Der DC-Parameter-Test (DC: Direct Current; Gleichstrom) behandelt die Überprüfung der Stromaufnahme, des Leckstroms und des Ausgangsspannungspegels.
Bei der Funktionsprüfung wird die logische Funktion durch Anlegen von Stimuli
und Abfragen der Reaktion an den externen Anschlüssen überprüft. Die Prüfung
kann mit einer niedrigen Frequenz durchgeführt werden. Anschließend werden
die zeitkritischen Parameter im AC-Parameter-Test (AC: Alternate Current;
Wechselstrom) verifiziert. Die Schaltung wird mit der vorgesehenen Taktfrequenz
getestet und Laufzeitmessungen werden durchgeführt.


*Prüfautomaten*

Eine Verifikation von hochkomplexen Schaltungen läßt sich nur mit Hilfe von
rechnergesteuerten Prüfautomaten durchführen. Es wird zwischen folgenden
Prüfsystemen unterschieden:

- *Verdrahtungs-Prüfautomat:*
  Die Verdrahtungsprüfung wird auf der unbestückten Baugruppe durchgeführt. Über Nadeladapter wird auf jeder Verbindung ein Signal eingespeist
  und überprüft, ob es an allen mit der Einspeisestelle verbunden Punkten ankommt und alle anderen Punkte davon isoliert sind (Kurzschlußprüfung).
- *Analog-Prüfautomat:*
  Für die Prüfung analoger Baugruppen werden die Eingänge mittels Signal-
  generatoren, Strom- und Spannungsquellen stimuliert. Die Ausgänge werden mit Frequenz-, Strom- und Spannungsmessgeräten überprüft.
- *Digital-Prüfautomat:*
  Für die Prüfung von digitalen Baugruppen werden an die Eingänge zyklische
  Prüfmuster mit den logischen Pegeln Null und Eins angelegt. Die Ausgänge
  werden zu definierten Zeitpunkten abgefragt und mit den Sollzuständen ver-
  glichen. Tritt eine Abweichung zwischen Ist- und Sollzuständen auf, erfolgt
  eine entsprechende Fehlermeldung.
- *Hybrid-Prüfautomat:*
  Für Baugruppen mit sowohl digitalen als auch analogen Bauteilen sind Prüf-
  automaten mit digitalen und analogen Prüfeinrichtungen erforderlich.
- *Speicher-Prüfautomat:*
  Digitale Speicher können mit regelmäßigen Prüfbitmustern getestet werden.
  Für diese Bauteile werden die Prüfbitmuster mittels Datengeneratoren auto-
  matisch erzeugt.
- *In-Circuit-Prüfautomaten:*
  Beim In-Circuit-Prüfautomaten wird jedes Schaltelement auf der Baugruppe
  für sich und möglichst unabhängig von der Verschaltung geprüft. Die Bau-
  teile werden mittels eines Nadelbettadapters kontaktiert. Es gibt Analog-,
  Digital- und Hybridprüfautomaten mit In-Circuit-Prüfverfahren.

*Prüfprogrammerstellung*

Prüfprogramme für einen Verdrahtungsprüfautomaten können automatisch aus der Schaltungsbeschreibung erzeugt werden.

Ein Vorteil des In-circuit-Prüfverfahrens ist die geringe Komplexität der Prüfprogramme. Da jedes Bauteil isoliert geprüft wird, können Standardprüfprogramme für die einzelnen Bauteile verwendet werden. In diesem Verfahren entfällt eine eventuelle Fehlerlokalisierung, die in komplexen Schaltungsentwürfen sehr zeitaufwendig sein kann.

Der mechanische Aufbau und die hohe Packungsdichte von komplexen Baugruppen machen eine Kontaktierung der einzelnen Bauteile jedoch oft unmöglich. Die Bitmuster können in diesen Fällen nur über die Stecker angelegt und abgefragt werden. Hierbei muß das Zusammenspiel aller Bauteile betrachtet werden. Dieses Prüfverfahren wird Funktionstest genannt.

Der Schwierigkeitsgrad der Prüfprogrammerstellung für den Funktionstest ist erheblich höher als bei den In-Circuit-Test-Verfahren.

*Digitale Fehlersuche*

In einem Funktionstestverfahren kann die Fehlerlokalisierung in komplexen Schaltungen sehr aufwendig sein. Die meisten Prüfautomaten für Funktionstests bieten eine rechnergesteuerte, digitale Fehlersuche (DFS) an. Hierzu gibt es zwei prinzipielle Verfahrenswege, die auch miteinander kombiniert werden können.

□ *Pfadmethode:*
  Beginnend an einem Ausgangsstift mit fehlerhaftem logischen Pegel wird das Signal gegen die Signalflußrichtung in die Schaltung hinein zurückverfolgt, bis das fehlerverursachende Schaltelement bzw. die gestörte Verbindung gefunden ist. An Hand der eingegebenen Schaltungsstruktur ermittelt die DSF-Software automatisch, welche internen Signale kontaktiert und verifiziert werden müssen, bis der Fehlerort eingekreist ist. Die genaue Fehlerursache muß dann aber am Fehlerort manuell untersucht werden.

□ *Katalogmethode:*
  In einem Fehlerkatalog sind sämtliche Fehlerbilder, d.h. die durch einen Fehler entstehenden Ausgangsmuster, abgelegt und den entsprechenden Fehlerursachen zugeordnet. Durch Vergleich der gemessenen Ausgangsmuster mit dem Fehlerkatalog wird die Fehlerursache ermittelt. Dadurch kann die Anzahl der Kontaktierungen verringert werden. Da verschiedene Fehler die gleiche Auswirkung an den Ausgängen haben können, liefert die Katalogmethode nicht immer eindeutige Aussagen über die Fehlerursache. Daher wird die Pfadmethode meist ergänzend zur Katalogmethode verwendet. Der Fehlerkatalog wird mit einem Fehlersimulator erstellt (Abschnitt 7.4.2).

Bei kombinatorischen Schaltungen reicht es aus, wenn der Prüfautomat das Prüfbitmuster, das den Fehler aufdeckt, anlegt. Die Rückwärtsverfolgung des Fehlerpfades wird mit diesem einzigen Prüfbitmuster durchgeführt (statische Prüfung).

In einer sequentiellen Schaltung mit internen Speichern kann sich der Fehler auf internen Signalverbindungen bereits zu einem früheren Prüfschritt bemerkbar machen. Daher muß bei jeder Kontaktierung an internen Signalverbindungen das Prüfprogramm von Anfang an durchlaufen werden (dynamische Prüfung). Die Fehlersuche wird dadurch erheblich zeitaufwendiger.

## 7.3  Prüffreundlicher Entwurf

### 7.3.1 Definition der Testbarkeit

Das Prüfkonzept muß schon während der Entwurfsphase berücksichtigt werden (design for testability). Die Architektur der Schaltung spielt dabei eine große Rolle und beinflußt wesentlich den Aufwand für das spätere Prüfen. Die Prüfbarkeit der Schaltung ist ebenso wie die Leistungsfähigkeit ein Entwurfsparameter. Deshalb ist es wesentlich, die Prüfbarkeit zu quantifizieren. Als Maß für die Prüfbarkeit wird im allgemeinen das Verhältnis von Prüfgüte zu Prüfkosten betrachtet.

Die Prüfgüte gibt an, wieviele fehlerhafte Schaltungen bei der Prüfung nicht als solche erkannt worden sind. Eine grobe Schätzung der späteren Prüfgüte wird durch Fehlersimulation durchgeführt. Ein genaues Maß kann allerdings nur an Hand der geprüften und später als fehlerhaft erkannten Schaltungen ermittelt werden.

Zu den Prüfkosten zählen

- die Kosten für die Prüfvorbereitung,
- die Kosten für die Prüfdurchführung,
- die Kosten für die Fehlerlokalisierung und die Fehlerbehebung.

Die Kosten für die Prüfvorbereitung wirken sich bei Produkten mit geringen Stückzahlen stark auf die Gesamtkosten aus. Dagegen sind die Kosten für die Prüfdurchführung und die Fehlerbehebung ein entscheidender Faktor bei Produkten mit großen Stückzahlen.

Die Erstellung der Prüfprogramme, die die Prüfautomaten steuern, ist mit erheblichem Aufwand verbunden. Mit einer prüffreundlichen Architektur (Prüfarchitektur) des Schaltungsentwurfs läßt sich dieser Aufwand senken. CAD- und CAT-Systeme bieten Möglichkeiten, den Erstellungsprozeß für Prüfprogramme zu automatisieren.

Die Prüfdurchführungs- und Fehlerdiagnosekosten können mit schnelleren Prüfautomaten gesenkt werden. Wenn ein Fehler bei der Prüfung aufgedeckt wird, bieten manche Prüfautomaten eine rechnergesteuerte Fehlerdiagnose an. Hierbei wird ein an den Ausgängen der Schaltung erkannter Fehler anhand der Schaltungsstruktur solange zurückverfolgt, bis die Fehlerursache (defektes Bauteil, Leiterbahnunterbrechung) lokalisiert ist. Die Fehlerlokalisierung erfolgt mit Hilfe einer Meßspitze, mit der, rechnergesteuert, an internen Punkten der Schaltung (Bauelementepins, Prüfpunkte) die logischen Pegel gemessen werden und ein Vergleich mit den Sollergebnissen durchgeführt wird.

Die Architektur der Schaltung spielt auch bei den Prüfdurchführungs- und Fehlerdiagnosekosten eine große Rolle. Läßt sich durch wenige Schritte ein Fehler aufdecken und diagnostizieren, sinken diese Kosten.

Die geometrischen Abmessungen und die physikalische Anordnung der Komponenten und Baugruppen sind für die Prüfbarkeit wichtige Kriterien. Kleine Abmessungen erschweren die Kontaktierung und können z.B. Messungen innerhalb einer Flachbaugruppe unmöglich machen. Der mechanische Aufbau der Baugruppen und Systeme ist damit für die Fehlerbehebungskosten ein entscheidender Faktor.

## 7.3.2 Testarchitekturen

Die Prüfbarkeit einer Schaltung muß den Entwurfsprozeß als ein Entwurfsparameter begleiten. Wichtig für die Testbarkeit ist die logische und physikalische Struktur des Entwurfs. Mit dem Begriff Testarchitektur ist hier die Auswahl, Anordnung und Verbindung logischer Komponenten und Subsysteme gemeint. Ziel ist es, die Testarchitektur so anzulegen, daß die später anfallenden Prüfkosten minimiert werden. Die Testarchitektur hat vor allem Auswirkungen auf die Prüfprogrammerstellung und die Fehlerdiagnose [7.7, 7.8].

Die drei Kriterien

□ Einstellbarkeit,
□ Beobachtbarkeit,
□ und Partitionierung der Schaltung

beeinflussen die Testbarkeit.

Mit Einstellbarkeit wird ausgedrückt, wie leicht ein Zustand der Schaltung eingestellt werden kann. Der Knoten K1 in Bild 7.2 ist einfach einstellbar. Durch die Eingangszustände E1 = 0 / E2 = 1 oder E1 = 0 / E2 = 0 kann der Knoten K1 auf den Wert 1 bzw. 0 gesetzt werden. Die Einstellbarkeit des Knotens K2 ist schwieriger. Zuerst muß der Knoten K1 auf 1 oder 0 eingestellt und danach durch Taktpulse zum Ausgang des Schieberegisters transportiert werden.

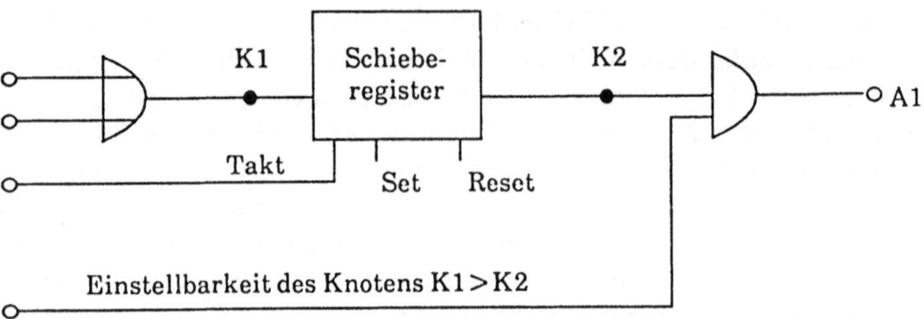



Bild 7.2: Einstellbarkeit: Beispiel 1

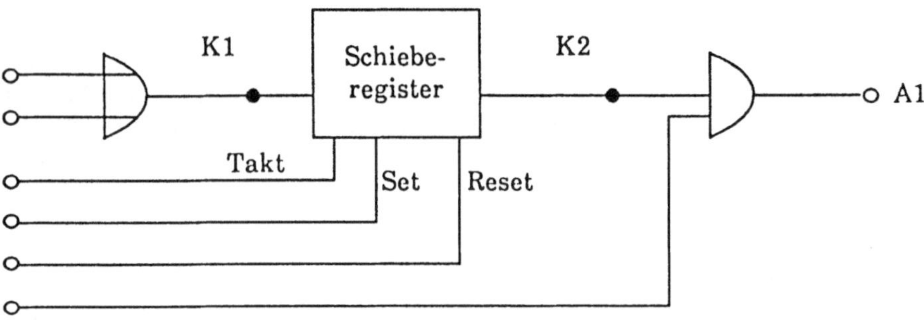



Bild 7.3: Einstellbarkeit: Beispiel 2

Die Einstellbarkeit des Knotens K2 wird vereinfacht, indem die Set- und Reset-Signale zu externen Eingängen geführt werden (Bild 7.3). Durch ein Set- oder Reset-Signal kann damit der Knoten K2 direkt eingestellt werden.

Der in einer Schaltung eingestellte Zustand muß überprüfbar sein. Die Beobachtbarkeit der Schaltung ist ein Maß dafür, wie leicht der Zustand überprüft werden kann. Der Knoten K1 in Bild 7.2 ist schlecht beobachtbar, da der Zustand des Knotens durch das Schieberegister zum Ausgang A1 transportiert werden muß. Durch einen zusätzlichen Ausgang A2 (Bild 7.4) kann die Beobachtbarkeit verbessert werden.

Um die Komplexität eines Entwurfsobjekts zu verringern, kann eine Schaltung in kleinere Funktionsblöcke zerlegt werden (Partitionierung). Damit vereinfacht sich die Prüfprogrammerstellung für die einzelnen Blöcke, und auch eine eventuelle Fehlerlokalisierung läßt sich mit geringerem Aufwand durchführen. Vor allem trägt eine Trennung von digitalen und analogen Teilen einer Schaltung zu einer Erhöhung der Testbarkeit bei.

Aus Sicht der Testbarkeit werden die Schaltungen wie folgt klassifiziert:

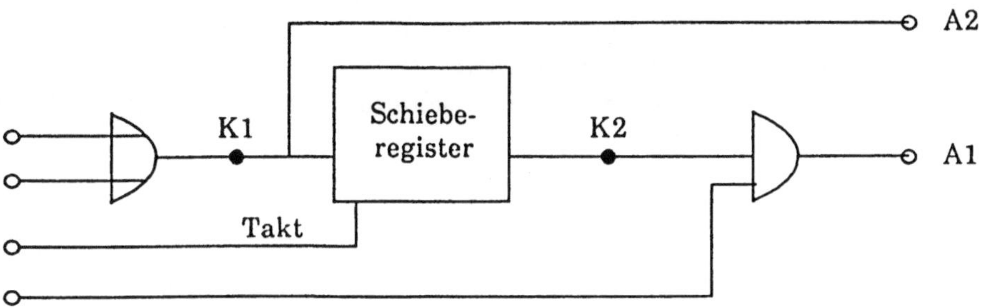



Bild 7.4: Beobachtbarkeit

- □ *Kombinatorische Schaltungen:*
  Um einen bestimmten Zustand der Schaltung einzustellen, ist ein einmaliges
  Anlegen eines Eingangsmusters ausreichend.
- □ *Sequentielle Schaltungen:*
  Die internen Zustände der Schaltung werden in speichernden Elementen
  festgehalten. Mehrere Eingangsmuster sind notwendig, um einen bestimmten Zustand einzustellen. Die sequentiellen Schaltungen werden in
  - synchrone Schaltungen
    - ein zentrales Taktsignal bestimmt den Zeitpunkt der Zustandsüber-
      nahme und
  - asynchrone Schaltungen
    - interne Laufzeiten und Datenereignisse bestimmen den Zeitpunkt der
      Zustandsübernahme
  unterteilt.
- □ *Schaltungen mit unidirektionaler Verbindungstruktur:* Die Signalrichtung ist
  fest.
- □ *Schaltungen mit bidirektionaler Verbindungsstruktur:* Die Signalrichtung ist
  zustandsabhängig.
- □ *Logische Verbindungsstruktur:* Es wird zwischen seriellen, parallelen und
  Rückkopplungsstrukturen unterschieden.
- □ *Statische Schaltungen:* Sie behalten den eingestellten Wert permanent.
- □ *Dynamische Schaltungen:* Sie benötigen eine Mindesttaktfrequenz (refresh),
  sonst geht die Information der internen Zustände verloren.

Der Entwickler einer Schaltung muß die Testbarkeit des Entwurfs berücksichtigen. Die zur Zeit verfügbaren automatischen Analyse-Tools liefern Maßzahlen für
die Beobachtbarkeit und Einstellbarkeit der internen Signalverbindungen. Jedoch
sind diese Maßzahlen schlecht interpretierbar, d.h. sie geben keine direkten Hinweise auf die erforderlichen Änderungen im Schaltungsentwurf.
Prüftechnische Regeln wie z.B.

- □ eine Initialisierung der Schaltung muß möglich sein,

☐ Takte und Daten dürfen nicht gemischt werden,

☐ Taktsignale müssen extern steuerbar sein,

☐ Erzeugung von Takten darf nicht durch schaltungsinterne Verzögerung erfolgen,

☐ Rückkopplung in rein kombinatorischen Schaltungen ist verboten,

können zum Teil die Testbarkeit gewährleisten. Einige dieser Regeln lassen sich in einem CAD-System automatisch überwachen.

Bei der Testbarkeitsanalyse müssen die später anfallenden Prüfkosten berücksichtigt werden. Der Aufwand für die Prüfprogrammerstellung, die benötigten Prüfwerkzeuge und Prüfautomaten sind Faktoren, die ebenfalls mit einbezogen werden müssen. Es ist wünschenswert, die Testbarkeitsanalyse in einem frühen Stadium des Entwurfsprozesses durchzuführen. Einfügen von zusätzlichen Ein- und Ausgängen sowie Überprüfung von prüftechnischen Regeln sind Ad-hoc-Methoden, angewandt auf einem schon bestehenden Schaltungsentwurf. Mit Einführung von speziellen Prüfarchitekturen kann die Testbarkeit besser gewährleistet werden. Bekannte Architekturen sind

☐ Scan-Architektur,

☐ Boundary-Scan-Architektur,

☐ Test-Bus-Architektur (T-Bus-Architektur),

☐ Selbsttestarchitektur.

Ziel der *Scan-Architektur* (Bild 7.5) ist eine strenge Aufteilung der Schaltung in kombinatorische und speichernde Elemente während des Tests. Die speichernden Elemente sind Flip-Flops, die einen Normal- und einen Testmodus haben.

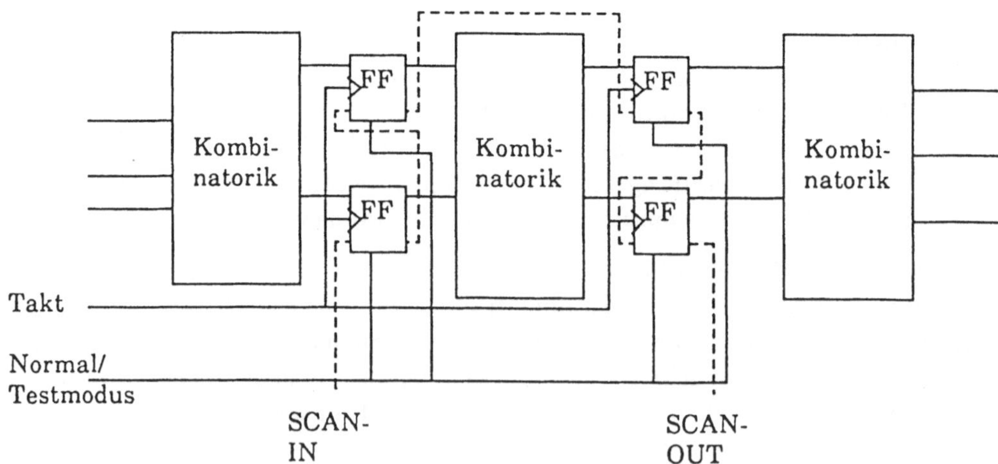


Bild 7.5: Scan-Architektur

Im Testmodus kann jedes speichernde Element durch direkte Adressierung (Random Access Scan) oder seriell (Scan Path) eingestellt werden. Die Ausgänge des Flip-Flops sind mit den Eingängen der Kombinatorik verbunden. Die Reaktion der kombinatorischen Elemente wird in den Flip-Flops übernommen und kann ausgelesen werden. Die Aufteilung der Schaltung in einen kombinatorischen und einen speichernden Teil vereinfacht die Prüfkomplexität erheblich. Abschließend muß eine Prüfung im Normalmodus durchgeführt werden, die die Normalfunktion der Flip-Flops überprüft. Die Scan-Architekturen werden vor allem beim Entwurf von kundenspezifischen Bausteinen eingesetzt. In der Flachbaugruppenentwicklung sind die Scan-Architekturen noch selten, da es an käuflichen Bausteinen fehlt, die diese Technik unterstützen.

Ziel der *Boundary-Scan-Architektur* ist es, die Test- und Beobachtbarkeit der Bausteine auf der Flachbaugruppe zu erhöhen. Bei der Boundary-Scan-Architektur besitzt jeder Pin des Bausteins eine zusätzliche Hardware, die über spezielle Prüfstifte gesteuert werden kann (Bild 7.6).

Im Normalmodus hat diese Hardware keinen Einfluß auf die Funktion des Bausteins. Ist jedoch der Testmodus eingeschaltet, können Prüfmuster an den ein-

Baugruppe

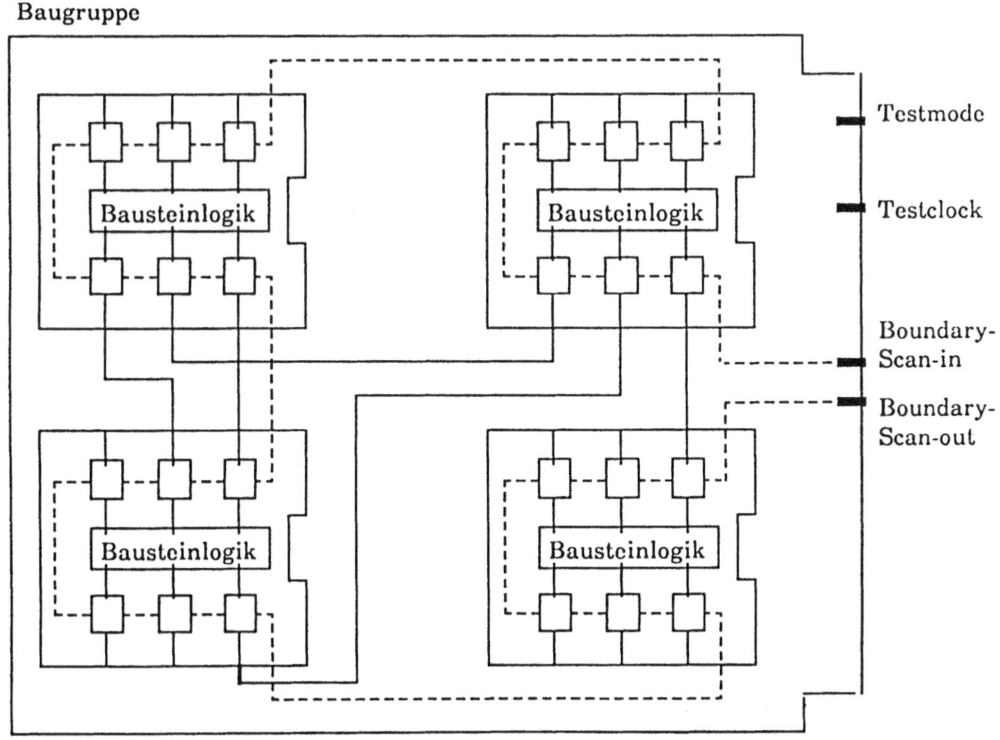


Bild 7.6: Boundary-Scan-Architektur

zelnen Eingangsstiften eingespeist werden. Die Reaktion des Bausteins wird an den Ausgängen gespeichert und kann, da alle Bausteine der Flachbaugruppe über die Boundary-Scan-Architektur miteinander verbunden sind, an die Testausgänge der Flachbaugruppe durchgeschaltet werden.

Durch die Boundary-Scan-Architektur ist es möglich, Prüfmuster direkt zu den einzelnen Bausteinen auf der Baugruppe zu leiten und die Reaktion abzufragen. In einem zweiten Testmodus können die Verbindungen zwischen den Bausteinen überprüft werden.

Eine Standardisierungsnorm für die Boundary-Scan-Architektur ist bei einem IEEE-Arbeitskomitee in Bearbeitung. Die Aufnahme dieser Architektur in das Produktspektrum der Bausteinhersteller würde einen breiten Einsatz ermöglichen und die Prüfkosten könnten erheblich verringert werden.

Ein weiterer Vorteil ist, daß aus der Verschaltung der Bausteine und einer Bibliothek, die die Prüfprogramme für die verwendeten Bausteine beinhaltet, ein Prüfprogramm für die Gesamtschaltung automatisch erstellt werden kann. Voraussetzung dafür ist, daß das CAD-System und die später verwendeten Prüfautomaten diese Architektur unterstützen.

Auch für den *Testability-Bus* (T-Bus) wird im Rahmen eines IEEE-Komitees eine Norm ausgearbeitet. Die Grundidee dieses Ansatzes beruht darin, speziell für Prüfzwecke einen eigenen Bus in der zu entwerfenden Schaltung vorzusehen (Bild 7.7).

Mit dem T-Bus ist eine Kontrollschaltung und eine Abfrageschaltung auf der Baugruppe integriert. Die für eine Prüfung notwendige Einstellung, z.B. Aktivieren eines Reset-Signals oder der Eingangsmuster für das Boundary-Scan, wird mit

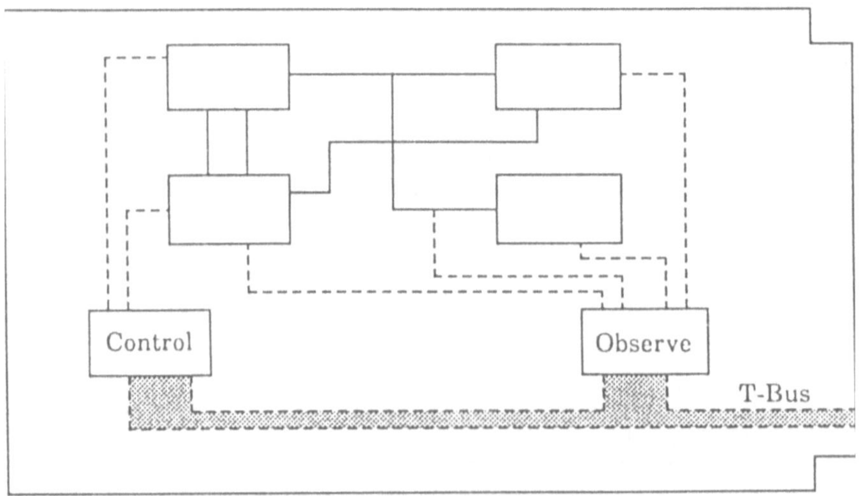


Bild 7.7: T-Bus-Architektur

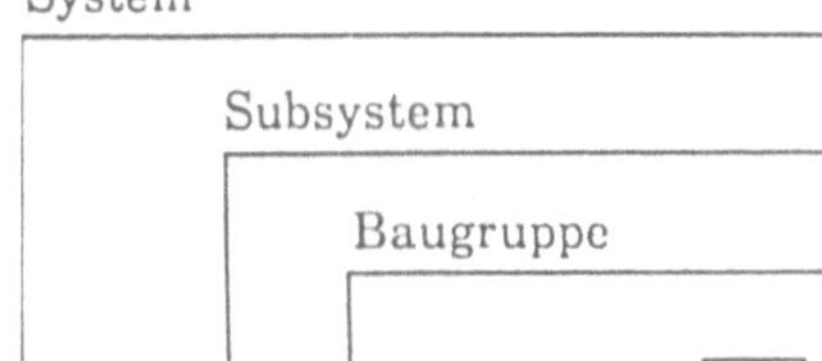



Bild 7.8: T-Bus

Hilfe der Kontrollschaltung durchgeführt. Die Prüfergebnisse, z.B. die Ausgangsmuster des Boundary-Scan, werden über die Abfrageschaltung ermittelt. Die
Kombination von Kontroll- und Abfrageschaltung bietet einen allgemeinen Ansatz zur Erhöhung der Einstellbarkeit und Beobachtbarkeit. Der T-Bus ist auf
Baugruppen-, Modul- und Systemebene einsetzbar (Bild 7.8).

Außerdem ist der T-Bus, wenn er in einem System integriert ist, auch für Test-
zwecke während des Betriebs geeignet, z.B. zur Funktionsprüfung eines Rechner-
systems bei der Spannungseinschaltung.

Bei einer *Selbsttestarchitektur* beinhaltet die Funktionseinheit einen zusätzlichen Hardwareteil, der die Prüfung durchführt. Das Anlegen der Stimuli und die
Auswertung der Testantworten erfolgt lokal in der Funktionseinheit. Nach außen
wird lediglich das Ergebnis des Tests geliefert (GO/NOGO) und kann z.B. über den
T-Bus abgefragt werden. Entscheidend für einen Selbsttest ist die effiziente Erzeugung von Teststimuli und die effiziente Auswertung der Testantworten. Eine Ab-
speicherung der Stimuli und Sollergebnisse im Lesespeicher (ROM) bedeutet viel
Zusatzhardware bei größeren Prüfsequenzen. Man versucht daher, die Muster
komprimiert abzulegen. Für die Erzeugung der Stimuli werden häufig Zufallsge-
neratoren verwendet. Für die Testauswertung eignet sich sehr gut ein linear rück-
gekoppeltes Schieberegister mit Paralleleingängen (Signaturregister), das nach
der Testsequenz einen Istwert (Signatur) liefert. Die ganze Testsequenz benötigt
daher nur einen Sollwert.

Selbsttestarchitekturen eignen sich für Bausteine, Flachbaugruppen und Systeme. Sie bedeuten einen höheren Design- und Hardwareaufwand, die Prüfvorbereitungskosten können jedoch gesenkt werden. Für den Test im laufenden Einsatz
ist diese Architektur besonders geeignet. Der Selbsttest der einzelnen Schaltungsteile kann parallel ausgeführt und damit viel Prüfzeit eingespart werden.

## 7.4  Erstellen der Prüfbitmuster

Die Prüfung einer Baugruppe gliedert sich in DC-, AC- und Funktionstest (Abschnitt 7.2). Die hohe Komplexität des AC- und Funktionstests erfordert die Unterstützung durch ein CAD-System. Dabei wird meist ein Logiksimulator verwendet, um die Sollzustände zu ermitteln. Eine Abschätzung der Güte des Prüfprogramms erfolgt mit einem Fehlersimulator.

Die Komplexität eines DC-Tests ist wesentlich geringer als bei einem AC- und Funktionstest, so daß dafür Prüfprogramme manuell erstellt werden können. Im folgenden wird die rechnergestützte Erzeugung und Verifikation der Funktionstestmuster näher erläutert.

### 7.4.1 Funktionstestmuster

Die Aufgabe eines Funktionsprüfprogrammes besteht darin, die Schaltung (Prüfling) in solche Zustände zu bringen, daß alle möglichen Fehler (element-interne Fehler, Kurzschlüsse, Leiterbahnunterbrechungen, etc.) an den Schaltungsausgängen erkennbar sind. Im Bild 7.9 wird das Signal A auf den logischen Wert 1 eingestellt, um einen Kurzschluß mit Masse zu erkennen. Die nachfolgenden Elemente müssen so eingestellt werden (Bild 7.10), daß der Signalzustand des Signals A an dem Ausgang beobachtet werden kann.

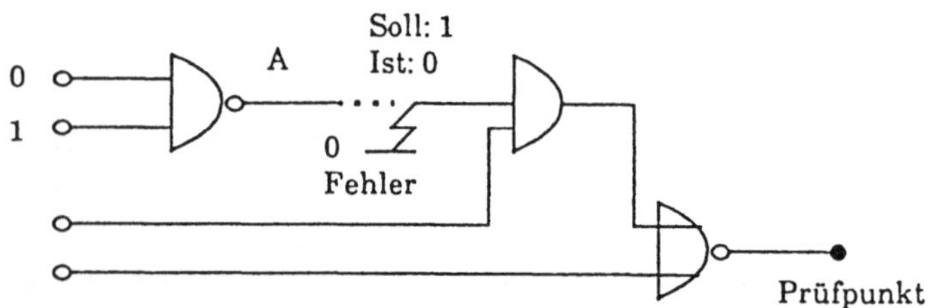


Bild 7.9: Einstellen von logischen Werten

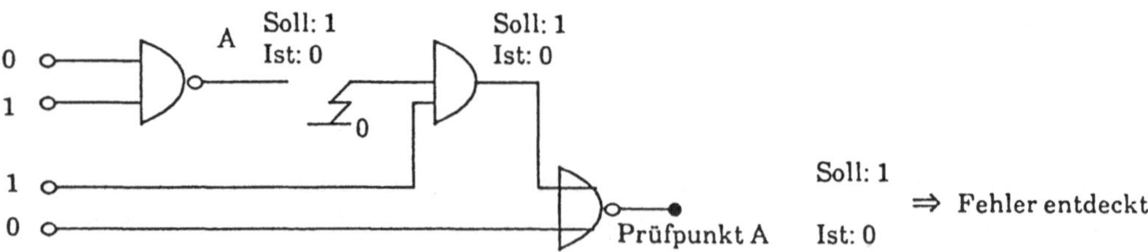


Bild 7.10: Beobachten des Signalzustandes von A

Die Methode, die für die Erstellung der Prüfbitmuster verwendet werden kann, ist von der Struktur der Schaltung stark abhängig. Für die meisten kombinatorischen Schaltungen können

- ein Zufallsgenerator oder
- ein Bitmustergenerator

verwendet werden.

Mit dem *Zufallsgenerator* werden so viele Prüfbitmuster generiert, bis eine ausreichende Fehlerabdeckung (s.u.) erreicht ist. Die Fehlerabdeckung wird mit einem Fehlersimulator ermittelt. Eine grobe Abschätzung des Fehlerabdeckungsgrades können auch statistische Verfahren, die weniger rechenzeitaufwendig als eine Fehlersimulation sind, liefern.

Ein Zufallsgenerator ist jedoch nicht für alle Schaltungsstrukturen geeignet, da die Funktion der Schaltung bei der Bitmustergenerierung nicht berücksichtigt wird. So ist z.B. die Wahrscheinlichkeit $2^{-20}$, um mit einem Zufallsgenerator ein Bitmuster zu erzeugen, das ein AND-Gatter mit 20 Eingängen auf den Ausgangswert 1 setzt. In PLA-Bausteinen sind z.B. solche Strukturen vorhanden und damit ist diese Methode ungeeignet.

Bei kombinatorischen Schaltungen können gezielt Eingangsbitmuster generiert werden. Ein Bitmustergenerator erzeugt unter Einbeziehung der Schaltungsfunktion Prüfbitmuster, die alle Knoten der Schaltung während des Prüfablaufs auf den logischen Pegel 0 bzw. 1 einstellen. Es wird dabei sichergestellt, daß ein Knoten auf einem sensiblen Pfad liegt, d.h., daß eine Störung des Knotens sich an einem Ausgang bemerkbar macht.

Ein Eingangsbitmustergenerator arbeitet nach folgendem Prinzip: Ein bestimmtes internes Signal soll auf dem Pegel 0 bzw. 1 eingestellt werden. Für das Element, das den Knoten treibt, kann mit Hilfe der logischen Funktion des Elements eine passende Eingangskombination gefunden werden. Nach dieser Methode wird jetzt gegen die Signalrichtung ein passendes Eingangsmuster der Gesamtschaltung gesucht. Der Vorgang wiederholt sich für alle Signale der Schaltung, beginnend an den externen Ausgängen.

Bei sequentiellen Schaltungen können Testarchitekturen (z.B. Scan-Architektur) verwendet werden, die die Schaltung im Testmodus in eine kombinatorische Schaltung umwandeln und somit Bitmustergeneratoren einsetzbar sind [7.6].

Eine Boundary-Scan-Testarchitektur oder ein In-Circuit-Tester ermöglichen eine Funktionsprüfung der einzelnen Bausteine. Die Bausteine werden dabei "isoliert" von der Umgebung getestet. Dadurch können für die einzelnen Bausteine Standardtestprogramme verwendet werden, die zu einem Gesamttest zusammengefügt werden.

Können die oben genannten Methoden nicht eingesetzt werden, müssen die Testmuster für die Gesamtfunktion der Schaltung manuell erstellt werden. Jedoch können die Bitmuster, die bei der Verifikation der Schaltung (Abschnitt 3.5) erstellt worden sind, hierfür verwendet werden. Sie müssen aber an die Arbeitsweise und Möglichkeiten der später verwendeten Prüfautomaten angepaßt werden. Diese Funktionsbitmuster sind nicht im Hinblick auf einen hohen Fehlerabdeckungsgrad entwickelt worden, sondern um die Funktion der Schaltung auf Übereinstimmung mit der Spezifikation zu überprüfen. Es ist daher notwendig, den Fehlerabdeckungsgrad der Bitmuster zu ermitteln und gegebenenfalls die Bitmuster zu erweitern.

Für die Prüfprogrammerstellung sind neben den Eingangsbitmustern auch die Sollzustände erforderlich. Diese werden mit einem Simulator erzeugt oder mit Hilfe einer fehlerfreien Schaltung am Prüfautomaten ermittelt. Es wird zwischen den Sollzuständen der externen Ausgänge, die bei der GO/NOGO-Prüfung verwendet werden und den Sollzuständen der internen Signale, die bei der Fehlersuche benötigt werden, unterschieden. Der bei manchen Fehlersuchverfahren verwendete Fehlerkatalog wird mit einem Fehlersimulator (Abschnitt 7.1.2) erzeugt.


## 7.4.2 Verifikation der Prüfbitmuster

Die Aufgabe eines Prüfprogramms ist es, die in der Schaltung vorhandenen Fehler aufzudecken. Die Anzahl der Fehler, die mit einem Prüfprogramm aufgedeckt werden können, bestimmt die Güte des Prüfprogramms. Dieser Fehlerabdeckungsgrad kann durch eine Fehlersimulation ermittelt werden.

In einer Schaltung können mehrere Arten von Fehlern auftreten. Es wird zwischen statischen und dynamischen Fehlern unterschieden. Statische Fehler sind z.B. Kurzschlüsse zur Versorgungsspannung. Mit Hilfe des Funktionstests lassen sich statische Fehler aufdecken. Durch den AC-Test werden die dynamischen Fehler, z.B. fehlerhafte Setup-Zeit eines Flip-Flops oder falsche Flankensteilheit eines Ausgangs, ermittelt. Um den Fehlerabdeckungsgrad eines Prüfprogramms mittels Simulation errechnen zu können, muß die Wirkung der zu betrachtenden Fehler modelliert werden. Für dynamische Fehler existieren keine allgemein einsetzbaren Fehlermodelle, so daß die Qualität eines AC-Parametertests durch eine Simulation nicht verifiziert werden kann.

Das Stuck-at-Einzelfehlermodell (SA-Fehler) liefert eine gute Abschätzung der Qualität der Funktionstestbitmuster. Der SA-Fehler modelliert einen Kurzschluß zur Masse (SA-0) oder Versorgungsspannung (SA-1); es wird angenommen, daß nur ein Fehler in der Schaltung gleichzeitig vorkommt. Der Fehler kann an einem Ausgang oder Eingang eingebaut werden. Ein Ausgangsfehler beeinflußt den ganzen Knoten (Bild 7.11), ein Eingangsfehler nur den entsprechenden Eingang (Bild 7.12).

In der realen Schaltung können auch andere statische Fehler vorhanden sein, die nicht mit dem SA-Fehlermodell abgedeckt werden (z.B. Kurzschlüsse zwischen

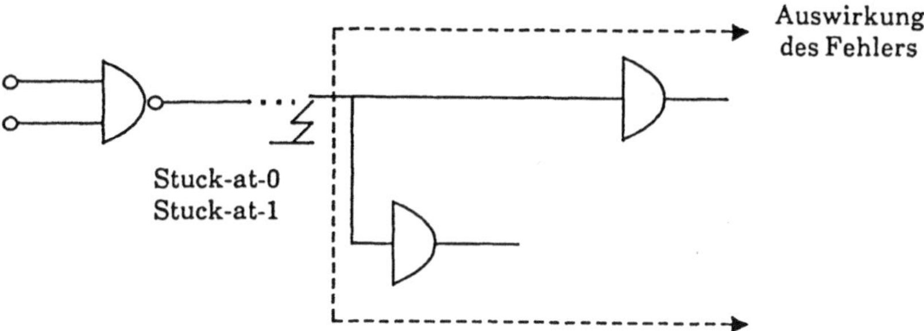



Bild 7.11: Ausgangsfehler

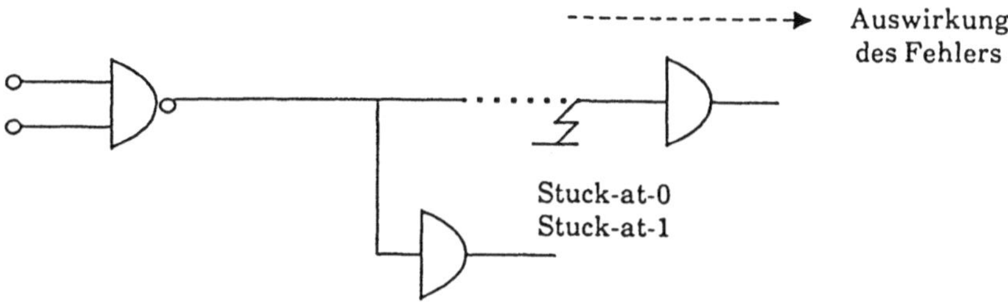



Bild 7.12: Eingangsfehler

Leitungen). Die Erfahrung zeigt jedoch, daß ein Prüfprogramm, das mit dem SA-Fehlermodell einen hohen Fehlerabdeckungsgrad aufweist, eine hohe Qualität sicherstellt. Bild 7.13 zeigt beispielhaft das Verhältnis zwischen Qualität und Fehlerabdeckungsgrad bei der Herstellung von Chips.

Wenn keine Prüfung durchgeführt wird, sind erfahrungsgemäß 50 % der ausgelieferten Bausteine fehlerhaft. Im allgemeinen gewährleistet ein Prüfprogramm mit 70 % Fehlerabdeckungsgrad, daß nur 0,1 % der fehlerhaften Chips nicht entdeckt werden. Dies gilt äquivalent auch für Module und Systeme.

Der Fehlerabdeckungsgrad eines Prüfprogramms wird durch eine Fehlersimulation ermittelt. Dabei wird eine fehlerfreie Schaltung und eine Kopie der Schaltung, in der ein SA-Fehler eingebaut ist, mit den gleichen Prüfbitmustern simuliert (Bild 7.14). Unterscheiden sich die Ausgangszustände beider Schaltungen, so wird der Fehler als "erkannt" betrachet. Der Vorgang wiederholt sich jetzt für jeden Fehler. Das Verhältnis der entdeckten zu den nicht entdeckten Fehlern bestimmt den Fehlerabdeckungsgrad.

Eine Fehlersimulation ist sehr rechenintensiv. Unterschiedliche Algorithmen wurden entwickelt, um die Fehlersimulation zu beschleunigen. Bei sehr großen Schaltungen (>100.000 ÄGF) ist eine Fehlersimulation nur mit einem Spezialrechner sinnvoll durchzuführen (Abschnitt 3.5.6).

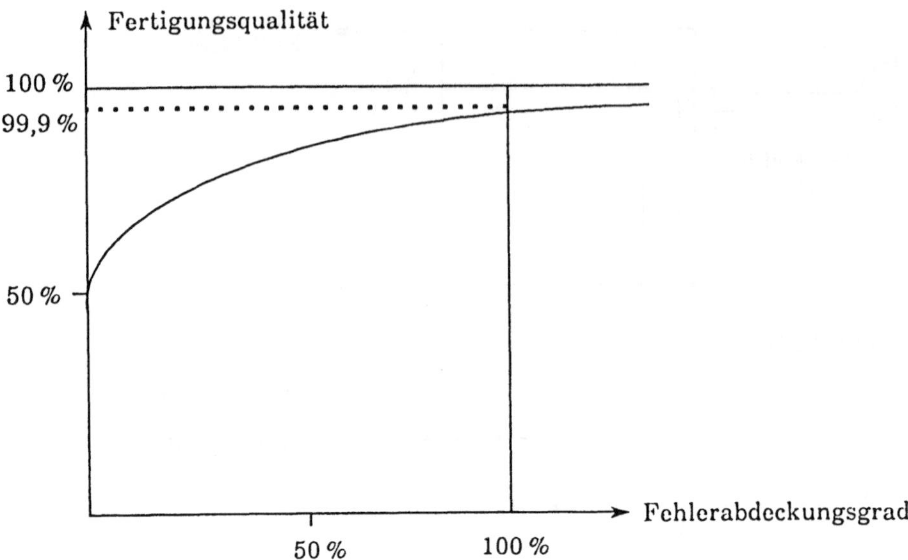



Bild 7.13: Fertigungsqualität

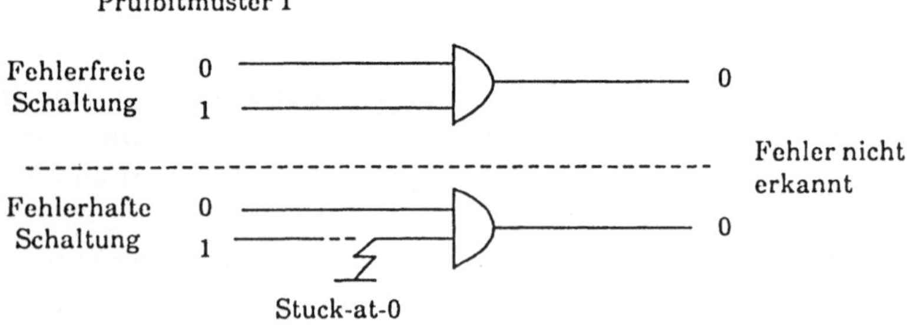



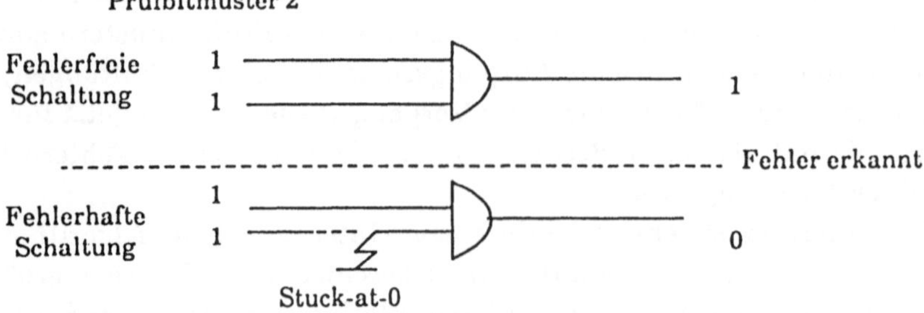



Bild 7.14: Fehlersimulation

# Literatur


[7.1]  Miczo: Digital Logic Testing and Simulation. Harper & Row, 1987.

[7.2]  Breuer et al.: A Survey of the State of the Art of Design Automation. Computer, Vol. 14, No. 10, pp. 58-75, October 1981.

[7.3]  Chandra, S.; Patel, J.: A Hierarchical Approach to Test Vector Generation;. Proc. 24th Design Autom. Conf., pp. 495-501.

[7.4]  Beenker, F.P.M.: Systematic and Structural Methods for Digital Board Testing. VLSI, pp. 50-58, January 1987.

[7.5]  Schulz, M.; Trischler, E.; Sarfert, T.: SOCRATES - A Highly Efficient Automatic Test Pattern Generation System. Proc. Internat. Test Conf., 1987.

[7.6]  Abramovici, M.: A Hierarchical, Path-Oriented Approach to Fault Diagnosis in Modular Combinational Circuits. IEEE Trans. on Computers, Vol. C-31, No. 7, pp. 672-677, July 1982.

[7.7]  Bennetts, R.G.: Design of Testable Logic Circuits. Addison-Wesley, 1984.

[7.8]  Krishnamurthy, B., Sheng, R.L.: A New Approach to the Use of Testability Analysis in Test Generation. Proc. IEEE Internat. Test Conf., pp. 769-778, 1985.

# 8  Ausblick

Die Funktionalität heutiger CAD-Systeme umfaßt den Schaltwerksentwurf auf Logikebene und den physikalischen Entwurf. Während die Logikkonstruktion heute überwiegend interaktiv erfolgt, ist der physikalische Entwurf weitgehend automatisiert.

Die Anforderungen an künftige CAD-Systeme werden im wesentlichen von folgenden Einflüssen geprägt:

- die Komplexität der zu entwickelnden Moduln und Systeme steigt rapide an,
- beliebige Mischformen von unterschiedlichen Technologien werden zunehmend eingesetzt,
- durch die immer kürzer werdenden Innovationszyklen der Technologie müssen die Entwicklungszeiten von elektronischen Systemen drastisch reduziert werden.

Diese neuen Anforderungen wirken sich auf die verschiedenen CAD-Funktionen aus. Im folgenden werden die Tendenzen bei der Erweiterung des Funktionsumfangs des CAD-Systems und die nötigen Voraussetzungen für die Realisierung der neuen Anforderungen beschrieben.

Eine der wesentlichsten Forderungen ist die Steigerung der Qualität des zu entwickelnden Produkts. Daher gewinnt die Qualitätssicherung bereits in der Entwurfsphase bei der Entwicklung elektronischer Moduln und Systeme immer mehr an Bedeutung, da Mängel in den späteren Phasen nur mit sehr hohem Aufwand und enormen Zeitverlusten beseitigt werden können. Besondere Probleme ergeben sich durch die zunehmende Integrationsdichte, da hochintegrierte Systeme schwer oder überhaupt nicht repariert werden können.

Bei der Entwicklung eines Prozessors mit ca. 400000 Gatterfunktionen sind erfahrungsgemäß nach dem ersten Schaltungsentwurf etwa 2000 funktionale Fehler enthalten. Würden diese Fehler erst in der Prototyperprobung erkannt und behoben werden, so entstünden Kosten von bis zu 100000 DM pro Fehler. Die Korrekturzeiten pro Fehler liegen bei hochintegrierten Bausteinen bei 1 bis 2 Monaten. In diesem Zusammenhang muß auch betrachtet werden, daß alle 2 bis 3 Jahre eine neue Technologiegeneration entwickelt wird. Dadurch wären unter den erwähnten Randbedingungen, nämlich hohe Fehlerbeseitigungskosten und lange Korrekturzeiten, Entwicklungen mit neuesten Technologien und hoher Komplexität unter dem herrschenden Marktdruck nicht durchführbar.

Die Qualitätsmerkmale des Entwurfs elektronischer Systeme sind:

- □ *Herstellbarkeit:*
  Herstellbarkeit bedeutet, daß das Entwurfsobjekt mit den verfügbaren Produktkomponenten und Produktionsverfahren unter möglichst optimaler Ausnutzung des vorhandenen Maschinenparks gefertigt werden kann.

- □ *Prüfbarkeit:*
  Prüfbarkeit heißt, daß das Entwurfsobjekt so gestaltet sein muß, daß sowohl der Entwurf verifizierbar ist, als auch das gefertigte Objekt auf seine Funktionsfähigkeit und Richtigkeit überprüft werden kann.

- □ *Wartbarkeit:*
  Das Entwurfsobjekt ist so strukturiert, daß Reparaturen und Änderungen mit möglichst geringem Aufwand eingebracht werden können. Dies setzt auch eine umfassende und verständliche Dokumentation des Objekts voraus.

- □ *Korrektheit:*
  Die Korrektheit der Funktionen in Bezug auf ihre Spezifikation muß hinsichtlich des logischen und elektrischen Verhaltens gewährleistet sein. Dabei sind die Fertigungstoleranzen und die unterschiedlichen Einsatzbedingungen zu berücksichtigen.

Die Sicherung der Qualität ist nur durch einen strukturierten Entwurfsprozeß und durch den Einsatz eines CAD-Systems möglich, dessen Funktionen a priori für die genannten Qualitätseigenschaften sorgen.


## 8.1 Technologie


Der Anteil elektronischer Systeme in industriellen und kommerziellen Produkten wird in den nächsten Jahren weiter wachsen. Dabei wird die Komplexität der Moduln und Systeme weiter steigen und die Anforderungen in Bezug auf kurze Entwurfszeiten, niedrige Entwicklungs- und Fertigungskosten, kleine Losgrößen in der Fertigung sowie kurze Schaltzeiten werden zunehmen. Aktuelle Forschungsarbeiten bei Einbau-, Schaltkreis- und Fertigungstechnik zielen darauf ab, diese Probleme zu lösen.

### 8.1.1 Einbautechnik

Ziele der Weiterentwicklung der Einbautechnik sind:

- Verkürzung der Leitungslaufzeiten.
- Vergrößerung der Verdrahtungskapazitäten: Durch Verkleinerung der Bauteileabmessung bei gleichzeitiger Erhöhung der Anschlußzahl je Baustein (s.u.) sind mehr logische Verbindungen auf einer gleichbleibenden Leiterplattenfläche zu realisieren. Aus diesem Grund müssen größere Verdrahtungskapazitäten bereitgestellt werden.
- Abführen der steigenden Verlustwärme der Bauelemente.

Kürzere Leitungslaufzeiten können durch günstige Anordnung der Leiterplatten zu einem System erreicht werden, z.B. durch doppelseitig planar bestückte Baugruppenträger. Auch wird versucht, mit anderen Leiterplattenmaterialien die Laufzeiten zu senken. So hat Teflon eine Dielektrizitätskonstante von 2 gegenüber 5 bei Epoxid. Die Laufzeit ist proportional der Wurzel aus der Dielektrizitätskonstante.

Die Verdrahtungskapazität kann erhöht werden durch feinere Leiterstrukturen und zusätzliche Verdrahtungslagen. Allerdings sind die Möglichkeiten bei den Leiterstrukturen aus elektrischen Gründen (Ohmscher Widerstand, Nebensprechen) und bei der Lagenzahl aus fertigungstechnischen Gründen (Laminiertechnik, Bohren) nahezu ausgereizt (Abschnitt 1.2). Mit dem Einsatz von Lasern wird versucht, Durchkontaktierungen zwischen den Lagen mit kleinerem Durchmesser herzustellen, so daß mehr Freiraum für die Leitungsführung bleibt.

Superschnelle Rechner mit hochintegrierten ECL-Bausteinen werden heute bereits flüssigkeitsgekühlt. Im Vorfeld wird an der Nutzung des Phänomens der Supraleitung gearbeitet. Supraleitung bedeutet, daß bestimmte Materialien ab einer tiefen Temperatur ihren Ohmschen Widerstand verlieren und damit den elektrischen Strom praktisch verlustlos leiten. Das ist bei einer bestimmten Oxid-Keramik bereits bei - 148 ° C der Fall, einer Temperatur, die mit Flüssigstickstoff als Kühlmittel erreicht werden kann.

In supraleitenden elektronischen Systemen können sogenannte Josephson-Schalter anstelle der herkömmlichen Transistoren verwendet werden. Sie sind bis ca. 1000mal schneller und produzieren keine Verlustwärme. Dadurch können die Bauteile in geringem Abstand zueinander angeordnet werden, was zusätzlich die Leitungslaufzeiten reduziert.

### 8.1.2 Schaltkreistechnik

Geschwindigkeitssteigerung, höhere Integration und Senkung der Verlustleistung sind die Ziele bei der Weiterentwicklung der integrierten Schaltungen. Dies versucht man auf drei Wegen zu erreichen:

□ *Verbesserung der bekannten Schaltkreistechniken:*
- MOS-Speicher mit 16 MBit Speicherkapazität;
- ACL (Advanced CMOS Logic): Schnelle CMOS-Technologie, die in ECL-Geschwindigkeitsbereiche vorstößt (Schaltzeit < 0,7 ns), bei erheblich niedrigerer Verlustleistung (z.B. 145 mW statt 2,8 W bei ECL);
- Gate-Arrays mit über 50000 nutzbaren Gattern;
- ECL-Gate-Arrays mit Gatterlaufzeiten < 0,2 ns und über 10000 Gattern, mit einstellbarem Verhältnis zwischen Leistungsaufnahme und Gatterlaufzeit.

□ *Einführung neuer Materialien:*
Bei den Bemühungen, Gallium-Arsenid (GaAs) anstelle von Silizium als Halbleitersubstrat zu verwenden, ist der Durchbruch geschafft. Immer mehr Halbleiterfirmen bieten GaAs-Bausteine an. Ein Marktwachstum von über 80 % für GaAs-Gate-Arrays wird prognostiziert.
*Vorteile:*
- die Elektronenbeweglichkeit ist fünfmal höher als bei Silizium, daraus resultieren kürzere Gatterlaufzeiten,
- größerer Temperaturbereich,
- höhere Strahlungsunempfindlichkeit,
- um Faktor 2 niedrigere Leistungsaufnahme als ECL-Bausteine.
*Nachteile:*
- höhere Materialkosten,
- niedriger Integrationsgrad,
- höhere Fertigungskosten als bei ECL-Bausteinen.
GaAs-Gate-Arrays mit über 5000 Gattern und Schaltzeiten unter 1 ns sind angekündigt.

□ *Kombination verschiedener Technologien auf einem Chip:*
Einzelne Schaltungsteile werden mit der für sie günstigsten Schaltkreistechnik bzw. dem günstigsten Material realisiert. Dadurch werden die Vorteile optimal genutzt und die Nachteile weitgehend vermieden. Zusätzlich erforderliche Fertigungsschritte bedingen allerdings höhere Fertigungskosten. Beispiele sind die bekannte Hybridtechnik (Dünnfilm-, Dickfilmtechnik), biCMOS und GaAs auf Silizium-Substrat.
Bei letzterem werden die hohen Kosten für GaAs-Substrat umgangen, aber dichte CMOS-Arrays und schnelle GaAs-Schaltungen können auf einem Chip kombiniert werden.
Wesentlich weiter ist man auf dem Gebiet der Mischung von bipolaren und CMOS-Schaltungsteilen auf einem Chip (biCMOS). Hier gibt es bereits ECL-kompatible biCMOS-RAMs mit 256 kBit Speicher und einer Zugriffszeit von unter 25 ns, sowie Gate-Arrays mit 50000 nutzbaren Gattern, 500 ps Gatterlaufzeit und 70 mW/MHz Leistungsaufnahme. Weitere Verbesse-

rungen zeichnen sich ab. Insgesamt wird biCMOS eine große Zukunft vorhergesagt.

### 8.1.3 Fertigungstechnik

Kostensenkung, Flexibilisierung und Verringerung der Durchlaufzeit werden angestrebt durch weitere Automation einzelner Fertigungsschritte (z.B. bedienerlose Prüfung) bis hin zur Automatisierung des gesamten Fertigungsdurchlaufs von Bestelleingang bis zur Auslieferung [8.1].

Mit neuen Verfahren, wie Laserbohren oder schichtweisem Aufbauen der Leiterplatte, anstelle kernweiser Vorfertigung und anschließender Laminierung, sollen die Leiterstrukturen weiter verfeinert und damit die Verdrahtungskapazität erhöht werden.

## 8.2  Entwurfsmethodik

Bei Entwurfsmethoden für Systeme und dem Einsatz von CAD-Werkzeugen muß man - wie generell bei technischen Verfahren - unterscheiden zwischen dem, was allgemein praktiziert wird, dem was in der Spitzentechnologie bereits mit Erfolg - aber doch nur vereinzelt - angewendet wird, und dem, was die Forschung - auf der Basis exemplarischer Versuche - als das Machbare bezeichnet. Ausgehend davon lassen sich heute zu Tendenzen und Zukunftsaspekten folgende Aussagen machen:

- In der Praxis etabliert ist die Erfassung der Logik mit grafischen Mitteln auf Schaltelementebene, die interaktiv grafische Belegung konstruktiver Einheiten und das automatische Routing der Schaltelementverbindungen. Die Notwendigkeit, die Logik mit Hilfe von Simulation - und nicht erst am Prototypen - zu verifizieren, ist weitgehend erkannt. Die Simulation als Entwurfsschritt wird zukünftig in breiter Front eingesetzt werden. Zur Zeit werden große Anstrengungen unternommen, die Simulation analoger Schaltwerksteile mit einzubeziehen.
- Insbesondere in der Spitzentechnologie ist die Verifikation des Zeitverhaltens unter Einbeziehung von Leitungslaufzeiten bereits üblich. Auch diese Entwurfsschritte werden sich - sobald entsprechende Werkzeuge angeboten werden - etablieren.
- Die Kostensituation, die hohen Flexibilitätsanforderungen in Verbindung mit möglichst kurzen Entwicklungszeiten, und die Möglichkeiten der Komplexitätserhöhung bei der VLSI-Entwicklung erzwingen den Einsatz höher- und höchstintegrierter Bausteine. Dies führt zu einem stärkeren

Einsatz von anwenderspezifischen IC's (ASIC's) im System- und Modulentwurf. Als Konsequenz davon wird der ASIC-Entwurf in den Logik-, Modul- und Systementwurf mit den entsprechenden Schnittstellen zum Hersteller integriert. Der physikalische Modulentwurf wird beim IC-Hersteller durchgeführt.

□ Die Durchgängigkeit vom Entwurf (CAD) zu Computer Aided Manufacturing (CAM) und Computer Aided Testing (CAT) wird im Entwurf und in den CAD-Systemen stärker berücksichtigt werden, z.B. durch Funktionen zur Prüfbarkeitsanalyse, Erzeugung von prüfbarer Logik und von entsprechenden Prüfdaten sowie durch Standard-Schnittstellen.

□ Der Logikentwurf und die Designverifikation erfolgen heute fast ausschließlich auf der Basis relativ einfacher logischer Grundfunktionen. Hierarchischer Entwurf und vor allem Verifikation auf höheren Abstraktions- oder Hierarchie-Ebenen haben sich noch nicht durchgesetzt, obgleich entsprechende Hilfsmittel verfügbar sind. Es ist zu erwarten, daß mit zunehmender Komplexität von Schaltungen der Zwang zur Beschreibung und Verifikation auf höheren Ebenen wächst.

□ Der Durchbruch für den Entwurf auf höheren Ebenen wird gefördert, wenn sich weitere Automatisierungsschritte ableiten lassen. Dies wird durch die automatische Generierung einer Entwurfsebene aus der nächsthöheren erreicht. Insbesondere in der ASIC-Entwicklung wird die Generierung der Logik aus Funktionsspezifikationen vorangetrieben.

□ Der heute durch CAD unterstützte Entwurfsprozeß beruht auf einer ausgeprägten Sequentialisierung von Entwurfstätigkeiten: funktionaler Modulentwurf erfolgt unabhängig vom physikalischen Modulentwurf, Verifikationsschritte werden erst nach vollständiger Ausführung von Konstruktionsschritten ausgeführt (z.B. Entwurf der Funktion bis auf die Ebene elementarer Logikfunktion und erst dann Simulation). Hier ist im Entwurfsablauf eine stärkere Verzahnung von Konstruktions- und Verifikationsschritten und ein Vordringen von regelgesteuerten Werkzeugen (sowohl bei manuellen als auch bei automatischen Entwurfsschritten) zu erwarten.

□ Der regelgesteuerte Entwurf (prüf- und fertigungsgerechter Entwurf) verhindert, daß ein Entwurfsschritt zu sehr lokale Ziele auf Kosten globaler verfolgt. Realisierungen auf Basis von Expertensystemen sind hilfreiche Werkzeuge zur Unterstützung eines regelgesteuerten Entwurfs. Die Formulierbarkeit der Regeln durch den Anwender, Möglichkeiten, Regeln zu gewichten, zu relativieren und fortlaufend zu verbessern, werden den Expertensystemen breite Einsatzmöglichkeiten im CAD-Prozeß erschließen.

□ Für die Entwicklung sehr komplexer Schaltwerke bieten sich Expertensysteme vor allem in Planungsphasen (Phase Systementwurf) an. Sie werden in Zukunft die Konsequenzen von Entscheidungen aufzeigen und bei der Suche und Bewertung von Alternativen helfen.

Zusammenfassend muß festgestellt werden, daß die Entwurfsmethodik durch die zunehmende Komplexität und die kürzer werdenden Innovationszyklen dahingehend beeinflußt wird, daß einerseits höhere abstrakte Entwurfsebenen mit den zugehörigen Verifikationswerkzeugen in den Entwurfsprozeß miteinbezogen werden, und daß andererseits mächtigere CAD-Werkzeuge dem Entwickler zum schnelleren und fehlerfreien Entwurf von elektronischen Systemen zur Verfügung gestellt werden. Unterstützt wird dieser Trend durch den zunehmenden Einsatz generativer Methoden, sowohl zur automatischen Erzeugung von Programmteilen, als auch zur automatischen Transformation von Designdaten einer höheren Entwurfsebene auf Designdaten einer niedrigeren Entwurfsebene.

## 8.3  Architektur eines CAD-Systems

### 8.3.1 Allgemeines

Die Anforderungen an neue CAD-Systeme wirken sich vor allem auf die Architektur des CAD-Systems selbst aus. Der rasche technologische Wandel erfordert die schnelle Reaktion auf neue Anforderungen. Um ein System möglichst einfach um neue CAD-Funktionen erweitern zu können, müssen in der Softwarearchitektur des Systems folgende Voraussetzungen geschaffen sein:

- es muß ein Rahmen (Frame) vorhanden sein, in den eigene CAD-Funktionsprogramme integriert und Fremdfunktionen eingebettet werden können;
- Basiskomponenten, wie z.B. Datenhaltungssystem oder Dialogkomponenten müssen klar von CAD-Anwendungsfunktionen getrennt sein;
- intern müssen funktionale Schnittstellen im Sinne abstrakter Datentypen geschaffen werden, um eine klare Trennung der CAD-Funktionen untereinander zu erreichen;
- externe Schnittstellen müssen so gestaltet sein, daß Kopplungen zu anderen Systemen innerhalb einer CIM-Verfahrenslandschaft möglichst einfach mittels generativer Verfahren realisiert werden können. Um die Systeme nicht miteinander zu vermaschen, erfolgen die Kopplungen durch einen möglichst einfachen Datenaustausch;
- die technologieabhängigen Teile sind von den technologieunabhängigen Teilen zu separieren.

Alle diese Voraussetzungen sind wesentlich für große moderne Softwaresysteme. Nur so lassen sich zum einen Komponenten wiederverwenden, und zum anderen neue Funktionsteile leicht dem Gesamtsystem hinzufügen. Ferner müssen die ar-

chitektonischen Voraussetzungen es ermöglichen, daß problem- bzw. anwenderbezogen ein CAD-System mit einem definierten Funktionsumfang konfiguriert werden kann, um nicht unnötig große Systeme mit einem nicht benötigten, zu großen
Funktionsumfang zu schaffen.

Die Entwicklungen auf dem Gebiet der objektorientierten Programmierung haben hier einen wesentlichen Beitrag geleistet. Durch die Anwendung der objektorientierten Methoden wird die Integration neuer Funktionen in ein bestehendes
System erleichtert. Die Schaffung eines Werkzeugkastens, aus dem benutzerspezifische Konfigurationen erstellt werden, wird vereinfacht.


## 8.3.2 Benutzungsoberfläche

Während in der Vergangenheit die Entwicklung von CAD-Systemen primär auf
die Bereitstellung der notwendigen Funktionalität ausgerichtet war, um die An-
wendbarkeit grundsätzlich zu ermöglichen, gewinnt der Aspekt der Benutzungsoberfläche zunehmend an Bedeutung, um die erforderliche Akzeptanz der Werkzeuge zu erreichen.

Die Bereitstellung einer problemorientierten, benutzerfreundlichen Bedienoberfläche wird unterstützt und erleichtert durch die kostengünstigere Verfügbarkeit von grafikfähigen Workstations. So lassen sich eben nicht nur Stromlaufpläne
mit grafischen Mitteln besser visualisieren, sondern auch Ablaufzusammenhänge.
Der Zustand im Entwurfsprozeß kann in einem Ablaufgraphen gekennzeichnet
werden, und die Auswahl weiterer Designschritte kann in dem Graphen selektiert
werden. Die Zustände und die Arbeitsschritte können symbolisch durch Pikto-
gramme dargestellt werden, womit die Selbsterklärbarkeit des Systems verbessert
wird. Die Verständlichkeit und die Erlernbarkeit der Systembedienung wird
außerdem auch stark verbessert durch die Verwendung von z.B. Menüs anstelle
von Kommandosprachen.

Im Bereich der Entwurfsbeschreibungen auf funktionaler Ebene werden, wie
schon bei den strukturorientierten Beschreibungen, ebenfalls grafische Darstellungen eingesetzt. Beispiele sind Zustandsübergangsdiagramme, Ablaufgrafen
oder Petri-Netze. Werden solche Modelle simuliert, dann kann das dynamische
Verhalten durch das Wandern von Token oder Farbkontraste unmittelbar in dem
Modell visualisiert werden.

Durch die konsequente Erweiterung und durch die Anwendung der Fenstertechnik wird die wechselweise Nutzung von CAD-Werkzeugen und die parallele
Darstellung von Informationen über den Bearbeitungszustand wesentlich verbessert. Durch die Fenstertechnik können parallel laufende Prozesse vom Benutzer
besser überwacht und gesteuert werden. Ein Beispiel hierfür ist die Auswahl der
Teilschaltung in einem Funktionsblockdiagrammfenster, die Auswahl bestimmter
Signale in einem Stromlaufplanfenster und die Darstellung der zugehörigen Im-

pulsdiagramme in einem Simulationsfenster. Wichtig dabei ist, daß Zusammenhänge zwischen den Fenstern automatisch erkannt werden, d.h., die Auswirkungen einer Änderung, die der Anwender oder eine CAD-Funktion in einem Fenster vornimmt, müssen in den zugeordneten Fenstern berücksichtigt werden.

Neue Möglichkeiten, die zukünftig an Bedeutung gewinnen, ergeben sich durch die Anwendung wissensbasierter Techniken. Der Bediendialog kann aufgrund der Entwurfshistorie und des Benutzerverhaltens individuell angepaßt und zielorientiert gestaltet werden. Hilfestellung ist auch dann möglich, wenn Daten unvollständig sind und Annahmen getroffen werden müssen. Entscheidungen im Designprozeß und ihre zugrundeliegenden Kriterien können in die Wissensbasis übernommen und bei Iterationen oder Revisionen mit berücksichtigt werden.

Der Trend auf dem Gebiet der Benutzungsoberfläche geht auch dahin, daß neue Dialogmöglichkeiten, wie z.B. Spracheingabe und -ausgabe, Bewegtbilddarstellung in die Mensch-Maschine-Kommunikation mit einbezogen werden. Es zeichnet sich immer mehr ab, daß nicht eine Darstellungsform der Dialoggestaltung, sondern eine Kombination von Darstellungsformen nötig ist, um letztlich problem- und bedienerangepaßte Dialogformen entwickeln zu können.

Für die Erstellung von Bedienoberflächen stehen heute bereits ansatzweise Werkzeuge zur Verfügung [8.2, 8.7], die die Generierung benutzerspezifischer Bedienoberflächen erlauben. Basis für die Generierung ist die formale Beschreibung des statischen und dynamischen Verhaltens der Benutzungsoberfläche. Um Werkzeuge zur Generierung von Bedienoberflächen einsetzen zu können, ist die strikte Trennung der Applikation von den Dialogkomponenten erforderlich. Diese Werkzeuge eignen sich insbesondere auch für die schnelle Prototyperstellung von Bedienoberflächen.

### 8.3.3 Datenhaltung

Die Anforderungen an eine CAD-Datenhaltung sind durch traditionelle Datenbank-Management-Systeme unabhängig von ihrem Typ (z.B. Netzwerk, hierarchisch, relational) nicht adäquat zu erfüllen [8.3, 8.4]. Ihre Stärken, wie leistungsfähige satzorientierte Verarbeitung in dialoggeführten Anwendungen können im CAD-Bereich nur begrenzt genutzt werden. Nicht genutzte Eigenschaften stellen einen nicht zu vernachlässigenden Overhead dar. CAD-Anwendungen erfordern eine effiziente Verarbeitung komplexer Objekte, auf die über performante funktionale Programmschnittstellen der Datenhaltung zugegriffen wird. Performance bedeutet vor allem laufzeitgünstige lesende Zugriffe auf Objekte mit umfangreicher Datenmenge und komplexer Datenstruktur.

Diese Problematik trifft nicht nur zu für die hier diskutierten Systeme des rechnerunterstützten System- und Modulentwurfs im Bereich CAD-Elektronik. Sie ist vielmehr in allen rechnerunterstützten Engineering-Anwendungen (CAE) anzutreffen. Aus diesem Grund verstärken sich die Anstrengungen in der Industrie und an den Universitäten zu tragfähigen Lösungen zu kommen. Man spricht in diesem Zusammenhang von Nichtstandard-Datenbank-Management-Systemen.

Neue Nichtstandard-Datenbank-Systeme beruhen auf dem objektorientierten Ansatz. Der objektorientierte Ansatz zeichnet sich durch ein Klassenkonzept aus. Mit Hilfe des Klassenkonzepts lassen sich anwendungsspezifische Operationen und Eigenschaften von Objekten definieren. Auf diese Weise wird das Datenbank-Management-System für die Anwendungsebene transparent. Der Vererbungsmechanismus von Klassen (Übernahme der Eigenschaften und Operationen) ermöglicht die Erweiterbarkeit und Änderbarkeit von bestehenden Anwendungsmodellen.

Nonstandard-DBMS (Datenbank-Management-Systeme) bieten dem Anwender die Sicherung der Datenintegrität durch semantische Datenkonsistenz. Die heute bekannten Konzepte setzen dabei die Vorgabe von Konsistenzbeziehungen zwischen Objekten durch den Anwender voraus. Weiterführende Konzepte müssen eine teil- oder vollautomatische Sicherstellung der semantischen Datenkonsistenz zum Ziel haben. Dies gilt insbesondere bei der Einbringung von Änderungen und der automatischen Ausführung von notwendigen Folgeänderungen (change propagation).

Das Vordringen von Methoden der künstlichen Intelligenz in rechnerunterstützten Engineering-Anwendungen wird die Datenhaltung vor die Aufgabe stellen, Fakten- und Wissensrepräsentationen zu speichern und zur Verfügung zu stellen. Es wird ein neuer Typ eines Datenbank-Management-Systems entstehen, ein Wissensbank-Management-System (WBMS), das Anwendern und Expertensystemen den Zugriff auf Fakten und Wissen ermöglicht.

## 8.4  Integrationsstrategien

CAD-Elektronik ist eine wesentliche Komponente innerhalb CIM. CAD-Elektronik ermöglicht kurze Entwicklungszeiten, kurze Fertigungszeiten, optimale Auslastung der Maschinen, auftragsgesteuerte Fertigung usw., wenn diese Komponente mit den übrigen CIM-Komponenten reibungslos zusammenarbeitet.

In den letzten Jahren wurde weltweit angestrebt, eine vollständige Integration der einzelnen Systeme (CAD-Elektronik, CAD-Mechanik, CAP, CAM, CAT, CAQ, PPS usw.) zu schaffen. Basis dieser Überlegungen waren normierte und standardisierte Datenformate einer zentralen Datenhaltung. Diese Versuche führten jedoch zu einem enormen Anstieg der Systemkomplexität und somit zu einer drastischen Einbuße bei der Systemperformance. Ferner wurden diese Bestrebungen durch die schnelle Weiterentwicklung auf diesen Gebieten erschwert, da immer mehr neue Leistungsmerkmale in kurzen Zeitintervallen hinzu kommen. Diese Leistungsmerkmale benötigen entweder zusätzliche Daten oder geänderte Datenformate.

Heute geht der Trend vielmehr in die Richtung, daß möglichst einfache, unabhängige und leistungsfähige Teilsysteme entwickelt werden, die in Abhängigkeit von der Problemstellung zum Einsatz kommen und auf einfache Weise über Datenaustausch miteinander zu verknüpfen sind. Bei diesen Überlegungen wird von dem Prinzip ausgegangen, nicht den Dateninhalt zu normieren, sondern eine Sprache zur Beschreibung von Daten in ihrer syntaktischen und semantischen Form festzulegen. Auf diese Weise lassen sich auch die Methoden, die Verfahren und die Werkzeuge des Compilerbaus zur Beschreibung und Generierung des Datenaustausches zwischen Systemen einsetzen. Die internationalen Arbeiten zu EDIF [8.5] gehen in diese Richtung. Um auf neue Anforderungen möglichst schnell reagieren zu können, werden Generatoren zur Erzeugung von Koppelbausteinen zwischen den einzelnen Systemen eingesetzt. Dadurch werden einerseits die Entwicklungszeiten für diese Programme drastisch reduziert, andererseits wird die Wartung und Erweiterung der Koppelbausteine wesentlich vereinfacht.


## 8.5 Verifikationsverfahren

### 8.5.1 Entwurfsüberprüfung

Die verschiedenen Klassen von Regeln, deren Einhaltung in der Phase Logikentwurf zu überprüfen ist, sind oft nicht nur technologie-, sondern auch projektabhängig. Daraus resultiert die Forderung nach leichter Anpaßbarkeit und Flexibilität der Regelprüfprogramme. Wie in dem Vorangegangenen schon erwähnt, wird versucht, das Problem durch zwei verschiedene Ansätze zu lösen: erstens durch Parametrisierung von Regeln, was sicher nur für eine bestimmte Klasse von Regeln möglich ist, und zweitens durch die Beschreibung der Regeln mit einer dem Systemanwender verfügbaren Regelsprache.

Für den zweiten Lösungsansatz bietet sich an, Methoden der künstlichen Intelligenz zu verwenden. Regelbasierte Diagnosesysteme wurden für andere Anwendungsbereiche bereits entwickelt und haben dabei ihre Leistungsfähigkeit bewiesen [8.6]. Nicht nur die Überprüfung der einzelnen Regeln mit lokalem Kontext, sondern auch die Gültigkeit von Regeln im globalen Kontext und die Berücksichtigung von Zusammenhängen und Abhängigkeiten werden durch wissensbasierte Methoden unterstützt.

Während bisher die CAD-Werkzeuge im allgemeinen darauf ausgerichtet waren, das Erfassen der Entwurfsdaten und das anschließende Prüfen zu unterstüt-

zen, wird nun zunehmend versucht, die Korrektheit nicht durch nachträgliches
Prüfen zu erreichen, sondern bereits durch richtiges Konstruieren zu erzielen.
Dies kann ermöglicht werden durch den Einsatz entsprechender quasi-intelligen-
ter Konstruktionswerkzeuge wie syntaxgesteuerten Text- und Grafikeditoren mit
Berücksichtigung der wesentlichen semantischen Eigenschaften des Entwurfsob-
jektes.

## 8.5.2 Simulation

Die CAD-Funktionen zur Logiksimulation und zur Fehlersimulation gehören sicher mit zu den ausgereiftesten CAD-Werkzeugen. Dennoch werden hier neue Ansätze verfolgt, um die stark gestiegene Komplexität der Schaltungen effizient verarbeiten zu können.

Die Simulationsalgorithmen, vor allem bei den Fehlersimulatoren, werden optimiert und auch auf bestimmte Klassen von Schaltungen, im wesentlichen streng
synchrone, hin ausgerichtet. Durch den Einsatz von Spezialhardware für die Ausführung der Simulationsalgorithmen, für die Parallelisierung des Simulationsab-
laufs und für die Integration von realen Hardware-Bausteinen an Stelle von Soft-
waremodellen, wird einerseits die Simulationsgeschwindigkeit gesteigert und andererseits die Kosten für aufwendige Softwaremodelle, etwa von Mikroprozessoren, vermieden. Eine andere Alternative zur Performancesteigerung wird in der
Rückkehr von der Table Driven Simulation zur Compiled Driven Simulation gesehen. Ermöglicht wird dies durch die steigende Tendenz zu synchronen Schaltungsentwürfen und durch neue, verbesserte Compiler-Generator-Techniken.

Die Verknüpfung von digitalen mit analogen Teilen, die in vielen Schaltungen
zu finden ist, führt verstärkt zu der Forderung, einen hybriden Entwurf insgesamt
simulieren zu können, d.h., eine Kombination von Analog- und Digitalsimulation
in einer Hybridsimulation zu ermöglichen. Die hier noch zu lösenden Probleme
sind die effiziente Kopplung von Analog- und Digitalsimulation und die Genauig-
keitsverluste an der Analog-Digitalschnittstelle beim Übergang von der analogen
Stromspannungsdarstellung zum digitalen Logikpegel.

## 8.5.3 Analytische Verifikation

Bei allen bisher betrachteten Verifikationsverfahren liefern die Werkzeuge Be-
rechnungsergebnisse, die noch mehr oder weniger vom Entwickler interpretiert
werden müssen, um seinen Entwurf als korrekt zu verifizieren. Bei der analytischen Verifikation werden zwei Beschreibungen gegeneinander verifiziert, d.h.,
auf der obersten Ebene eine Entwurfsbeschreibung gegen die Spezifikation und
auf den unteren Ebenen die Beschreibungen der verschiedenen Abstraktionsebe-

nen gegeneinander. Die hier zu lösenden Probleme sind noch Gegenstand der Forschung. Wichtige Aufgaben dabei sind, zwei Modelle mit unterschiedlichem Abstraktionsgrad aufeinander abzubilden und geeignete Vergleichskriterien zu entwickeln.


### 8.5.4 Laufzeitanalyse

Die derzeit eingesetzten Laufzeitanalyseverfahren sind noch sehr stark auf die Analyse von Standardelementen mit vordefinierten Prüfungen, wie auf Einhaltung der Setup-Zeit, hin ausgerichtet. Es ist jedoch naheliegend, wie es bei der Simulation schon Stand der Technik ist, komplexere Elemente auch hier funktional zu beschreiben und nicht strukturell bis auf die Ebene der Standardelemente aufzubrechen. Bezüglich der Bedingungen, auf deren Einhaltung hin der Entwurf zu überprüfen ist, muß dann ebenfalls die Flexibilität angestrebt werden, die es dem Entwickler ermöglicht, seine Zeitbedingungen mit derselben Sprache zu formulieren, die er auch für seine Entwurfsbeschreibungen verwendet.

Die Darstellung der Analyseergebnisse kann durch den Einsatz von Grafik wesentlich verbessert werden. Die Fehlerlokalisierung wird dadurch erleichtert, daß der fehlerverursachende Pfad unmittelbar im Stromlauf gekennzeichnet wird und die Zeittoleranzen eingeblendet werden.

Bei der Weiterentwicklung der Verfahren scheinen hierarchische Verfahren noch wesentliche Verbesserungen zu ermöglichen. Eine Schwachstelle bei diesen Verfahren, die es zu verbessern gilt, ist die Projektion der internen Bedingungen und Analyseergebnisse an die Schnittstellen eines Blocks.


## 8.6 Layout

Die weitere Entwicklung von Layoutsystemen hängt ab von der Notwendigkeit, mit dem Fortschritt der Einbau- und Schaltkreistechnik Schritt zu halten und die Kundenbedürfnisse nach zusätzlichen Layoutfunktionen und verbesserter Ergebnisqualität in kürzerer Zeit zu erfüllen.

Dies führt einerseits dazu, daß Merkmale heutiger Layoutsysteme der Hochleistungstechnologie, die ausschließlich in den Inhouse-CAD-Systemen der großen Hardwarehersteller zu finden sind, künftig verstärkt in die gängigen Layoutsysteme für den Entwurf von Standardschaltungen Eingang finden werden.

Andererseits sind die Entwickler von Layoutsystemen durch die gestiegenen Anforderungen gezwungen, die neuesten Möglichkeiten von Hardware (Workstation, Parallelverarbeitung) und Software (objektorientierte Programmierung, Wissensverarbeitung) zu nutzen und in ihre Systeme einzubeziehen.

Im einzelnen ergeben sich folgende Schwerpunkte:

□ *Schaltkreistechnik:*
Es müssen künftig Schaltungsentwicklungen in den schnellen Technologien (ECL, GaAs) unterstützt werden. Für die Layoutverfahren bedeutet dies, daß die unter Abschnitt 4.5 beschriebenen Regeln über Abschlußwiderstandsgenerierung, Seriellverdrahtung, zulässige Leitungslängen und Übersprechen einzuhalten sind und daß die Laufzeitverzögerungen auf den Leitungen gemäß Abschnitt 4.6 berechnet werden müssen und bei der Schaltungsverifikation zu beachten sind. Das gilt gleichermaßen für die automatische und die interaktive Layoutkonstruktion. Diese Entwicklungsrichtung kann heute bereits bei einigen CAD-Anbietern beobachtet werden: einzelne ECL-spezifische Regeln (Seriellverdrahtung, Behandlung von Abschlußwiderständen) sind in deren Layoutsysteme fest einprogrammiert. Der nächste Schritt wird die Erweiterung und Flexibilisierung dieser Regeln, wie bereits in Abschnitt 4.5 beschrieben, sein.

□ *Einbau- und Fertigungstechnik:*
Mit der Einführung oberflächenmontierter Bausteine wurde ab 1986 ein großer evolutionärer Schritt vollzogen. Praktisch alle CAD-Systeme sind dahingehend angepaßt worden und bieten entsprechende Funktionen. Schwierigkeiten bereiten bei der automatischen Verdrahtung noch die unterschiedlichen Größen und Formen der SMD-Pads, da üblicherweise rastergebundene Lee-Algorithmen eingesetzt werden. Das Problem wird teils rasterfrei, aber nicht ausreichend effizient, teils mittels flexibler Verdrahtungsraster gelöst. Hier sind noch Verbesserungen zu erwarten.

□ *Methoden der Künstlichen Intelligenz:*
Ein weiterer Entwicklungsschwerpunkt auf dem Layoutsektor ist die Einbeziehung von Methoden und Erkenntnissen der Wissensverarbeitung in die automatischen Layoutverfahren. Zielvorstellung sind wissensbasierte Systeme, bei denen die Vorgehensweise eines menschlichen Layoutentwicklers bei Partitionierung, Belegung und Verdrahtung nachgebildet wird. Es wird untersucht, welche Teilaspekte des physikalischen Entwurfs sich für die Unterstützung durch KI-Techniken eignen. Als erste Ansätze sind heute Layoutsysteme am Markt, bei denen ein Expertensystem nach bestimmten Regeln bzw. anhand der aktuellen Entwurfsdaten eine optimale Strategie und die günstigsten Parameter für die automatische Verdrahtung zu ermitteln versucht.

□ *Systemgedanke:*
Heute werden beim physikalischen Entwurf mit Standardsystemen - im

Gegensatz zu Spezialsystemen für die Hochleistungstechnologie - ausschließlich einzelne Leiterplatten betrachtet, d.h., beim Entwurf von Systemen mit mehreren Leiterplatten wird lediglich lokal optimiert. Geeignete CAD-Werkzeuge, speziell für die Partitionierung (Abschnitt 4.2), werden nicht angeboten. Auch alle anderen Funktionen des physikalischen Entwurfs müßten bei den Standardlayoutsystemen für die Behandlung von Funktionseinheiten erweitert werden (z.B. bei zweiseitiger Bestückung von Rückwänden mit Leiterplatten oder bei der Laufzeitberechnung für Netze, die über mehrere Leiterplatten verteilt sind). Außerdem ist eine geeignete CAD-Datenhaltung erforderlich.

☐ *Parallele Zielverfolgung:*
Aus Gründen der Überschaubarkeit und der Performanz werden heute mit jedem Entwurfsschritt spezifische Teilziele des Gesamtentwurfs verfolgt. Wie in Abschnitt 4.7 aufgezeigt, kann mit diesem Vorgehen ein Gesamtoptimum nur über eine Reihe von Iterationen der einzelnen Schritte erzielt werden, was je nach Entwurfskomplexität zu entsprechend langen Entwurfszeiten führt. Durch parallele Zielverfolgung kann die Entwurfszeit, die zur Erzielung eines Gesamtoptimums erforderlich ist, entsprechend abgekürzt werden, da zeitlich frühere Entwurfsvorgänge die Erfordernisse der später durchzuführenden berücksichtigen. Beispiele hierfür sind in der Realisierbarkeitsprognose (Abschnitt 4.7) und der kombinierten Belegung und Losen Wegesuche (Abschnitt 4.3) zu sehen.

☐ *Hardware-Einsatz:*
Rechenzeiten in der Größenordnung von einigen Tagen sind bei komplexen Verdrahtungsaufgaben auf Workstations keine Seltenheit. Durch Einsatz spezieller Hardware für die einzelnen rechenzeitintensiven Funktionen des physikalischen Entwurfs können diese Zeiten verkürzt werden. Seit einigen Jahren werden bereits mit Hardware realisierte Algorithmen (Hardware-Router, Routerbox) als Zusatz zu den Workstations angeboten. Der Trend geht jedoch zu allgemein verwendbaren, superschnellen Hintergrundrechnern (Server) mit bis zu 100 MIPs und mehr, die über lokale Netze (z.B. Ethernet) mit der grafikfähigen Arbeitsworkstation verbunden sind. Sie ermöglichen eine allgemeine Beschleunigung aller im Hintergrund ablauffähigen CAD-Funktionen (z.B. Simulation, Laufzeitanalyse, automatische Belegung und Verdrahtung). Auch am Einsatz von Parallelrechnerarchitekturen wird gearbeitet.

## 8.7  Hardwaresynthese

Die Hardwaresynthese hat zum Ziel, den Entwurf ausgehend von einer abstrakten
Repräsentation bis hin zur technologiespezifischen Implementierung zu automatisieren. Die zielgerichteten Mapping-Verfahren, bei denen der Entwurf auf Basis
generischer Grundelemente oder generischer Funktionen erfolgt und der Entwickler die volle Kontrolle über die Architektur behält, bringen in der Regel einen sehr
guten Erfolg. Anspruchsvollere Verfahren, die algorithmisch versuchen, Struktur-
entscheidungen durch das Synthesesystem, wie Einfügen von Speicherelementen,
Zustandszuordnung, Zustandsreduktion oder Mehrfachnutzung von Funktionseinheiten, vorzunehmen, lieferten bisher keine ausreichenden Ergebnisse. Erfolgver-
sprechender scheinen hier Verfahren zu sein, die eine Mischung aus Mapping-Verfahren und aus algorithmischen Verfahren darstellen. Die Entscheidungen über
die Grobstruktur werden dem Entwickler überlassen und das System generiert
nur die lokalen Strukturen. Ein weiterer Ansatz, der schon in Forschungsprojek-
ten erprobt wurde, aber noch weiter entwickelt werden muß, ist die Verwendung
von Expertensystemen. Wissensbasierte Systeme können hier weiterhelfen, da es
gilt, für viele, auch sich widersprechende Ziele, eine möglichst optimale Lösung zu
finden. Mit einer der wichtigsten Punkte bei der Realisierung eines Expertensy-
stems zur Hardwaresynthese ist dabei die Akquisition des Designwissens und dessen Formalisierung und Darstellung in Wissensbasen. Das Expertensystem kann
dann dem Entwickler helfen, durch Variation von Annahmen alternative Lösungen zu entwickeln und das Optimum zu finden.

Die Fähigkeit, aus einer abstrakten Beschreibung automatisch eine Implementierung eines Entwurfs zu erzeugen, ist noch nicht ausreichend für ein produktiv
einsetzbares Hardwaresynthesesystem. Eine wichtige Anforderung, die noch erfüllt werden muß, ist die Stabilität der generierten Implementierung. Unter Stabilität ist hier zu verstehen, daß kleine Änderungen in der Spezifikation auch nur
kleine Änderungen in der Implementierung nach sich ziehen. Diese Leistung ist
beispielsweise Voraussetzung für Optimierungen der Architektur oder für inkre-
mentelle Verarbeitung im physikalischen Entwurf.

## 8.8  Zusammenfassung

Zusammenfassend sind für CAD-Systeme der nächsten Generation folgende wesentliche Trends erkennbar:

- □ Um die zunehmende Komplexität der zu entwickelnden Systeme zu beherrschen, müssen verstärkt Entwurfswerkzeuge für hohe Entwurfsebe-

nen eingesetzt werden. Dies führt zum verstärkten Einsatz von Methoden und Verfahren der künstlichen Intelligenz.

☐ Um komplexe Systeme mit vertretbarem Aufwand und in akzeptabler Zeit entwickeln zu können, müssen die CAD-Werkzeuge leistungsfähig, performant und zuverlässig sein. Dies führt auf der Softwareseite zum Einsatz objektorientierter Implementierungsmethoden, um neue Funktionen leichter in bestehende Systeme integrierbar zu machen, und zum Einsatz von Werkzeugen, die auf standardisierten Schnittstellen aufsetzen. Der Einsatz von Generatoren zur Erzeugung von technologieabhängigen Varianten von Funktionsprogrammen erleichtert und beschleunigt die Erstellung von produkt- oder anwenderspezifischen Systemvarianten. Ferner werden zunehmend rechenzeitintensive CAD-Funktionen, wie Router, Simulatoren u.ä., durch Hardwarelösungen aus Gründen der Performanz ersetzt.

☐ Um CAD-Systeme einem breiten Spektrum an Systementwicklern - da die Elektronik in immer mehr Produkten eingesetzt wird - zugänglich machen zu können, müssen die Benutzungsoberflächen von CAD-Systemen dem jeweiligen Anwender problemangepaßt zur Verfügung gestellt werden. Dies erfordert die Trennung der eigentlichen CAD-Funktionen von den Dialogkomponenten. Auf diese Weise lassen sich unterschiedliche Darstellungsformen (Text, Grafik, Sprache, Bewegtbild, usw.) für den jeweiligen Anwendungsfall in unterschiedlicher Ausprägung anbieten.

☐ Um die mit dem CAD-System entworfenen Moduln und Systeme sowohl fertigen als auch auf Korrektheit prüfen zu können, müssen die CAD-Systeme in eine Prozeßlandschaft eingebettet sein, die vom Entwurf über die Fertigung und Prüfung bis hin zur organisatorischen Abwicklung reicht. Dies führt dazu, daß Insellösungen durch Komponenten abgelöst werden, die mit anderen Systemen koppelbar sind. Der Trend geht nicht in eine völlige Integration, sondern führt zu standardisierten Beschreibungsmethoden für den Datenaustausch zwischen Systemen und darauf basierend zur automatischen Generierung von Koppelbausteinen.

# Literatur


[8.1] Doetsch E.; Wolf H.C.: Mit CAI bereit zur Innovation. Siemens COM-Magazin, Special CAI, S. 11-13, 1988.

[8.2] Eser, F.; Müller, M: Gegenüberstellung von DIALOGUE und DIAMON, zwei Werkzeugen zur Gestaltung von Benutzungsoberflächen, Siemens firmentinterner Bericht, Oktober 1987.

[8.3]   Wenderoth, W.; Leßenich, H.R.: Trends und Konzepte für ein Datenhaltungskonzept im Bereich CAD-Elektronik, Proc. CAT 87, 1987.

[8.4]   Dittrich; Kotz; Mülle: Database Support for VLSI Design: The DAMASCUS System. CAD-Schnittstellen und Datentransferformate im Elektronikbereich. Springer, 1987.

[8.5]   EDIF Steering Committee: EDIF Electronic Design, Interchange Format Version 200, May 1987.

[8.6]   Sammer, W. (Editor): International Workshop on AI-Applications to CAD-Systems for Electronics. October, 1987, Munich, IEEE and Siemens AG.

[8.7]   Farooq, D.: A survey of formal tools and models for developing user interfaces. Int. J. Man-Machine Studies, Vol. 29, S. 479-496, 1988.

# Sachverzeichnis